U0302583

装备科技译著出版基金

极端环境下的无线传感器系统

Wireless Sensor Systems for Extreme Environments:
Space, Underwater, Underground and Industrial

［英］Habib F. Rashvand

［美］Ali Abedi
编著

蔡 伟 译

张志利 审校

国防工业出版社

·北京·

著作权合同登记　图字：军 - 2019 - 031 号

图书在版编目（CIP）数据

极端环境下的无线传感器系统／（英）哈比卜·拉什凡得（Habib F. Rashvand），（美）阿里·阿贝迪（Ali Abedi）编著；蔡伟译. —北京：国防工业出版社，2020.10

书名原文：Wireless Sensor Systems for Extreme Environments：Space，Underwater，Underground and Industrial

ISBN 978 - 7 - 118 - 12021 - 9

Ⅰ. ①极… Ⅱ. ①哈… ②阿… ③蔡… Ⅲ. ①无线电通信 - 传感器 Ⅳ. ①TP212

中国版本图书馆 CIP 数据核字（2020）第 006892 号

Wireless Sensor Systems for Extreme Environments：Space，Underwater，Underground and Industrial by Habib F. Rashvand and Ali Abedi

978 - 1 - 119 - 12646 - 1

ⓒ2017 John Wiley & Sons，Ltd.

All Rights Reserved. Authorised translation from the English language edition published by John Wiley & Sons Limited. Responsibility for the accuracy of the translation rests solely with National Defense Industry Press and is not the responsibility of John Wiley & Sons Limited. No part of this book may be reproduced in any form without the written permission of the original copyright holder，John Wiley & Sons Limited.

本书简体中文版由 John Wiley & Sons，Ltd. 授权国防工业出版社独家出版发行。

版权所有，侵权必究。

※

国防工业出版社出版发行

（北京市海淀区紫竹院南路 23 号　邮政编码 100044）

三河市腾飞印务有限公司印刷

新华书店经售

*

开本 710×1000　1/16　插页 6　印张 27¾　字数 534 千字

2020 年 10 月第 1 版第 1 次印刷　印数 1—1500 册　定价 188.00 元

（本书如有印装错误，我社负责调换）

国防书店：(010)88540777　　书店传真：(010)88540776

发行业务：(010)88540717　　发行传真：(010)88540762

译 者 序

近年来,无线传感技术随着无线通信、新型传感、微处理器等技术的快速发展而取得长足进步和广泛应用。目前国内外关于无线传感技术特别是无线传感器网络的图书很多,但大多集中于介绍无线网络拓扑结构、通信协议、时间同步、定位算法以及通用无线节点设计,而针对空间、水下、地下和极端工业环境中无线传感技术面临的问题及解决策略的论著很少。

原著作者主持和参与了"创新学术质量研究"项目和"空间和极端环境的无线技术"研讨组,本书是项目中的多名行业专家历经两年多的成果,涵盖了无线传感器系统本身以及将它们应用于空间、水下、地下和极端工业环境时遇到的挑战性问题。书中探索了设计和解决这些问题和挑战时的一些独特技术,并阐释了在那些环境下解决方案的相似性、关联性和差别。

本书针对无线传感器网络的特点和极端环境的应用需求,既有详细的理论推导和分析建模,也有针对实际系统的设计方案。如:针对无线传感的传输时延问题,探讨了其应用于火箭发射高动态实时控制中带延迟的反馈控制建模与算法设计;针对无线传感器节点的有限能量问题,建立了基于单节点能耗、网络寿命、任务完成率的多目标优化模型,探讨了极端环境下的功率控制策略;针对射频通信产生的电磁波对精密仪器的干扰问题,阐述了阿丽亚娜-5型运载火箭上面级的无线传感器系统布设和开发的总体技术及采用红外无线通信技术的详细设计方案;针对射频通信和水声通信的各自特点,探讨了适用于海底监测的混合组网技术;等等。作者中既有来自美国加州大学、德国慕尼黑工业大学等高校的教授,也有来自美国国家航空航天局(NASA)、欧洲空客公司(Airbus)、美国海军研究实验室等机构的研究设计人员,而更多的是大学、科研机构和工业部门的科研合作团队。书中引用了许多在欧洲航天局(ESA)、NASA等机构的无线传感技术设计与应用实例,既有成功经验,也有失败教训,对于研究和设计人员来说都是宝贵的参考信息资源。

翻译本书的目的就是将无线传感技术在极端环境中的应用介绍给国内从事该领域研究开发的技术人员。在翻译本书的过程中,得到了张志利教授和李敏教授的大力支持和帮助,译者所在课题组的杨志勇博士,博士研究生黄坤阳、侯雨果、张新帅,硕士研究生姚瑞桥、许友安做了大量基础性的工作,在此对他们的付出表示感谢。本书的翻译过程也得到了国家留学管理委员会、驻英国大使馆教育处余海婴老师和胡小芃老师的热忱帮助,在此一并表示感谢。

由于水平有限,书中难免有疏漏和不妥之处,欢迎读者批评指正。

译 者

2019 年 10 月

前　　言

新千年伊始,中短距离无线通信技术的到来促进了轻型传感器和执行器领域的快速发展,由此也诞生了一个飞速成长的商业领域,市场涌现出各类新型的智能无线传感器。这些智能无线传感器主要得益于采用了传统通信和数据系统的基本架构,实现了成簇的交互工作,并具有包括自主和自适应网络覆盖在内的新特征。两个常用术语包括:代表大量或超大数量的传感器节点应用的"无线传感器网络(WSN,Wireless Sensor Network)"、少量节点的"无线传感器系统(WSS,Wireless Sensor System)"。

近年来商用无线技术的迅猛发展以及先进编码、信号处理和信息技术的应用,使得高传输速率的无线连通成为可能,许多行业开始重新思考有线的必要性。采用无线技术不但具有减轻重量以及降低线缆、夹具和连接器等成本的显著优势,而且还能够降低传感系统设计、测试、升级等额外成本,而这些也许并不总是那么容易被关注。此外,配置的灵活性和可扩展性是无线传感器系统带来的附加利益。

空间和其他极端环境——水下、地下以及非常规工业环境也许会显著得益于无线传感技术,但这些充满挑战的环境条件以及高可靠性的要求,使得无线传感技术在这些领域还没有得到充分利用。近期,我们组织的一系列名为"无线飞行控制系统(Fly by Wireless)"的研讨会和另一些与之平行的名为"空间智能传感(WiSense4Space)"的研讨会在美国电气和电子工程师协会(IEEE)的统一下,组成了一个 IEEE 国际会议机构,主题是空间和极端环境中的无线技术。这些研讨会中的第一个是 2013 年在美国巴尔的摩举行的,来自航天机构、工业和学术界的科学家和工程师们通过这个技术论坛,分享在空间和极端环境中无线领域的知识,并为最终实现在极端环境下广泛应用无线技术做好准备。在所有无线环境中最具挑战性的空间应用,以及水声技术、无线光通信、矿井内的通信与传感,都属于这些大会的讨论主题,讨论一直持续至今。

本书是受到该领域内近期研究进展的启发,涵盖了范围很宽的主题,从能量分配、无源通信到水下连接,乃至无线反馈控制。我们希望阅读本书的工程师和科学家们能够将这些想法和方法提升到一个新的层次,并将它们应用于未来的设计中。无线技术应用于极端环境下,其影响不仅在于省去线缆而带来的高效性和经济性,更关键的是使一些新的数据采集方法能够应用于以前无法到达的区域。无线传感器通过组网可以构建一个数据共享环境,用于监测复杂系统、寻找异常现象和防止灾难发生。从各类建筑物和机械设备中采集数据,能够帮助设计者更好地了解自己的设计,确定在真实世界设定的运行状态,避免被迫采用仿真手段。而从定期维修到视情维修则是无线传感器应用于恶劣环境时带来的另一个显著优势。

我们要感谢那些始终如一地支持并做出贡献的作者们,没有他们,这个项目不可能完成。来自全球工业部门、航天机构和学术研究机构的同行们,从美洲到欧洲再到亚洲,所有人都不辞辛劳地工作了超过两年的时间来准备这本书,他们对本项目做出的贡献令人敬佩。

感谢 John Wiley 出版社的指导和努力,从早期的初稿提议到最终修订完成,使得本书成为在学术研究和工业开发领域的高质量图书。

真诚地希望我们的努力能够使本书有益于学生的学习,有益于启发工程师和科学家将书中概念应用于设计中,并有益于学者传授这些新兴的概念。

相信在"无线飞行"、"无线驾驶"和"无线生活"这些先进技术给我们生活带来便利的同时,智能传感器的高效应用也将使我们的空间、地球、城市工业以及家庭环境变得更加美好。

Habib F. Rashvand

Ali Abedi

目　　录

第二部分　空间无线传感器系统解决方案与应用

第三部分　水下与潜水型无线传感器系统的解决方案

第五部分　工业和其他无线传感器系统的解决方案

第一部分

适用于极端环境的无线传感器系统
——通用解决方案

第 1 章　极端环境下的无线传感器系统

走别人没走过的路,说别人没说过的话,都是最令人敬畏的。

——陀思妥耶夫斯基

1.1　引　言

在过去 40 年的经济和政治动荡中,世界发生了一系列剧烈的变化。伴随着新技术的发展,许多技术的发展趋势却趋于停滞,这令专家们惊奇不已。智能传感技术是其中的成功之例,它由于人们生活质量的提高以及对气候恶化的担忧而得到了快速发展。

尽管该领域在世界范围内有许多项目,也有不少成功的日常生活和工业应用实例,但我们仍在期待真正的开创性思维模式。随着投入资源和研究活动的增加,其中太多的研究报告都未能证明这些引人注目的工业应用所消耗资源的合理性。为此,我们必须在全球范围内对过去 20 年来传感器的性能进行评判。我们研究了早期的调查报告[1],并分析了所述项目的经济效益。其中一个主要结论是,太多年轻的研究人员总是试图发布他们的工作成果,但这些不是真正可以提高生活质量的实用成果。除了少数诸如节能、性能优化、跨层设计、高效采样和数据管理等有用的研究活动之外,我们看到了许多普通而琐碎的网络操作模式,如路由、调度、节点更换、移动性和过度简化的工作条件等。对它们进行简单的计算机仿真会产生大量不确定性数据,而这只不过是一个消耗计算机资源的新黑洞。

继我们针对空间和极端环境(WiSEE)和相关传感器研讨组举办的一系列无线技术会议之后,我们决定应该指导研究最需要传感器的环境,包括空间和其他恶劣、工业或非常规的环境。

遵循爱迪生在证明用电生光可以照亮我们的黑夜之后那种解决问题的态度,我们需要鼓励年轻人培养坚定的信念和真诚的奉献精神。他们需要享受创造和实现目标,以便能够为更好的生活质量而进行设计。他们应该解决问题,打破陈规,创造新机会,开创新模式。通过应用新技术,如不断改进的无线智能传感器和执行器,为我们创造新的更智能的技术系统和服务提供更多可能。

一项新的技术要得以成功实施,必须满足 4 个基本要求:可信、客观、安全和可持续。其中,客观性是对产品或服务的要求,对我们而言则意味着克服非常规工作条件的制约,相应的产品或系统能够在各种恶劣条件下有效工作,无论是空间、地下,还是极高、极低亦或急剧变化的温度、湿度、风和压力环境。

本章包括2个概述部分:1.2节介绍我们先前在空间和其他极端环境下的无线传感器系统(WSS)上开展的工作,1.3节为本书后续章节提供一个扩展的概述。

1.2　空间及其他极端环境中的无线传感器系统

本节总结回顾我们早先在空间和极端环境下的无线传感器系统(WSS)上开展的工作[1],这是基于我们在 WiSEE 2013 研讨会上 WSS 工作组的工作。本节的主要内容是分析如何采用敏捷异构的非常规无线传感器(UWS)系统来突破常规无线传感器网络(WSN)的局限。

1.2.1　定义

对术语进行分析比较要比简单定义好得多,它们通常随着应用场所和工作环境的改变而不同。

WSN 通常是由大量互连的传感器节点和簇群构成的复杂网络。然而,一个WSS 是一种由面向数据的互连传感设备构成的小型系统,用于获取明确定义的传感信息。WSS 中的传感器节点通常限制更少,灵活度更高,因此更具适应性和自主性。在 WSS 中,诸如无线传感器和执行器网络、无线智能传感、无线连接的分布式智能传感、自主飞行器传感器网络等术语的使用是合理的。不过,无线地下传感器网络、水下无线传感器网络和工业无线传感器网络通常更加复杂,因此从定义上更适用于 WSN。

异构传感服务需要 UWS 解决方案,因此对 WSS 和 WSN 进行比较的一种方法是客观地看待它们的设计目的。如果规模较小,基于 WSS 的自管理异构传感服务解决方案具有更好的动态性和实用性。这是基于我们的基本服务原则:
- 传统的 WSN 通常用于采用通用智能传感器的同构传感服务;
- 非常规的 WSS 采用特殊的传感器,专门用于动态、异构的 UWS 服务。

因此,UWS 解决方案需要保持简单,使用于较小规模且不太复杂的 WSS。

1.2.2　空间和极端环境中的网络

在许多 WSN 中,数据收集简单使得在多业务网络中部署大量密集的传感器和执行器成为可能,并得到了广泛应用。在空间和极端环境(SEE)中,需要智能网络来提高数据收集的效率,因而可以获益于这种低成本、低运行功耗的网络。例如,多时间尺度自适应路由协议可以通过多时间尺度估计,计算数据包传输时间的均值和方差,从而使其最小化。另一个例子是部署分布式雷达传感器网络(RSN),它们通过一种自组织多跳网络(ad - hoc)形式组合成一个智能的集群网络,为目标检测与跟踪提供空间适应能力。这种 RSN 可以被部署为机载、地面和地下无人驾驶车辆上的战术作战系统,用于保护关键基础设施。

1.2.3 SEE 中的节点时间同步

在 SEE 中,WSN 各节点间的时间同步和协同合作的管理非常重要。诸如滑动时钟同步协议被用于极端温度下的时间同步,该协议的关键在于由中央节点定期发送时间同步信号,然后该节点测量 2 个连续同步信号之间的时间间隔,并结合本地测量的时间,从中可以确定并修正任何可能的误差。

另一个很好的例子是创建一个超级可靠的 WSN,即使在极端条件下也不会停止监测,不需要进行维护。这样的系统能够通过动态路由协议检测出发生故障的传感器节点,并使其他节点能够接管该失效节点所执行的功能。

1.2.4 SEE 中的频谱共享

空间环境中对频谱的需求非常巨大,尤其是当人员安全和控制系统可靠性严重依赖于无线传感器时,例如:

- 结构健康;
- 碰撞检测与定位;
- 泄漏检测与定位。

这时需要稳健和可靠的动态频谱共享方案。为了利用空间频谱共享,我们需要对地面网络中使用的系统进行修改,例如它们中的频谱感知错误是无法避免的,但却缺乏相应的驱动机制以允许主要节点而不是次要节点接入网络。

1.2.5 SEE 中的能量方面

介质访问控制(MAC)在为 WSN 提供高能效和低延迟通信方面发挥着至关重要的作用。为空间或水下运行而设计的传感系统面临着额外的挑战,如超长时间和潜在可变的传播延迟,这严重地抑制了传统 MAC 方案的吞吐能力和延迟性能。由于能量短缺和不良的传播条件导致的网络系统中断也带来了重大问题。我们现在研究与 SEE 中可靠高效的多路访问相关的类似挑战,重点是水下传感系统。

能量收集技术对于介质访问具有重要意义,因为未来能源的可用性具有不确定性,难以像传统方式那样部署可靠的工作周期和计划或是停止时间。考虑卫星系统,就能很好地理解与长传播延迟相关的挑战。按需分配的多路访问通常被用作实现高信道利用率的手段,它们能够根据时变需求,将信道容量动态分配给各个节点。

1.3 章 节 简 介

本书的各个章节内容来源于 2 个方面：

- 对已发表的期刊或会议论文进行拓展，其作者的工作已经通过同行的评议；
- 由资深和经验丰富的学术或行业专家选择的原创性评述，以扩大本书涉及的范围。

1.3.1 第 2 章简介

本章的标题为"极端环境下无线网络反馈控制面临的挑战"，从新的视角展示了以无线方式运行的反馈控制系统。由于在航空航天飞行器中甚至在汽车中安装有线控制系统的成本很高，以及随之而来的额外重量和燃料需求。本章针对此问题展开讨论，旨在重新设计控制系统，去掉从传感器到控制器最终到执行器的线缆。采用不同方式进行建模，将控制系统中的线缆连接替换为无线连接。本章介绍了无线系统引起的一个延迟和噪声模型，然后研究了控制系统的性能，通过在回路中增加延迟和噪声以解决无线控制的可行性问题。

本章提供了一个研究案例：在运载火箭上安装多个加速度传感器来对振动模态进行建模。火箭结构在高速条件下会产生弯曲，因此这些传感器信息将有助于对火箭轨迹进行精细调整。使用一阶和二阶微分方程进行系统动力学和控制器建模，其中的参数用于确定系统闭环响应的上升时间、稳定时间和过冲。

然后在系统中增加固定延迟，并采用 Padé 逼近来使其以合理形式出现。进而研究了延迟对一阶系统稳定性的影响。将结果进一步推广到具有不同延迟的多传感器输入，并研究了延迟对于二阶系统瞬态响应的影响。

使用加性高斯白噪声对影响无线链路的外部干扰进行建模，这将使系统微分方程的参数发生细微改变。对上升时间和过冲的变化与噪声的关系进行了绘图和分析。

尽管要想在关键应用中实现这些系统还有很长的路要走，但本章为这些系统的建模、分析和研究奠定了基础，并为 SEE 中传感器和执行器的无线控制器提供了设计框架。

1.3.2 第 3 章简介

本章的标题为"极端环境下传感应用中的寿命和功耗优化"，研究通用传感器网络的功耗优化，也就是不针对任何特定应用。所定义的优化问题是通过使用尽可能最小的功率来延长网络的使用寿命。所提出的问题被证明为凸优化问题，因此可以通过采用传统数值方法和凸优化理论来获得全局解。

推导了网络寿命的上界和下界，以作为功率受限型 WSN 的设计指导，并提供了一种搜索近似最优解的简易方法。同时介绍了几种实际应用,并给出数值结果对所提出的方法进行验证。

本章专门介绍了 SEE 中实际应用的功率优化,这也是本书的重点。值得注意的是,传感器节点可能因为各种原因(包括电池耗尽)而失效,同时网络中传感器的数量可能随时间而改变,因此功率分配也应该随之改变,应遵循满足网络最新状态的最优解。所提出的功率分配方案优于统一的功率分配——在具有有限和不可再生能源的传感器网络中的每个传感器节点都使用相同的电池。

本章所关注的应用包括被动多雷达探测,以完成对未知目标信号的检测或分类。采用低成本传感器网络来执行此任务,比使用单个复杂雷达系统更可靠,费效比更优。

另一个应用实例是建立海洋地图的解决方案,该应用采用沉降式传感器来创建海床的 3D 地图。使用本章介绍的最优功率分配策略可以避免使用大容量电池,并可降低网络的总成本。

概括而言,本章提出的功率分配方案,能够在满足信号质量要求的条件下最大限度地延长网络寿命。

1.3.3 第 4 章简介

本章的标题为"基于连通度的无线传感器网络定位性能提升",解决非常规传感器节点的定位方法问题,这些方法被用于诸如全球定位系统(GPS)等常见方法无法利用(许多极端环境中没有 GPS 信号)、过于昂贵或复杂的场合。本章回顾了近年来单跳和多跳网络定位技术的进展,重点研究通过相邻节点信息收集的基于连通度的定位技术。

针对单跳网络,提出了质心定位算法和改进的质心定位算法。改进的方法可以从其他所有节点中辨识出可靠锚节点,并为其分配不同的权重。针对多跳网络,提出了基于平均跳距和校正因子计算的 DV – Hop 算法。利用概率论和最大似然估计,讨论了基于跳数定位的理论基础。进而介绍了几种基于连通度的定位精度提升方法:通过调整基于预期跳距的校正因子,拓展了一种利用邻域信息的方法;提出了一种邻域分区算法,解决跳距的不确定性问题。数值结果表明,随着节点数的增加,该方法比原始的 DV – Hop 算法定位精度更高。

通过本章的阅读,可以了解最短路径的不同定义,包括最短跳距、最小归一化邻近距离(RND)和最短距离等,以及它们如何影响定位策略。本章研究了不同定位算法中反映物理层和网络层状态的数据包接收率的影响。对各向同性网络和各向异性网络加以区分,并且证明了由于网络本质具有的各向异性特性,许多改进的算法可能出现在最短路径或直线计算中。

总之,本章概述了 WSN 中基于连通度的定位方法(也称非测距定位方法)。这些方法实施简单,成本低,适于许多不同应用。在 SEE 中,缺少 GPS 而需要采用这些方法,因此本章的解决方案对许多 SEE 应用具有潜在价值。

1.3.4　第 5 章简介

本章的标题为"罕见事件检测和事件供能的无线传感器网络",聚焦于小概率但影响重大的事件,如桥梁结构故障或飞机的引擎故障。

在 WSN 中,检测概率和检测延迟是用于检测小概率事件的主要参数。在延长网络寿命和提高检测概率的同时,还要缩短检测延迟,这将是一个挑战性问题,一个有意思的解决方法是通过能量收集来实现。

本章首先研究了一个具有能量收集和轮值控制能力以节省能量的完全分布式传感器网络,进而研究了能够产生可收集用于传感器网络工作的足够能量的小概率事件。在众多的小概率事件中,诸如地震或爆炸等事件,可以产生足够多的振动能量以触发传感器网络接通然后进行能量收集。

无线传感器节点的设计分为两部分:微控制器和电源管理电路。接着介绍了用于小概率事件监测的有中心簇 WSN 的概念。监测民用基础设施往往需要大量的数据,可能超出了目前 MAC 协议的限制。本章介绍的网络处理和数据集总方法能够部分解决这一问题,从而扩展了 WSN 在 SEE 中的应用范围。

本章介绍的系统模型包括一个个域网(PAN)协调器,该协调器在事件发生前保持空闲状态。当收到来自不同簇的数据时,为了确保公平性,对来自不同簇的非相关数据赋予更高的优先级。本章后面介绍了 IEEE 802.15.4 标准的基于数据包到达时间的性能评估,以说明与传统方法相比,分簇聚类 MAC 是如何执行的。在性能评估部分还研究了平均传输时间和总传输时间。

概括而言,本章提供了有关如何设计用于有效可靠探测小概率事件的 WSN 的新观点。

1.3.5　第 6 章简介

本章的标题为"空间应用中的无源传感器",描述了 SEE 中电池操作或者更换和维护问题,及其给 WSN 使用带来的困难。尽管大多数例子来自空间应用,但这些概念可以推广到其他具有挑战性的环境中。详细介绍了采用无线技术对降低运载工具的重量和成本带来的好处。

对有线和无线网络的成本效益进行了分析。研究了两种不同类型的传感器——无源传感器和有源传感器,并介绍了设计中需要考虑的相关事项。除了介绍无线系统较之有线系统的明显优势(如成本和重量)外,还介绍了其他的问题和挑战,如支撑结构、固定装置、布线、路由成本、电磁干扰和电磁兼容等。

从数据采集和传输信道的角度对无线系统进行了可靠性分析。需要指出的是,即使单个传感器数据也许并不可靠,但信源与信道联合编码方法考虑了数据流之间的相关性,因而可以给出高准确度和可靠性的结果。这个结果是基于众所周知的高斯信源 CEO(Chief Executive Officer)问题,当多个传感器靠近同一信号源时,联合编码还可以扩展到相关的传感器数据。

接下来讨论了有源传感器和无源传感器的不同类别,以及无源反射式射频(RF)传感器的免维护和无源特性。介绍了这类传感器的基本工作原理,指出了在传感器材料、代码设计和干扰等方面面临的问题。研究了在信源端和接收端的几种消除干扰的方法。

概括而言,本章介绍了用于 SEE 的无源无线传感器的优点以及设计面临的挑战。实施技术涵盖从材料和物理层一直到编码以及更高层,如联网和干扰问题,都通过一致方式加以呈现。本章的参考文献从传统的学术论文到工业和航天局的报告,给出了该领域当前真实的发展状态。

1.3.6 第 7 章简介

本章的标题为"可预知的空间传感器容断(Disruption Tolerant)网络中的连接计划设计",侧重介绍空间容错网络的设计、规划和实施。给出了高动态空间环境下端到端连接的概念。本章的核心是导致网络延迟而非数据丢失的网络中断。

后续介绍了以系统方式进行容断 WSN 连接计划的设计方法,并对 3 种连接计划——公平连接计划(FCP)、路由感知连接计划(RACP)和运动感知连接计划(TACP)设计方法进行了比较。

通信系统参数(如发射功率、调制方式和误码率(BER))与轨道动力学参数(如位置、距离和天线方向)一同被用于确定未来的连接计划。其他约束条件包括时区约束和并发资源约束。为了更清楚地加以说明,给出了诸如星地通信和星际通信之类的实例。

连接计划的设计是基于各种输入参数,如节点数量、拓扑状态、起始时间、间隔持续时间、缓存容量和流量。提供了连接计划设计的实例分析,包括一个持续 3h22min 的实验,给出了所有 4 个半轨道的数据流量。在各种网络负载条件下对 TACP、RACP 和 FCP 方法进行了比较。

本章后续讨论 TACP 的安全裕度和拓扑间隔,然后考虑了连接计划的设计、分发与实施。

概括而言,本章介绍了利用空间 WSN 来增强地球观测任务性能的优点。传统基于互联网的协议无法在空间应用,因此提供了容断方案作为可靠的替代方案,并介绍了与其设计和性能分析相关的问题和挑战。这些系统的主要目标是:即使某些部分的数据可能出现比其他部分更长的延迟,也能确保传感器数据的可靠传输。

1.3.7 第 8 章简介

本章的标题为"用于阿丽亚娜运载火箭发射的红外无线传感器网络开发",介绍了用于运载火箭的 WSN 开发。这对开发提出了一系列特殊的约束条件,需要对可靠性给予认真关注。其中的一个约束是对传感器节点的电磁发射的严格限制。本章的重点是火箭上面级的红外 WSN 链路,并探索实现丢包率最小化的方法。

介绍了在 1～2m 范围内非视距条件下红外发射器－接收器通信的实验结果。依据不同亮度和角度下误码率随二极管电阻的变化,给出了设备级的设计思考。研究了低数据速率下多层绝热材料作为红外通信反射器的效用。

本章还介绍了低功耗红外应用的专用集成电路(ASIC)开发策略,确定了最佳调制类型。在一个现场可编程逻辑门阵列(FPGA)中进行了接收器的合成与测试。设计了 ASIC 芯片并将其在传感器中进行了测试。对单极码和曼彻斯特码等信号编码方法,进行了功率谱效率对比分析。ASIC 的设计细节包括对动态功耗和(辐射)泄漏的分析。在运载火箭上最终使用了具有相似特性的抗辐射 ASIC。

还研究了可靠传感器网络中的时间同步,其目标是通过传感器节点上最少的硬件和尽可能小的负载来实现时间同步。指出了无线通信的随机性,其产生延迟的确定性比有线通信低。可见光通信技术被用于对所有传感器进行同步。系统中使用的传感器包括气压、温度、红外与可见光以及湿度传感器。

本章介绍了用于空间运载火箭的一个完整的传感器系统,内容涵盖从设计到实施和测试全过程。

1.3.8 第 9 章简介

本章的标题为"用于结构健康监测的多信道无线传感器网络",讨论了一种用于结构健康监测的无冲突的自适应多信道方法,并解决了诸如延迟、吞吐量和鲁棒性等问题。

尽管许多其他书籍可能涉及结构健康监测的不同方面,但本章主要关注于飞机非常复杂的结构以及众多相互关联的部分。对这种复杂系统的自动监测需要许多不同类型的传感器,所有传感器都使用有线或无线系统连接到中央处理单元。本章重点介绍无线系统,它们重量更轻,成本更低,因而非常理想。

考虑到工业环境中飞机对 WSN 的要求,只采用非关键传感器和现有技术以缩短开发时间。分析了不同采样率和网络大小的静态和动态传感器。

在简要介绍了该领域现有的研究和开发活动之后,提出了在多信道使用和数据采集应用中面临的问题。本章介绍的解决方案是一种统一的方法,既实现 IEEE 802.15.4 的要求,也满足在飞机上使用的约束。本章讨论的众多挑战性问题包括飞机机舱内的信号传播、多信道无线网状网络、节点发现与同步、信道选择和网络连通性等。

在介质访问控制方面,研究了无竞争协议、基于竞争的协议以及混合协议。接下来讨论动态多跳路由和能源效率。作为能源效率这个主题的一部分,讨论了冲突、串音、控制数据包开销、空闲监听和干扰等问题。详细讨论了各种节能方法,如缩减数据、降低协议开销、节能路由、轮值和拓扑控制。

最后,讨论了自适应 WSN 对于环境、拓扑或通信量变化的鲁棒性,并对集中式和分布式方法进行了比较。

1.3.9　第 10 章简介

本章的标题为"用于缺陷检测与定位的无线压电传感器系统"。从兰姆波的应用以及使用锆钛酸铅压电陶瓷（PZT）传感器对其进行检测开始,简要概述了该领域的先前工作。其中大部分是基于有线系统,而本章则介绍了使用无线系统进行缺陷检测的优势以及需要解决的问题。兰姆波的信息具有高频特性,因此对当前的 WSN 进行改进使其支持高采样率就是面临的问题之一。虽然采用文献中介绍的压缩感知技术看起来是一种可行的解决方法,但在传感器节点中嵌入压缩感知算法是该方案带来的一个新挑战,本章将对此进行详细讨论。

本章介绍了基于兰姆波的缺陷检测,并对 WSN 的各个方面进行了详细讨论。进而讨论了主动压电传感技术,并深入探讨了诸如频率调谐、加窗和数据处理等问题。

本章的下一部分转入介绍网络方面,提出了一个具有多监测区域的网络拓扑结构,每个区域都有自己的无线节点,将压电陶瓷传感器数据中继到基站进行处理。

介绍了传感器节点的详细架构,包括模数转换器、数字信号处理核心、先进精简指令集处理器（ARM）处理器和无线射频通信。接下来阐述所提出方法中的分布式数据处理,讨论内容包括数据同步问题以及针对所需缓冲区和直接存储器访问的考虑。

本章最后讨论了这种方法的同步性以及可扩展性和可靠性。值得注意的是,利用结构传播超声波的缺陷检测是最近被重新研究的热门课题。本章简要而全面地介绍了该领域的研究成果,可供学术界用于推动理论发展,也可供专业工程师用于开发功能更多、效率更高的新系统。

1.3.10　第 11 章简介

本章的标题为"采用临近空间卫星平台的导航与遥感",涉及临近空间（20～100km 高度）的导航。这是大气层中一个不适于飞机和卫星的特殊区域。然而,随着微电子和推进系统的最新发展,临近空间已经得到了一些关注,主要是因为与飞机或卫星相比,临近空间平台的实施成本较低。

临近空间的一些优势是能够控制平台并使其在感兴趣的区域上方保持静止,或将其移动到其他所需区域。由 NASA 设计的 2 个由太阳能供电的临近空间平台,它们是 HELIOS 和 Pathfinder。由于临近空间平台距离地球更近,无线传感器在潜在的观测区域可以探测到更弱的信号,而这些信号对低地球轨道卫星而言是不可检测的。注意到使用这些平台通信时的通视优势也很重要。

除了详细讨论 NASA 开发的平台外,本章还提供了有关欧洲航天局（ESA）开发项目的信息,如 HeliNet、CAPANINA、UAVNET、CAPECON 和 USICO。

本章还讨论了临近空间平台的其他应用,例如雷达和导航传感器。具体而言,合成孔径雷达(SAR)成像被视为可从这些更接近地球的成像平台中受益的重点潜在领域之一。

描述了一个将临近空间平台与卫星和飞机相结合的综合框架,并将其与不同层次的传感器系统连成一个网络,说明这种方案潜在的效益和在协调方面面临的问题。本章还介绍了使用临近空间平台的星地增强的设计考虑、最优布局和覆盖分析,并讨论了其局限性、弱点以及法律和实施问题。

概括而言,本章为无线传感器网络提供了一个可供选择的平台。该平台不但支持新的应用,也可提高现有应用的性能。在这种环境中的设计挑战对有志于这些系统设计的专业工程师来说颇有趣味。

1.3.11　第 12 章简介

本章的标题为"水下声传感的介绍",介绍了水下网络化传感器及其限制条件和潜在应用。作者认为,水下环境比通常理解的更加恶劣,使其成为真正的极端环境。这主要是由于在现有技术下水下环境信道极差。在探索各种各样传输可能性的同时,还研究了诸如自由空间光学、磁感应、具有较高和较低频率的无线电,以及以声频、声纳和超声波形式的声学传播等可能的选择方案。声波特性的分析与建模以及多径问题的解决方案突显了水声传输及相关网络的重要特性。

针对声通信这一数世纪以来在海洋应用中最广泛采用的技术,深入思考和拓展分析了这一技术及其众所周知的问题,包括:

- 长距离需求;
- 严重的信号丢失;
- 节点损失;
- 由于缺乏 GPS 信号导致不良的定位性能(GPS 信号对于地面传感器而言是信手可得的);
- 不易接近;
- 生物污染问题;
- 实验成本高;
- 维护成本高。

作者通过调查最近的发展来突出所取得的进展,描述了小型移动平台技术,例如用于监测和勘探的智能和自主潜航器:遥控潜航器、自主水下探测器、无人水下航行器、水下无人机和水下滑翔机。还研究了可能成为智能水下环境基地的大型复杂平台的可行性,这些大型复杂平台综合多种功能,能够作为新的多技术发展的试点部署中心。

1.3.12　第 13 章简介

本章的标题为"使用表面反射波束的水下锚点定位",使用新的数学模型来解决水面附近水下物体的定位问题。这适用于大多数潜航器以及当前 90% 以上的传感和水下航行。作者进而对该模型进行扩展以利用水底反射声束,这是一种适用于浅水应用的方法,同样也适用于一些深水目标定位的特殊情况。建立了一个基于实验室的原型系统,来验证在水下环境中等比例缩放的三维(3D)模型的一部分。

定位模型使用视距和水面反射的非视距链路来定位已丢失或漂离网络控制系统的节点,使用已知参考点来获得很高的定位精度和很快的定位速度。该方法的主要特征之一是对丢失节点处的到达角(AOA)进行估计,仅就此而言已经做出了重大贡献。同时还涉及使用定向声换能器对水面反射的非视距信号阵列进行组合。仿真结果证明了该方法的定位性能,以及在有更多参考节点时所提方案的优势,该方法将定位误差缩小了一半。通过进一步分析给出了将视距信号与非视距信号相结合的好处,这在水面极为不平时是非常重要的,此时声音信道中的大部分有效信号功率来自间接路径而不是直接路径。

1.3.13　第 14 章简介

本章的标题为"采用 Cayley – Menger 行列式实现单一信标下的水下传感器坐标确定",介绍了一种具有更高精度的对可安装传感器的节点、目标和载具的新型动态定位方法。

在这个测量系统中,采用一套完整的解决方案来利用水面信标节点进行水下节点的坐标定位,并提出了相关的规范。该方案可以提供持续更新,能够立即确定节点坐标,而不需要任何复杂的基础设施或是使用其他参考节点。该方法采用 Cayley – Menger 行列式和线性三边测量,使用 Cayley – Menger 行列式具有一个有趣的特征:四面体的六条边不是独立的,而是需要满足一定的等式约束。进而可以利用这个约束来降低距离测量误差的影响,这一发现还可拓展用于到达时间差(TDOA)和到达角的定位测量。

Cayley – Menger 行列式给出了由 1 个水面信标和 3 个水底传感器所构成的四面体的体积,以确定各传感器相对于其他传感器的坐标,其中行列式是非线性的。进而采用自由度属性来扩展行列式。一旦传感器相对于参考点的距离、三边定位和线性变换已知时,其坐标就被确定,则线性系统得以求解,这被用于确定传感器相对于信标节点的坐标。

首先假定传感器静止以确定水下传感器的坐标,而传感器自发或非自发的移动将在后期归入到数学模型中。

1.3.14　第 15 章简介

本章的标题为"水下及潜水型无线传感器系统的安全性问题和解决方案",研究水下无线传感器系统(UWSS)的安全问题,这些系统对于大多数应用(科学勘探、商业、监视和国防)至关重要。着眼于水下传感环境的具体特点,提出需要一种新的更适合的网络架构来克服 UWSS 最关键的弱点,包括无法使用露天和地面设施的常用功能,例如 GPS 定位功能和针对安全性需求的可维护功能。

水下项目的安全性考虑与诸如敌对节点进行信号窃听之类的问题有关,这些敌对节点也可能阻断和修改消息,从而对数据保密性、完整性和身份验证过程造成更多严重的漏洞。

由于非对称加密机制无法实施,作者探索了适用于 UWSS 的对称加密机制,也试图找到合适的密钥管理技术,研究内容包括:

- 新的密钥分发方法的连接安全性要求和问题,考虑了游牧移动模型(Nomadic Mobility Model)和曲折水流移动模型(Meandering Current Mobility Model)。
- 拒绝服务攻击:通过降低占空比来缓解阻塞,通过限制重传来控制能量损耗,利用位置验证技术进行多重身份认证,采用更安全的路由协议来防止漏洞攻击。
- 安全的定位方法,其中大部分都在开发过程中。
- 安全的跨层技术以实现更高效的通信,它们将在成熟后被设计和应用。
- 调度和时分多址(TDMA)协议中的安全的时间同步,通常由于长传播延迟和高移动性节点引起。

1.3.15　第 16 章简介

本章的标题为"基于磁感应的传感器网络用于地下通信时的可达通信吞吐量",研究最困难的通信环境之一。由于涉及这一特殊信道的可变性和复杂性,用于感测和驱动的地下通信面临严峻挑战。工业应用需要的无线地下传感器网络(WUSN),包括土壤监测,地震预测,矿井检测,储油罐、隧道、结构和建筑健康监测以及农业等方面。它们也可以用于许多其他常见目的,如地下目标识别和定位。

在这样的环境下进行通信是 WUSN 的瓶颈问题,路径损耗较大,传统的电磁无线传播技术只能在非常短的距离内使用,并且传播能力随着土壤湿度的增加而大幅下降,因此作者考虑了替代通信技术。由于磁感应(MI)在深度较浅的条件下的应用普及,提出将其作为可能的解决方案。MI 已经被用于近场通信和无线能量传输。MI – WUSN 已经采用各种方式进行了尝试,包括带有无源中继的 MI 波导,将被用作谐振线圈的多个磁中继器组合到波导结构中,以便在网络的有源节点之间建立连接。而不带无源中继的直接 MI 传输系统对许多地下工业应用而言是一个有趣的解决方案。

继 MI – WUSN 的地下传输模型之后,本章探讨了建模和实现吞吐量最大化的一些细节,包括网络规范、吞吐量最大化,基于直接 MI 传输的吞吐量和基于 MI 波导的吞吐量,并对各种应用中的方法进行了比较。

1.3.16　第 17 章简介

本章的标题为"地下无线传感器系统的农业应用与技术概览",是针对农业应用中地下 WSS 的技术评论。在已建立的地面无线传感器网络(TWSN)技术与新发展尚不成熟的 WUSN 技术之间存在技术性挑战。将地下技术与 TWSN 进行比较是不现实的,而将 WUSN 和 TWSN 技术相结合则可以获得突破。将这些新的解决方案引入土壤极其丰富但水资源匮乏的旱地和山区,可能会比将它们用于为全球经济做贡献更加重要。

从数十年分散的研究中,以及从偏远地区鲜为人知的发展和真实项目中发掘传感器技术发展的最新历史,作者已经做出了重大努力。传统农业的未来面临全球商务和城市不断扩张的威胁。与此同时,互联网交易和自给性经济可以帮助挽救许多小村庄以避免消失。将 TWSN 和 WUSN 相结合可能会产生一个很大的市场:由大型工厂进行部件和系统的大规模生产,而由中小型企业提供包括零件、设备、传感器、专业技术和咨询、培训以及共享或租用新型先进农业工具、机械和系统在内的一整套服务和系统。

1.3.17　第 18 章简介

作为物联网(IoT)和 WSN 的起始章,"采用无线传感器网络实现结构健康监测"为我们展示了智能传感器是如何为我们的纪念碑、建筑物、隧道和桥梁提供安全测量,减少人员伤亡并保护这些建筑物的。

统计文献综述显示,尽管对 IoT 和 WSN 的研究已经开始下降,但对结构健康监测(SHM)的研究兴趣仍在上升,表明该研究方向并非是一时的跟风炒作。作者研究了 SHM 相关技术与突破,包括压缩感知和能耗问题。在"采用 WSN 的 SHM 应用实例"一节中,探索了以下内容:

- IoT 和 SHM 的集成;
- 商用声发射传感器;
- 基于射频识别(RFID)的 SHM。

本章中网络拓扑和相关的网络覆盖部分介绍了多功能覆盖网络管理的新思想。

接下来,考虑到 WSN 的功率需求和能量消耗,为了努力确保其达到最长的使用寿命,使用正确的处理器是可供选择的方法之一。对于全球范围而言,IoT-SHM 系统的快速发展,使得这些部件能够以极低的价格进行批量生产,并符合全球互联网和传感器互联互通的标准。

尽管 SHM 听起来应属 WSN 的工业应用领域,但 SHM 具有其特殊性,因为它应用于诸如墙体、建筑物、桥梁、隧道以及嵌入式内部测量和运动监控,因此我们将它归组于地下应用领域,并对所研究的 WSS 的具体应用进行限制。

1.3.18　第 19 章简介

本章的标题为"工业无线传感器网络通信中的误差表征和解决之道",研究了经典工业无线传感器网络(IWSN)中可靠性不足的问题。作者认为这是由于现有的实际标准无法适应工业环境的物理和电磁特性。

由于无法全面研究工业 WSN 通信中的各种因素,本章所分析的物理因素包括传感器布设、反射表面、开放空间布局和移动障碍,同时也考虑了电磁干扰和信号畸变。

为了满足工业环境恶劣传播条件下无线传感器应用的高可靠性要求,提出了一种基于误差特性的适应性强的简易解决方案。通过对比特级、符号级、直接序列扩频(DSSS)码片级等各级 IWSN 信号的分析,试图将由于无线局域网(WLAN)产生的干扰与那些由于多径衰落和路径衰减产生的干扰区分开来。信号波形和物理层特性是由 WSN 通信标准定义的,因此可以在数据链路层和介质访问控制层的设计空间中找到更可靠的解决方案。

1.3.19 第 20 章简介

本章的标题为"飞行器可靠无线通信技术中的介质访问策略",研究了无线通信系统及其对传感器和执行器网络的影响以及飞机控制的安全方面。在对实际的有线问题进行初步调查和讨论并简单介绍了乘客对飞机安全性的担忧之后,作者提出了满足安全性目标的实施方案。为了实现其目标,他们将故障树分析作为可靠性评估的框架,介绍了相关指标参数,并分析了可行的无线技术。根据可靠性框架中的性能指标对可供选择的无线系统进行评估,从而选定合适的方案。

通过一个乘客热传感器的应用实例对可靠性模型进行说明,该模型是基于电源系统、传感器系统、控制系统和通信系统 4 个主要组成部分的故障建立起来的,进而将这 4 个部分的故障扩展到硬件、应用消息传输和安全等部件级故障,而这些部件级故障又被进一步分解为组件级失效的组合。

可靠性评估模型采用了飞机安全性标准的要求,并将这些标准要求进行融合,向下分解到组件级失效概率传播。然后针对一个典型的飞机应用,对 6 个相关标准进行了详尽的分析和比较:

- 传感器和执行器用无线接口标准(WISA);
- 欧洲计算机制造商协会超宽带无线通信系统标准(ECMA - 368);
- IEEE 802.11e;
- IEEE 802.15.4 (IoT);
- IEEE 802.15.4 (无线可寻址远程传感器高速通道的开放通信协议(Wire-lessHART));
- 第三代合作伙伴计划长期演进标准(3GPP LTE)。

本章给出了原始的功能标准,以及设计人员在基于无线传感器的飞机通信系统中所设计的最佳解决方案的各种图表。

作者声称他们的方法是实用的,并且使用了现成的商用硬件,他们的工作使通信工程师能够更好地了解如何设计更可靠的 MAC 系统。

1.3.20　第 21 章简介

本章的标题为"海上风电场监测中的无线传感器系统应用",研究了 WSS 如何应用于海上风电场。风资源丰富且无处不在,在沿海地区,风能的强度更高而且随处可得,风力发电机可以安装在岸上或海中。陆上风力发电机比海上风力发电机更容易维护、监测和控制,而海上风力发电机不占用宝贵的土地资源,但容易受到咸水和潮湿空气的腐蚀。

作者讨论了 WSN 在风场监测系统中的各种应用。研究了一种独特的专用节能路由协议——网络延寿型三级分簇和路由协议(NETCRP),并讨论了故障检测方法。通过采用合适的增强功能,如引入睡眠周期,可进一步降低能耗,从而延长网络寿命。此外,还研究了增加和减少量化级数的效果,并建立了最优量化级数的方程。

上述章节摘要展示了当前学术研究和工业应用在无线传感器系统领域的研发和实施活动的独特融合。在图 1.1 所示的空间、水下、地下和工业 4 个专题应用领域,通过突破这些极具挑战性的环境中的现有障碍,推广应用 WSN 具有巨大的潜力,可以改善我们的生活并促进未来行业的发展。

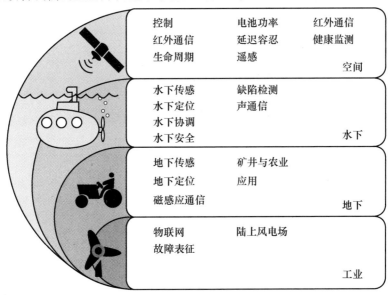

图 1.1　使用无线传感器系统及其新应用的 4 个最严酷和困难的领域的图示说明

参　考　文　献

[1] Rashvand, H., Abedi, A., Alcaraz-Calero, J., Mitchell, P. D., and Mukhopadhyay, S. (2014). Wireless sensor systems for extreme environments: a review. IEEE Sensors Journal, 14(11), 3955-3970.

第 2 章　极端环境下无线网络
反馈控制面临的挑战

2.1　引　　言

对复杂系统进行有效控制,提升其可靠性和可操作性,在部分程度上取决于新技术的使用。无线网络为控制系统降低成本、优化性能、改善运行和维护等方面提供了可能。在实际应用中安装有线控制系统的成本很高,这是人们选择无线控制系统的主要原因。无线控制系统的模块化可以简化维护过程并降低维护成本。这些无线网络控制系统(WNCS)可用于各种行业,包括但不限于:航空航天[1]、交通运输、生物医学工程和土木工程[2]。

在 WNCS 的设计中存在许多挑战。传感器与控制器－执行器系统之间的无线连接不可避免地造成从传感器到控制器的信息传播延迟。采样端到接收端最终解码之间的总体延迟可能变化剧烈,这是由于网络访问延迟和传输延迟都取决于可变性极强的网络条件,如阻塞和信道质量。延迟可以是恒定的、时变的甚至是随机的,并且常常导致控制系统的不稳定和性能恶化。文献[3－4]中讨论了在信噪比受限时保持系统稳定所需的条件。文献[5]将数据包丢失视为一种特殊的时延,分析了时延和数据包丢失的影响。无线网络中的时延主要由缓冲和传播延迟以及编码或解码等处理信息所用的时间引起[6],这些延迟与信号的预处理和后处理所产生的延迟相比要显著得多。

本章将介绍无线传感器网络用于控制系统设计时的一些问题,主要讨论延迟的影响,但也对噪声影响进行简要说明。2.2 节阐述使用无线控制网络的动机,并对运载火箭控制现有的有线控制理论进行介绍。2.3 节简要概述与本章其余部分相关的系统动力学和控制系统设计。2.4 节描述一阶系统中有 1 个或多个无线传感器时,固定延迟对控制系统的影响。2.5 节讨论延迟和噪声共同作用对二阶系统瞬态响应特性的影响。2.6 节对本章进行总结。2.7 节简要讨论为使无线控制网络实际应用于航空航天和其他领域而需要进行研究的方向。

2.2　极端环境下的控制器

在反馈控制系统中使用无线传感器和执行器可以消除有线系统所需的额外重

量和成本。20 世纪 70 年代推出的有线飞行控制系统(Fly by Wire)中,采用电线取代了重型液压控制系统。自那时起,航空航天和传感器领域一直通过开发先进的控制系统来推动能源和燃料的效率极限[1]。为了创建更先进可靠的控制系统,就需要额外的传感器和执行器,此类设备的制造和安装成本估算为每千克数千美元[7]。无线飞行控制系统(Fly by Wireless)是为主动飞行而设计的无线反馈控制网络[8]。无线传感器网络具有许多优点,如安装和维护成本低,冗余度高,并能够使用高级控制算法。例如使用无线传感器网络来实时估计纳米卫星运载火箭的弯曲模态特性,从而实现自适应和可重构的控制策略。然而,当采用无线传感器和执行器后,网络动态特性和数据包丢失等现象将导致控制系统设计更加复杂。设计师不仅需要新颖的控制策略来降低这些影响,还需要用于分析这些方法有效性的工具。

在本章中,无线网络对控制系统的影响被简化为一个简单的恒定延迟,本章的其余部分将讨论这种延迟对系统稳定和性能的影响。

案例研究:极端环境下的无线传感器网络

设计可重构和可重复使用的下一代运载火箭,需要采取控制策略以最大限度地减少滚转、俯仰和偏航 3 个旋转轴的振荡。火箭俯仰和偏航的动态性因结构的弹性而显著降低[9],表现为侧向振动。尽管运载火箭的优化设计可能会减少其中一些效应,但仍需要有源控制系统。然而,控制系统的性能依赖于准确获取振动特性。最初的设计步骤是根据第一性原理对振动特性进行建模,然后进行广泛的结构测试[10]。最终,即使进行了结构测试,也很难确定在飞行的特定阶段,哪些振动模态会被激发。虽然现代运载火箭控制器依赖于这些模态的先验知识,但最好的解决方案仍是实时确定振动特性,并采用反馈控制算法消除其影响。这种新方法需要许多传感器,这些传感器必须无线联网,因为将它们全部有线"连接"在一起非常不切实际。

Rezaei 等[11]进行了一项仿真研究,使用无线联网的传感器实时确定运载火箭的弹性模态特征(频率和位移模态)。他们假定部署了一系列传感器,来测量火箭上不同位置处的局部应变(见图 2.1)。通过对缓存的应变数据进行实时快速傅里叶变换(FFT)来确定激发模态的频率。基于 Jiang 等[12]采用的策略算法确定模态振型,使用预定时间长度内局部测量的应变来确定激发模态的互相关函数矩阵(见图 2.2)。该矩阵的特征向量提供了应变模态振型,也可以通过双重积分以获得位移模态振型。Jiang 等[12]提供了该方法有效性的全面模拟和实验证据,文中假定可以随时获取多个传感器的数据,且传感器阵列之间没有任何延迟。在 Reza-ei 等的文献[11]中,数据是从一个无线联网的传感器阵列中获得的,由此带来了额外的复杂性,文中的模拟将每个传感器之间的延迟简化为常数。

对模态重构准确性的研究结果包括对网络中存在延迟和没有延迟 2 种情况的对比。在该研究中,运载火箭被建模为一个自由梁,其中 5 个无线应变传感器等距

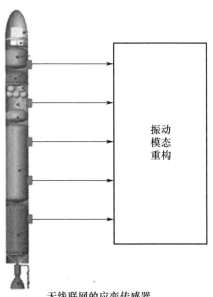

无线联网的应变传感器

图 2.1 安装有无线联网的应变传感器的运载火箭

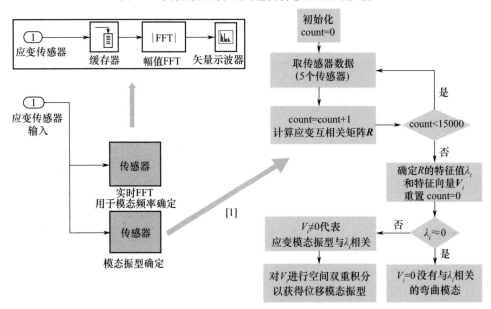

图 2.2 利用无线联网的应变传感器进行弹性模态重构

FFT—快速傅里叶变换。

离安装在梁上。假定运载火箭具有前 3 种振动模态,这 3 种模态中的每一种均独立激发,然后执行模态重构算法。图 2.3 显示了 3 种模态各自独立激发时的重构模态,其传感器之间没有延迟。可以看出,每种模态都被准确重构。图 2.4 给出了每个传感器之间存在小的固定延迟的情况,这类延迟可能是由于一些复杂性造成

20

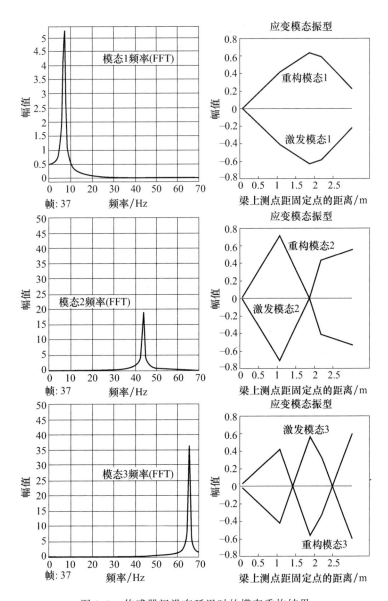

图 2.3　传感器间没有延迟时的模态重构结果

的,包括数据包丢失和网络的动态变化。可以看出,独立激发的各种模态被精确重构,但此外还检测到错误模态。图 2.5 显示了传感器之间的这种固定延迟增加时的结果。可以看出,除了检测到错误模态之外,模态重构的准确性也会受到影响,尤其是当有更高模态被激发时。概括而言,研究发现:

- 分布式传感器网络可以进行模态重构;
- 当 3 种模态中的任何一种被激发时,网络中的小延迟将导致"错误模态重构";
- 延迟的增加会导致模态重构的急剧恶化。

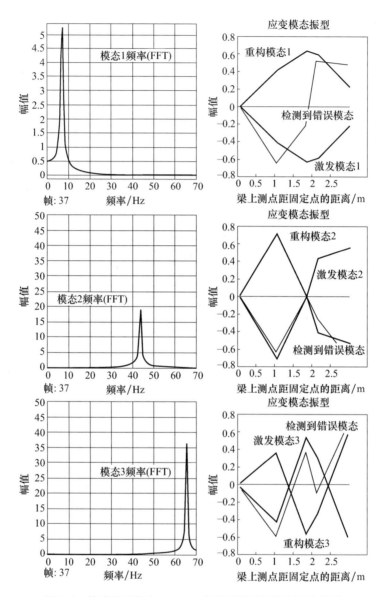

图 2.4 传感器间存在 0.0015s 相对延迟时的模态重构结果

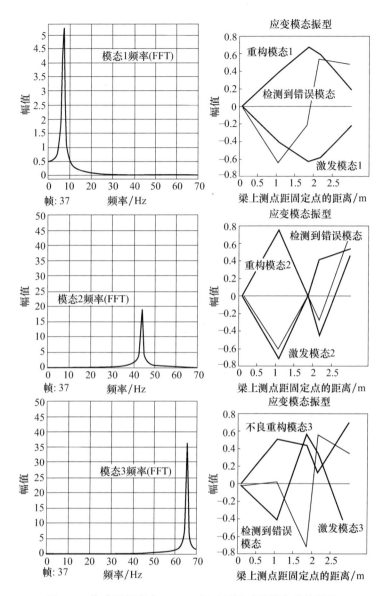

图 2.5　传感器间存在 0.015s 相对延迟时的模态重构结果

2.3　系统动力学与控制设计原则

本节概述了确定性系统动力学和经典控制设计,但并未全面介绍,读者可以参考系统动力学和控制设计的相关文献[13]。

在机器人和自动化领域,大量研究成果已经提供了如何利用来自传感器的信息反馈来对系统进行主动控制。一个非常基本的控制系统包括 1 个设备和 1 个控制器。通常,由传感器读取设备的输出信息,并提供给控制器以便在设备运行过程中对其进行主动控制。特别要注意的是,任何控制系统模型都只是系统行为的表征。实际上,由于系统模型中的参数变化和不准确的数据,系统的运行可能不尽相同。尽管如此,大多数系统还是可以被很好地表征,以进行实际设备设计和系统参数分析。图 2.6 显示了基本反馈控制系统的组件框图。

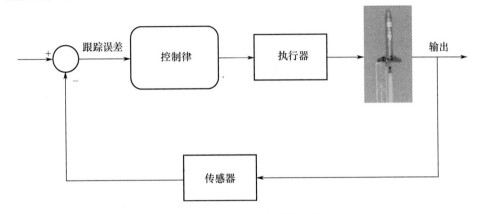

图 2.6 典型反馈控制系统框图

2.3.1 系统动力学

图 2.6 框图中的每个元素都是一个动态系统,即具有时变特征。典型的确定性动力系统由一个常微分方程表示。微分方程的阶数表示时变量的数量(也称为"状态"变量)。虽然动态系统可能有多个状态变量,但一阶系统(1 个状态)和二阶系统(2 个状态)为分析新颖的控制策略提供了简化的系统。

一阶系统可以用一个微分方程来表示,如

$$a_1 \frac{\mathrm{d}x}{\mathrm{d}t} + a_0 x = u(t) \qquad (2.1)$$

式中,x 是状态,$u(t)$ 为输入。这个微分方程可以转化到拉普拉斯域并写成一个传递函数的形式:

$$\frac{X(s)}{U(s)} = \frac{1}{a_1 s + a_0} \qquad (2.2)$$

这是动态系统另一种输入输出表达形式。分母多项式作为系统的特征方程,如果系统要稳定,则该方程的根必为负数。一阶传递函数可以改写为

$$\frac{X(s)}{U(s)} = \frac{K}{\tau s + 1} \qquad (2.3)$$

式中,τ 称为系统的时间常数。只要 $\tau > 0$,就认为一阶系统是稳定的。一阶系统的瞬态特性可以通过系统对单位阶跃输入的响应来确定(图 2.7),包括:

- 上升时间(T_r):从最终稳态值的 10% 上升到 90% 的响应时间等于 2.2τ。

24

- 稳定时间(T_s):响应到达稳态值的98%所经历的时间 $=4\tau$。
- 时间常数(τ):响应到达最终稳态值的63.2%所经历的时间。

系统的瞬态响应特性决定了系统对给定输入的响应速度。

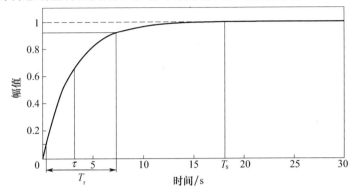

图 2.7　一阶瞬态响应

二阶系统可以写成如下的微分方程形式:

$$a_2 \frac{\mathrm{d}^2 x}{\mathrm{d}t^2} + a_1 \frac{\mathrm{d}x}{\mathrm{d}t} + a_0 x = u(t) \tag{2.4}$$

式中,x 和 $\mathrm{d}x/\mathrm{d}t$ 为 2 个状态,$u(t)$ 为输入。这个微分方程可以转化到拉普拉斯域并写成一个传递函数的形式。

$$\frac{X(s)}{U(s)} = \frac{1}{a_2 s^2 + a_1 s + a_0} \tag{2.5}$$

上式可以另外表示为

$$\frac{X(s)}{U(s)} = \frac{K}{s^2 + 2\zeta\omega_n s + \omega_n^2} \tag{2.6}$$

式中,ζ 为阻尼比,ω_n 为固有频率。只要 $a_i > 0$,$i = 0,1,2$,则二阶系统稳定,这将导致特征方程有负根或具有负实部的根。根据阻尼比的值,稳定的二阶系统可以有 4 种类型:

$$\begin{cases} 情况\ 1 & \zeta = 0 & 无阻尼 \\ 情况\ 2 & 0 < \zeta < 1 & 欠阻尼 \\ 情况\ 3 & \zeta = 1 & 临界阻尼 \\ 情况\ 4 & \zeta > 1 & 过阻尼 \end{cases} \tag{2.7}$$

对于无阻尼情况,因为 $\zeta = 0$,所以特征方程的所有根均为纯虚数;对于欠阻尼情况,根为复共轭;为了使系统处于临界阻尼,特征方程的根必须是相等的实数;过阻尼情况对应于特征方程的根为不相同的实数。

欠阻尼二阶系统通过传递函数的单位阶跃响应获得的瞬态响应特性由以下量给出:

- 上升时间(T_r):从最终稳态值的 10% 上升到 90% 的响应时间,即

$$T_r = \frac{\pi}{\omega_n \sqrt{1 - \zeta^2}}$$ (2.8)

- 稳定时间(T_s):响应到达并稳定在最终稳态值的 98% ~ 102% 范围内所经历的时间,即

$$T_s = \frac{4}{\zeta \omega_n}$$ (2.9)

- 过冲百分比(% OS):响应到达最大(峰)值所经历的时间,即

$$\% OS = e^{\frac{-\pi\zeta}{\sqrt{1 - \zeta^2}}} \times 100$$ (2.10)

欠阻尼二阶系统的瞬态响应如图 2.8 所示。

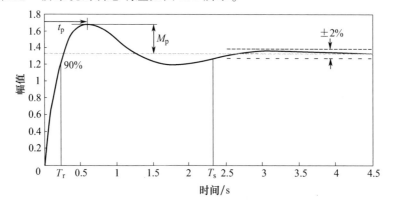

图 2.8　欠阻尼瞬态响应

2.3.2　传统的控制系统设计

图 2.9 显示了具有串联补偿的反馈控制系统的简化框图。传递函数 $G_p(s)$ 表示被控系统的动态特性,称为设备传递函数。与图 2.6 相比,设备传递函数还包括影响设备的执行器的动态特性以及测量设备输出的传感器的动态特性。传递函数 $G_c(s)$ 被称为补偿器,并结合了控制设计的逻辑。在其基本形式中,补偿器由控制设计者为满足性能要求而选择的极点(分母多项式的根)和零点(分子多项式的根)组成。在图中,$R(s)$ 是系统的参考输入,$E(s)$ 是当前状态下的误差,它是通过从参考信号中减去当前输出求得的。$U(s)$ 是控制输入信号,用于驱动设备对参考信号做出反应并使误差变为零,从而产生与参考输入相匹配的输出 $Y(s)$。

通常有 3 种不同的参考输入用于表征控制系统。

控制器的性能是通过闭环传递函数的稳定性和响应特性来进行评估的。图 2.9 中系统的闭环传递函数由下式给出:

$$G_{cl}(s) = \frac{G_c(s) G_p(s)}{1 + G_c(s) G_p(s)}$$ (2.11)

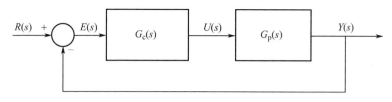

图 2.9　基本反馈控制系统

在为系统设计控制器时,设计人员需要确定系统应该做什么以及应该怎么做,这些被称为设计规范。接下来,工程师应该确定控制器配置以及如何将其连接到受控过程,然后可以确定控制器的参数值以实现设计目标。

典型控制器的设计规范应首先确保系统输出跟随参考输入。稳定性是控制系统设计的关键因素,控制器的设计应能使不稳定的系统变得稳定。稳态精度必须始终接近于零,这意味着系统的输出最终与参考输入相匹配。满足所需的瞬态响应要求也很重要,如最大过冲、稳定时间和上升时间。鲁棒性对于确保动态模型中的小误差不会导致系统不稳定非常重要。在许多控制系统中,干扰抑制非常重要,用以防止系统由于输出中的小扰动而变得不稳定。

串联补偿器可以概括为 4 种配置类型:

- 比例控制器(P);
- 比例积分控制器(PI);
- 比例微分控制器(PD);
- 比例积分微分控制器(PID)。

比例控制器是 4 类控制器中最基本的一种,比例控制仅为一个作用于系统误差的增益值。在图 2.9 中,控制器模块被替换为一个常数 K_p。

$$G_c(s) = K_p \tag{2.12}$$

比例控制器所产生的闭环传递函数由下式给出:

$$G_{c1}(s) = \frac{K_p G_p(s)}{1 + K_p G_p(s)} \tag{2.13}$$

比例积分控制器 PI 不仅包含 1 个增益模块,还包含 1 个积分模块。它不但处理误差量,还处理误差的积分量,并通过在原点放置 1 个极点来消除系统中所谓的稳态误差(最终输出值与系统输入参考值之间的差异)。PI 控制的传递函数由下式给出:

$$G_c(s) = K_p + \frac{K_I}{s} \tag{2.14}$$

并最终形成了一个闭环传递函数:

$$G_{c1}(s) = \frac{\dfrac{K_p s + K_I}{s} G_p(s)}{1 + \dfrac{K_p s + K_I}{s} G_p(s)} \tag{2.15}$$

式中,K_p 为比例增益值,K_I 为积分增益值。

PD 控制的传递函数由下式给出:

$$G_c(s) = K_p + K_D s \qquad (2.16)$$

并最终形成闭环传递函数:

$$G_{cl}(s) = \frac{(K_p + K_D s) G_p(s)}{1 + (K_p + K_D s) G_p(s)} \qquad (2.17)$$

式中,K_p 为比例增益值,K_D 为微分增益值。PD 控制器改善了闭环系统的瞬态响应特性。

PID 控制器包含 PI 控制器所具有的各个模块,并增加了考虑误差变化率的导数项。PID 控制器由以下传递函数给出:

$$G_c(s) = K_p + \frac{K_I}{s} + K_D s \qquad (2.18)$$

闭环传递函数由下式给出:

$$G_{cl}(s) = \frac{\dfrac{K_p s + K_I + K_D s}{s} G_p(s)}{1 + \dfrac{K_p s + K_I + K_D s}{s} G_p(s)} \qquad (2.19)$$

2.4 使用无线网络时面临的反馈控制难题

无线传感器和执行器网络在控制系统设计中具有许多优点,包括分布式计算、大规模冗余和局部误差检测与消除。但随着这些网络的部署实施,控制设计人员面临着新的挑战,其中一些困难在极端环境中尤为突出。无线网络的典型问题包括:

- 数据包丢失导致信息不完整;
- 复杂的网络动态性导致无法准确建模;
- 由于网络特性而导致的外部噪声被显著放大;
- 存在可能随时间变化的延迟。

在本节中,我们将重点讨论固定延迟对闭环控制系统的影响。有关延迟及其对控制系统设计的影响的研究非常丰富并涵盖了许多不同的应用,本节仅分析非常简单的延迟(单个和多个延迟)对一阶和二阶系统稳定性和瞬态响应的影响,该分析旨在为读者进行更深入的无线网络控制设计阅读提供基础。

2.4.1 延迟的逼近模型

为了准确分析延迟对控制系统的影响,正确建立延迟模型非常重要。可将延迟视为一个传递函数,并将其包含到控制系统的整体传递函数中。将延迟建模为传递函数的方法之一被称为 Padé 逼近。由于 2.5 节的式(2.43)中的原始延迟传

递函数是无理函数,所以当进行基于频率响应的分析时,将其进行有理近似非常重要[14]:

$$e^{-Ds} \approx \frac{1 - k_1 s + k_2 s^2 - \cdots \pm k_n s^n}{1 + k_1 s + k_2 s^2 + \cdots + k_n s^n} \qquad (2.20)$$

式中,n 是近似的阶数。延迟的一阶近似被定义为

$$k_1 = \frac{D}{2} \qquad (2.21)$$

将 k_1 和 n 代入式(2.20)可得

$$H_{\mathrm{Pade}}(s) \approx \frac{1 - \dfrac{D}{2} s}{1 + \dfrac{D}{2} s} \qquad (2.22)$$

上式可变换为最终的最简形式:

$$H_{\mathrm{Pade}}(s) \approx \frac{2 - Ds}{2 + Ds} \qquad (2.23)$$

图 2.10 显示了单位阶跃输入信号通过 Matlab 的传输延迟模块和 Padé 逼近传递函数的波形。虽然看起来 Padé 逼近与延迟模块能够良好匹配,但必须注意的是,当该逼近用于反馈回路时,它对开环传递函数的根轨迹与虚轴交点处的频率十分敏感。换言之,逼近的有效性取决于系统参数的传递函数。

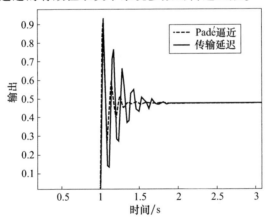

图 2.10 延迟验证

通过 Rekasius 代换也可以使由 e^{-Ds} 给出的延迟的先验形式有理化[15]。在文献[16 - 18]中已经讨论了 Rekasius 代换,并专门论述了延迟系统的稳定性。下面进行简要的讨论。

考虑延迟表达式 e^{-Ds},变量 s 为复数 $i\omega$,由于

$$e^{-iD\omega} = \cos D\omega - i\sin D\omega \qquad (2.24)$$

该复数的幅值为1,相位由下式给出:

$$\angle e^{-iD\omega} = -D\omega \tag{2.25}$$

通过以下传递函数进行延迟逼近

$$G(s) = \frac{1 - \overline{D}s}{1 + \overline{D}s} \tag{2.26}$$

考虑到 $s = i\omega$,上述传递函数的幅值为1,相位角由下式给出:

$$\angle G(s) = -2\arctan(\overline{D}\omega) \tag{2.27}$$

很明显,延迟的精确值和逼近传递函数具有相同的幅度。如果可以选择 $\overline{D}$ 使得从式(2.25)和式(2.27)获得的相位相等,则式(2.26)中的传递函数等效于 e^{-Ds},$\overline{D}$ 的值通过下式计算得到

$$D = \frac{2}{\omega}\arctan(\overline{D}\omega) \tag{2.28}$$

需要注意,当 ω 的幅值足够小时,有

$$\frac{2}{\omega}\arctan(\overline{D}\omega) = \frac{2}{\omega}(\overline{D}\omega) \tag{2.29}$$

这意味着 $D = 2\overline{D}$,因此式(2.26)中的逼近传递函数可以改写为

$$G(s) = \frac{1 - \frac{D}{2}s}{1 + \frac{D}{2}s} = \frac{2 - Ds}{2 + Ds} \tag{2.30}$$

这与式(2.23)所示的延迟模块的 Padé 逼近相似。

2.4.2 延迟对一阶系统稳定性的影响

如前所述,无线传感器网络能够简化部署,增加冗余,但也存在系统中引入延迟的缺点。为了理解延迟对闭环系统稳定性的影响,可以考虑在反馈回路中有一个无线传感器的一阶系统,其中 τ 称为时间常数(见图2.11)。设反馈回路的延迟为 D,并设简单的比例控制器增益为 K,若反馈回路的延迟为0,则闭环系统可表示为

$$G_{cl}(s) = \frac{K}{\tau s + (1 + K)} \tag{2.31}$$

显然对于 $K > -1$ 的所有值,系统都是稳定的。这意味着使闭环系统稳定的增益 K 没有上限。

现在考虑非零延迟 D,采用 Rekasius 代换对延迟模块进行有理化(不对 ω 进行幅值假设),结果为

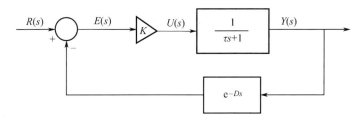

图 2.11 反馈回路中存在单一延迟的一阶系统

$$G(s) = \frac{1 - \overline{D}s}{1 + \overline{D}s} \qquad (2.32)$$

式中

$$\overline{D} = \frac{1}{\omega}\tan\left(\frac{D\omega}{2}\right) \qquad (2.33)$$

具有比例控制器 K 的闭环系统由下式给出：

$$G_{cl}(s) = \frac{K(1 + \overline{D}s)}{\tau\overline{D}s^2 + (\tau + \overline{D} - k\overline{D})s + K + 1} \qquad (2.34)$$

要实现闭环系统的稳定性，必须满足下述条件：

- $\tau\overline{D} > 0$，这意味着所考虑的是一个稳定的一阶系统 ($\tau > 0$) 且延迟为正；
- $K + 1 > 0 \Rightarrow K > -1$，与无延迟的情况相似；
- $\tau + \overline{D} - K\overline{D} > 0 \Rightarrow K < 1 + \dfrac{\tau}{D}$。

应该注意的是，在反馈路径中引入非零延迟不仅增加了系统的阶数，还产生了可用于稳定闭环增益 K 的上限，这个上限 K 可称为控制系统的增益裕度，它也是闭环性能的典型指标。从上面的分析可以明显看出，延迟会降低系统的性能，甚至导致系统不稳定[19]。

多传感器系统

当传感器网络用于控制系统应用时，每个节点都可能存在延迟。考虑先前分析的反馈路径中具有多个延迟的一阶系统，如图 2.12 所示。这是比图 2.9 中的基本控制系统更实用的控制系统，因为在工业和航空航天应用的许多情况下，为了精确测量系统的输出，必须有多个无线传感器。

使用 Rekasius 代换的反馈路径（反馈传递函数）中每个延迟的近似值由下式给出：

$$H_i(s) = \frac{1 - \overline{D}_i s}{1 + \overline{D}_i s} \qquad (2.35)$$

使用闭环分析过程，创建一个闭环传递函数。这是一个具有 N 个传感器的系

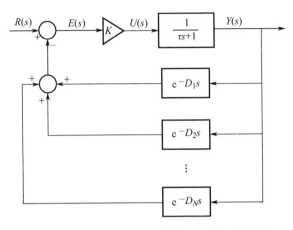

图 2.12 反馈路径中具有多个延迟的一阶系统

统,首先要注意该闭环系统的阶数取决于所使用的传感器数量。系统闭环传递函数的特征方程由下式给出:

$$G_{cl}(s) = (\tau s + 1)\prod_{i=1}^{N}(1 + \overline{D}_i s) + K\sum_{i=1}^{N}\left[(1 - \overline{D}_i s)\prod_{j=1}^{N}(1 + \overline{D}_j s)\right] \quad j \neq i \tag{2.36}$$

闭环系统的特征方程是一个 $N+1$ 次多项式。系统的稳定性可以通过构造劳斯阵列并应用劳斯 – 赫尔维茨判据来确定[20]。假设特征方程写成

$$a(s) = a_{N+1}s^{N+1} + a_N s^N + a_{N-1}s^{N-1} + \cdots + a_1 s + a_0 \tag{2.37}$$

式中,系数 a_{N+1}、a_N 和 a_0 可由下式确定:

$$a_{N+1} = \tau\sum_{i=1}^{N}\overline{D}_i \tag{2.38}$$

$$a_N = \prod_{i=1}^{N}(\overline{D}_i) + \tau\sum_{i=1}^{N}\frac{(\prod_{j=1}^{N}\overline{D}_j)}{\overline{D}_i} - KN\prod_{i=1}^{N}(D_i) \tag{2.39}$$

$$a_0 = N + NK \tag{2.40}$$

使用劳斯 – 赫尔维茨判据时,稳定性的基本要求是特征多项式的所有系数 (a_i) 的符号相同。设其为真,则劳斯阵列分布如下:

s^{N+1}	a_{N+1}	a_{N-1}	$\cdots$
s^N	a_N	a_{N-2}	$\cdots$
s^{N-1}	b_1	$\cdots$	$\cdots$
s^{N-2}	c_1	$\cdots$	$\cdots$
$\vdots$	$\vdots$	$\vdots$	$\vdots$
s^2			
s^1			$\cdots$
s^0			$\cdots$

当且仅当劳斯阵列的第一列中所有元素符号相同时,系统才能保持稳定。使用 a 组系数可以建立确定 b_i 和 c_i 系数的方程,过程描述参见文献[13]。系数 s^{N+1} 和 s^N 是前两行的第一个元素。同样显见,对于具有正延迟的固有稳定的一阶系统,系数 s^{N+1} 恒为正。这意味着若要稳定,则第一列中的所有元素均为正。然而,s^N 的系数不一定为正,它的值取决于控制增益 K。根据 $a_N > 0$ 的要求可以确定 K 的极限 K_u,由下式给出:

$$K < \frac{1}{N} + \frac{\tau \sum_{i=1}^{N} \frac{\left(\prod_{j=1}^{N} \overline{D}_j \right)}{\overline{D}_i}}{N \prod_{i=1}^{N} (D_i)} \tag{2.41}$$

注意当反馈路径中只有 1 个延迟(D_1)时,上述公式可简化为

$$K_u = 1 + \frac{\tau}{D_1} \tag{2.42}$$

应该注意的是,如果比例控制增益 K 超过 K_u,系统将变得不稳定。然而,除非对劳斯阵列中第一列的所有量进行分析,判断将导致系统不稳定($a_{i1} \leqslant 0$)的 K 的限值,否则无法证明 K_u 表示系统的增益裕度。确定增益裕度的一种方法是为不同的 K 值构建劳斯阵列,这可以通过由 $K = K_u$ 开始并迭代减小 K 值直到系统不再稳定来实现。应该注意的是,劳斯阵列与系统阶数密切相关且无法泛化描述,因此对于 N 个传感器的问题,无法获得增益裕度限值的解析解。

上述分析提供了在使用无线传感器网络的控制系统设计中,延迟所发挥重要作用的例子。

2.5 延迟对二阶系统瞬态响应的影响

采用无线反馈的系统总是具有延迟和噪声,这些延迟和噪声会影响二阶系统瞬态响应的几个参数,如上升时间和过冲[21]。考虑一个具有单位增益的比例控制器的二阶系统,如图 2.13 所示。

该框图包括反馈路径中的延迟和外部干扰,将后者建模为加性高斯白噪声(AWGN)。将反馈路径中的延迟建模为

$$A(s) = e^{-Ds} \tag{2.43}$$

该系统中的噪声方差由 σ^2 表示。噪声项可以表示为

$$n(t) = \frac{1}{\sqrt{2\pi\sigma^2}} e^{\frac{-t^2}{2\sigma^2}} \tag{2.44}$$

频域表示为

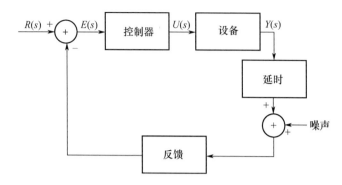

图 2.13　AWGN - CD 建模的单传感器反馈回路

$$N(s) = \frac{1}{\sqrt{2\pi\sigma^2}} \frac{\sqrt{\pi}}{2} \mathrm{e}^{\frac{s^2}{4}} \mathrm{erfc}\left(\frac{s}{2}\right) \qquad (2.45)$$

式中,互补误差函数 erfc 为

$$\mathrm{erfc}(z) = \frac{2}{\sqrt{\pi}} \int_z^{inf} \mathrm{e}^{-t^2} \mathrm{d}t \qquad (2.46)$$

因此,二阶系统的整体传递函数变为

$$\tilde{H}(s) = \mathrm{e}^{-Ds} \frac{kw^2}{s^2 + 2s\zeta\omega_n + \omega_n^2} + \frac{1}{\sqrt{2\pi\sigma^2}} \frac{\sqrt{\pi}}{2} \mathrm{e}^{\frac{s^2}{4}} \mathrm{erfc}\left(\frac{s}{2}\right) \qquad (2.47)$$

泰勒级数展开已被用于编码通信系统的性能评估[22],现在采用类似的方法来分析噪声和延迟对系统的影响。检验评估了传递函数在 0 值附近的泰勒级数展开,前两项提供了包括延迟和噪声在内的传递函数的二阶近似:

$$\tilde{H}(s) = k + \frac{1}{2\sigma\sqrt{2}} - s\left(kD + \frac{2\zeta}{\omega_n} - \frac{1}{2\sigma\sqrt{2\pi}}\right) \qquad (2.48)$$

为了准确分析该方程的上升时间,必须能够将式(2.48)与原始二阶系统式(2.6)进行对比。为此,将式(2.6)的泰勒级数展开式与式(2.48)进行比较。

$$H(s) \approx k - s(2k\zeta\omega_n) \qquad (2.49)$$

式(2.48)和式(2.49)的第一项表示系统的直流增益,因此它们对上升时间和过冲的影响可以忽略不计,但可以将两式的第二项进行比较以创建一个公式来计算无线反馈网络的上升时间和过冲。如果将式(2.48)第三项中分解出系数 $2k$,则可以找到无线系统的 $\zeta\omega_n$ 等效值。第三项系数变成

$$2k\left(\frac{D}{2} + \frac{\zeta}{k\omega_n} - \frac{1}{4k\sigma\sqrt{2\pi}}\right) \qquad (2.50)$$

用式(2.50)中的系数项替换式(2.49)中的 $\zeta\omega_n$,则无线反馈网络的上升时间

($\tilde{T}_r$)的计算方程为

$$\tilde{T}_r \approx \frac{2.2}{\frac{D}{2} + \frac{\zeta}{k\omega_n} - \frac{1}{4k\sigma}\sqrt{2\pi}} \tag{2.51}$$

利用这个公式可以预测在噪声和延迟改变的条件下系统的上升时间,所预测的理论上升时间曲线如图 2.14 和图 2.15 所示。

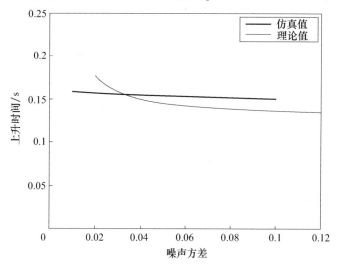

图 2.14　上升时间随噪声方差变化曲线

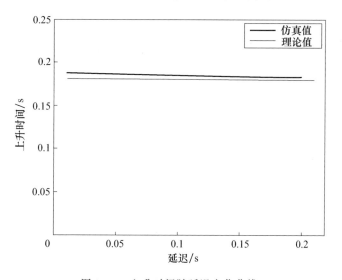

图 2.15　上升时间随延迟变化曲线

当噪声方差增加而延迟保持恒定时,通过观测系统的上升时间和过冲来分析反馈回路,同样研究了延迟变化而噪声方差保持恒定的情况。

观测上升时间是研究系统对输入信号变化的响应速度的恰当方法。在图 2.14

中,将延迟设置为0.01s,而噪声方差在输入信号幅值的1%~10%范围内变化。将这些观测结果与有线系统的典型结果进行比较时,可以注意到一些差异和相似之处。图2.14显示随着噪声方差的增加,上升时间略有缩小。随着噪声方差从1%增加到10%,上升时间仅改变9ms。人们可能预计上升时间会随着噪声方差的增加而增加,但图2.14显示噪声方差对上升时间的影响可能与预期不同。这种反向的变化是由于信号上叠加了噪声所引起的,导致信号上升得更快。可以看出,从式(2.51)计算得到的上升时间的理论值与仿真值相当吻合,这些数值的变化率匹配得非常好。

研究延迟对阶跃响应的影响很重要,观测反馈路径中延迟的影响也很重要,因为使用无线反馈的任何系统都会存在一些影响系统行为的延迟。为了绘制出具有不同延迟的有意义的图,我们将噪声方差保持为零,而将延迟从0.01s变化到0.2s。图2.15显示了延迟对阶跃响应上升时间的影响,它表明理论方程是延迟对系统上升时间影响的线性近似。该图还显示了在延迟达到某个值之前,上升时间由延迟来决定,之后上升时间对所有延迟值保持恒定,直至最后变得不稳定。可以看出,只要延迟小于或等于上升时间,上升时间就会随着延迟而减小。这是一个有趣的观测结果,意味着如果延迟小于上升时间,那么它对上升时间有影响,但如果延迟大于上升时间,则上升时间不受系统中延迟量的影响,这可以用作设计准则。

图2.16显示系统中噪声方差的增加会导致过冲增加。随着噪声方差从1%增加到10%,过冲量将从10%增加到12.5%。这是过冲的微小变化,不会显著影响系统响应时间,但当信噪比较高时这种影响会变得显著。图2.16给出了为何应使无线反馈系统中的噪声最小化的例子。结合图2.14和图2.15,它验证了带有噪声的无线系统是能够实际应用的。

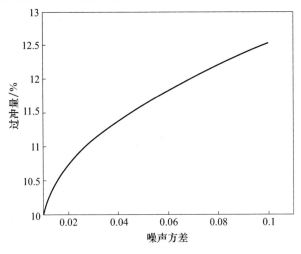

图2.16 噪声方差对过冲的影响

2.6 讨 论

瞬态特性是决定控制系统工作性能的基础。由于附加的信号处理环节和无线网络中产生的传输信号之间的干扰，无线控制系统具有比传统有线系统更大的延迟和噪声。了解延迟和噪声对系统特性影响的显著性水平非常重要，便于对无线控制系统进行准确分析。

式(2.51)显示了在给定的系统延迟和方差下，二阶单传感器系统上升时间的可行近似。尽管这些值在实际系统中并不总是可知的，但可以在系统设计期间使用延迟和噪声方差的上限，以确保给定应用可接受的上升时间。

在对无线控制系统进行分析时，考虑了两种延迟方程近似方法，这对于具有延迟的无线控制系统真实行为的模拟至关重要；同时还给出了在给定延迟时如何确定无线控制系统增益裕度的方法。

2.7 小 结

在无线传感器和执行器网络领域有很多事情值得期待。迄今为止很少有实用的系统得到了实际部署，但是在制造业和航空航天等许多领域，它们的需求正在全球范围内迅速增长。

现在已经有计划来研究多传感器系统以及独立延迟如何影响控制系统的瞬态响应。具有已知独立延迟的系统的增益裕度决定了可以导致系统不稳定的最大延迟，目前已经研究了如何找到作为独立延迟的函数的增益裕度，而且其表示方程正在开发中。

过冲、上升时间、稳定时间和峰值时间等瞬态响应对控制系统的性能至关重要。因此对多传感器系统而言，在给定一个确定延迟或多个延迟的情况下，应该为这些响应参数确定新的数值。上述分析也将扩展到具有二级控制系统的设备中。目前，针对多传感器控制系统的分析仅在一阶系统上完成，将其扩展到二阶系统将对实际应用发挥重要作用。

无线控制系统是控制系统设计的下一个重大进步，将为许多不同行业带来益处。无线控制系统能够通过增加传感器来提供更多的冗余性能，并通过提高模块化水平和去除导线来简化系统的安装和维护。

参 考 文 献

[1] Creech, G. (2003) Fly by wire, Tech. Rep. , NASA.

[2] Swartz, R. , Lynch, J. , and Loh, C. H. (2009) Near real – time system identification in a wireless sensor net-

work for adaptive feedback control, in American Control Conference, 2009. ACC'09. , pp. 3914 – 3919, doi:
10. 1109/ACC. 2009. 5160493.

[3] Braslavsky, J. , Middleton, R. , and Freudenberg, J. (2007) Feedback stabilization over signal – to – noise ratio constrained channels. Automatic Control, IEEE Transactions on, 52 (8), 1391 – 1403, doi:
10. 1109/TAC. 2007. 902739.

[4] Rojas, A. , Braslavsky, J. , and Middleton, R. (2006) Output feedback stabilisation over bandwidth limited, signal to noise ratio constrained communication channels, in American Control Conference, 2006, doi:
10. 1109/ACC. 2006. 1656646.

[5] Zhang, Y. , Zhong, Q. , and Wei, L. (2008) Stability of networked control systems with communication constraints, in Control and Decision Conference, 2008. CCDC 2008. Chinese, pp. 335 – 339, doi:10. 1109/
CCDC. 2008. 4597325.

[6] Topakkaya, H. and Wang, Z. (2008) Effects of delay and links between relays on the min – cut capacity in a wireless relay network, in Communication, Control, and Computing, 2008 46th Annual Allerton Conference on, pp. 319 – 323, doi:10. 1109/ALLERTON. 2008. 4797574.

[7] Dang, D. K. , Mifdaoui, A. , and Gayraud, T. (2012) Fly – by – wireless for next generation aircraft: Challenges and potential solutions, in Wireless Days(WD) ,2012 IFIP,pp. 1 – 8, doi:10. 1109/WD. 2012. 6402820.

[8] Studor, G. (2008) Fly – by – wireless: A less – wire and wireless revolution for aerospace vehicle architectures, Tech. Rep. , NASA.

[9] Swaim, R. (1969) Control system synthesis for a launch vehicle with severe mode interaction. Automatic Control, IEEE Transactions on, 14(5), 517 – 523.

[10] Templeton, J. D. , e. (2010) Ares I – X launch vehicle modal test measurements and data quality assessments, Tech. Rep. TR – LF99 – 9048, NASA.

[11] Rezaei, R. , Ghabrial, F. , Besnard, E. , Shankar, P. , Castro, J. , Labonte, L. , Razfar, M. , and Abedi, A. (2013) Determination of elastic mode characteristics using wirelessly networked sensors for nanosat launch vehicle control, in Wireless for Space and Extreme Environments(WiSEE), 2013 IEEE International Conference on, pp. 1 – 2, doi: 10. 1109/WiSEE. 2013. 6737572.

[12] Jiang, H. , Van Der Week, B. , Kirk, D. , and Guiterrez, H. (2013) Real – time estimation of time – varying bending modes using fiber Bragg grating sensor arrays. AIAA Journal, 51(1), 178 – 185.

[13] Franklin, G. , Powell, J. D. , and Emami – Naeini, A. (2009) Feedback Control of Dynamic Systems, Pearson Higher Education.

[14] Gibson, J. and Hamilton – Jenkins, M. (1983) Transfer – function models of sampled systems. IEE Proceedings G—Electronic Circuits and Systems, 130(2), 37 – 44.

[15] Rekasius, Z. (1980) A stability test for systems with delays, in Joint Automatic Control Conference, ASME, San Francisco, CA, TP – 9A.

[16] Sipahi, R. and Olgac, N. (2005) Complete stability robustness of third – order LTI multiple delay systems. Automatica, 41, 1413 – 1422.

[17] Sipahi, R. and Olgac, N. (2006) A unique methodology for stability robustness of multiple delay systems. Automatica, 55, 819 – 825.

[18] Fazelinia, H. , Sipahi, R. , and Olgac, N. (2007) Stability robustness analysis of multiple time – delay systems using building – block concept. Automatic Control, IEEE Transactions on, 52(5), 799 – 810.

[19] Cloosterman, M. , van de Wouw, N. , Heemels, M. , and Nijmeijer, H. (2006) Robust stability of networked control systems with time – varying network – induced delays, in Decision and Control, 2006 45th IEEE Conference on, pp. 4980 – 4985, doi:10. 1109/CDC. 2006. 376765.

[20] Bothwell, F. E. (1950) Nyquist diagrams and the Routh – Hurwitz stability criterion. Proceedings of the IRE, 38(11), 1345 – 1348, doi:10. 1109/JRPROC. 1950. 234428.

[21] Labonte, L. , Castro, J. , Razfar, M. , Abedi, A. , Rezaei, R. , Ghabrial, F. , Shankar, P. , and Besnard, E. (2013) Wireless sensor and actuator networks with delayed noisy feedback (WiSAN), in Wireless for Space and Extreme Environments (WiSEE), 2013 IEEE International Conference on, pp. 1 – 5, doi: 10. 1109/WiSEE. 2013. 6737575.

[22] Abedi, A. and Khandani, A. (2004) An analytical method for approximate performance evaluation of binary linear block codes. Communications, IEEE Transactions on, 52 (2), 228 – 235, doi: 10. 1109/ TCOMM. 2003. 822704.

第3章　极端环境下传感应用中的
寿命和功耗优化

3.1　引　　言

随着物联网和5G无线系统应用的兴起,传感器网络正迅速变得愈来愈重要。大规模传感器网络通常使用廉价且功能较弱的传感器节点(SN),每个SN内不适于进行复杂的信号处理,因此主要采用放大和转发技术将每个SN的观测信号中继传输到集总单元,如融合中心。融合中心的任务是处理所有的上传信号,以便利用从所有单元中收集的独立且不可靠的观测信息,融合产生可靠的全局观测。

一些文献显示,系统可靠性随着各SN的传输功率增加而增加。问题自然地摆在面前:如何在融合中心保证最低限度的信号质量,同时拥有高能效的传感器网络。尤其对于拥有大量SN的传感器网络来说,能源效率至关重要,藉此可以大幅降低整体功耗,延长网络寿命(注:也称生命周期,译文不加区分,根据不同出现部位译为该领域常用说法)。

在本章中,我们考虑一个传感应用的常用传感器网络,用于目标信号检测、定位、分类和跟踪。图3.1显示了目标发射器、感测通道、独立和分布式SN、通信通道和融合中心,这种模式已在许多文献中通过了验证,也将成为本章的框架。

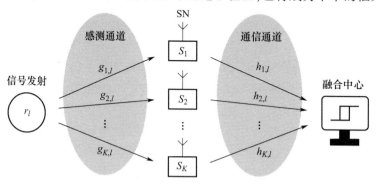

图 3.1　分布式的传感器网络

Raghunathan 等[1]研究了由微型传感器组成的传感器网络,并阐述了用于提升无线传感器网络能量感知的通用体系架构和算法措施。Muruganathan 等[2]使用基于分簇方法和集中式路由协议来提高网络寿命。Bhardwaj 等[3]研究了网络寿命的理论上限,但这种上限在实际应用中是无法实现的。Cardei 等[4]进一步使用各种不同的启发式方法进行寿命最大化研究,随后通过数值方法解决相应的优化问题。与之相反,Alirezaei 等[5]针对多个功率限制条件提出了一种求解功率分配问题的封闭形式的解析解,这是他们前期工作的拓展[6],该项研究后来得到了进一步扩展[7-15]。在本章中,我们的目标是拓展前期的一些工作[16-17],旨在回答这样一个问题——为了达到传感器网络的给定寿命,究竟需要多少能量?这个问题由于涉及数学挑战,以往很少进行研究。

在本章中,我们将首先简要介绍系统模型,并给出在几个功率约束条件下给定网络寿命的功率最小化问题;随后,将该优化问题进行重新描述以显示其凸特性,以便利用标准数值方法进行计算。尽管这个优化问题只是进行理论描述,而且求解时计算量很大,但它分别提供了网络功耗及其寿命的精确下界和上界;进而我们开发一些计算量更小的实用方法,能够在更多的实际应用中给出功率最小化问题的近似最优解;最后,给出了一些选定数值结果的直观显示,并讨论整个传感器网络的功耗。

数学表示

本章中,我们分别采用 N,R 和 C 表示自然数集、实数集和复数集。需要注意,自然数集不包含元素 0。此外,用 R_+ 表示非负实数集,并使用子集 $F_N \subseteq N$,其定义为:对任何给定的自然数 N,$F_N := \{1,2,\cdots,N\}$。采用 $|z|$ 表示实数 z 的绝对值或复数 z 的模。采用 $\mathcal{E}[v]$ 表示随机变量 v 的期望值。此外,符号 V^* 代表满足最优条件时优化变量 V 的值。

3.2 技术体系描述与总览

在本章中,我们使用在 Alirezaei 等[5]提出的系统模型基础上的一个扩展。扩展的系统模型如图 3.2 所示,并简要介绍如下。表 3.1 给出了所有系统参数的概览。

表 3.1 每个观察过程的描述符号

符号	描述
K	传感器节点数
k	第 k 个传感器节点
L	连续观测过程的数量,相当于网络的服务寿命
l	第 l 个观测过程
r_l,R	第 l 个观测过程中的目标信号及其二次绝对平均值
$\bar{r}_l$	r_l 的估计
$g_{k,l},h_{k,l}$	复数信道系数

符号	描述
$m_{k,l}$, $n_{k,l}$	复数零均值加性高斯白噪声（AWGN）
M_k, N_k	$m_{k,l}$, $n_{k,l}$的方差
$u_{k,l}$, $v_{k,l}$	非负放大因子和复数权值
$\theta_{k,l}$	$v_{k,l}$的相位
$\phi_{k,l}$	乘积$g_{k,l}h_{k,l}$的相位
$x_{k,l}$, $X_{k,l}$	第k个传感器节点的输出信号和输出功率
$y_{k,l}$	组合器的输入信号
$P_{\min}$, $P_{\max}$	各传感器节点输出功率的下限和上限
$P_{k,l,\mathrm{bud}}$	在第k个传感器节点的第l个观测过程中的可用预算功率
P_{over}	网络的总体功耗

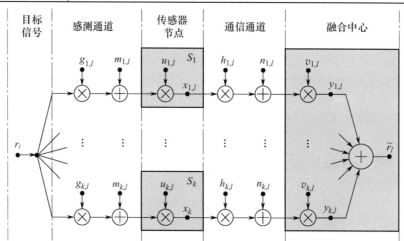

图 3.2　分布式传感器网络的系统模型

我们假设一个离散时间系统,并用$l \in \mathbb{F}_L$表示第l个观测过程的索引,其中$L \in \mathbb{N}$是指传感器网络的生命周期。因此,所考虑的网络只能以最佳性能进行L次连续观测,之后将不可再用。我们考虑一个由$K \in \mathbb{N}$个独立和空间分布的传感器节点组成的传感器网络,它们在每个观测过程中接收随机观测值。如果有目标信号$r_l \in \mathbb{C}$, $R := \mathcal{E}\big[\,|r_l|^2\,\big]$且$0 < R < \infty$存在,那么在传感器节点$S_k$接收到的功率是实际目标发射功率的一部分。每个接收到的信号由相应的信道系数$g_{k,l} \in \mathbb{C}$加权,并受到加性高斯白噪声（AWGN）$m_{k,l} \in \mathbb{C}$的干扰,$M_k := \mathcal{E}\big[\,|m_{k,l}|^2\,\big] < \infty$。假设所有感测通道的相干时间比观测过程的整个时间长得多,由此可以假设每个观测步骤期间各系数的期望值和二次均值分别等于它们的瞬时值$\mathcal{E}[g_{k,l}] = g_{k,l}$, $\mathcal{E}\big[\,|g_{k,l}|^2\,\big] = |g_{k,l}|^2$。此外,假定所有信道系数和所有干扰都是互不相关和互

相独立的。显然,感测通道是无线的。

所有传感器节点连续从受干扰的接收信号中取样并通过放大因子 $u_{k,l} \in \mathbb{R}_+$ 进行放大,不进行任何额外的数据处理。输出信号及其发射功率的期望值分别描述如下:

$$x_{k,l} := (r_l g_{k,l} + m_{k,l}) u_{k,l}, \quad k \in \mathbb{F}_K, l \in \mathbb{F}_L \tag{3.1}$$

$$X_{k,l} := \mathcal{E}\left[\,|\, x_{k,l} \,|^2 \,\right] = (R \,|\, g_{k,l} \,|^2 + M_k) u_{k,l}^2, \quad k \in \mathbb{F}_K, l \in \mathbb{F}_L \tag{3.2}$$

然后将本地测量结果传输到远处的融合中心。每个传感器节点与融合中心之间的数据通信可以是有线或无线的。在后一种情况下,每个传感器节点分别采用不同的波形,用于区分不同节点的通信并抑制融合中心处的用户间(节点间)干扰。因此,融合中心处接收到的所有 K 个信号都是互不相关的,并假定为有条件的独立。融合中心处的每个接收信号也由相应的信道系数 $h_{k,l} \in \mathbb{C}$ 加权,并受加性高斯白噪声 $n_{k,l} \in \mathbb{C}$, $N_k := \mathcal{E}\left[\,|\, n_{k,l} \,|^2 \,\right] < \infty$ 的干扰。我们还假定所有通信信道的相干时间比观测过程的整个长度长得多,由此可以假设每个观察步骤期间各系数的期望值和二次均值分别等于它们的瞬时值 $\mathcal{E}[h_{k,l}] = h_{k,l}$, $\mathcal{E}\left[\,|\, h_{k,l} \,|^2 \,\right] = |\, h_{k,l} \,|^2$。此外,假定所有信道系数和所有干扰都是互不相关和互相独立的。

融合中心处的含噪接收信号由融合权值 $v_{k,l} \in \mathbb{C}$ 进行加权组合,以获得实际目标信号 r_l 的单一可靠观测值 $\tilde{r}_l$,因此可得

$$y_{k,l} := \left[(r_l g_{k,l} + m_{k,l}) u_{k,l} h_{k,l} + n_{k,l} \right] v_{k,l}, \quad k \in \mathbb{F}_K, l \in \mathbb{F}_L \tag{3.3}$$

由此

$$\tilde{r}_l := \sum_{k=1}^{K} y_{k,l} = r_l \sum_{k=1}^{K} g_{k,l} u_{k,l} h_{k,l} v_{k,l} + \sum_{k=1}^{K} (m_{k,l} u_{k,l} h_{k,l} + n_{k,l}) v_{k,l} \tag{3.4}$$

需要注意,因为数据通信或者采用有线方式,或者采用无线方式的每个传感器节点都采用不同的波形,因此融合中心可以分离出各节点的输入流。

为了在融合中心获得单一可靠的观测值,$\tilde{r}_l$ 应为当前目标信号 r_l 的良好估计。因此,应该选择放大因子 $u_{k,l}$ 和权值 $v_{k,l}$,以便使 $\tilde{r}_l$ 与真实目标信号 r_l 之间的平均绝对偏差最小。下一节将详细介绍相应的优化程序。

3.3 能量和寿命优化

在本节中,我们首先介绍功率最小化问题并随后提出相应的解决方案。该优化问题在其一般形式中是非凸的,所以我们在后续应用中采用具有等式约束的拉格朗日乘子法、Karush – Kuhn – Tucker 条件以及直接数学分析法来加以解决,参见文献[18]第 323 – 335 页和文献[19]第 243 – 244 页。

3.3.1 最优化问题

如 3.2 一节所述, $\tilde{r}_l$ 应为当前目标信号 r_l 的良好估计, 我们的目标主要是在每个 r_l 的所有无偏估计中找出最小均方误差的估计量 $\tilde{r}_l$。

如果 $\mathcal{E}[\tilde{r}_l - r_l] = 0$, 则 $\tilde{r}$ 为无偏估计, 换言之, 从式(3.4)我们可获得恒等式

$$\sum_{k=1}^{K} g_{k,l} u_{k,l} h_{k,l} v_{k,l} = 1, \quad l \in \mathbb{F}_L \tag{3.5}$$

该等式是后续分析的第一个约束条件。注意到噪声的均值为 0, 因此式(3.4)的第二项和式得以消去。此外, 因为已假定两个通道的相干时间远大于目标观测时间, 因此没有考虑随机变量 $g_{k,l}$、$h_{k,l}$ 或其估计值对计算的影响。式(3.5)是复数形式, 可以分解为

$$\sum_{k=1}^{K} u_{k,l} |v_{k,l} g_{k,l} h_{k,l}| \cos(\theta_{k,l} + \phi_{k,l}) = 1, \quad l \in \mathbb{F}_L \tag{3.6}$$

和

$$\sum_{k=1}^{K} u_{k,l} |v_{k,l} g_{k,l} h_{k,l}| \sin(\theta_{k,l} + \phi_{k,l}) = 0, \quad l \in \mathbb{F}_L \tag{3.7}$$

式中, $\theta_{k,l}$ 和 $\phi_{k,l}$ 分别为 $v_{k,l}$ 的相位和乘积 $g_{k,l} h_{k,l}$ 的相位。

如果输入信号与输出信号相比可忽略, 且节点具有低功耗的智能功率组件, 则每个节点的平均功耗近似等于其平均输出功率 $X_{k,l}$, 我们假设每个节点的平均功耗与 $X_{k,l}$ 相等。在本章中, 假设每个传感器节点的平均输出功率范围的限制条件为 $P_{\min} \in \mathbb{R}_+$, $P_{\max} \in \mathbb{R}_+$, $0 < P_{\min} < P_{\max}$。下限 $P_{\min}$ 表示确保传感器节点认知和存活所需的最小功率, 上限 $P_{\max}$ 表示由于功率控制标准或者由于集成电路元件的功能范围而导致的每个传感器节点的最大允许发射功率。另外, 每个节点通常由弱能源(例如电池)供电, 使得第 k 个节点的工作时间受到可用预算功率 $P_{k,l,\text{bud}} \in \mathbb{R}_+$ 的限制。注意到 $l = 0$ 表示每个传感器节点具有满额预算功率的时刻, 在每次观测后, 新的预算功率 $P_{k,l+1,\text{bud}}$ 等于 $P_{k,l,\text{bud}} - X_{k,l}$, 且对于所有 $k \in \mathbb{F}_K$, $X_{k,0} = 0$。这样, 传感器网络运行于如下约束条件:

$$P_{\min} \leqslant X_{k,l} \leqslant P_{\max} \Leftrightarrow P_{\min} \leqslant (R|g_{k,l}|^2 + M_k) u_{k,l}^2 \leqslant P_{\max}, \quad k \in \mathbb{F}_K, l \in \mathbb{F}_L \tag{3.8}$$

和

$$\sum_{l=1}^{L} X_{k,l} \leqslant P_{k,0,\text{bud}} \Leftrightarrow \sum_{l=1}^{L} (R|g_{k,l}|^2 + M_k) u_{k,l}^2 \leqslant P_{k,0,\text{bud}}, \quad k \in \mathbb{F}_K \tag{3.9}$$

为了保证融合中心的信号质量, 均方误差 $\mathcal{E}[|\tilde{r}_l - r_l|^2]$ 不应超过给定的最大值 $V_{\max} \in \mathbb{R}_+$。利用式(3.4)和恒等式(3.5), 可以写出下一个约束为

$$\mathcal{E}[|\tilde{r}_l - r_l|^2] = \sum_{k=1}^{K} (M_k u_{k,l}^2 |h_{k,l}|^2 + N_k) |v_{k,l}|^2 \leqslant V_{\max} \tag{3.10}$$

该式必须对所有 $l \in \mathbb{F}_L$ 均满足。

现在的目标是对给定的生命周期 L, 使传感器网络的整体功耗最小化, 即

$$P_{over}^* := \min_{u_{k,l}, v_{k,l}} \sum_{k=1}^{K} \sum_{l=1}^{L} X_{k,l} = \min_{u_{k,l}, v_{k,l}} \sum_{k=1}^{K} \sum_{l=1}^{L} (R|g_{k,l}|^2 + M_k) u_{k,l}^2$$

$$(3.11)$$

总之,该最优化问题是在约束条件式(3.6)~式(3.10)下,针对变量 $u_{k,l}$ 和 $v_{k,l}$,使式(3.11)中的整体功耗最小化。注意该优化问题是一个符号规划,它是几何规划的泛化,因此通常是非凸的[20]。

为了避免误解,我们注意到对于给定生命周期 L 条件下求解整体功耗的最小化问题,通常与给定总功率 P_{over} 条件下求解生命周期最大化问题并不相同。因为生命周期是离散的,而功耗通常是连续的。然而,两种优化方法的解之间的差异在生命周期内最多差一个数,因此在实践中可以忽略不计。生命周期最大化问题的数学描述比整体功率最小化问题更麻烦,因此我们研究了功耗的最小化问题以获得有关网络生命周期最大化的解。

3.3.2 理论与实践解决方案

为了简洁起见,定义 2 个新变量 $\alpha_{k,l}$ 和 $\beta_{k,l}$ 如下:

$$\alpha_{k,l} := \sqrt{\frac{|g_{k,l}|^2}{M_k}}, \quad \beta_{k,l} := \sqrt{\frac{N_k(R|g_{k,l}|^2 + M_k)}{M_k|h_{k,l}|^2}} \quad (3.12)$$

上述优化问题与 Taghizadeh 等所考虑的优化问题密切相关[15]。对 $v_{k,l}$ 的优化引出如下问题:

$$\min_{X_{k,l}} \sum_{k=1}^{K} \sum_{l=1}^{L} X_{k,l} \quad (3.13a)$$

$$\text{s.t.} \quad P_{min} \leq X_{k,l} \leq P_{max}, \quad k \in \mathbb{F}_K, l \in \mathbb{F}_L \quad (3.13b)$$

$$\sum_{l=1}^{L} X_{k,l} \leq P_{k,0,bud}, \quad k \in \mathbb{F}_K \quad (3.13c)$$

$$\sum_{k=1}^{K} \frac{X_{k,l}\alpha_{k,l}^2}{X_{k,l} + \beta_{k,l}^2} \geq V_{max}^{-1}, \quad l \in \mathbb{F}_L \quad (3.13d)$$

式中利用了式(3.2)中 $u_{k,l}$ 和 $X_{k,l}$ 的关系。容易看出式(3.13)是一个凸优化问题[5],且可以使用标准的凸优化工具来求解。

式(3.13)的解给出了整体功耗 P_{over}^* 和对给定生命周期 L 的所有分配功率 $X_{k,l}^*$、信号质量 V_{max}、最小和最大允许传输功率 P_{min} 和 P_{max} 以及预算功率 $P_{k,0,bud}$。但求解还需要更多信息,包括所有信道系数 $g_{k,l}$ 和 $h_{k,l}$ 以及所有噪声 $m_{k,l}$ 和 $n_{k,l}$,而它们在传感器网络的起始时刻大多是未知的。不过,式(3.13)的解提供了整体功耗 P_{over}^* 和网络生命周期 L 的理论限值,并可用于对更多的实用方法进行对比。为了提供更实用的方法,我们重点介绍下述的启发式方法。

对每个观测时间的功耗进行优化是一种可行途径,这意味着在第 l 次观测过程的起始时刻,求解式(3.13)的一个松弛问题,它忽略了所有后续观测步骤的影响。对第 l 次观测过程的式(3.13)的松弛问题描述如下：

$$\min_{X_{k,l}} \sum_{k=1}^{K} X_{k,l} \tag{3.14a}$$

$$\text{s. t.} \quad P_{\min} \leqslant X_{k,l} \leqslant P_{\max}, \quad k \in \mathbb{F}_K \tag{3.14b}$$

$$X_{k,l} \leqslant P_{k,l,\text{bud}}, \quad k \in \mathbb{F}_K \tag{3.14c}$$

$$\sum_{k=1}^{K} \frac{X_{k,l}\alpha_{k,l}^2}{X_{k,l}+\beta_{k,l}^2} \geqslant V_{\max}^{-1} \tag{3.14d}$$

松弛优化问题式(3.14)的求解已得到充分研究,在文献[15]中甚至已经得到了解析解(也可与文献[5]比较)。该问题已有了解析解,因此功率分配的计算非常简单并能够针对每一观测过程在线求得。然而,由于对式(3.13)进行了松弛化,式(3.14)的解是次最优的。如果我们定义 $\tilde{P}_{\text{over}}^*$ 为次最优功率分配 $\tilde{X}_{k,l}^*$ 条件下的次最优解,则下面的不等式显然成立。

$$\begin{aligned}
\tilde{P}_{\text{over}}^* &= \sum_{l=1}^{L} \left(\sum_{k=1}^{K} \tilde{X}_{k,l}^* \right) \\
&= \sum_{l=1}^{L} \min_{X_{k,l}} \sum_{k=1}^{K} X_{k,l} \\
&\geqslant \min_{X_{k,l}} \sum_{k=1}^{K} \sum_{l=1}^{L} X_{k,l} = \sum_{l=1}^{L} \sum_{k=1}^{K} X_{k,l}^* = P_{\text{over}}^*
\end{aligned} \tag{3.15}$$

上述关系仅仅表明,因为缺少信息,逐步进行优化的传感器网络将消耗更多的功率,所以生命周期比式(3.13)给出的整体最优解要短。另一个区别是,可用的预算功率 $P_{k,l,\text{bud}}$ 会随着时间的推移而变化发展。回想一下,对于每个观测过程,新的可用预算功率必须更新为 $P_{k,l+1,\text{bud}} = P_{k,l,\text{bud}} - \tilde{X}_{k,l}^*$。相反,对于式(3.13)的优化问题,预算功率的变化为 $P_{k,l+1,\text{bud}} = P_{k,l,\text{bud}} - X_{k,l}^*$。幸运的是我们稍后将会看到,在很多情况下这 2 种发展都会收敛。收敛速度自然是所有参数的函数,尤其受到 $P_{\min}$, $P_{\max}$, $P_{k,0,\text{bud}}$ 和 $V_{\max}$ 的影响。

不言而喻,优化问题式(3.13)和式(3.14)代表了各种优化方法的两种极端情况。在式(3.14)的优化方法基础上,可以提出其他启发式方法来获得更好的性能。例如,可以通过鲁棒方法对式(3.14)中的优化进行扩展,而不需要关于后续观测步骤的信道状态和噪声值的信息。另一种方法是通过信道和噪声估计方法(例如基于卡尔曼滤波)来扩展式(3.14),以便获得关于后续观测步骤的未知参数的足够信息。与式(3.14)中提出的方法相比,这些方法以及其他智能优化方法将以更高的复杂性为代价来提高性能。下一小节将重点讨论这两种方法。

3.3.3　更多实用的解决方案

通常而言,为了降低计算复杂度并消除未知参数的影响,式(3.14)的精确次最优解是优选方案,因为它不需要获知后续的信道状态。一种巧妙的方法是针对具有一些预定义参量 $w_{k,l} \geqslant 0$ 的第 l 个观测过程,求解下面的优化问题。

$$\min_{X_{k,l}} \sum_{k=1}^{K} w_{k,l} X_{k,l} \tag{3.16a}$$

$$\text{s. t.} \quad P_{\min} \leqslant X_{k,l} \leqslant P_{\max}, \ k \in \mathbb{F}_K \tag{3.16b}$$

$$X_{k,l} \leqslant P_{k,l,\text{bud}}, \ k \in \mathbb{F}_K \tag{3.16c}$$

$$\sum_{k=1}^{K} \frac{X_{k,l} \alpha_{k,l}^2}{X_{k,l} + \beta_{k,l}^2} \geqslant V_{\max}^{-1} \tag{3.16d}$$

优化问题式(3.16)的每个 $X_{k,l}^*$ 结果都是这些参量 $w_{k,l}$ 的函数,为了提高性能,可以采用各种方式对这些参量 $w_{k,l}$ 进行优化,例如可通过制定如下的逐步优化策略:

$$\min_{w_{k,l}} \sum_{k=1}^{K} \sum_{l=1}^{L} \mathcal{E}\left[\ |\ X_{k,l}^* - \tilde{X}_{k,l}^*\ |^2\ \right] \tag{3.17a}$$

$$\text{s. t.} \quad w_{k,l} \geqslant 0, \ k \in \mathbb{F}_K, l \in \mathbb{F}_L \tag{3.17b}$$

或者通过如下的全局优化:

$$\min_{w_{k,l}} \mathcal{E}\left[\ |\ \sum_{k=1}^{K} \sum_{l=1}^{L} X_{k,l}^* - \tilde{X}_{k,l}^*\ |^2\ \right] \tag{3.18a}$$

$$\text{s. t.} \quad w_{k,l} \geqslant 0, \ k \in \mathbb{F}_K, l \in \mathbb{F}_L \tag{3.18b}$$

其中应恰当地选择期望值以消除不想要的和未知的参数。上述两种方法对 $w_{k,l}$ 的优化求解非常困难且不适合本章的框架,因此我们提供了如下启发式方法:

$$w_{k,l} = f\left(\frac{P_{k,l,\text{bud}}}{\sum_{k=1}^{K} P_{k,l,\text{bud}}}\right), \ k \in \mathbb{F}_K, l \in \mathbb{F}_L \tag{3.19}$$

式中,f 应为其自变量的递减函数,特别是凸函数比其他函数更好。例如,我们可以选择

$$w_{k,l} = \exp\left(\kappa - \frac{\kappa P_{k,l,\text{bud}}}{\sum_{k=1}^{K} P_{k,l,\text{bud}}}\right), \ k \in \mathbb{F}_K, l \in \mathbb{F}_L \tag{3.20}$$

容易看出,$w_{k,l}$ 是所有 $P_{k,l,\text{bud}}$ 的函数,后者包括所有信道状态和过去观测过程的选择策略。参数 κ 与网络情况有关,应慎重选择。在式(3.20)的辅助下,求得的式(3.16)的优化解具有良好的性能,特别是在具有时间依赖性的信道状态情况下更是如此。与式(3.14)相比,式(3.16)的一大优点是具有更快的收敛速度,而计算量几乎保持不变。

如果使用长期信道估计器,则可以获得另一种显著受益于时间相关信道的方法。假设可以对 I 次连续观测实现完美的信道估计,则可推导出如下的优化问题:

$$\min_{X_{k,l}\cdots X_{k,l+I}} \sum_{k=1}^{K} \sum_{i=l}^{l+I} X_{k,i} \qquad (3.21\text{a})$$

$$\text{s. t.} \qquad P_{\min} \leqslant X_{k,i} \leqslant P_{\max}, \ k \in \mathbb{F}_K, i = l, \cdots, l+I \qquad (3.21\text{b})$$

$$\sum_{i=l}^{l+I} X_{k,i} \leqslant P_{k,l,\text{bud}}, \ k \in \mathbb{F}_K \qquad (3.21\text{c})$$

$$\sum_{k=1}^{K} \frac{X_{k,i} a_{k,i}^2}{X_{k,i} + \beta_{k,i}^2} \geqslant V_{\max}^{-1}, \ i = l, \cdots, l+I \qquad (3.21\text{d})$$

注意:实际上信道估计是不完美的。然而,不完美并不是真正决定性的,因为式(3.21)的计算只会求出次优解。为了实现精确的求解并尽可能减小计算量,则估计时间长度应该较小,例如 $I = 2$ 或 $I = 3$。此处仅仅为了完整性而对式(3.21)的优化问题进行介绍,在本章的其余部分不会进一步讨论。

3.4　可视化和数值结果

本节,我们通过数值仿真来比较优化问题式(3.13)与式(3.14)和式(3.16)的解。考虑一个传感器节点随机分布的情景,以验证式(3.13)和式(3.14)解的性能。之后,我们使用相同的条件来将式(3.16)的解与式(3.13)和式(3.14)的解进行比较。

3.4.1　优化方式式(3.14)与式(3.13)的比较

为了评估优化问题式(3.13)和式(3.14)的性能,我们对同一场景和相同网络进行了四次仿真。对于所有四次仿真而言,表3.2中的值均保持不变。特别是在各次仿真中对所有信道和加载噪声都保持不变,以简化后续的比较。这些噪声是从独立的高斯分布中随机抽取的。假设所有传感器节点的可用预算功率 $P_{k,0,\text{bud}}$ 均相等,因此可简写为 P_{bud}。图 3.3 显示了采用表 3.3 所给定参数值的仿真结果,该图形将作为所有其他图形的参考。在所有其他图形中,参数 $P_{\max}$、P_{bud} 或 $V_{\max}$ 中只有一个发生改变,将其对应的结果显示出来,用于与参考图形进行比较。发生改变的参数及其具体新值在相应图形中用图例说明标注出来。在每个图例中给出了其他 3 个值:第一个值是实际观测步骤 l_{act},它显示了所示的传感器网络中功率分布具体是在哪个观测步骤,第二个值和第三个值分别定义为

$$\rho_{\text{sum}} := \sum_{l=1}^{l_{\text{act}}} \sum_{k=1}^{K} \frac{X_{k,l}^*}{P_{\text{over}}^*} \qquad (3.22)$$

和

$$\rho_{\text{diff}} := \sum_{l=1}^{l_{\text{act}}} \sum_{k=1}^{K} \frac{\tilde{X}_{k,l}^* - X_{k,l}^*}{P_{\text{over}}^*} \qquad (3.23)$$

式中,ρ_{sum} 的值表示采用最优化方法式(3.13),在观测步骤 l_{act} 中已经被网络所消耗

的整体功耗 P^*_{over} 的百分比。ρ_{diff} 的值表示由于采用次最优方法式(3.14),在观测步骤 l_{act} 被网络额外消耗的整体功耗 P^*_{over} 的百分比。因此,ρ_{diff} 的绝对值应尽可能小,以表示该次最优解相对于全局最优解的精确拟合。所有传感器节点的指标显示在每个图的横坐标上。

表 3.2　所有图中固定的参数值

参数	R	$\mathcal{E}[\,|\,g_{k,l}\,|^2\,]$	$\mathcal{E}[\,|\,h_{k,l}\,|^2\,]$	M_k	N_k	$P_{\min}$
数值	1	1	1	1	1	0

表 3.3　所有图中默认的参数值

参数	K	L	$P_{\max}$	P_{bud}	$V_{\max}$
默认值	100	100	0.36	1.2	1.2

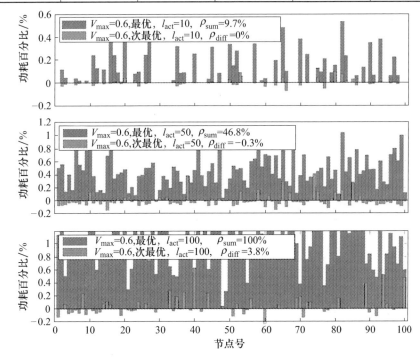

图 3.3　用于与其他仿真进行比较的参考条(见彩图)

(最小总功耗 $P^*_{\text{over}} = 95.15\%$,$\tilde{P}^*_{\text{over}} = 98.72\%$,在每个观测步骤中期望的活动传感器节点数为 4)

在各图中,每个传感器节点所消耗功率的总和 $\sum_{l=1}^{l_{\text{act}}} X^*_{k,l}$ 用蓝色条显示,这些图条共同显示了传感器节点的实际功率分布。注意当所有这些蓝色条均等高时将有利于实现更长的生命周期。此外,差值 $\sum_{l=1}^{l_{\text{act}}} \tilde{X}^*_{k,l} - X^*_{k,l}$ 用红色条表示。与蓝色

49

条相比,红色条表明理论和实际方法的匹配程度。因此,每个红色条与零的偏差越小越好。标题中还包括每次仿真所获得的最小值 P_{over}^* 和 $\tilde{P}_{over}^*$,并说明了每个观测步骤中的活动传感器节点的预期数量(分配有主动发射功率的传感器节点的数量)。幸运的是,在所有的仿真中,两种优化方法总是得到相同的活动传感器节点数量,这证实了两种方法的准确一致性。

在每个图中给出了网络生命周期的 3 种状态,上图、中图和下图分别表示观测过程 $l_{act}=10$、$l_{act}=50$ 和 $l_{act}=100$ 之后的功率分布。

在图 3.3 中,我们观察到,在次最优式(3.14)的情况下,总体功耗从 P_{over}^* = 44.12 稍许增加到 $\tilde{P}_{over}^*$ = 44.20。功耗的小增量取决于参数 P_{max}、P_{bud} 或 V_{max} 的具体值,在大多数实际情况下可以忽略不计。另外,从少数红色条可以看出,两种优化方法相互匹配。这些观测结果通常是有效的并可在其他图中进行验证。

图 3.4 显示了 V_{max} 的变化及其对两种优化方法性能的影响,该参数对优化性能影响最大。活动的传感器节点数和整体功耗随 V_{max} 的变化而大幅波动。

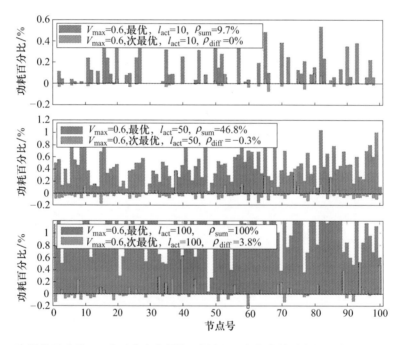

图 3.4　降低信号质量 V_{max} 会恶化生命周期、功耗和两个优化结果之间的收敛速度(见彩图)

(最小总功耗 P_{over}^* = 95.15,$\tilde{P}_{over}^*$ = 98.72,在每个观测步骤中期望的活动传感器节点数为 7)

图 3.5 中描述了由于参数 P_{bud} 引起的两种优化方法的性能变化。可用预算功率对活动传感器节点数量和整体功耗的影响最小,原因是可用预算功率

对于给定的生命周期而言足够大,或者它太小以至于相应的优化问题变得不可行。

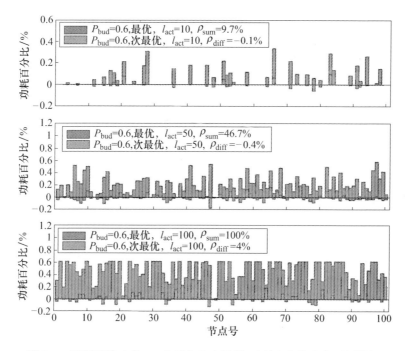

图 3.5　降低预算功率 P_{bud} 会恶化生命周期、功耗和收敛速度(见彩图)

(最小总功耗 $P_{over}^{*}=44.64$, $\tilde{P}_{over}^{*}=46.41$,在每个观测步骤中期望的活动传感器节点数为 4)

图 3.6 显示了 P_{max} 对优化性能的影响。如预期的那样,网络生命周期随最大允许传输功率 P_{max} 增加而增加,而功耗则相应降低。因此,对发射功率 P_{max} 和/或 P_{min} 的任何限制都会对传感器网络的性能产生负面影响。

总之,总功耗 P_{over}^{*} 和 $\tilde{P}_{over}^{*}$ 随着参数 P_{max}、P_{bud} 和 V_{max} 单调下降,而生命周期 L 则是这些参数的增函数。得到的另一个重要结果是,通过减小 P_{bud} 或 V_{max} 而其他参数保持不变,ρ_{diff} 的值会增加,这表明减小 P_{bud} 或 V_{max} 使得式(3.14)逐步优化收敛至全局解式(3.13)的速度更慢,原因在于处理更严格的约束将导致式(3.13)和式(3.14)的解之间的差别变大,尤其对于松弛优化方法更是如此。相反,在其他参数保持不变的情况下降低 P_{max} 将导致 ρ_{diff} 下降,这反过来表明使用式(3.14)优化求解收敛至全局解式(3.13)的速度增加。通过降低 P_{max},功率分配将涉及更多的传感器节点,活动的传感器节点变得更加分散。

式(3.13)的评估计算量非常大,因此很遗憾我们无法模拟具有更大 L 值的网络,但它却又与实践更为相关。此外,在其他网络参数变化的条件下对生命周期和功耗的灵敏度进行分析十分重要,这将在后续工作中进行研究。

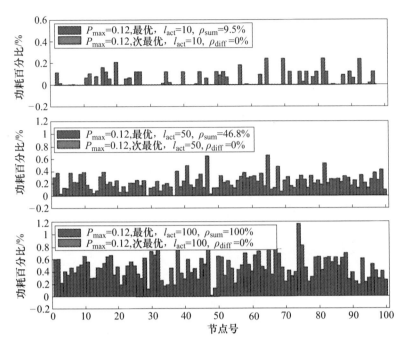

图 3.6　降低 P_{max} 总会恶化生命周期和功耗,但却能增加收敛速度(见彩图)

(最小总功耗 $P_{over}^{*} = 47.39$, $\tilde{P}_{over}^{*} = 47.39$,在每个观测步骤中期望的活动传感器节点数为6)

3.4.2　优化方式式(3.16)与式(3.13)和式(3.14)的比较

为了确保所有方法之间的公平比较,我们针对相同场景并使用与前一节相同的参数,特别考虑了相同的信道和噪声实现,执行优化方法式(3.16),同样给出了四组仿真结果,与前述结果进行对比。式(3.16)中所需的自由参数 κ 是通过实验选择的,这里被设置为10。注意到对 κ 的优化将导致更好的性能,但这样的数值优化计算量极大。

在图 3.7 中给出了与图 3.3 近似的参考图形。比较两幅图的 ρ_{diff} 值,仅有小的改进,原因是图 3.3 中的结果已经表现出良好的收敛性。

将图 3.8 和图 3.4 相比较可以看到前者更好的改进。图 3.8 中的 ρ_{diff} 和整体功耗 $\tilde{P}_{over}^{*}$ 都更小。这种改进通常有利于更长的生命周期 L 和更多的传感器节点数 K。将图 3.9 与图 3.5 相比较也可看到类似的情况。图 3.10 与图 3.6 的比较情况表明,即使在收敛速度很快的良好情况下,式(3.16)的优化解也比式(3.14)更好或至少是相似。

总之,功率分配方法与实际情况相关并由最优化问题式(3.16)所描述,其性能接近理论极限。这种性能在各种参数范围内都很稳定,对于更长的生命周期 L 和更多的传感器节点数量 K 更为有利。

52

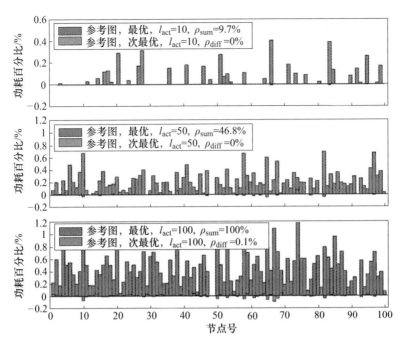

图 3.7　用于与其他仿真进行比较的参考条(见彩图)

(最小总功耗 $P_{over}^* = 44.12$,$\tilde{P}_{over}^* = 44.17$,在每个观测步骤中期望的活动传感器节点数为4)

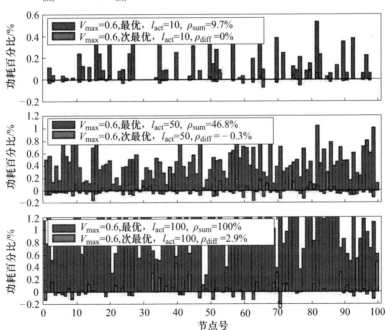

图 3.8　降低信号质量 V_{max} 会恶化生命周期、功耗和两个优化结果之间的收敛速度(见彩图)

(最小总功耗 $P_{over}^* = 95.15$,$\tilde{P}_{over}^* = 97.91$,在每个观测步骤中期望的活动传感器节点数为7)

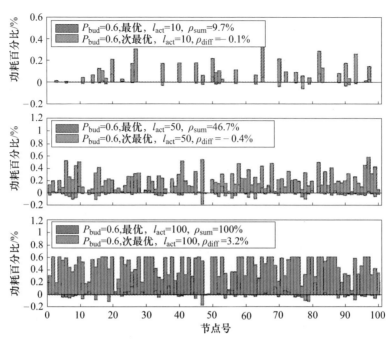

图 3.9　降低预算功率 P_{bud} 会恶化生命周期、功耗和收敛速度(见彩图)

(最小总功耗 $P_{over}^* = 44.64$, $\tilde{P}_{over}^* = 46.09$, 在每个观测步骤中期望的活动传感器节点数为 4)

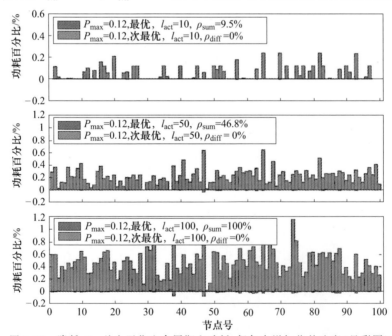

图 3.10　降低 P_{max} 总会恶化生命周期和功耗,但却会增加收敛速度(见彩图)

(最小总功耗 $P_{over}^* = 47.39$, $\tilde{P}_{over}^* = 47.40$, 在每个观测步骤中期望的活动传感器节点数为 6)

54

3.5　极端环境下的功率控制应用

在传感器网络中实施智能功率分配具有诸多优点。首先,传感器网络的设计、规划和部署将不需要针对特定情况进行专门定制,因此可以提高实施的时间/成本效益。其次,传感器网络将能在环境变化时调整合适的传感策略,通过改变活动的传感器数量和功率分配来实现最大的系统性能。最后,在能源有限的情况下可延长传感器网络的生命周期。

采用智能功率分配来实现能量和资源感知,其蕴含的主要概念如下:既然传感器节点是被动的且无法控制或改善感测质量,因此每个传感器节点的性能由感测通道来控制。相反,传感器节点向融合中心的通信质量由节点的发射功率决定,因此可以根据需要进行调整。每个观测过程的有效质量由传感单元性能和通信单元性能共同决定,因此通信性能只需要比感测性能略好一点,以确保最佳有效观测质量。与功率平均分配或功率分配无法改变的情况相比,通过对传感器节点传输功率进行优化调节,可以实现能量感知的传感器网络并节省更多功率。当然,实现传感器网络的功率优化和生命周期最大化带来的最大益处是对于能源稀缺或能源耗尽后无法补充的情况。特别是在极端环境下的无线传感器网络中,功率分配和能量优化技术是不可或缺的。以下阐述两个这样的环境以验证无线传感器系统在空间、水下、地下和工业等环境下的应用。

功率最小化方法的一个潜在应用是被动多雷达传感,以实现对未知目标信号的估计、探测或分类。这项任务不使用复杂的单雷达系统,而是由廉价和节能的SN来实施,即所谓的分布式无源多雷达系统(DPMRS)。DPMRS现在已有一些实际应用。物理学家利用它们来检测或确定粒子的特定特征,例如在南极洲阿蒙森 - 斯科特南极站的中微子望远镜(IceCube Neutrino Observatory)中,在冰盖下2500m范围内部署了超过5000个节点的网络[21-22]。DPMRS也用于射电天文学,例如新墨西哥州索科罗县国家射电天文台的Karl G. Jansky超大阵列[23]。在这两种情况下,融合中心通过电缆连接到SN,以传输感测信息并向SN供应能量。这意味着SN具有无限的运行能量,因此整个传感器网络具有无限的使用寿命。这样,就不需要基于可用资源来最大化网络生命周期。但需要注意的是,向南极洲运输化石燃料和在南极产生电能都非常困难且十分昂贵,因此任何减少能源消耗的方法都会引起高度关注。正如我们所看到的,通过智能功率分配方法可以大幅降低整个网络的功耗,而不会造成任何性能损失[11]。通过这种方式,传感器网络可以设计得既经济又环保。

生命周期最大化方法的一个应用是海洋地图的构建,其中使用了基于电池的SN。所使用的SN重且坚固,因此它们可以抵抗极深处的压力。SN启动后投入水中,它们沉入水底并将信息传达给融合中心。通过SN之间的特定信号处理技术,可以通过应用复杂的方法(例如文献[24–25]及其参考文献中介绍的多维比例缩放),在融合中心构建海底 3D 地图(深度大约 10000m)。对于这种技术,需要在 SN 之间以及在每个 SN 与融合中心之间构建强大的通信链路。由于每个 SN 需要一定的时间才能到达海底并处于稳定的位置(预先通常不知道所需的时间),往往通过增大电池容量以保证任务成功。但是,过大的电池会导致水域污染,并会在其服务时间结束后导致鱼类死亡。为了避免这些问题,对能源的研究至关重要。传感器网络的寿命对于实现准确观测,以及通过优化电池数量和每个电池的尺寸来选定电源,具有重要作用。3.3 节中列出的方法可以用于在 SN 无法靠近或维护的情况下,对功耗与生命周期进行研究。

3.6 小　　结

功耗和生命周期是传感器网络的基本特征。一方面,功耗应尽可能低,以确保系统的高能效。另一方面,生命周期应尽可能长,以确保全面覆盖。对于传感器网络在极端环境中的应用,还需要在整个使用寿命期间实现高可靠性。但这些功能是相互矛盾的,它们必须同时进行优化以实现最佳性能。在本章中,我们研究了在任何给定的生命周期内以及任何所需的信号质量条件下整体功耗的最小化问题。我们的目标是在规定传输功率和传感器节点总功率等限制条件下,提出功率分配的方法。我们提供了一种理论方法和几种实用的方法来优化常见传感器网络的功耗。

首先,我们已经看到尽管相应的优化问题属于一类凸问题,但理论方法实现困难且计算量很大。此外,由于缺乏信道状态信息,理论方法在实践中并不适用,但理论方法给出了传感器网络中降低功率和提高能效的可行边界。其次,我们给出了几种不同的且更实用的方法,它们几乎可以达到全局最优解,并与理论方法的结果相匹配。它们的主要优点是计算量小,尽管以整体功耗的少许增加为代价。这些实用方法的另一个优点是其适度的复杂性,因为不需要复杂的信道估计方法。我们也看到这些实用方法的收敛速度与所选参数有关,但对大多数情况来说已足够高。特别是在时变信道的情况下,实用方法将达到最佳性能。最后,通过大量仿真的选定结果显示了传感器网络生命周期内这些方法的性能和传感器节点之间的功率分配。显而易见的是,所需的信号质量 V_{max} 对功耗和寿命都有重大影响,而通过 P_{min} 和/或 P_{max} 对传输功率的限制则具有较小的影响。每个传感器节点的预算功率 P_{bud} 肯定会影响整体功耗,甚至导致传感器网络在其生命周期无法持续工作。

参 考 文 献

[1] Raghunathan, V., Schurgers, C., Park, S., and Srivastava, M. (2002) Energy–aware wireless microsensor

networks. Signal Processing Magazine, IEEE, 19(2), 40 – 50, doi:10. 1109/79. 985679.

[2] Muruganathan, S. , Ma, D. , Bhasin, R. , and Fapojuwo, A. (2005) A centralized energy – efficient routing protocol for wireless sensor networks. Communications Magazine, IEEE, 43(3), S8 – 13, doi:10. 1109/ MCOM. 2005. 1404592.

[3] Bhardwaj, M. , Garnett, T. , and Chandrakasan, A. (2001) Upper bounds on the lifetime of sensor networks, in The IEEE International Conference on Communications (ICC' 01), vol. 3, pp. 785 – 790, doi: 10. 1109/ICC. 2001. 937346.

[4] Cardei, M. , Thai, M. , Li, Y. , and Wu, W. (2005) Energy – efficient target coverage in wireless sensor networks, in The 24th Annual Joint Conference of the IEEE Computer and Communications Societies(INFOCOM' 05), vol. 3, pp. 1976 – 1984, doi:10. 1109/INFCOM. 2005. 1498475.

[5] Alirezaei, G. , Reyer, M. , and Mathar, R. (2014) Optimum power allocation in sensor networks for passive radar applications. Wireless Communications, IEEE Transactions on, 13(6), 3222 – 3231, doi:10. 1109/ TWC. 2014. 042114. 131870.

[6] Alirezaei, G. , Mathar, R. , and Ghofrani, P. (2013) Power optimization in sensor networks for passive radar applications, in The Wireless Sensor Systems Workshop(WSSW'13), co – located with the IEEE International Conference on Wireless for Space and Extreme Environments(WiSEE'13), Baltimore, Maryland, USA, doi: 10. 1109/WiSEE. 2013. 6737565.

[7] Alirezaei, G. and Mathar, R. (2013) Optimum power allocation for sensor networks that perform object classification, in Australasian Telecommunication Networks and Applications Conference(ATNAC'13), Christchurch, New Zealand, pp. 1 – 6, doi:10. 1109/ATNAC. 2013. 6705347.

[8] Alirezaei, G. , Taghizadeh, O. , and Mathar, R. (2014) Optimum power allocation with sensitivity analysis for passive radar applications. Sensors Journal, IEEE, 14 (11), 3800 – 3809, doi: 10. 1109/JS-EN. 2014. 2331271.

[9] Alirezaei, G. and Mathar, R. (2014) Optimum power allocation for sensor networks that perform object classification. Sensors Journal, IEEE, 14(11), 3862 – 3873, doi:10. 1109/JSEN. 2014. 2348946.

[10] Taghizadeh, O. , Alirezaei, G. , and Mathar, R. (2014) Complexity – reduced optimal power allocation in passive distributed radar systems, in International Symposium on Wireless Communication Systems(ISWCS' 14), Barcelona, Spain.

[11] Alirezaei, G. (2014) Optimizing Power Allocation in Sensor Networks with Application in Target Classification, Shaker Verlag. ISBN: 978 – 3 – 8440 – 3115 – 7.

[12] Alirezaei, G. and Schmitz, J. (2014) Geometrical sensor selection in large – scale high – density sensor networks, in The IEEE International Conference on Wireless for Space and Extreme Environments(WiSEE'14), Noordwijk, Netherlands, doi:10. 1109/WiSEE. 2014. 6973064.

[13] Alirezaei, G. , Taghizadeh, O. , and Mathar, R. (2015) Optimum power allocation in sensor networks for active radar applications. Wireless Communications, IEEE Transactions on, 14(5), 2854 – 2867, doi: 10. 1109/TWC. 2015. 2396052.

[14] Alirezaei, G. and Mathar, R. (2015) Sensitivity analysis of optimum power allocation in sensor networks that perform object classification. Australian Journal of Electrical and Electronics Engineering, 12(4), 267 – 274, doi:10. 1080/1448837X. 2015. 1093679.

[15] Taghizadeh, O. , Alirezaei, G. , and Mathar, R. (2015) Optimal energy efficient design for passive distributed radar systems, in IEEE International Conference on Communications(ICC'15), London, UK, pp. 6773 – 6778, doi:10. 1109/ICC. 2015. 7249405.

[16] Alirezaei, G. , Taghizadeh, O. , and Mathar, R. (2015) Lifetime and power consumption analysis of sensor

networks, in The IEEE International Conference on Wireless for Space and Extreme Environments (WiSEE' 15), Orlando, Florida, USA, doi:10. 1109/WiSEE. 2015. 7392980.

[17] Alirezaei, G. , Taghizadeh, O. , and Mathar, R. (2016) Comparing several power allocation strategies for sensor networks, in The 20th International ITG Workshop on Smart Antennas (WSA'16), Munich, Germany, pp. 301 – 307.

[18] Luenberger, D. G. and Ye, Y. (2008) Linear and Nonlinear Programming, 3rd edn, Springer Science & Business Media.

[19] Boyd, S. and Vandenberghe, L. (2004) Convex Optimization, Cambridge University Press.

[20] Chiang, M. (2005) Geometric Programming for Communication Systems, Now Publishers.

[21] University of Wisconsin – Madison and National Science Foundation (2010), IceCube Neutrino Observatory webpage. URL http://icecube. wisc. edu/.

[22] Abbasi, R. (2010) IceCube neutrino observatory. Int. J. Mod. Phys. , D19, 1041 – 1048, doi:10. 1142/ S02182718100 1697X.

[23] The National Radio Astronomy Observatory (2012), The Very Large Array webpage. URL http:// www. vla. nrao. edu/.

[24] Mathar, R. (1997) Multidimensionale Skalierung: Mathematische Grundlagen und algorithmische Aspekte, Teubner Verlag.

[25] Xu, G. , Shen, W. , and Wang, X. (2014) Applications of wireless sensor networks in marine environment monitoring: A survey. Sensors, 14(9), 16 932 – 16 954, doi:10. 3390/s140916932.

第4章 基于连通度的无线传感器网络定位性能提升

4.1 引 言

无线传感器网络由大量小型传感器节点组成,每个传感器节点都能够感知、处理和传输环境信息,在众多领域特别是在空间和极端环境中有着广泛的应用[1]。在这些应用中,如果不知道节点的位置信息,那么传感器测量结果可能是没有意义的。而另一方面,节点的位置信息对于部署、覆盖、路由等联网协议也十分重要。

虽然为每个传感器节点配备一个GPS单元可轻松实现其定位,但这会为大规模传感器网络带来高昂的硬件成本。定位技术是可供选择的替代方案,其中大多数未知节点的坐标在没有GPS的情况下仅由少数锚节点来确定。锚节点是能够知道自身坐标的节点,而未知节点则无法获知自身的坐标。定位技术作为无线传感器网络的关键问题之一,近年来得到了深入的研究。

通常,大规模无线传感器网络的定位方法可以分为两类:基于测距的方法和无需测距的方法。Mao等[2]主要针对基于测距的方法进行了评述。假设每个节点与邻居节点之间的距离信息能够通过一些测距方法来获得,例如:

- 到达角(AOA)[3];
- 到达时间(TOA)[4];
- 到达时间差(TDOA)[5];
- 接收信号强度(RSS)[6]。

测量到达角的算法使用特殊的天线探测接收信号的方向,或使用天线阵列来估计其相位。测量到达时间的算法和测量到达时间差的算法,则是通过信号传输时间、速度与距离之间的关系来估计两个节点之间的距离。由于无线信号的传输速度为光速,如果可以获得接收信号在空中的传输时间,则可以计算接收机和发射机之间的距离。测量接收信号强度的算法通过测量信号的强度,并通过事先假定的无线传输模型来估计距离。但是这些技术通常需要复杂的硬件设备,同时也会受到不精确的传输模型的影响。

在获得与邻居节点之间的距离之后,未知节点可以从最短累积传输距离[3]估计其到锚点的距离。如果未知节点可以获得3个或3个以上的锚节点的距离时,则可用三边定位法或多边定位法来实现自身定位[7]。基于测距的方法可以实现较高的定位精度,但受距离的测量精度影响很大。

在无需测距的定位方法中,节点通常不具有测量到达邻居节点距离的能力,仅仅只有连通度信息。在极端环境中,例如在原始森林中进行监测,障碍物可能导致无法获得精确的距离信息,而且使用复杂的测距单元成本过高。因此,无需测距的定位方法是极端环境中的一个重要的备选方案,因为它对硬件和计算性的要求不高。在许多无需测距的定位方法中,跳(hop)通常被作为两个具有直通链路的相邻节点之间的距离测度。对于两个非相邻节点,它们之间最短路径上的累积跳数可用于距离估计。由于没有苛刻的硬件要求,无需测距的定位方法适用于大规模无线自组织多跳传感器网络。

在本章中,我们首先回顾无需测距的定位技术方面的最新进展;4.2 节和 4.3 节中分别介绍单跳网络和多跳网络;4.4 节重点研究通过开发邻域信息对传统的基于连通度的定位方法进行改进;最后在 4.5 节中进行总结。

4.2　基于连通度的单跳网络定位技术

4.2.1　质心定位算法

质心定位算法[8]是一种基本的无需测距的单跳定位算法,其核心思想是使用未知节点通信半径内多个锚节点的几何中心来估计未知节点的位置。该算法可以分为两个步骤。在第一步中,每个锚节点向它所有的邻居节点广播自己的信息 $A_i(id; x_i, y_i)$,其中 (x_i, y_i) 是锚节点 A_i 的坐标。在未知节点 S 收听到 n 个锚节点的信息后,未知节点用锚节点坐标的算术平均值来估计其坐标 (s_x, s_y),即

$$\hat{s}_x = \frac{1}{n} \sum_{i=1}^{n} x_i, \quad \hat{s}_y = \frac{1}{n} \sum_{i=1}^{n} y_i \qquad (4.1)$$

质心算法很容易执行,但该算法对锚节点的密度有很高的要求。当锚节点密度不足时,部分未知节点有可能接收不到任何一个锚节点传播的信息,因此也就不能直接应用质心算法进行定位。此外,锚节点的分布对定位性能也有着很大的影响,理想的情况是所有的锚节点都是均匀分布的。

4.2.2　改进的质心定位算法

质心定位算法通过直接计算锚节点坐标的算术平均值来估计未知节点的坐标,而没有对锚节点进行区分。一些作者提出通过分配不同的权重来区分各类锚节点,从而给出了加权质心定位算法[9-11]。加权质心定位的总体思路如下:

$$\hat{s}_x = \sum_{i=1}^{n} \omega_i x_i \bigg/ \sum_{i=1}^{n} \omega_i, \quad \hat{s}_y = \sum_{i=1}^{n} \omega_i y_i \bigg/ \sum_{i=1}^{n} \omega_i \qquad (4.2)$$

式中,ω_i 是锚节点 A_i 的权值。

Blumenthal 等假设权值与未知节点接收到锚节点的信号强度成正比[9]。权值由 $\omega_{ij} = 1/(d_{ij})^g$ 得到,其中衰减系数 g 代表环境对权值的影响,而两节点之间的距离 d_{ij} 可以通过接收信号强度得到。

这些作者假设传输模型的路径损耗衰减指数是一个定值,但如果现场环境条件变化则可能导致情况并非如此。为了解决这个问题,提出了一种自适应的加权质心定位算法[10],使用最小二乘误差和最大似然估计的方法来区分不同环境下的损耗衰减指数。

改进的加权质心定位算法(IWCA)采用到达时间而不是接收信号强度来计算权值[11]。2 个节点之间的距离可由 $d = c \times t$ 计算得到,其中 c 为光速,t 为空中传输时间。权值参数可由 $\sum_{i=1}^{n} \frac{t_i}{n} \times t_i$ 获得。对于 IWCA 来说,利用到达时间来估算权值,很容易受到环境的影响,且需要强大的硬件。

质心算法是一种粗略的定位算法,在某些情况下可能产生很大的定位误差。假设存在 3 个锚节点 A_1, A_2 和 A_3,坐标分别为 $(0,0)$,$(7,0)$ 和 $(7,2)$。对于圆盘通信模型(见 4.3.1 节),假设某个未知节点能够接收到这 3 个锚节点发出的信息,那么该未知节点应该位于以这 3 个锚节点为中心的 3 个圆的相交区域内。但是使用质心算法得到的未知节点 S 的估计位置为 $(14/3, 2/3)$,位于该相交区域之外。为了解决这个问题,Chen 等[12]提出的定位算法使用弦基线的交点作为估计位置,弦基线是 2 个相交圆的 2 个交点的连线。

4.3 基于连通度的多跳网络定位技术

在多跳网络中,某些未知节点可能无法直接连接到任何一个锚节点。在这种情况下,需要采取其他方法来估计未知节点和锚节点之间的距离。在本节中将介绍 DV - hop 算法及其一些变换,它们使用跳数和跳距信息来进行距离测量。

4.3.1 DV - hop 算法

DV - hop 算法[13]的核心思想是通过计算校正因子,即平均跳距(单位:m/hop)来进行多跳网络的距离估计。原始 DV - hop 算法是基于圆盘通信模型,即节点只能和位于以该节点为圆心,以通信范围 r 为半径的圆内部的节点通信。而对于位于圆盘之外的其他节点,该节点需要通过中继节点进行多跳通信。

原始 DV - hop 算法可以分为 3 个步骤:
- 校正因子的计算;
- 多跳距离的估计;
- 多边定位。

为了计算校正因子,每个锚节点需要知道它到另一个锚节点的跳数,这可以通过简单的洪泛控制来找到[14]。锚节点 i 通过向另一个锚节点 j 发送 1 个数据包，测量最小多跳中继次数作为 2 个锚节点之间的跳数 h_{ij}。因为锚节点知道自己的坐标，所以 2 个锚节点之间的欧氏距离 d_{ij} 容易计算得到，锚节点 i 的校正因子可以通过下式计算得到：

$$\phi_i = \frac{\sum_{j=1,j\neq i}^{n} d_{ij}}{\sum_{j=1,j\neq i}^{n} h_{ij}} \tag{4.3}$$

式中，n 为网络中的锚节点总数，未知节点 k 能够通过下式来估计其和锚节点 i 的欧氏距离 $\hat{d}_{ki}$，有

$$\hat{d}_{ki} = \phi_i \times h_{ki} \tag{4.4}$$

式中，h_{ki} 为 k 和 i 之间的跳数。

设 (x_i, y_i)，$i = 1, 2, \cdots, n$ 表示锚节点的坐标，$\hat{d}_i$，$i = 1, 2, \cdots, n$ 表示未知节点到这些锚节点的估计距离。当未知节点得到了到这些锚节点的估计距离后，可以通过如下多边定位法来估计自身的坐标 $(\hat{x}, \hat{y})$，有

$$\begin{bmatrix} \hat{x} \\ \hat{y} \end{bmatrix} = (\boldsymbol{A}^{\mathrm{T}}\boldsymbol{A})^{-1}\boldsymbol{A}^{\mathrm{T}}\boldsymbol{B} \tag{4.5}$$

式中

$$\boldsymbol{A} = 2 \times \begin{bmatrix} x_2 - x_1 & y_2 - y_1 \\ x_3 - x_1 & y_3 - y_1 \\ \vdots & \vdots \\ x_n - x_1 & y_n - y_1 \end{bmatrix} \tag{4.6}$$

$$\boldsymbol{B} = \begin{bmatrix} x_2^2 - x_1^2 + y_2^2 - y_1^2 + \hat{d}_1^2 - \hat{d}_2^2 \\ x_3^2 - x_1^2 + y_3^2 - y_1^2 + \hat{d}_1^2 - \hat{d}_3^2 \\ \vdots \\ x_n^2 - x_1^2 + y_n^2 - y_1^2 + \hat{d}_1^2 - \hat{d}_n^2 \end{bmatrix} \tag{4.7}$$

图 4.1 展示了 DV-hop 算法的基本思想。该网络包含 3 个锚节点（A_1，A_2，A_3）和 5 个未知节点（S_1，S_2，S_3，S_4，S_5），任意 2 个锚节点之间的欧氏距离如图所示。锚节点 A_1 的校正因子 $\phi_{A1} = (40 + 90)/(2 + 4) = 21.67$。同样，$A_2$ 和 A_3 的校正因子分别为 $\phi_{A2} = (40 + 110)/(2 + 5) = 21.43$ 和 $\phi_{A3} = (90 + 110)/(4 + 5) = 22.22$。而锚节点 A_1 和未知节点 S_1 之间的估计距离为：$\hat{d}_{A_1S_1} = 21.67 \times 3 = 65.01$。同样，$\hat{d}_{A_2S_1}$ 和 $\hat{d}_{A_3S_1}$ 分别为 $\hat{d}_{A_2S_1} = 21.43 \times 2 = 42.86$ 以及 $\hat{d}_{A_3S_1} = 22.22 \times 2 = 44.44$。

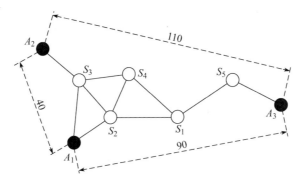

图 4.1　DV－hop 算法示意图

4.3.2　基于跳数定位的数学分析

DV－hop 的思想是将观测到的 2 个节点之间的跳数 h 通过启发式获得的校正因子 ϕ 转换为它们的欧氏距离 d。事实上，在一个分布均匀的大型网络中，2 个节点之间 h 和 d 的关系可以用 d 的条件概率密度函数表示，即 $f(d\,|\,h)$。仅给定观测值 h 时，d 的最小均方差估计只是 d 在条件 h 下的期望，即 $\mathbb{E}\,[\,d\,|\,h\,]$。因此，当计算出 $f(d\,|\,h)$ 后，可以用 $\mathbb{E}\,[\,d\,|\,h\,]$ 来估计距离 d 的实际值。

DV－hop 算法运用启发式方法来获得 ϕ，并用 $\phi\times h$ 来计算相距 h 跳的两节点间的平均距离。显然，这并不是 $\mathbb{E}\,[\,d\,|\,h\,]$ 的精确表达。很多研究都推导了 d 和 h 之间的统计关系。对于一维网络，文献[15]已经给出了 $f(d\,|\,h)$ 的求解方式，在此基础上，文献[16]给出了条件期望 $\mathbb{E}\,[\,d\,|\,h\,]$ 和条件方差 $\mathbb{V}\,[\,d\,|\,h\,]$。在 2D 网络中，当 $h=1$ 时，有

$$f(d\,|\,h=1)=\frac{2d}{r^2},\quad \mathbb{E}\,[\,d\,|\,h=1]=\frac{2}{3}r \tag{4.8}$$

式中，r 是圆盘模型的通信半径。但是当 $h>2$ 时，2D 网络中的 $P(h\,|\,d)$ 的精确解析解难以推导出来，这仍然是一个亟待解决的问题。

另一个问题是推导对于给定的欧氏距离 d 时，距离另一节点为 h 跳的节点的概率分布 $P(h\,|\,d)$。对于给定的条件概率 $P(h\,|\,d)$，基于 h 的观测可以通过最大似然估计来推导距离 d 的值。Bettstetter 和 Eberspacher 给出了当 $h=1$ 和 $h=2$ 时 $P(h\,|\,d)$ 的精确解析解，但当 $h>2$ 时，只是通过边界分析和大量仿真对条件概率 $P(h\,|\,d)$ 进行估计[17]。为了获得 $h>2$ 时的解析解，文献[18]给出了 $P(h\,|\,d)$ 的迭代形式的解，并在后续研究中进行了改进[19]。这两篇论文都只是 $P(h\,|\,d)$ 的近似值，并且只有在网络节点密度趋于无穷大时才收敛于真值。

文献[20－22]则通过另一种方式，使用预期每跳前进距离（Expected per Hop Progress）来描述跳数和距离之间的关系。这是将从一个节点到另一节点的通信跳数作为前进距离的欧氏距离量测。当给定两个节点之间的跳数时，它可用于估计

一对节点之间的距离。

在文献[21]中,作者选取距离目标最近的邻居节点作为下一跳的中继节点。以目标节点 D 为圆心,3 个圆弧的半径分别为 l_0,x 和 $l_0 - a$,其中 l_0 是节点 S 和 D 的初始距离。给定有效节点密度为 b,令 $\mathrm{Cov}(S,r)$ 表示以节点 S 为圆心,r 为半径的圆的面积,$L_{b,m}$ 表示 m 跳之后到目标节点的剩余距离。因此 $L_{1,1}$ 的条件累积分布函数为

$$F_{X_1}(x) = \Pr\{d(N_1) \leqslant x\} = \frac{\mathrm{Cov}(S,r) \cap \mathrm{Cov}(D,x)}{\mathrm{Cov}(S,r) \cap \mathrm{Cov}(D,l_0)} \tag{4.9}$$

而 $L_{b,m}$ 的 $F_{X_b}(x)$ 为

$$F_{X_b}(x) = \Pr\{d(N_1) \leqslant x \cup d(N_2) \leqslant x \cdots d(N_m) \leqslant x\} \tag{4.10}$$

进而可以计算出 $L_{b,m}$ 的条件概率密度函数 $f_{X_b}(x)$ 和每跳前进距离 $\mathbb{E}[L_{b,m}]$。

4.4 基于连通度的定位性能提升

目前已经提出了许多改进算法,它们通过调整校正因子来对 DV - hop 算法进行改进。原始的 DV - hop 算法仅使用平均跳距来进行多跳距离估计,但诸如邻居节点的信息等其他信息也是可资利用的。

4.4.1 调整校正因子的改进方法

在原始的 DV - hop 算法中,校正因子 ϕ_i 是通过对跳距求平均来计算的,这种方法仅适于传感器的部署足够均匀的情况。基于每跳前进距离的另一种方法可以用于在传感器随机部署和任意节点密度的情况下来计算校正因子[22-25]。

Wang 等[22]使用预期每跳前进距离来估计传感器之间的最优路径距离。传感器的部署服从密度为 λ 的 2D 随机均匀泊松分布。在传感器传输范围 πr_0^2 的区间 $(-\theta,\theta)$ 内分布有 m 个传感器的概率为

$$P(m,\theta,r_0) = (\lambda\theta r_0^2)^m \, \mathrm{e}^{-\lambda\theta r_0^2}/m! \tag{4.11}$$

传感器 S 与其紧邻前向传感器的跳距为 $L,L \leqslant l$ 的概率为

$$P[L \leqslant l] = \sum_{m=0}^{N} P(m,\theta,r_0) P(m,\theta,l) = \mathrm{e}^{-\lambda\theta(r_0^2 - l^2)} \tag{4.12}$$

这给出了 $P[L \leqslant l]$ 的概率密度函数 $f_L(l)$。最后,传感器 S 的校正因子和每跳前进距离的期望可以推导如下:

$$\phi_S = \mathbb{E}[R] = \frac{1}{\theta}\int_0^\theta\int_0^{r_0} f_L(l) l\cos\omega \mathrm{d}l\mathrm{d}\omega \tag{4.13}$$

而两节点之间的距离由 $\hat{d} = h \times \mathbb{E}[R]$ 进行计算。

同样,Vural 和 Ekici[23]选择一个与当前节点距离最大的节点作为下一个中继

节点,还分析了单跳的最大前进距离,并用这些结果计算多跳前进距离。

文献[24]分析了不同跳数的跳距以减少校正因子的线性近似误差。假设均匀分布的节点的概率分布函数为

$$f(l) = 2l/r^2 \tag{4.14}$$

则一跳的前进距离为

$$\mathbb{E}[R] = \int_0^r lf(l)\,\mathrm{d}z = 2r/3 \tag{4.15}$$

上式得到了实验结果证实。因此,当通信范围已知时,距离可以通过下式获得

$$\hat{d}_{ki} = \phi_i \times (h_{ki} - 1) + 2r/3 \tag{4.16}$$

式中

$$\phi_i = \left(\sum_{j=1,j\neq i}^{m} (d_{ij} - 2r/3)(h_{ij} - 1)\right) \Big/ \left(\sum_{j=1,j\neq i}^{m} (h_{ij} - 1)^2\right) \tag{4.17}$$

研究人员还提出了一些用于调整非均匀分布网络中校正因子的其他方法。密度感知的跳数定位算法根据局部节点密度来调整校正因子[25]。每对锚节点也可利用计算出的校正因子来估计它们的距离,但这可能存在一些估计误差,特别是在非常不对称的网络中。为了解决这些问题,DDV – hop 算法[7]根据其调节距离估计误差来调整锚节点的校正因子。

4.4.2 利用邻域信息的改进方法

DV – hop 算法容易执行,但会受到跳数—跳距模糊性问题的影响:DV – hop 算法认为距离一个锚节点具有相同跳数的节点到该锚节点的欧氏距离是相等的,但实际上它们距锚节点的距离并不相等。例如在图 4.2 中,节点 i 和 k 距源节点的跳数均为 h。根据 DV – hop 算法,它们到源节点的距离相等。但是由图中可以看出,节点 i 到源节点的距离 d_i 大于节点 k 到源节点的距离 d_k。为了解决跳数—跳距模糊性问题,文献[26 – 35]提出了利用邻居节点信息来进一步区分具有相同跳数的节点。

在文献[26]中,作者提出了一种基于跳数的邻域划分算法(HCNP),通过运用邻居节点的信息来解决跳数—跳距模糊性问题。如图 4.2 所示,不同的形状表示到源节点跳数不同的节点。与源节点相距 h 跳的节点的邻居节点通常可以分为 3 个不相交的集合:S^{h-1},S^h 和 S^{h+1},即这些邻居节点到节点 s 的跳数分别为 $h-1$,h 和 $h+1$。从图 4.2 中还可以看出,与节点 k 相比,节点 i 有更多与节点 s 相距 $h-1$ 跳的邻居节点,而节点 k 比节点 i 有更多的与节点 s 相距 $h+1$ 跳的邻居节点。这些邻居节点的信息可以很容易地通过信息交换获得。

HCNP 算法首先假设所有到源节点跳数为 h 的节点都位于一个以源节点为圆心,以 γ_{h-1} 为内径,γ_h 为外径的圆环内。这被称为完美跳距假设,并设 $0 < \gamma_1 < \cdots < \gamma_h < \cdots$。显然,这个假设只有在传感器总数趋于无穷大的情况下才成立,并且在这种情况下,对于所有 $h \geq 1$ 的跳数环,$\gamma_h \times r$ 和 $\gamma_h - \gamma_{h-1} = r$ 如图 4.3 所示。

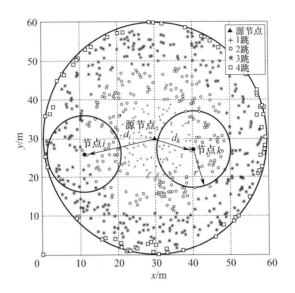

图 4.2　跳数—跳距模糊性问题

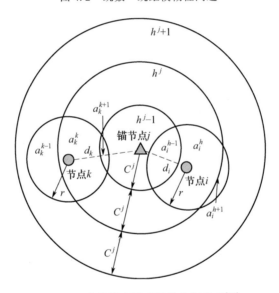

图 4.3　完美跳距情况及其几何关系[26]

对于距源节点跳数为 h 的节点,通信圆盘与跳距圆环 $h\pm1$ 相交,产生的两个相交区域为 $a^{h\pm1}$。令 $A^{h\pm1}$ 表示区域 $a^{h\pm1}$ 的面积。那么节点到源节点之间的距离 d 与相交面积 $A^{h\pm1}$ 之间的几何关系可以通过下式计算:

$$A_{h-1} = r^2 \arccos\left(\frac{d^2 + r^2 - r_{h-1}^2}{2dr}\right) + r_{h-1}^2 \arccos\left(\frac{d^2 + r_{h-1}^2 - r^2}{2dr_{h-1}}\right)$$

$$-\frac{1}{2}\sqrt{4d^2 r_{h-1}^2 - (d^2 - r^2 + r_{h-1}^2)^2} \qquad (4.18)$$

66

$$A_{h+1} = \pi r^2 - r^2 \arccos\left(\frac{d^2 + r^2 - r_h^2}{2dr}\right) - r_h^2 \arccos\left(\frac{d^2 + r_h^2 - r^2}{2dr_h}\right) + \frac{1}{2}\sqrt{4d^2 r_h^2 - (d^2 - r^2 + r_h^2)^2}$$

$$(4.19)$$

假设在整个传感器区域内,传感器以密度 λ 均匀分布,那么相交区域的面积也可以通过节点密度估计得到,即

$$\wedge^{h\pm1} = \frac{|S^{h\pm1}|}{\lambda}$$

$$(4.20)$$

式中,$|S^{h\pm1}|$ 表示到源节点跳数为 $h\pm1$ 的节点的数目。令 $A^{h\pm1} = f_{h\pm1}^{-1}(A^{h\pm1})$。将估计的面积 $\wedge^{h\pm1}$ 代入到函数 $f_{h\pm1}^{-1}(A^{h\pm1})$ 中,则可得到距离估计

$$\hat{d}^{h\pm1} = f_{h\pm1}^{-1}(A^{h\pm1})$$

$$(4.21)$$

因为可以得到两个距离估计 $\hat{d}^{h\pm1}$,那么基于两个相交区域的面积,最终的多跳估计距离可以通过它们的平均值求得:

$$\hat{d}_{HCNP} = (\hat{d}^{h-1} + \hat{d}^{h+1})/2$$

$$(4.22)$$

图 4.4 对 HCNP 方法和 DV - hop 方法的归一化定位误差进行了比较。将通信距离 $r = 10$ 的 N 个节点随机部署到半径为 60 的圆盘区域内。可以看出,当节点数量较少时,两种算法的性能相似。但当节点数量增加时,HCNP 算法性能优于 DV - hop 算法。随着节点数量的增加,性能的改善也随之提升。回想一下,HCNP 算法是基于完美跳距假设,传感器密度越大,跳距圆环估计越准确,所以定位性能也越好。

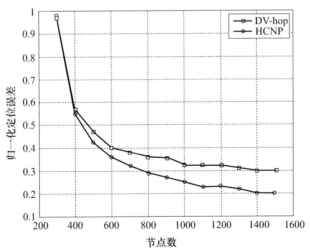

图 4.4 归一化定位误差和节点部署数量的比较[26]

HCNP 算法是基于跳距圆环边界 γ_h 的计算。为了计算 γ_h,隐含地假定整个网络在全局范围内均匀分布,并且该算法也需要获知全网范围内的节点密度 λ。在

文献[30]中,作者提出仅仅使用局部邻居节点信息对多跳网络进行定位,将归一化邻近距离(RND)作为两个邻居节点之间距离的近似测量。

令 $\mathcal{M}_i$ 表示节点 i 的邻居节点集合,定义为

$$\mathcal{M}_i = \{j \mid j \neq i \text{ 且 } d_{ij} \leq r\} \tag{4.23}$$

式中,d_{ij} 为节点 i 和节点 j 之间的欧氏距离,r 为通信半径。从图4.5可以看出,因为通信半径是恒定的,节点 i 与其邻居节点 j 之间的距离 d_{ij} 决定了相交区域 $A(d_{ij})$ 的大小,d_{ij} 越大,则 $A(d_{ij})$ 越小。此外,$A(d_{ij})$ 可以通过下式计算:

$$A(d_{ij}) = 2r^2 \arccos\left(\frac{d_{ij}}{2r}\right) - \frac{d_{ij}}{2}\sqrt{4r^2 - d_{ij}^2} \tag{4.24}$$

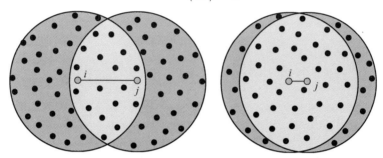

图4.5　临近距离模型:节点 i 和节点 j 之间的
距离取决于 i 和 j 之间的公共邻居节点数[30]

因为两个节点之间距离 d_{ij} 是未知的,$A(d_{ij})$ 可以由下式进行估计:

$$\wedge(d_{ij}) = \frac{m_{ij}}{M_i} \cdot \pi r^2 \tag{4.25}$$

式中,m_{ij} 是相交区域内的节点数,$M_i = |\mathcal{M}_i| + 1$ 为通信圆盘内的节点数。注意 m_{ij} 实际上计算了由节点 i 和节点 j 组成的相交区域内的节点总数,也就是 $m_{ij} = |\mathcal{M}_i \cap \mathcal{M}_j| + 2$。实际上,$m_{ij}$ 可以通过交换两个节点之间的邻居节点信息而轻松获得。而后节点 i 可以用 $\wedge(d_{ij})$ 来估计 d_{ij}。节点 i 到其邻居节点 j 的临近距离定义为

$$\text{ND}(i,j) = 1 - \frac{m_{ij}}{M_i}, \quad j \in \mathcal{M}_i \tag{4.26}$$

注意到节点 j 到节点 i 的距离 $\text{ND}(j,i)$ 也许并不等于节点 i 到节点 j 的距离 $\text{ND}(i,j)$,因此将 RND 定义为

$$\text{RND}(i,j) = \frac{1}{2}(\text{ND}(i,j) + \text{ND}(j,i)) \tag{4.27}$$

然后,利用两个节点之间的多跳路径的累积 RND 而不是跳数来确定最短 RND 路径。两个节点间最短 RND 路径定义为

$$\text{RND}_{\min}(s_1, s_n) = \min\left\{\sum_{i=1}^{n-1} \text{RND}(s_i, s_{i+1})\right\} \tag{4.28}$$

与基于跳数的计算校正因子的方法相似,基于 RND 的校正因子的计算公式为

$$\phi_{\text{rnd}} = \frac{\sum_{j \neq i} d_{ij}}{\sum_{j \neq i} \text{RND}_{\min}(i,j)} \tag{4.29}$$

而未知节点 s 与锚节点 i 的欧氏距离估计值为

$$\hat{d}_{si} = \phi_{\text{rnd}} \times \text{RND}_{\min}(s,i) \tag{4.30}$$

接下来我们用一个例子来说明用于距离估计的 DV-RND 算法和 DV-hop 算法。如图 4.6 所示,在随机部署的网络中,通过应用 Floyd-Warshall[36] 算法,可以找到从节点 s 到节点 t 的最短 RND 路径和最短跳数路径。可以看到,尽管最短 RND 路径(11 跳)比最短跳数路径(10 跳)有更多的跳数,但最短 RND 路径更接近于两个节点之间的直通路径。DV-hop 和 DV-RND 算法的思想是使用最短跳数或最短 RND 路径来近似两个节点之间的距离。从这个例子可以看出,DV-RND 算法比 DV-hop 算法具有更好的近似结果。

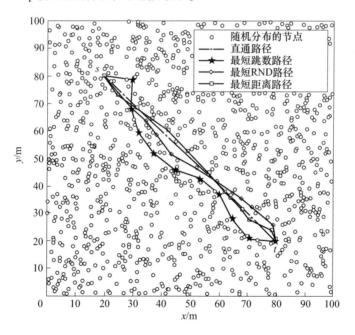

图 4.6　最短 RND 路径,最短跳数路径和最短距离路径的示例[30]

接下来对 DV-hop 算法[3]、DV-distance 算法[3] 和 DV-CNED 算法[37] 的定位性能进行比较。DV-distance 算法假设每个节点可以测量与其邻居节点的真实欧氏距离。如图 4.7 所示,在部署均匀的网络中,就定位误差而言,当节点连通度小于 11.5 时,DV-RND 具有比 DV-CNED、DV-distance 和 DV-hop 更好的性能;而当节点连通度小于 17.5 时,它比 DV-CNED 和 DV-hop 更优。同样可以看出,当节点连通度增加时,我们提出的 DV-RND 算法比 DV-hop 算法有较大的性能提升,这是因为 DV-RND 算法成功地结合了 DV-hop 和 DV-CNED 算法的优点。

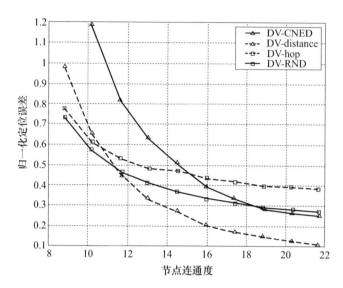

图 4.7　各种基于连通度的定位算法的平均定位误差比较

许多基于连通度的非测距定位技术都采用了圆盘通信模型。然而,现实世界中的电波传播非常复杂,远非理想的圆盘模型。例如,由下式给出的众所周知的对数正态阴影模型[38](单位:dB):

$$P_r(d) = P_r(d_0) - 10\beta \log\left(\frac{d}{d_0}\right) + X_\sigma \tag{4.31}$$

式中,$P_r(d)$ 和 $P_r(d_0)$ 分别为到发射机的距离 d 和参考距离 d_0 处的接收功率,β 为距离衰减因子,X_σ 为模拟阴影效应的因子,它服从均值为 0、方差为 σ 的正态分布(单位:dB)。

观察阴影模型,接收功率与距离相关,其平均值随距离的增加而衰减。此外,由于阴影项的随机性,对于同一组发射接收机,在不同时刻的接收功率可能不同。另一方面,接收功率决定了接收机是否可以正确接收从发射机发送的数据包。在这种阴影模型下,发射机与接收机之间的通信成功率以概率方式出现。因此,圆盘模型中"跳"和"邻居节点"的定义应该根据现场实际情况重新确定。

文献[39]考虑了一个通用的射频传输模型,接收信号强度 RSS 被建模为一个随机变量,其期望值是发射机—接收机之间距离的非增函数。对于具有这种通用模型的无线网络,采用数据包接收率(PRR,Packet Reception Rate)对跳数和邻居节点进行重新定义。基于 RND 的定位方案的性能优劣取决于用于定义跳数和邻居节点的 PRR 阈值的选择是否合适。对于通用传播模型,文献[39]使用 PRR 来定义邻域如下:

假设 T 个定位数据包被传输用于确定邻域。令 γ 表示 PRR 阈值,且 $\frac{1}{T} \leqslant \gamma \leqslant$ 1。当从节点 j 传至节点 i 的 PRR 不小于 PRR 阈值时,则节点 j 为节点 i 的邻居节

点,也就是说,当 $P_{ij}(T) \geqslant \gamma$ 时,j 为 i 的邻居节点。

还有可能出现这种情况,节点 j 是节点 i 的邻居节点,但节点 i 却不是节点 j 的邻居节点。根据定义,节点 i 的邻居节点依赖于 T 和 γ 的选择。跳的定义是基于彼此互为邻域,也就是说,只有同时满足 $i \in \mathcal{M}_j(T, \gamma)$ 和 $j \in \mathcal{M}_i(T, \gamma)$ 时,两个节点 i 和 j 才被认为是邻居节点(彼此相距一跳)。同样,如果节点 i 不是节点 j 的一跳邻居节点,而 i 和 j 拥有另一个相同的一跳邻居节点,则 i 距 j 为两跳。通过这种方式,我们可以构造从一个节点到另一个节点的最短跳数路径,并相应地定义跳数。

Rappaport[38] 提出了一种自适应 RND 选择算法来选择最优的 PRR 阈值 γ。如果 T 个定位数据包被用于确定邻域,实际的 PRR 阈值仅来自阈值集 $\left\{ \frac{1}{T}, \frac{2}{T}, \cdots, \frac{T}{T} \right\}$。基本思想是从阈值集中找出使所有锚节点之间的距离估计误差最小的那一个作为最佳阈值 γ^*。最优 RND 能够自动适应定位数据包的数量,因此被称为 DV – ARND 定位算法。

图 4.8 对对数正态阴影模型下 DV – RND 和 DV – ARND 算法的定位误差进行了比较。可以看出,如果考虑定位误差,DV – ARND 算法始终优于 γ 固定的 DV – RND算法($\gamma = 0.1, 0.3, 0.5, 0.7$)。这是意料之中的,因为 DV – ARND 算法能够根据定位数据包数 T 自适应地选择最优 PRR 阈值 γ。

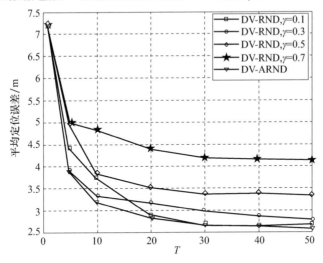

图 4.8　不同 PRR 阈值对应的定位误差

4.5　小　　结

本章讨论了无线传感器网络中基于连通度的非测距定位。这种定位技术的主

要优点是实现简单,这对于空间和极端环境的应用非常重要。质心算法和 DV -
hop 算法是两种可分别应用于单跳和多跳网络的基本算法。本章还讨论了这两种
算法的许多改进方法,特别是那些利用邻域信息的算法,这些方法已经显著提高了
基于连通度算法的定位精度。

需要注意的是,在基于连通度的定位算法的设计中还存在其他一些问题。例
如,部署传感器网络的区域可能有不同的形状,甚至有障碍物和孔洞。本章所讨论
的定位算法实际上假设网络是各向同性的,即两个节点之间的最短路径只受节点
密度的影响。然而在各向异性网络中,障碍物和孔洞可能导致最短路径发生改变,
从而影响距离估计性能。本章提供了许多改进方法,主要通过两种方法来解决最
短路径发生改变的问题,包括直线距离计算法[40-42]和锚节点选择法[43-47]。前者
主要侧重于减小距离估计误差,后者则通过合理的锚节点选择来克服最短路径变
化的问题。

参 考 文 献

[1] Rashvand, H. F., Abedi, A., Alcaraz - Calero, J. M., Mitchell, P. D., and Mukhopadhyay, S. C. (2014)
Wireless sensor systems for space and extreme environments: A review. IEEE Sensors Journal, 14 (11),
3955 - 3970.

[2] Mao, G., Fidan, B., and Anderson, B. D. (2007) Wireless sensor network localization techniques. Elsevier
Computer Networks, 50(10), 2529 - 2553.

[3] Niculescu, D. and Nath, B. (2003) Ad hoc positioning system(APS) using AOA, in IEEE INFOCOM, pp.
1734 - 1743.

[4] Venkatraman, S., Caffery, J., and You, H. R. (2004) A novel ToA location algorithm using LoS range esti-
mation for NLoS environments. IEEE Transactions on Vehicular Technology, 53(5), 1515 - 1524.

[5] Kovavisaruch, L. and Ho, K. C. (2005) Alternate source and receiver location estimation using TDOA with re-
ceiver position uncertainties, in IEEE International Conference on Acoustic, Speech, and Signal Processing,
pp. 1065 - 1068.

[6] Patwari, N., Hero, A. O., Perkins, M., Correal, N. S., and O'Dea, R. J. (2003) Relative location estima-
tion in wireless sensor networks. IEEE Transactions on Signal Processing, 51(8), 2137 - 2148.

[7] Hou, S., Zhou, X., and Liu, X. (2010) A novel DV - Hop localization algorithm for asymmetry distributed
wireless sensor networks, in IEEE International Conference on Computer Science and Information Technology
(ICCSIT), pp. 243 - 248.

[8] Bulusu, N., Heidemann, J., and Estrin, D. (2000) Gps - less low - cost outdoor localization for very small
devices. IEEE Personal Communications, 7(5), 28 - 34.

[9] Blumenthal, J., Grossmann, R., Golatowski, F., and Timmermann, D. (2007) Weighted centroid localiza-
tion in zigbee - based sensor networks, in IEEE International Symposium on Intelligent Signal Processing, pp.
1 - 6.

[10] Chen, Y., Pan, Q., Liang, Y., and Hu, Z. (2010) AWCL: Adaptive weighted centroid target localization
algorithm based on RSSI in WSN, in IEEE International Conference on Computer Science and Information
Technology(ICCSIT), pp. 331 - 336.

[11] Zhou, Y. , Qiu, T. , Xia, F. , and Hou, G. (2011) An improved centroid localization algorithm based on weighted average in WSN, in IEEE International Conference on Electronics Computer Technology(ICECT), pp. 351 – 357.

[12] Chen, H. , Chan, Y. T. , Poor, H. V. , and Sezaki, K. (2010) Range – free localization with the radical line, in IEEE International Conferenc on Communications(ICC), pp. 1 – 5.

[13] Niculescu, D. and Nath, B. (2001) Ad hoc positioning system(APS), in IEEE Global Telecommunications Conference(Globecom), pp. 2926 – 2931.

[14] Wang, B. , Fu, C. , and Lim, H. B. (2007) Layered diffusion based coverage control in wireless sensor networks, in IEEE the 32rd Conference on Local Computer Networks(LCN), pp. 504 – 511.

[15] Cheng, Y. and Robertazzi, T. G. (1989) Critical connectivity phenomena in multihop radio models. IEEE Transactions on Communications, 37(7).

[16] Vural, S. and Ekici, E. (2007) Probability distribution of multi – hop – distance in one – dimensional sensor networks. Elsevier Computer Networks, 51(3), 3727 – 3749.

[17] Bettstetter, C. and Eberspacher, J. (2003) Hop distances in homogeneous ad hoc networks. IEEE Vehicular Technology Conference(VTC), 4, 2286 – 2290.

[18] Chandler, S. (1989) Calculation of number of relay hops required in randomly located radio network. IEEE Electronic Letters, 25, 1669 – 1671.

[19] Ta, X. , Mao, G. , and Anderson, B. D. (2007) On the probability of k – hop connection in wireless sensor networks. IEEE Communication Letters, 11(9).

[20] Kleinrock, L. and Silvester, J. (1978) Optimum transmission radii for packet radio networks or why six is a magic number. IEEE National Telecommunications Conference.

[21] Kuo, J. and Liao, W. (2007) Hop count distribution of multihop paths in wireless networks with arbitrary node density modeling and its applications. IEEE Transactions on Vehicular Technology, 56(4).

[22] Wang, Y. , Wang, X. , Wang, D. , and Agrawal, D. P. (2009) Range – free localization using expected hop progress in wireless sensor networks. IEEE Transactions on Parallel and Distributed Systems, 20(10), 1540 – 1552.

[23] Vural, S. and Ekici, E. (2010) On multihop distances in wireless sensor networks with random node locations. IEEE Transactions on Mobile Computing, 9(4), 540 – 552.

[24] We, Q. , Han, J. , Zhong, D. , and Liu, R. (2012) An improved multihop distance estimation for DV – Hop localization algorithm in wireless sensor networks, in IEEE Vehicular Technology Conference Fall(VTCFall), pp. 1 – 5.

[25] Wong, S. Y. , Lim, J. G. , Rao, S. , and Seah, W. K. (2005) Density – aware hop – count localization (DHL) in wireless sensor networks with variable density, in IEEE Wireless Communications and Networking Conference (WCNC), pp. 1848 – 1853.

[26] Ma, D. , Er, M. J. , and Wang, B. (2010) Analysis of hop – count – based source – to – destination distance estimation in wireless sensor networks with applications in localization. IEEE Transactions on Vehicular Technology, 59(6), 2998 – 3011.

[27] Ma, D. , Er, M. J. , Wang, B. , and Lim, H. B. (2010) A novel approach toward source – to – sink distance estimation in wireless sensor networks. IEEE Communications Letters, 14(5), 384 – 386.

[28] Ma, D. , Er, M. J. , Wang, B. , and Lim, H. B. (2012) Range – free wireless sensor networks localization based on hop – count quantization. Springer Telecommunication Systems, 50(3), 199 – 213.

[29] Wu, G. , Wang, S. , Wang, B. , and Dong, Y. (2012) Multi – hop distance estimation method based on regulated neighbourhood measure. IET Communications, 6(13), 2084 – 2090.

[30] Wu, G., Wang, S., Wang, B., Dong, Y., and Yan, S. (2012) A novel range – free localization based on regulated neighborhood distance for wireless ad hoc and sensor networks. Elsevier Computer Networks, 56 (16), 3581 – 3593.

[31] Cao, Y., Chen, X., Yu, Y., and Kang, G. (2009) Range – free distance estimate methods using neighbor information in wireless sensor networks, in IEEE Vehicular Technology Conference Fall(VTCFall), pp. 1 – 5.

[32] Huang, B., Yu, C., Anderson, B., and Guoqiang(2010) Connectivity – based distance estimation in wireless sensor networks, in IEEE Global Telecommunications Conference(Globecom), pp. 1 – 5.

[33] Buschmann, C., Pfisterer, D., and Fischer, S. (2006) Estimating distances using neighborhood intersection, in IEEE Symposium on Emerging Technologies and Factory Automation(ETFA), pp. 314 – 321.

[34] Villafuerte, F. L., Terfloth, K., and Schiller, J. (2008) Using network density as a new parameter to estimate distance, in IEEE International Conference on Networks(ICN), pp. 30 – 35.

[35] Zhong, Z. and He, T. (2011) RSD: A metric for achieving range – free localization beyond connectivity. IEEE Transactions on Parallel and Distributed Systems, 22(11), 1943 – 1951.

[36] Floyd, R. W. (1962) Algorithm 97: Shortest path. Communications of the ACM, 5(6), 345.

[37] Aslam, F., Schindelhauer, C., and Vater, A. (2009) Improving geometric distance estimation for sensor networks and unit disk graphs, in International Conference on Ultra Modern Telecommunications and Workshops, pp. 1 – 5.

[38] Rappaport, T. S. (2001) Wireless Communications, Principles and Practice, 2nd edn., Prentice Hall.

[39] Wang, B., Wu, G., Wang, S., and Yang, L. T. (2014) Localization based on adaptive regulated neighborhood distance for wireless sensor networks with a general radio propagation model. IEEE Sensors Journal, 14 (11), 3754 – 3762.

[40] Li, M. and Liu, Y. (2010) Rendered path: Range – free localization in anisotropic sensor networks with holes. IEEE/ACM Transactions on Networking, 18(1), 320 – 332.

[41] Wang, Y., Li, K., and Wu, J. (2010) Distance estimation by constructing the virtual ruler in anisotropic sensor networks, in IEEE INFOCOM, pp. 1 – 9.

[42] Xiao, Q., Xiao, B., Cao, J., and Wang, J. (2010) Multihop range – free localization in anisotropic wireless sensor networks: A pattern – driven scheme. IEEE Transactions on Mobile Computing, 9(11), 1592 – 1607.

[43] Liu, X., Zhang, S., Wang, J., Cao, J., and Xiao, B. (2011) Anchor supervised distance estimation in anisotropic wireless sensor networks, in IEEE Wireless Communications and Networking Conference(WCNC), pp. 938 – 943.

[44] Xiao, B., Chen, L., Xiao, Q., and Li, M. (2010) Reliable anchor – based sensor localization in irregular areas. IEEE Transactions on Mobile Computing, 9(1), 60 – 72.

[45] Zhang, S., Wang, J., Liu, X., and Jiannong(2012) Range – free selective multilateration for anisotropic wireless sensor networks, in IEEE Annual Communications Society Conference on Sensor, Mesh and Ad Hoc Communications and Networks(SECON), pp. 299 – 307.

[46] Fan, Z., Chen, Y., Wang, L., Shu, L., and Hara, T. (2011) Removing heavily curved path: Improved DV – hop localization in anisotropic sensor networks, in IEEE International Conference on Mobile Ad – hoc and Sensor Networks(MSN), pp. 75 – 82.

[47] Zhong, C., Wang, B., and Yang, L. T. (2015) On improvement of the DV – RND localization in wireless sensor networks, in The 12th IEEE International Conference on Ubiquitous Intelligence and Computing(UIC), pp. 1 – 5.

第5章　罕见事件检测和事件供能的无线传感器网络

无线传感器网络的出现可以追溯到美国国家研究委员会于 2001 年所提出的计划 [1]，该计划的开发动机是为了战场监视等军事应用。其中传感器节点为小型电池供电设备，通常由微控制器、适量的随机存储器(RAM)、非易失存储单元、一个或多个传感器以及低功耗无线收发单元组成。有限的电池容量使得功耗最小化成为 WSN 研究的重点，功耗越小，网络运行时间越长。一旦存储的能量耗尽，传感器也就失去了作用，且通常将网络中第一个能量耗尽的传感器节点作为确定整个无线传感器网络寿命或运行有效性的决定因素。研究人员已经认识到采用这种方法评价传感器网络的效率不符合实际，因此提出了考虑其他因素以及实际运行情况的各种网络寿命的测量方法 [2]。

迄今已经涌现出了一批新的无线传感器网络的应用领域，如全球规模的环境监测和桥梁等关键基础设施的结构健康监测(SHM)等 [3]，人们在部署这些网络时希望它们运行更长的时间。最简单的传感器节点节能方法是长时间关闭电源，以尽量延长其使用寿命。对于星型拓扑网络而言，传感器节点与长期供电的基站进行通信，每个节点可以采用独立的工作周期，并采用非时隙载波侦听多址接入的介质访问控制协议以避免冲突。部署的节点定期采样通过多跳路由中继传输到基站的数据，实现彼此活动的同步 [4]，以确保网络连通性；并在全网范围内针对最大使用量的单个节点，最小化其过度使用量的算法 [5]。类似的技术也可应用于由基站发起数据收集请求的网络 [6]。然而，罕见事件(Rare – Events)的感测却增加了额外的复杂性。

罕见事件可以定义为"事件发生的概率非常小，而'小'的定义取决于具体应用领域 [7]"。一些典型罕见事件实例包括民用飞机在常规的 8h 飞行期间发生故障、高速网络节点出现缓冲器溢出故障，其预期出现概率小于 10^{-9}。换言之，这些罕见事件自然可以视为偶发事件，其发生可能是短暂的、不可预知的(即随机的)，且发生后不留下任何痕迹。成功地感知这些罕见事件需要考虑其短时性(持续时间短)和暂时性(短暂发生后不留下任何证据)。那些已被证实能够有效检测正在发生的森林火灾的方案，可能无法成功探测到同一火灾的起始时刻。同样，能够对战场上持续不足 1s 且不留踪迹的周界入侵事件进行探测的方案，可能并不适用于感测持续时间相对较长、遗留证据显著但发生频率较低的滑坡事件。

用于罕见事件探测的 WSN 在战场等诸多领域均有应用[8]，较低的单节点成本使得高密度布设、短时间帧和一次性部署成为可能。工业应用环境中[9]，WSN 与固定布线相比具有更优的费效比，强大的自组织特性使其适用于监测危险机械和保护高价值资产。利用一个 WSN 来执行周期性数据采集和罕见事件检测是完全实用的，但需要采用可感知服务质量的路由协议[10]，以防止与罕见事件有关的紧急信息在网络传输时排在普通信息之后而产生无法接受的时延。无论对何种部署情况而言，有两项指标都将成为罕见事件检测的基础[11-13]：

- 检测概率：检测到事件的可能性；
- 检测延迟：事件通知到达网络接收器从而可以采取必要的行动所需的时间。

WSN 可以视为物联网的一部分[14]，并继续受益于针对一些专题开展的活跃的研究和定期发布的调查结果。近期开展了关于事件探测的统计方法、概率方法、人工智能和机器学习等方法的调查研究[15]，但过去 5 年中大多数 WSN 调查研究集中在与罕见事件无关的领域。其中的一个例外是关于事件感知，因为它涉及节能路由[16]，重点在于事件的危险程度如何影响协议的设计。最近，有一项调查研究专门针对 WSN 中的罕见事件检测和信息传输[17]。

通过收集环境能量对节点中的电池进行充电或替换，可以应对最大化网络寿命和检测概率以及最小化检测延迟的挑战。通过能量收集来供电的网络比依靠电池供电的网络工作时间更长，但由于能量的可用性难以预测，可能导致意外的节点停机以及暂时的检测概率下降。虽然能量收集技术已在数据获取应用领域得到了广泛研究[18]，但该技术在罕见事件检测的 WSN 中得到成功应用的研究相对较少。

本章将研究解决上述两个指标。首先讨论一种异步的、完全分布式的轮值算法，用于确保依靠能量收集供电的无线传感器网络的全覆盖以进行罕见事件检测[19]。该轮值算法旨在通过确保被感测区域的覆盖范围不小于网络开始运行时的范围，以实现罕见事件检测概率的最大化。然后，考虑那些在发生时刻将产生足够的能量来为传感器节点供电的罕见事件。例如，像大地震这样的事件会导致建筑物和结构发生振动，而其上安装的传感器节点可通过振动来供电。介绍一种用于测量建筑物受到的应力和振动水平的传感器[20]，以及一种专门用于这种基于事件驱动的传感器的网络协议[21]，最后讨论当前和未来的研究方向。

5.1 覆 盖 保 持[19]

在 WSN 中建立并保持对罕见事件的感测覆盖，可以理解为确保对感测区域内的每个点始终至少被一个传感器节点所覆盖，同时保持能源效率[22]。一个具有足够覆盖密度冗余的 WSN 可以自组织工作，从而使得一旦某节点的邻居节点愿意临时承担对其感测区域的测试任务时,该节点能够关闭电源以节省能量。在电池供电的 WSN 中,这种轮值方式延长了部署节点子集的运行寿命。这样做既可以延长网络维持其初始覆盖范围的时间,也可以延长网络至少具有一定覆盖范围的时间[23]。

当采用能量收集来代替电池供电时,轮值工作的节点不仅能够保存其存储的能量,而且有机会比运行状态下更快地补充能量。为 WSN 设计的太阳能收集系统是有意义的,只要收集和储存的能量充足,网络就有机会长时间保持初始的感测覆盖范围,并有可能无限期运行[24]。对于太阳能收集而言,安装的太阳能电池板的物理尺寸、输出电压、最大电流和转换效率决定了在给定入射辐射条件下可收集的能量。但如果能量存储组件效率低,那么收集的能源也将流失,不过最新的低功耗能源管理系统显示充电效率超过 90%[25]。

用于罕见地理空间事件检测的平衡休眠覆盖算法(ESCARGO)[19]旨在解决罕见事件感测的覆盖性和连通性需求。尽管与 ESCARGO 在解决覆盖性方面相类似,采用电池供电的角色交替协同休眠的覆盖保持算法(RACPCSA)[23]明确不考虑连通性,并假设可检测事件只发生在已知位置的有限集合中,因此仅需覆盖这些位置。而 ESCARGO 认为事件可能发生在任何地方,因此其目标是覆盖整个网络感测区域。此外,RACPCSA 有效性的评估是假定传输没有误差,并主要考虑密集的随机节点分布,与此处的稀疏部署几乎没有相似之处。尽管与文献[26]所提出的随机休眠循环和覆盖算法相比,RACPCSA 已被证实可以延长电池供电的 WSN 的寿命,但传感节点虽然具有位置感知功能,却不知道其感测区域的范围。一旦感测区域内部或其附近的节点同时能量耗尽,将导致覆盖率骤然下降。为便于讨论,假定节点部署和网络感测范围为一个二维矩形区域,同时假定各节点的传感区域相同并为圆形,且节点通信范围至少是其传感范围的 2 倍,并保持网络的连通度[27]。

5.1.1 概述

节点处于以下 4 种状态之一:

- 被支援(sponsored),其感测职责委托给至少一个相邻节点;
- 支援(sponsoring),承担一个或多个相邻节点的感测区域;
- 寻求支援(seeking),正在积极寻找愿意支援它们的相邻节点;
- 被动(passive),既未处于也不寻求支援,同时也不支援任何邻居节点。

该算法的状态转换图如图 5.1 所示。

所有节点同时启动并进入被动状态,快速广播包含其位置和累计运行时间信息的周期性状态(STAT)消息。在此启动期间,节点侦听来自其他节点的 STAT 消息并确定其邻居节点。如果两个节点之间的距离小于或等于它们的公共检测范围,则认为它们是邻居节点。算法 1 给出了"被动"状态下的伪代码。

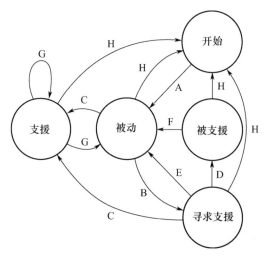

图 5.1 ESCARGO 状态转换图

A—上电；B—超时休息；C—发出 SACK 消息；D—接收到所有 SACK 消息；
E—未收到所有 SACK 消息；F—超时(唤醒)；G—收到 STAT 消息；H—能源耗尽。

算法 1 Passive 状态

/ ∗ 侦听线程 ∗ /

while 未中断 do

　　侦听消息

　　if STAT 消息来自未知的邻居节点 then

　　　　更新邻居节点列表

　　　　重新计算支援节点群

　　else if SREQ then

　　　　转到支援状态

　　end if

end while

/ ∗ 主线程 ∗ /

for 一个预定周期 do

　　周期性广播 STAT 消息

end for

侦听线程中断

转到寻求支援状态

一个节点当且仅当确定其感测区域完全被其邻居节点中处于被动、寻求支援或者正在支援状态的节点组合的感测区域所覆盖时，它才能够进入被支援状态。

能够支援某节点的邻居节点组合被称为支援节点组。支援节点组的成员资格通过几何计算来确定,同时考虑到感测区域的范围,详见 5.1.2 节。每次收到先前未知的邻居节点发来的 STAT 消息时,节点都会调整其支援节点组列表。

节点总是寻求获得支援,虽然它们的支援节点组自身也在采用循环方式寻求支援节点,这种寻求过程总是从先前的支援节点组开始。对于每个选定的支援节点组,寻求支援的节点将向该组中的每个节点发送一个请求支援(SREQ)消息。收到 SREQ 的节点将发送请求的节点添加到其可支援列表并返回支援确认(SACK)消息。一旦节点同意成为支援者,它就不会再尝试寻求自己的支援者,直到其支援的节点通知它们不再需要支援。算法 2 给出了"寻求支援"状态的伪代码。

算法 2　Seeking 状态

/ * 侦听线程 * /

while 未中断 do

  侦听消息

  if SREQ then

    发送 SACK 消息

    请求线程中断

    转到支援状态

  else if SACK then

    将消息发送者添加到认可的支援者节点列表

  end if

end while

/ * 请求线程 * /

while 未中断 do

  for 所有支援节点组 do

    for 支援节点组的所有节点 do

      发送 SREQ 消息

      end for

    暂停

    if 接收到支援节点组所有成员发送的 SACK 消息 then

      侦听线程中断

      转到被支援状态

    else

      for 支援节点组的所有成员 do

        发送 STAT 消息

```
            end for
        end if
    end for
    转到被动状态
end while
```

当寻求支援的节点已收到其发送过 SREQ 的所有节点返回的 SACK 消息时，便按照预定时长进入被支援状态。此时，节点进入低功耗模式，所有传感器和无线收发单元均停止供电。算法 3 给出了被支援状态的伪代码。

算法 3　Sponsored 状态

```
传感器和收发单元断电
休眠预定的周期
传感器和收发单元供电
转到被动 passive 状态
```

如果节点接收到的 SACK 消息数比发送的 SREQ 少，则该请求节点回到被动状态并广播 STAT 消息。已经同意成为支援者的相邻节点在收到这些 STAT 消息时将其从支援列表中删除。节点从接受支援期唤醒时，类似地广播少量的 STAT 消息，而其支援者节点则相应地调整其支援名单。算法 4 给出了支援状态的伪代码。

算法 4　Sponsoring 状态

```
while 正在为一个或多个节点提供支援时 do
    侦听消息
    if STAT 消息 then
        将消息发送者从所支援的邻居节点列表中删除
    else if SREQ then
        发送 SACK 消息
        将消息发送者添加到其所支援的邻居节点列表中
    end if
end while
转到被动状态
```

SREQ 消息中包含有发送该请求消息的节点的存储电量。当且仅当支援节点自身的电量比请求者更多时，可能的支援节点才会用 SACK 消息来对 SREQ 进行响应。节点在等待 SACK 消息时,如果接收到 SREQ 消息且消息发送节点的存储电量比自身少时,该节点将放弃等待剩余的 SACK 消息,转而将自己的 SACK 消息发送到向它发送请求的节点,并进入支援状态。

5.1.2　进入休眠的条件

当一个节点进入休眠状态时,它将不参与 WSN 的感测或链路通信,直到它再次唤醒。为了保持 WSN 的感测覆盖范围,休眠节点原先负责的全部感测区域必须由一个或多个邻居节点所覆盖。节点只有在确认其感测区域已经由一组唤醒的邻居节点所覆盖时,它才能够进入休眠。

Wang 等[27]针对由具有相同传感范围和通信范围的节点所组成的网络,对网络连通度和覆盖范围之间的关系进行了几何分析。如果下列条件均满足时,则对于传感范围 R_s 和通信范围 R_c,是由一组传感器 k 重覆盖的凸区域 A:

- 在区域 A 中,传感器之间或传感器与 A 的边界之间存在交点;
- 所有传感器之间的所有交点至少被 k 重覆盖;
- 所有传感器和边界之间的所有交点至少被 k 重覆盖。

这是 k 重覆盖的条件准则。ESCARGO 只要求节点满足 1 重覆盖条件,图 5.2(a)给出了一个实例。图中负责感测高亮区域(深黑色线圈内部)的节点可以进入休眠模式,因为其传感区域完全被其邻居节点所覆盖。注意到标记为 A 的传感区域所对应的节点,虽然其传感区域与符合休眠条件的节点(由深黑色圈所显示)的传感区域略有重叠,但不需要充当该节点的支援者。

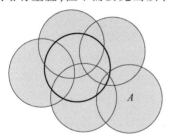 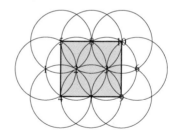

(a) 1重覆盖条件(传感节点A无需为深黑　　　(b) 与感测区域相应的理想的10个节点布设
色线圈对应的节点提供支援服务)　　　　　　(显示了节点标号,感测区域为阴影区)

图 5.2　节点布设

5.1.3　性能评估

如图 5.2(b)所示,通过模拟一个具有代表性的 10 节点网络并运行了整整一年的时间,对 ESCARGO 的效能进行了评估。对以下四种运行配置进行了研究:

- 只有电池供电,没有采用同步休眠规划,没有能量收集;
- 采用电池供电和 ESCARGO 算法;

81

- 采用能量收集来取代电池供电,但不使用 ESCARGO 算法;
- 采用能量收集供电方案,结合 ESCARGO 算法。

这些节点被建模为太阳能供电设备,传感器节点的可用能量被建模为一个线性电量存储器。当节点耗能时,电量从存储器中移除。当在白天收集能量时,电量增加直到最大电量。实践中需要采用双电容器存储系统,以实现存储系统的同时充电和放电[28]。当节点电量完全耗尽时,它会关闭直到存储电量达到初态满额电量的 10% 后再重新唤醒,并重新执行其感测任务。该模型不考虑一些实际的电量存储问题,如超级电容泄漏和自放电,或者是可充电电池的循环耗尽。当节点改变状态时,会向能量模型发送一条消息,以告知其前一状态所消耗的电流以及节点在该状态下所持续的时间。表 5.1 所列为模拟的微型传感器的各状态电流数据。

表 5.1　Advanticsys CM5000 传感器的各状态电流(mA)

睡眠	空闲侦听	接收	发送
0.0001	18.4	19.2	19.9
来源:Advanticsys 网站[29]			

根据来自公开记录的新西兰惠灵顿(南纬 41°19′24″,东经 174°46′12″)的历史平均太阳辐射数据[30],太阳能电池板选用通用部件[31],外形尺寸略大于本研究所使用的 81.90mm × 32.5mm 的 Advanticsys CM5000 微型传感器,在起始时刻 T、给定时长 s 内所供给的可用于存储的电量为

$$Q = \sum_{t=T}^{T+s} \text{MIN}\left\{I_p, \left(\frac{\lambda_t \times l_p \times w_p \times \eta_p}{V_p}\right)\right\} \times \eta_c \tag{5.1}$$

式中,λ_t 为时刻 t 的入射辐射,η_p 和 η_c 分别为太阳能电池板和充电电路的效率,I_p 和 V_p 分别为太阳能电池板的峰值电流和峰值电压,电池板的长为 l_p,宽为 w_p。

图 5.3(a)显示了第一个月运行期间所有节点的平均存储电量。若仅依靠电池供电,存储的电量大约在 11 天内完全耗尽,此时网络将失去所有覆盖范围。将 ESCARGO 算法用于电池电量控制可显著延长网络寿命,但在整个网络生存期内并没有保持原有的覆盖范围。随着节点的存储电量耗尽,它们的死亡将影响网络覆盖范围。当第一个节点死亡后,原始覆盖范围将继续保持到第 17 天左右。随着被支援节点返回到被动状态,网络覆盖范围会短暂恢复,但一旦更多的节点死亡,覆盖范围会迅速缩小。

在运行的第一个月(盛夏),将 ESCARGO 算法引入到能量收集中可以保持较高的平均存储电量,但因为收集的能量比可以储存和使用的要多,因此实际效用可以忽略不计。在冬季月份,当可收集能量较少时,仅采用能量收集的方案出现了平均存储电量的显著降低,这是因为每天使用的能量多于补充的能量。将 ESCARGO 算法与能量收集相结合可显著改善平均存储电量,在这种情况下没有节点死亡,在任何时候都有较大比例的节点处于休眠状态,而且在全年之中网络始终保持

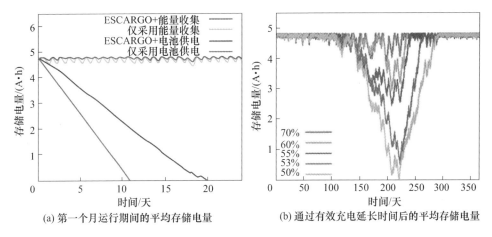

(a) 第一个月运行期间的平均存储电量　　　　(b) 通过有效充电延长时间后的平均存储电量

图 5.3　存储电量(见彩图)

初始的感测覆盖范围。表 5.2 列出了每种配置的初始覆盖维持天数。

表 5.2　覆盖维持的持续时间(天)

能量来源 能量规划	电池	能量收集
仅采用电源	11	152
引入 ESCARGO	17	无限

Khosropour 等[25]提出了一种效率为 90% 的低功率充电电路,并引用其他类似系统(它们的充电效率分别为 67% ,70% 和 86%)进行比较。对图 5.2(b)中所规划的 10 节点网络进行运行仿真,同时改变公式(5.1)中的充电效率 η_c,仿真结果显示只要 55% 的充电效率就足以维持平均存储电量接近额定值的 50% 。图 5.3 (b)显示了充电效率从 50% 到 70% 范围内变化时的全年平均存储电量。对于规划的网络布设,ESCARGO 确保 WSN 中所有节点的均衡放电和重新充电。因此,任何能够实现所有节点平均存储电量不降为零的充电效率,都将确保维持网络 100% 的原始覆盖范围。图 5.3(b)显示了 50% 的充电效率情况,在某个时间点存储电量下降为零,因此不足以维持全年的感测覆盖率。

ESCARGO 可以确保连通性完整,因此可以使用任何 WSN 路由协议将罕见事件检测数据传输到接收器。但是,为确保检测延迟最小,应使用基于优先级的路由协议,如基于可扩展优先级的多路径路由协议[32]。

5.2　事件供能的无线传感器[20]

在无法获知罕见事件何时发生的情况下,ESCARGO 算法能够通过使用能量收集来保持感测区域的全面覆盖和连通性。现在提出另一种方法来确保能够检测到罕见事件。仍然使用从事件中收集的能量为传感器供电,以便传感器在被事件本身唤醒(供电)之前不需要运行。为了让传感器节点从事件中获取能量,事件本身必须能够产生足够的能量。此处重点关注结构健康监测——在地震等重大震动事件中感测建筑物和关键基础设施所经历的震动和应力水平。这里介绍一种用于该目的的新型自供电无线传感器,能源从建筑物的震动中收集,传感器数据通过无线传输到收集/接入点,供结构工程师进一步分析。

5.2.1　地震与结构

　　通常使用里氏标准来测量和报告地震的强度,它精确测量震颤所释放的能量,但不能准确测量地面上的加速度[33]。而地面加速度至关重要,因为这与建筑物造成的损害之间存在明显的相关性[34]。因此,采用地面峰值加速度(PGA)来确定地表上的结构性破坏程度更为实际,因为这是所关注地点的地表所感受到的最大加速度。而地面的峰值速度和位移可通过加速度来确定,它们有时被用于代替 PGA 来评估极端地震中的结构损伤。超过 $1.2g$ 的剧烈震颤会对地震柔性建筑产生冲击,造成的破坏与速度而非加速度成正比[33]。整体结构破坏指数(OSDI)是一个数值化系统,用于指示地震对结构造成的破坏程度。该指数为一个介于 0 和 1 之间的值,综合评价了结构中所有柱和梁已存在的破坏程度,用以表示地震的危害水平。如果 OSDI < 0.3,则认为地震的破坏程度较低,0.3 < OSDI < 0.6 为中等破坏,0.6 < OSDI < 0.8 为较大破坏,OSDI > 0.8 则为完全破坏。表 5.3 所列为一系列重要地震与其相对应的 OSDI 和 PGA 值,并在图 5.4 中绘出了结构损伤与 PGA 之间的正相关性[34]。可以看出,OSDI 指数被划分为"低度破坏"的地震的 PGA 值为 $0.6 \sim 1.0g$,较高的 OSDI 地震对应的 PGA 值高达 $1.4g$。因此,地震造成的结构健康监测的目标加速度至少为 $0.6g$。

表 5.3　一系列重要地震及其相对应的 OSDI 和 PGA 值

地震事件	OSDI	PGA最大值	地震事件	OSDI	PGA最大值
Alkion(L)	0.081	0.603	Montenegro	0.198	1.049
Alkion(T)	0.082	0.575	Landers(0°)	0.129	0.622
Big Bear(270°)	0.071	0.702	Landers(90°)	0.151	0.714
Big Bear(360°)	0.103	0.799	Cape Mendocino(0°)	0.222	1.476
Erzincan(N-S)	0.397	0.991	Cape Mendocino(90°)	0.098	0.757
Erzincan(E-W)	0.169	0.834	Naghloo	0.15	0.963
Izmir(N-S)	0	0.309	San Salvador(0°)	0.106	0.794
Izmir(E-W)	0	0.14	San Salvador(90°)	0.096	0.889
Hyogo-Ken Nanbu	0.55	1.149	Strazhitsa	0	0.298
Kalamata	0.094	0.582	Whittier	0.116	0.945

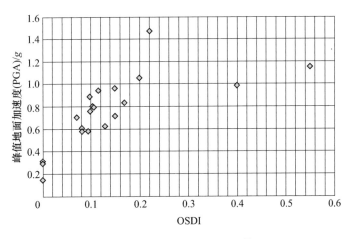

图 5.4　OSDI 与对应的 PGA 值

5.2.2　振动能量收集

换能器用于将运动中的能量转换为电流形式的可用能量,用于对 WSN 节点供电。振动能量通常由连接到作为固定基准的惯性框架的机械部件所产生。惯性框架将振动传递给一个悬浮的惯性质量,在它们之间产生相对位移[35]。该类系统需要具有与应用环境的特征频率相匹配的共振频率,此处则为地震中所产生的频率。迄今已经研究过几种用于产生基于振动的能量收集器的机制,主要包括压电、电磁和静电[36]。压电能量收集器依赖于压电效应,在受到机械应力时,压电效应会在效能材料上产生电荷。电磁收集利用法拉第感应定律,由振动引起的变化磁场诱发电场。静电发生器则利用绝缘的带电电容器板之间的相对运动来产生能量,其中克服平板间静电力所做的功提供所收集的能量[35]。一项基于振动的换能器的测量研究发现,针对 10Hz 以下的低频振动,基于压电效应的能量收集器能提供最优功率输出[37]。

5.2.3　地震时建筑结构监测中的压电能量收集

使用压电传感器来提供能量所面临的问题是,地震的持续时间需要足够长以产生充足的功率来运行无线传感器节点。例如,2011 年 2 月 22 日发生在新西兰基督城的地震只有 12s 的剧烈震荡[38]。在地震产生的振动情况下,地震波仅产生 0.5~10Hz 左右的很低频率[39]。大多数市场上可购得的基于振动的能量收集器都设计用于工业机械,这些工业机械通常在 50~300Hz 左右的高频下振动[40-42]。收集的能量取决于振荡的频率、振幅和持续时间,因此在地震期间从建筑物的运动中收集能量被证明是一项艰巨的任务。

为了成功收集能量,收集器必须根据环境的固有频率进行调整。对于悬臂梁结构而言,影响系统固有频率的最重要参数是晶片的长度和厚度以及点质量[43]。

一般来说,晶片越长越厚,点质量越大,系统的谐振频率越低。对于像地震那样的低频能量收集,系统的谐振频率必须调整到 0.5~10Hz 之间的频率。由于无法预测地震的频率,系统必须能够在其所监测结构的谐振频率处对地震产生响应。增加可收集能量的一种方法是将多个压电收集器并联。通过并联多个收集器,可以拓宽响应频段并转移到地震中的主频段,也可增加总的可收集的原始能量[44]。这种使用并行连接多个收集器的方法已被用于实现在小于 8s 的时间内对无线传感器节点进行充电和允许所需的功率输出。根据历史数据,这种方法能够使节点在更严重的地震期准备好进行测量。

5.2.4　无线传感器节点设计

系统的设计分为两个主要部分——微控制器电路(称为微控制器板(MCB))的设计和电源管理电路(称为电源管理板(PMB))的设计,每部分均有自己的电路板,其目的是保持设计模块化且易于管理。因为创建两个独立的电路板使设计目标更明确,调试也更方便。

5.2.4.1　微控制器板

如图 5.5 所示,MCB 的主要特征包括:处理器单元或微控制器用于初始化其他组件和产生数据包;无线收发单元用于通过天线发送数据包;加速度计用于读取地震期间建筑物的加速度。低功耗是 WSN 节点设计中最重要的考虑因素,因此选用得州仪器(TI)MSP430F2619 微控制器(TI 2013b)作为处理器单元以确保超低功耗。该芯片还具有 PMB 可以产生的输入电压,至少提供两个通信端口以连接收发单元和加速度计,并且具有至少 10 kB 的闪存。选择加速度计时综合考虑了精度和功耗,还考虑了测量范围和灵敏度(与精度有关)以及测量轴的数量。选择低功耗的 LIS331HH 加速度计(ST 2013),工作电压为 1.8V 时功耗低至 $10\mu W$,具有合适的测量范围($\pm 6g$)和灵敏度($3mg$)。因为测量的地震不可能超过 $6g$,因此这样的指标是足够的。MCB 的另一个主要组件是无线收发单元,选择得州仪器 CC2520 是因为它是一款使用 IEEE 802.15.4 技术的低功耗收发器,可在 2.4 GHz 免授权频段上传输。

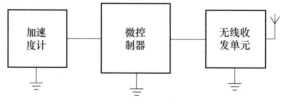

图 5.5　微控制器板

当前原型的主要设计目标是尽可能降低使用功耗,因此加速度计被编程为每 200 ms 更新一次寄存器中的值,这是最低的功耗状态。使用此配置,发送的 IEEE 802.15.4 数据包的长度为 19byte,包括前导码、时间戳和有效数据(长度为

6byte)。每个有效数据包含 3 个来自 LIS331HH 原始格式的加速度计输出值(x 轴,y 轴和 z 轴)。考虑到 IEEE 802.15.4 数据包的最大有效数据长度为 127byte,因此仍然有多达 20 组原始加速度计数据的可用空间。如果采用数据压缩,则可以发送更多测试数据。与其他组件(如无线收发单元)相比,加速度计的功耗要低得多,由此可以轻松提高采样速率以获取更多的加速度数据,从而满足结构健康监测的需要。还开发了一种基于分簇的介质访问控制协议用于这种传感设备所组成的网络进行数据传输,这将在 5.3 节中讨论。

5.2.4.2 电源管理板(PMB)

PMB 的基本组件如图 5.6 所示。它包括一个能量转换器(本例为压电能量收集器,其原始形式为一个高电压、小电流交流信号)将收集到的能量转换为直流形式以存储到电容中,然后通过调压器变为低电压、大电流信号以供 MCB 使用。我们的目标是构建一个可大规模部署的低成本无线传感器节点,因此在原型设备中采用 MidéV25W,它能够方便地将谐振频率调整到所需的 10Hz 以下。其成本低于 100 美元,远低于成本可能超过 5000 美元的定制解决方案。

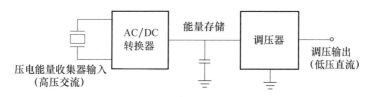

图 5.6 电源管理板

需要将四个能量收集器并联使用才能产生足够的能量,以在 5s 时间内为 WSN 供电[44]。如图 5.7 所示,为适应 PMB 印制电路板布局,使用了一个底座平台以固定四个收集器和居中的 PMB。如图 5.8 所示将质量块向外延伸以降低收集器的谐振频率。因为这只是一个用于概念验证的原型系统,所以采用了一种简单方法来降低谐振频率,使之与地震期间的测量频率相匹配。定制的振动能量收集器具有 0.5 ~ 10 Hz 的低频谐振频率,可以在系统实际部署时有针对性地加以改进后使用。

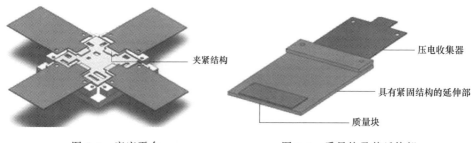

图 5.7 底座平台   图 5.8 质量块及其延伸部

5.2.5 系统测试与评估

PMB 上的电容器所需的充电时间是系统设计中最关键的因素。由于地震的瞬时性,充电时间必须尽可能短。这虽然解决了问题的能量供应方面,但我们还应了解需求方,即 MCB 需要多少能量才能开始持续运行直到地震过去。虽然系统中所用的各种元件功耗可以从数据手册中获得,但许多其他因素却需要通过仔细测量才能够确定。最重要的是系统在实际地震中的表现如何,这是一项非常困难的评估工作。

首先,在 MCB 将数据包传输到数据包探测器(得州仪器生产的一种智能射频板)时,对输入到 MCB 的电压以 10kHz 的周期进行采样。测试结果如图 5.9 所示,可以看出微控制器在前 12ms 消耗了少许的能量以进行初始化和上电,而主要能量消耗在用于传输数据包的传输单元上。在实验中,由数据包探测器发现的数据包为 3 个,图中显示了 3 个明显的峰值分别与 3 个独立数据包发送相对应。由此计算出发送单个数据包的能量为 0.30mJ,这是系统可以开始运行的最小能量。进一步的系统实验和优化表明,PMB 的最佳电容为 94μF,可产生 0.49 mJ 的能量。将系统安装在频率和加速度均可调整的机械振动台上,我们测量了 7Hz 的设定频率下振动台置于不同加速度时的充电时间,所得结果如图 5.10 所示,其中充电时间表示降压转换器(电压调节器)开始工作并为 MCB 提供能量所需的时间。另外还进行了各种其他的测试,测试结果表明,当加速度为 0.6g 时,可以在振动发生后的 0.8s 内发出第一个数据包。

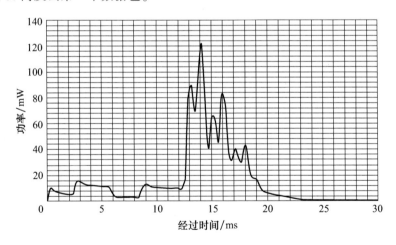

图 5.9　MCB 消耗的功率

5.2.6 地震模拟器测试

"令人敬畏的力量——地震屋"是新西兰 Te Papa 博物馆的一个常设展览[45],

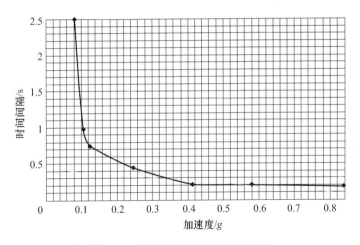

图 5.10　加速度与相应的充电时间

它模拟了 1987 年 Edgecumbe 地震在水平方向的运动,采用了一个机械振动装置产生单一频率和相同加速度的振动,由于其频率和加速度是针对一次真实地震的逼真模拟,选择它可以使系统测试更加真实。据报道,此次袭击 Edgecumbe 的 6.5 级地震发生在 3 月 2 日午后,平均加速度为 $0.261g$[46]。图 5.11 所示为完整的无线传感器节点,包括带有 4 个附加延伸部的振动能量收集器的 PMB、MCB 和天线,安装在一个保护用的围圈中。在布设时,将整个围圈完全盖住以防止传感器节点被环境因素或人为所损坏。该系统被设置为只要有能量就尽可能多地发送数据包(包含由加速度计测量的加速度)。将系统安装在出口上方不显眼的位置后(图5.12),将一个包含有智能射频数据包探测器并与便携式计算机相连的接收基站放置在附近,以接收和记录节点所传输的数据包。

图 5.11　安装在围圈内的无线传感器节点(正在申请专利)

当能量收集器的谐振频率被调整好且接收基站建立好后,该系统开始连续运行 1 周,期间博物馆每天 10:00—18:00 开放。一个便携式加速度计被安装固联于

图 5.12　Te Papa 技术人员在地震屋安装已组装的系统

地震屋,用于采样模拟振动期间的加速度并记录各次振动和它们发生的时间。如图 5.13 所示,从冷启动开始(也就是电容电量为空)到发出第一个数据包,需要 8s 的时间来收集足够的能量。第二个数据包发送的时间是 6s 后,这意味着电容器中仍然有剩余电量。接下来的两次振动看起来更强,能够在发送完一包数据后很快发送下一包,这可能是因为电容器能够保持足够的电量以发送另一包数据。对所有采集数据进行平均后,从振动发生开始时刻起到发送第一包数据需要 7.2s。除了用加速度计测量加速度,系统还能通过简单地记录连续数据包发生时的时间数据来大致评估振动的严重程度,然后计算出用于产生这些数据包所需的能量,也就是测量数据包产生和发送的速度可以指示振动的严重程度。

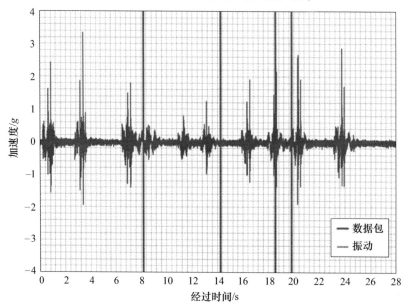

图 5.13　数据包发送时加速度随时间的变化

5.2.7　网络协议设计的启示

利用事件本身的能量为传感器供电可以确保事件探测不会被错过。但在解决了检测问题的同时,它却给无线通信协议带来了麻烦。因为所有传感器几乎都会同时启动,同时试图传输数据将导致严重的信道竞争。在下一节中将介绍一种专门设计的用于此类罕见事件检测的事件供能型无线传感器的介质访问协议。

5.3　用于小概率事件监测的分簇聚类无线传感器网络[21]

像地震这样的罕见事件可以同时激活所有事件供能的传感器,它们都感测到并试图报告该事件,由此产生大量包含需要传输的结构振动特性关键数据的数据包。WSN 中广泛采用的基于竞争的 MAC 协议(如 IEEE 802.15.4 的防冲突载波侦听多址访问(CSMA/CA))不能很好地应对大量突发业务[47]。数据突然涌入网络会导致严重的网络堵塞、数据包丢失、延迟和重传。

为了处理传统 WSN MAC 协议无法处理但却能为土建工程师提供所需的必要有用信息的大量数据,提出了网内处理和传感数据的聚合/融合方案[48-51]。这些方案利用 SHM 数据所具有的强相关性来形成簇群,然后在簇群内的选定节点(称为簇首)上收集和处理数据,以便在传输这些处理过的数据之前降低重复或相关的数据包的数量。执行 SHM 数据的网内处理需要将深入的领域知识集成到网络子系统中,这限制了所提出的具体方案在其他 SHM 方案中的应用。此外,这些方案消耗的能量比事件供能型传感器能够收集的能量要高得多。

事件供能型 WSN 的 MAC 协议也采用了分簇,那些所产生数据高度相关的传感器被分组到同一个簇中。该协议对无线信道访问权的仲裁方案为各个簇都提供公平的机会传输它们的数据,而这是通过将每个簇视为超级节点来实现的。通过这种方式减少了竞争并使数据得以快速公平的发送,最终目的是为土木和结构工程师提供他们所需的(原始)数据,同时解决无线传感器网络的限制问题。

5.3.1　系统模型

所有节点都位于个域网(PAN)协调器的单跳传输范围内,该协调器接收来自其负责的所有传感器的数据。PAN 协调器可能安装在部署有 SHM 传感器的建筑物旁边的灯柱上,如图 5.14 所示。利用 SHM 数据中的高度相关性,传感器网络更加重视有规律地传输来自不同簇的非相关数据,而不是让所有节点单独进行信道访问竞争。在实际应用中,传感器的分簇由结构工程师等领域专家来确定,他们具有将所有节点进行最优辨识和簇分组的知识,这样每个簇都是一组相关的数据点。

每个簇均被视为一个超级节点,一旦本簇中的一个节点已经成功地上传了它的数据,则这个簇就被认为在当前周期内已经传输成功,簇内的其余节点不会进一

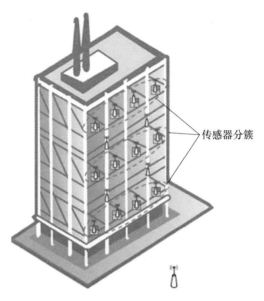

传感器分簇

（摘自无线楼宇自动化网站 https://wlba.wordpress.com）

图 5.14　部署方案

步发送数据,直到网络中的所有其他簇在当前周期内都已经传输成功为止。当 PAN 协调器成功接收到来自所辖节点的数据包时,它仅广播包含成功节点标识符的确认(ACK)数据包,而接收到该 ACK 的簇内其他节点就可知道所在簇中的节点已经传输成功,因此将转到"活动监听"模式。当簇内所有成员节点均不发送数据而主动收听来自 PAN 协调器的广播信号时,则整个簇被认为处于活动监听状态。图 5.15(a) 显示了 IEEE 802.15.4 中 PAN 协调器的状态转换图。

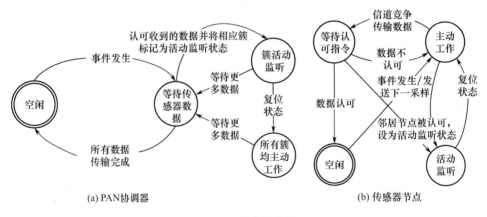

(a) PAN协调器　　　　　　　　　　　　　　　(b) 传感器节点

图 5.15　状态转换图

　　对于罕见事件(如地震),PAN 协调器通常保持空闲状态,直到发生事件后等待来自传感器节点的数据。但如果 PAN 协调器具有持续可用电源,则其始终处于监听模式(等待来自传感器的任何上传数据)。小震动也可导致轻微的结构振动而触发事件并激活传感器。这种分簇聚类的方法有两个优点：

（1）优先传输来自不同簇的非相关数据，这是一种隐含的"循环法"，可确保簇间的公平性。

（2）簇内的节点在每个传输周期内都有公平的传输机会。

该算法基于标准 IEEE 802.15.4 非信标模式协议，其中 PAN 协调器是汇聚节点，并且完全依赖于时隙 CSMA/CA 机制来仲裁节点的传输请求。

IEEE 802.15.4 MAC 协议的一个关键部分是延迟指数（BE）。在一个节点试图发送一个数据包之前，它首先延迟 $0 \sim 2^{BE} - 1$ 范围内的随机整数倍时隙周期，然后在发送之前检查该信道是否清空/空闲。该随机数是基于均匀分布进行选择的，这意味着从 0 到 $2^{BE} - 1$ 范围内的每个时隙都有被节点选择的相等机会。当网络中同时有许多节点尝试传输时将导致很高的冲突概率。受到 Cheng 等[52]提出的最佳退避时隙选择算法的启发，节点根据几何分布随机选择一个时隙，选择较早时隙的概率较低，这样较少的节点选择这些时隙从而减少了冲突，并提高了数据包传输的成功率。

当所有簇都成功发送了一个数据包，且所有簇都处于活动监听状态时，一个传输周期结束。然后，PAN 协调器广播一个"重置"帧，并且在下一个传输周期中，刚刚结束的周期中未能成功传输数据包的节点将再次尝试上传。这是"簇状态复位"事件，它将所有簇重新置于"主动工作"状态，对应于图 5.15(a) 中 PAN 协调器状态转换图右下角的圆框以及图 5.15(b) 中传感器节点状态转换图右上角的圆框。在下一个传输周期中，网络以相同的方式工作，唯一的区别是在先前周期中已经成功传输其数据包的节点不参与传输。

在节点层将一个簇设置于活动监听状态，是根据 PAN 协调器广播的数据认可指令来自动完成的。一个节点处于活动监听状态仅仅意味着该节点不再竞争信道来传输数据，但其硬件状态保持与主动工作的节点完全相同。当同一簇内的邻居节点被确认传输成功时，节点进入活动监听状态。如图 5.15(b) 所示，只有当 PAN 协调器发出复位信号时，节点才将其状态复位到主动工作状态。一旦所有簇都处于活动监听状态时，PAN 协调器就会广播一个"复位"帧，将所有节点的状态复位以开始下一轮传输。为了减少节点的能量消耗，PAN 协调器还可以在 ACK 数据包中加入等待发送的剩余簇的数目。处于"活动监听"状态的节点可以估计这些剩余簇成功传输所需的最短时间，然后在这段时间内进入休眠状态。

5.3.2　性能评估

该设计非常简单，仅对 IEEE 802.15.4 MAC 算法稍作修改，但却能够显著提高性能并消除网络偏差。该方案的评估采用仿真方法并与其他 IEEE 802.15.4 变体以及 Liu 等[49]提出的 SHM 数据网内处理的 WSN 方法进行比较。评估使用标准的 IEEE 802.15.4 协议,并在此基础上构建分簇聚类的 MAC。对不同的簇大小(5,10,15,20 和 25)和网络大小(100,150,200 和 250)进行了评估。为了获得准确的平均值,每个组合的结果都是基于对 10 次不同运行结果的平均,每次运行使用不同的(随机)种子值。

传感器节点按照它们在现实生活中在 SHM 系统中的位置放置。PAN 协调器通常放置在建筑物外面且在地面上方不太高的地方,传感器节点置于建筑物中,底层传感器节点距 PAN 协调器最近,而最高层传感器节点距离最远。编号为#1 的簇中的节点距离 PAN 协调器最近,而其余簇则随着簇编号的增加而距离 PAN 协调器越来越远,这种部署方案类似于图 5.14 所示的方案。评估场景中模拟的数据是由重要事件发生(时间 t_0)而产生的,比如一个强烈的震颤或地震。在该事件产生的所有数据都已传输完毕后,WSN 会重新进入休眠状态,直到另一个事件激活它为止。在我们的目标场景中,假设每个节点都会生成固定大小的数据作为事件的结果。

5.3.2.1　在簇中完成的时间

图 5.16 显示了 IEEE 802.15.4 MAC 协议和分簇聚类的 MAC 协议应用于 250 个节点时的分组传输特性,这是所评估的最大网络。每个簇的垂直图显示了该簇内连续的数据包被成功传输并由 PAN 协调器接收所持续的时间(从 t_0 开始)。例如,左边的蓝色条显示了簇中第一个成功传输的数据包所需的时间(与来自于簇内的哪个传感器无关),下一个条显示出第二个传输成功的数据包,依此类推。

在图 5.16(a)和 5.16(c)中,标准的 IEEE 802.15.4 MAC 协议更有利于靠近 PAN 协调器节点的节点和簇。这种对靠近 PAN 协调器的节点/簇的倾向性可以被归因于捕获效应[53],并已在 IEEE 802.15.4 网络中进行了观察和研究[54-55],结果是导致距 PAN 协调器节点更近的簇能够比距离更远的簇更早地传送其所有数据。

分簇聚类的 MAC 协议通过确保每个簇而不是单个节点获得公平的机会,从而消除上述倾向。这是通过使得在当前周期中已成功完成一次传输的簇(包括其中所有节点)不再竞争信道来实现的。在图 5.16(b)和 5.16(d)中没有观察到不同簇的偏差结果,图中显示每个簇均匀地向 PAN 协调器发送数据包。由于簇之间没有倾向,所有簇都可以在同一时间完成数据的传输。这是分簇聚类的方法带来的有利结果,它可以减少整体网络竞争并提高整个网络的性能。

图 5.16(a)和图 5.16(c)都使用相同的 IEEE 802.15.4 CSMA/CA MAC 算法,但使用了不同的随机数发生器。然而,采用几何分布随机退避时隙选择方式来完成所有数据的传输比均匀分布随机退避时隙选择方式更快。对于以簇为中心的 MAC,图 5.16(b)和图 5.16(d)中也可以看到相同的结果,这是因为通过选择更大的初始退避使得冲突更少。较少的冲突意味着节点不需要采用指数退避机制,从而缩短了传输完成事件生成信息的平均时间。

在分簇聚类的 MAC 协议中,一旦一个节点成功传输了其数据包,则相应的簇

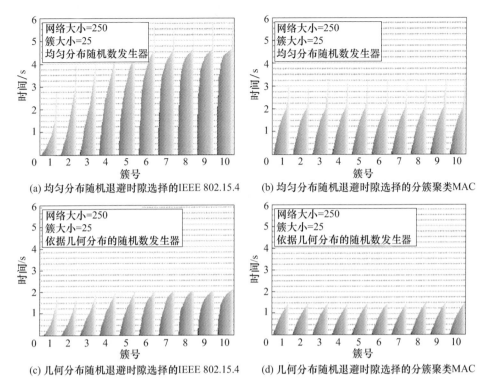

(a) 均匀分布随机退避时隙选择的IEEE 802.15.4   (b) 均匀分布随机退避时隙选择的分簇聚类MAC

(c) 几何分布随机退避时隙选择的IEEE 802.15.4   (d) 几何分布随机退避时隙选择的分簇聚类MAC

图 5.16 数据包到达时间(见彩图)

在下一个传输循环开始前不再进行传输。这有助于使竞争发生概率显著下降,因为在每次成功的数据传输后,需要参与信道访问竞争的节点数明显减少(对应的簇内所有节点都不再竞争)。这种方式与几何分布随机退避时隙选择方式相结合进一步减少了竞争,使得网络整体竞争降低,传输时间缩短。

5.3.2.2 传输的平均时间和总时间

尽管分簇聚类的 MAC 协议旨在提供无倾向的数据传输,但从网络角度来看,传统的网络性能指标仍然很重要。

从图 5.16 可以明显看出,所提出的方案确保了簇的无倾向传输机会,此外结果还表明该方案中事件数据传输速度比标准 IEEE 802.15.4 协议更快。图 5.17(a)显示本方案传输数据的平均时间要比分簇聚类的 MAC 协议的平均时间短。

对于小规模网络而言,时间差别非常小。但随着网络规模增加,竞争也增加,时间差别更加显著。当标准 IEEE 802.15.4 协议在完成数据传输时间上出现很大变化时,本章所提供的模型却给出了与网络大小无关的稳定的传输完成时间。

为了进一步了解传输所有数据包的时间,通过设置固定的误包率来测量传输所有数据包的全部时间。增加的误包率产生了更高的重传率,并且由于同时发送和重传的节点数量很大,可能形成连续重传的恶性循环。

图 5.18(a)显示了标准 IEEE 802.15.4 确实产生了高传输延迟,当误包率增

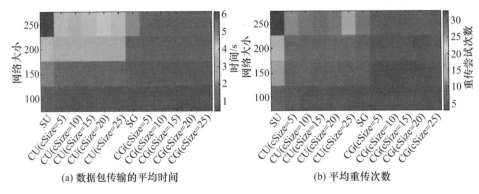

(a) 数据包传输的平均时间　　　　　　　　　(b) 平均重传次数

图 5.17　不同的网络大小和簇大小传输所有数据包的性能(见彩图)

S—标准 IEEE 802.15.4 MAC;C—以簇为中心的 MAC;

U/G—均匀分布/几何分布随机数发生器;cSize—簇大小。

加时,分簇聚类的方法的传输时间也随之快速增加。重传既费时又耗能,因此
WSN 协议的目标之一是尽量减少重传次数。本章所提出的方法能够通过将节点
立即从信道竞争中解脱出来从而显著减少了网络拥塞,因此它可以比标准的 IEEE
802.15.4 协议更快地传输所有的数据包。较少的竞争意味着较少的重传次数,在
图 5.17(b)和图 5.18(b)中可以观察到较少的重传次数带来的同样效果。

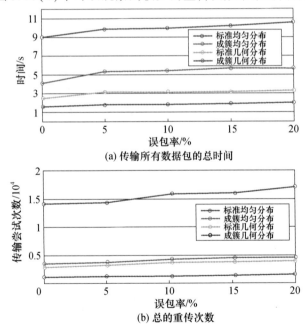

(a) 传输所有数据包的总时间

(b) 总的重传次数

图 5.18　在存在丢包的情况下的性能(网络大小 = 250,簇大小 = 10)(见彩图)

5.3.2.3　能量消耗

为了观察本章所提出的设计方案的能量消耗,我们将结果与 Liu 等[49]的结果

进行了比较,采用的实例是设计一种 WSN 方法并通过采用 SHM 数据的网内处理来降低能耗。这种方法是从许多其他方法中挑选出来的,因为作者已经提供了充分的评估细节和参数值,便于进行合理的比较。然而,作者的模拟分析没有考虑到 MAC 协议的功能,因此这种比较并非完全公平。

标准 IEEE 802.15.4 的最大有效数据容量为 127 个 8 位字节,可以支持 63 条采样数据,每条采样数据为 2 个 8 位字节。采用不同条数的采样数据对分簇聚类的 MAC 协议进行了评估,从每包 1 条采样数据(SPP:每包的采样数据条数)到最大的 63SPP,并采用了与文献[49]相同的 10752 条总采样数和能量值。模拟显示当簇大小为 5、6、7、8 时结果都类似,因此只显示簇大小为 5 的结果。每包所含采样数据条数较少就意味着需要更多的数据包,因此直观上应该意味着使用 63SPP 不仅会导致更少的数据包,还会减少竞争和重传,并降低能耗。

另一方面,一次发送更多的字节数需要更多的能量,但由于总数据量一定,能量和数据吞吐量之间存在一定关系,已经验证了每次传输大约 100 个 8 位字节的能耗接近最佳[56]。因此,在进行比较分析时还包括对 50SPP 也就是 100 个 8 位字节的情况。图 5.19 所示的仿真结果表明,仅需 4SPP 即可实现更好的性能,而无须采取网络内处理的策略。

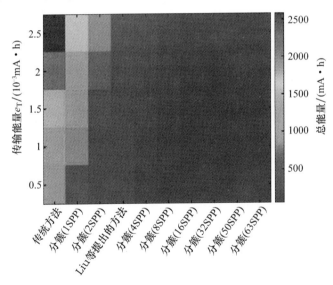

图 5.19　与 Liu 等提出的用于 SHM 的 WSN 进行能耗比较(见彩图)

5.4　小　　结

设计用于长期检测罕见事件发生或影响的能量受限系统面临特殊的挑战。与周期性采样或基于查询的传感系统不同,长期检测罕见事件无法通过简单地调整传感器节点的轮值周期来解决网络长期工作的问题,必须建立数据密度和网络寿命之间的恰当平衡。罕见事件的发生概率很低并具有随机性,因此很难保证事件发生时轮值工作的电池供电型传感器节点将通电激活。同样,如果需要网络具有可接受的长期运行寿命,则始终使传感节点通电也是不切实际的。在过去的 15 年中,通过研究无线传感器网络的冗余节点同步轮值、无源传感、重复消息抑制和节能网络协议等技术,来解决罕见事件感测的问题。研究人员还验证了从环境中取能以延长网络寿命的效果。

参 考 文 献

[1] Committee on Networked Systems of Embedded Computers, National Research Council(2001) Embedded Everywhere: A Research Agenda for Networked Systems of Embedded Computers, National Academies Press.

[2] Mak, N. H. and Seah, W. K. G. (2009) How long is the lifetime of a wireless sensor network?, in Proceedings of the International Conference on Advanced Information Networking and Applications(AINA), Bradford, UK, pp. 763 – 770.

[3] Stankovic, J. A. , Wood, A. D. , and He, T. (2011) Realistic applications for wireless sensor networks, in Theoretical Aspects of Distributed Computing in Sensor Networks, Springer, pp. 835 – 863.

[4] Ye, W. , Heidemann, J. , and Estrin, D. (2004) Medium access control with coordinated adaptive sleeping for wireless sensor networks. IEEE/ACM Transactions on Networking, 12(3), 493 – 506.

[5] Schurgers, C. and Srivastava, M. (2001) Energy efficient routing in wireless sensor networks, in Proceedings of the IEEE Military Communications Conference(MILCOM), McLean, VA, USA, pp. 357 – 361.

[6] Yao, Y. and Gehrke, J. (2003) Query processing in sensor networks, in Proceedings of the First Biennial Conference on Innovative Data Systems Research(CIDR), Asilomar, CA, USA.

[7] Rubino, G. and Tuffin, B. (2009) Rare event simulation using Monte Carlo methods, John Wiley & Sons.

[8] Arora, A. et al. (2004) A line in the sand: a wireless sensor network for target detection, classification, and tracking. Computer Networks, 46(5), 605 – 634.

[9] Low, K. S. , Win, W. N. N. , and Er, M. J. (2005) Wireless sensor networks for industrial environments, in Proceedings of International Conference on Computational Intelligence for Modeling, Control and Automation, and International Conference on Intelligent Agents, Web Technologies and Internet Commerce, Vienna, Austria, pp. 271 – 276.

[10] Gelenbe, E. and Ngai, E. H. (2008) Adaptive QoS routing for significant events in wireless sensor networks, in Proceedings of 5th IEEE International Conference on Mobile Ad Hoc and Sensor Systems, Atlanta, GA, USA, pp. 410 – 415.

[11] Liu, C. , Wu, K. , Xiao, Y. , and Sun, B. (2006) Random coverage with guaranteed connectivity: joint scheduling for wireless sensor networks. Transactions on Parallel and Distributed Systems, 17(6), 562 – 575.

[12] Cao, Q. , Abdelzaher, T. , He, T. , and Stankovic, J. (2005) Towards optimal sleep scheduling in sensor networks for rare – event detection, in Proceedings of the 4th International Symposium on Information Processing in Sensor Networks(IPSN), Los Angeles, CA, USA.

[13] Cao, Q. , Yan, T. , Stankovic, J. , and Abdelzaher, T. (2005) Analysis of target detection performance for wireless sensor networks, in Distributed Computing in Sensor Systems, Springer, pp. 276 – 292.

[14] Atzori, L. , Iera, A. , and Morabito, G. (2010) The Internet of Things: A survey. Computer Networks, 54

(15), 2787 – 2805.

[15] Nasridinov, A., Ihm, S. Y., Jeong, Y. S., and Park, Y. H. (2014) Event detection in wireless sensor networks: Survey and challenges, in Mobile, Ubiquitous, and Intelligent Computing, Springer, pp. 585 – 590.

[16] Pantazis, N., Nikolidakis, S. A., and Vergados, D. D. (2013) Energy – efficient routing protocols in wireless sensor networks: A survey. Communications Surveys & Tutorials, IEEE, 15(2), 551 – 591.

[17] Harrison, D. C., Seah, W. K. G., and Rayudu, R. (2016) Rare event detection and propagation in wireless sensor networks. ACM Computing Surveys(CSUR). (Accepted for publication.).

[18] Seah, W. K. G., Eu, Z. A., and Tan, H. P. (2009) Wireless sensor networks powered by ambient energy harvesting(WSN – HEAP)— survey and challenges, in Proceedings of the 1st International Conference on Wireless Communication, Vehicular Technology, Information Theory and Aerospace & Electronic Systems Technology, Aalborg, Denmark.

[19] Harrison, D. C., Seah, W. K. G., and Rayudu, R. (2015) Coverage preservation in energy harvesting wireless sensor networks for rare events, in Proceedings of the 40th Annual IEEE Conference on Local Computer Networks(LCN), Clearwater Beach, FL, USA.

[20] Tomicek, D., Tham, Y. H., Seah, W. K. G., and Rayudu, R. (2013) Vibration – powered wireless sensor for structural monitoring during earthquakes, in Proceedings of the 6th International Conference on Structural Health Monitoring of Intelligent Infrastructure, SHMII, Hong Kong, China.

[21] Singh, S., Seah, W. K. G., and Ng, B. (2015) Cluster – centric medium access control for WSNs in structural health monitoring, in Proceedings of the 13th International Symposium on Modelling and Optimization in Mobile, Ad Hoc, and Wireless Networks(WiOpt), Mumbai, India, pp. 275 – 282.

[22] Cardei, M. and Wu, J. (2006) Energy – efficient coverage problems in wireless ad – hoc sensor networks. Computer Communications, 29(4), 413 – 420.

[23] Hsin, C. F. and Liu, M. (2004) Network coverage using low duty – cycled sensors: random and coordinated sleep algorithms, in Proceedings of the 3rd International Symposium on Information Processing in Sensor Networks(IPSN), Berkeley, CA, USA, pp. 433 – 442.

[24] Raghunathan, V., Kansal, A., Hsu, J., Friedman, J., and Srivastava, M. (2005) Design considerations for solar energy harvesting wireless embedded systems, in Proceedings of the 4th International Symposium on Information Processing in Sensor Networks(IPSN), Los Angeles, California, USA.

[25] Khosropour, N., Krummenacher, F., and Kayal, M. (2012) Fully integrated ultra – low power management system for micro – power solar energy harvesting applications. Electronics Letters, 48(6), 338 – 339.

[26] Tian, D. and Georganas, N. D. (2002) A coverage – preserving node scheduling scheme for large wireless sensor networks, in Proceedings of the 1st ACM international workshop on wireless sensor networks and applications, ACM, Atlanta, GA, USA, pp. 32 – 41.

[27] Wang, X., Xing, G., Zhang, Y., Lu, C., Pless, R., and Gill, C. (2003) Integrated coverage and connectivity configuration in wireless sensor networks, in Proceedings of the 1st International Conference on Embedded Networked Sensor Systems(SenSys), Los Angeles, California, USA, pp. 28 – 39.

[28] Alippi, C., Camplani, R., Galperti, C., and Roveri, M. (2008) Effective design of WSNs: from the lab to the real world, in Proceedings of the 3rd International Conference on Sensing Technology(ICST), Tainan, Taiwan, pp. 1 – 9.

[29] Advanticsys(2015), Solar cells. URL http://www. advanticsys. com/shop/mtmcm5000msp – p – 14. html.

[30] NIWA(2015), Solarview. URL http://solarview. niwa. co. nz.

[31] Futurlec(2015), Solar cells. URL http://www. futurlec. com/Solar_Cell. shtml.

[32] Liu, Y. and Seah, W. K. G. (2005) A scalable priority – based multi – path routing protocol for wireless sen-

sor networks. International Journal of Wireless Information Networks, 12(1), 23 – 33.

[33] Wald, D. J., Quitoriano, V., Heaton, T. H., and Kanamori, H. Relationships between peak ground acceler-ation, peak ground velocity, and modified Mercalli intensity in California, volume = 15, year = 1999, bdsk – url – 1 = http://dx. doi. org/10. 1193/1. 1586058. Earthquake Spectra, (3), 557 – 564.

[34] Elenas, A. and Meskouris, K. (2001) Correlation study between seismic acceleration parameters and damage indices of structures. Engineering Structures, 23(6), 698 – 704.

[35] Beeby, S. P., Tudor, M. J., and White, N. M. (2006) Energy harvesting vibration sources for microsystems applications. Measurement Science and Technology, 17(12), R175 – R195.

[36] Roundy, S., Wright, P. K., and Rabaey, J. (2003) A study of low level vibrations as a power source for wireless sensor nodes. Computer Communications, 26(11), 1131 – 1144.

[37] Raj, P. S. (2012) Vibration Energy Harvesting using PEH25W, ECS Technical Report ECSTR2012 – 05, Victoria University of Wellington.

[38] Clifton, C. (2011) Christchurch Feb 22nd Earthquake: A Personal Report, Tech. Rep., NZ Heavy Engi-neering Research Association(HERA).

[39] Elvin, N. G., Lajnef, N., and Elvin, A. A. (2006) Feasibility of structural monitoring with vibration pow-ered sensors. Smart Materials and Structures, 15(4), 977.

[40] Arms, S., Townsend, C., Churchill, D., Galbreath, J., Corneau, B., Ketcham, R., and Phan, N. (2008) Energy harvesting, wireless, structural health monitoring and reporting system, in Proceedings of the 2nd Asia Pacific Workshop on SHM, Melbourne, Australia.

[41] Torah, R., Glynne – Jones, P., Tudor, J., O'Donnell, T., Roy, S., and Beeby, S. (2008) Self – pow-ered autonomous wireless sensor node using vibration energy harvesting. Measurement Science and Technology, 19(12), 125 202.

[42] Park, J. H. (2010) Development of MEMS Piezoelectric Energy Harvesters, Ph. D. thesis, Auburn Universi-ty.

[43] Ahmad, M. A. and Alshareef, H. N. (2011) Modeling the power output of piezoelectric energy harvesters. Journal of Electronic Materials, 40(7), 1477 – 1484.

[44] Xue, H., Hu, Y., and Wang, Q. M. (2008) Broadband piezoelectric energy harvesting devices using multi-ple bimorphs with different operating frequencies. IEEE Transactions on Ultrasonics, Ferroelectrics, and Fre-quency Control, 55(9), 2104 – 2108.

[45] Te Papa, Museum of New Zealand, Awesome Forces(Te Papa exhibition)—Earthquake House, http://col-lections. tepapa. govt. nz/theme. aspx? irn = 1364.

[46] Dowrick, D. (1988) Edgecumbe earthquake: some notes on its source, ground motions, and damage in rela-tion to safety. Bulletin of the New Zealand National Society for Earthquake Engineering, 21(3), 198 – 203.

[47] Kleinrock, L. and Tobagi, F. (1975) Packet switching in radio channels: Part I—Carrier sense multiple – ac-cess modes and their throughput – delay characteristics. IEEE Transactions on Communications, 23(12), 1400 – 1416.

[48] Zimmerman, A., Shiraishi, M., Swartz, R., and Lynch, J. (2008) Automated modal parameter estimation by parallel processing within wireless monitoring systems. Journal of Infrastructure Systems, 14(1), 102 – 113.

[49] Liu, X., Cao, J., Lai, S., Yang, C., Wu, H., and Xu, Y. L. (2011) Energy efficient clustering for WSN – based structural health monitoring, in Proceedings of the 30th IEEE International Conference on Com-puter Communications(INFOCOM), Shanghai, China, pp. 2768 – 2776.

[50] Jindal, A. and Liu, M. (2012) Networked computing in wireless sensor networks for structural health monito-

ring. IEEE Transactions on Networking, 20(4), 1203 – 1216.

[51] Hackmann, G. , Guo, W. , Yan, G. , Sun, Z. , Lu, C. , and Dyke, S. (2014) Cyber – physical codesign of distributed structural health monitoring with wireless sensor networks. IEEE Transactions on Parallel and Distributed Systems, 25(1), 63 – 72.

[52] Cheng, M. Y. , Chen, Y. B. , Wei, H. Y. , and Seah, W. K. G. (2013) Event – driven energy – harvesting wireless sensor network for structural health monitoring, in Proceedings of the IEEE 38th Conference on Local Computer Networks(LCN), Sydney, Australia, pp. 364 – 372.

[53] Leentvaar, K. and Flint, J. (1976) The capture effect in FM receivers. IEEE Transactions on Communications, 24(5), 531 – 539.

[54] Gezer, C. , Buratti, C. , and Verdone, R. (2010) Capture effect in IEEE 802. 15. 4 networks: Modelling and experimentation, in Proceedings of the 5th IEEE International Symposium on Wireless Pervasive Computing (ISWPC), Modena, Italy, pp. 204 – 209.

[55] Lu, J. and Whitehouse, K. (2009) Flash flooding: exploiting the capture effect for rapid flooding in wireless sensor networks, in Proceedings of the 28th IEEE Conference on Computer Communications(INFOCOM), Rio de Janeiro, Brazil, pp. 2491 – 2499.

[56] Noda, C. , Prabh, S. , Alves, M. , and Voigt, T. (2013) On packet size and error correction optimizations in low – power wireless networks, in Proceedings of the 10th Annual IEEE Communications Society Conference on Sensor, Mesh and Ad Hoc Communications and Networks (SECON), New Orleans, LA, USA, pp. 212 – 220.

第二部分
空间无线传感器系统解决方案与应用

第6章　空间应用中的无源传感器

6.1　引　言

　　空间是人类已知的最极端环境之一,它给工程系统的可靠设计带来了挑战。任何在空间工作的结构或机器都需要利用某种传感器来监测其结构完整性和运行可靠性,对于载人航天器或空间栖息地则需要确保居住者的安全。为空间应用设计传感器和电子设备时遇到的挑战包括需要承受从极低到极高温度的波动、辐射和发射过程中产生的振动,并要求在这些条件下仍然可靠运行。采用传统工程标准的解决方案可能太过昂贵,或者太重而无法升入太空。然而,突破惯性思维的创新解决方案可以消除系统中不必要的部分,或通过部件整合来降低质量和体积,这可能是更合理的方法。

　　例如,设计中采用无线系统来代替有线系统,可以消除线缆及其配套硬件来减轻重量。图 6.1 所示为哥伦比亚号航天飞机机翼前端的内部[1]。值得注意的是,在评估有线系统的附加质量时,除了电缆,还要考虑捆绑件和附加硬件。

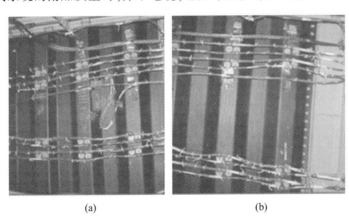

(a)　　　　　　　　　　　　　　　　　(b)

图 6.1　哥伦比亚号航天飞机机翼前端内部的有线传感器

　　采用无线系统所付出的代价是其冗余度和可靠性可能无法与有线系统相比拟。但如果无线系统设计得当,这个问题就可以得到解决。无线系统的主要问题之一是电能传输,使用电线来提供电能可能会使整个改进失去意义,但使用需要经常更换的电池也会带来问题,尤其是在那些难以到达的区域。

本章概要阐述空间和极端环境下的无线传感技术,重点介绍无源传感器。6.2节介绍有线和无线传感器的成本效益分析,在 6.3 节中对有源和无源传感器进行比较,6.4 节介绍无源传感器的设计注意事项,并在 6.5 节对本章进行总结。

6.2 有线或无线传感器:成本效益分析

6.2.1 有线传感器系统

有线传感器系统已经使用了很长时间,与之相关的技术已足够成熟,满足空间应用可接受的可靠性要求——恶劣环境的黄金标准。即使一两条接线断掉,多个传感器的冗余接线也可以确保数据在任何时候都能传输。有线系统的成本随着传感器数量、传感器与读取器之间的距离以及相关配套硬件(如电缆包层、固定装置、布线设计成本和电磁干扰(EMI)分析测试成本)而增加。除了重量和成本外,有线系统还存在灵活性和可扩展性问题,在当前设计中增加一根导线或将一个传感器移动到新的位置都将产生附加成本,包括改变布线、绘图和进行 EMI 测试。

6.2.2 无线传感器系统

与之相反,无线传感器系统灵活且便于扩展。在新的所需位置添加新的无线传感器非常方便,而不会增加像有线传感器那样的成本,同时在当前系统中移动无线传感器的成本也比有线系统小得多。其前提是:在无线传感器网络的初始设计中可以容纳这些新增加的传感器和它们带来的任何影响。一旦完成了初始设计并且确定了可支持的传感器节点的数量,就可以在不增加额外成本的情况下实现灵活性和可扩展性,并且不会增加更多的重量。

6.2.3 可靠性分析

可靠性仍然是这两种系统需要讨论和比较的问题。图 6.2 中多个传感器测量各种不同的参数,并可能使用不同的通信协议,通过网状网络将数据发送到接收单元或融合中心。在一些资料中,接收单元和融合中心两个术语通用,但准确而言,接收单元只能收集数据,而数据的处理则是由融合中心完成的。无线信道的随机性意味着可能有错误的数据包到达融合中心,但这是否会使整个无线系统比有线系统更不可靠?

有两点需要考虑:

(1)每个传感器数据流的纠错;

(2)具有相关数据的一组传感器的纠错。

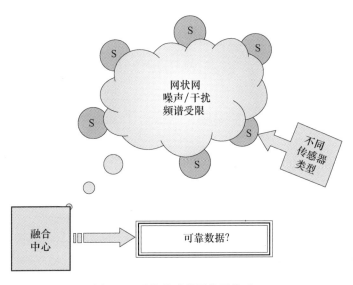

图 6.2 无线传感器网络可靠吗？

就第一点而言,即使是简单的纠错码的可靠性也比未编码的传感器网络高数千倍。图 6.3 的例子中 IEEE 802.15.4 标准被修改为包含一个简单的卷积码以实现误码率降至 $1/1000$[2]。

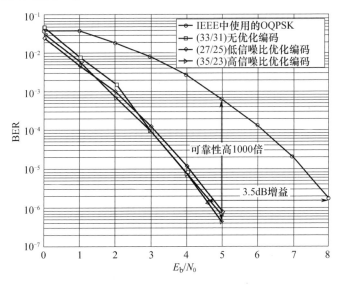

图 6.3 增加纠错码的修正 IEEE802.15.4

如果我们观察彼此靠近的一组传感器,则第二点更为重要,它会导致几个相关的数据流均靠近同一信源。例如,若采用多个传感器测量喷气发动机内部叶片的温度,这些传感器同时放置在叶片周围的不同位置,则它们都将感测到相似的温度,但具有不同的观测噪声和估计误差(如图6.4中所建的E_1、E_2、E_n模型)。可以证明,如果采用合适的分布式编码将所有这些不可靠估计相结合将产生更可靠的结果[3]。图6.4所示的均匀配置是可扩展的,其中只包含传感器(发射器)侧的简单编码/调制,在汇聚节点(接收端)将包含一个更复杂的联合解码器。

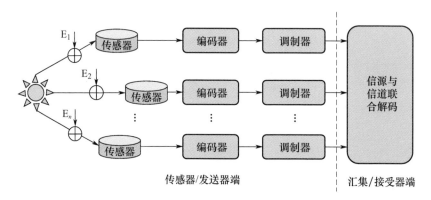

图6.4 来自简单传感器节点的多重相关观测联合解码[3]

解码器结构如图6.5所示,包含多个具有相关性提取模块的turbo解码器。与常规的turbo码相似,对数似然先验值(每比特的可靠性)被反馈给解码器用于后续迭代。

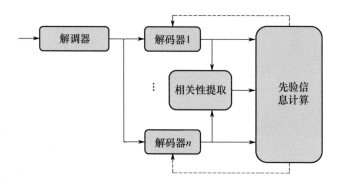

图6.5 相关传感器数据流联合解码

网状无线网络的另一个明显优势是只要网络中有足够多的传感器仍能正常工作,它就不会受线缆故障的影响(通常从汇聚节点到信源之间有多条可用链路),也不会由于一个或多个传感器故障而影响其可靠性。这个概念如图6.6所示,其中白色表示带有错误估计的噪声传感器,黑色表示没有通信链路的故障传感器(由于亏电或硬件故障)。

尽管很难对有线系统和无线系统的可靠性进行量化以准确比较两者优劣,但有足够的证据可以证明潜在的高可靠的无线网络是空间应用的可行替代方案。重量和体积的节省以及带来的成本降低都足以吸引研究人员投入该研究方向。

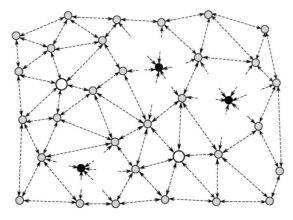

图 6.6　网状传感器网络中的噪声传感器(白色)和故障传感器(黑色)

6.3　有源和无源无线传感器

　　无线传感器可以分为两大类:有源(电池供电)和无源(无电池)[4]。有源传感器提供更大的传输范围并支持更多的无线标准,例如 WiFi、蓝牙或 ZigBee,但在需要更换电池或充电方面存在不足。另一方面,无源或无电池传感器不需要频繁更换电池或充电,但可提供的传输范围小。它们可以采用多种方法供电,但本章将重点讨论射频(RF)供电的传感器,其工作方式类似于 RFID 标签,但除了身份信息之外还包含传感信息。针对有源无线传感器的设计和操作、干扰管控以及如何使其可靠工作,已经有了大量的研究成果和相关知识。然而直到最近 10 年,对无源传感器的研究还很少。本节将介绍典型的无源或无电池传感器的工作原理。

　　工作过程从无线读取单元向每个无源传感器发送信号(采用时分、频分或码分机制)开始,以进行串行或并行读取。传感器则根据测量参数(如温度或压力)修改接收到的射频信号,并将修改后的信号反射回读取单元以进行进一步处理。如图 6.7 所示,反射信号的幅度较弱,并可能存在其他失真,如不同的频率分量或相移。只要信号改变量与被测参数线性相关,读取单元就可以可靠地检测到估计的传感器值。各种传感器内部的过程可能不同。图 6.7 中介绍了一种基于声表面波(SAW)技术的可能工作流程。

　　例如,在一种采用铌酸锂温度传感器的实施方式中,传感器上的声波速度随着温度而变化。因此,只要在读取单元准确测量响应延迟,就可以进行温度估计[5]。在这个例子中,网络中的多个传感器将各自具有不同的 ID 并且将采用不同的相移信号组合来响应。相移模式用于为每个传感器创建一个唯一的 ID,而受温度影响的延迟就表示感测到的温度。在文献[6]中可以找到其他几种无源传感器的实例以及如何为它们设计区分码。

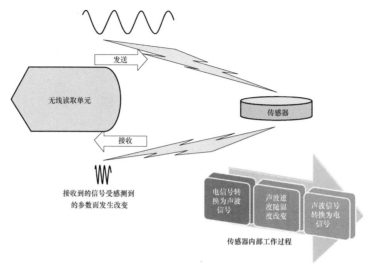

图 6.7 无源传感器工作原理

6.4 关于无源传感器的设计思考

本节的内容安排如下:首先介绍传感器设计背后的材料科学,这对于传感器的衬底设计以及物理性能的实现非常重要。然后详细介绍了用于区分网络中各种传感器响应的代码设计,对于这个模拟信号问题采用了源自数字信号领域的正交码设计原理。最后,讨论了一个传感器受到多个相邻传感器干扰的问题,并讨论一些抗干扰设计技术。

6.4.1 传感器材料

在传感器设计中可以采用各种不同材料,首要考虑因素是所选材料对被测参数的敏感度。例如,在铌酸锂衬底上制作的声表面波器件在室温范围内工作时,其声波速度将随温度而变化。如果需要在高温(1000°C 以上)下使用相同的传感器,则需要将衬底更换为硅酸镓镧并采用涂层包覆以确保其在该温度范围内的完好性[7]。如果相同的传感器被用于化学或生物传感,则可根据所考虑的化学或生物分子的吸收,在其表面沉积特定类型的薄膜掩模以改变反射波。例如文献[8]中已使用了基于聚乙烯醇和聚乙烯吡咯烷酮薄膜的湿度传感器。需要注意的是传感器响应应该是可逆的,换言之,如果所测量的化学或生物参数或物理温度与湿度会影响传感器并损害其以后的测量,则传感器将无法可靠应用于实践中。

6.4.2 编码设计

单个传感器通常不足以满足工程要求,显然多传感器网络需要各种传感器的响应之间具有明显区别。各传感器的响应通过时域或频域分离虽然功能强大且有效,但所支持的传感器数量有限。例如,在拥有 100 个传感器和需要 1kHz 采样率(每秒 1000 个采样)的网络中,仅有 1ms 的时间来对所有传感器进行采样,这意味着 2 个传感器之间的延迟差异必须控制在 10μs 左右,这在实践中很难实施。频域分离同样受可用频谱和各传感器响应带宽的限制,6MHz 可用带宽的频谱只能容纳 6 个带宽为 1MHz 的传感器。

为每个传感器附加一个编码或 ID 可为传感器网络增加另一个自由度,并使可用传感器数量得到大幅倍增。这些数字编码使得每个模拟响应与相同频带和时隙内的另一个模拟响应互不相关,从而实现对传感器响应的间接调制。这种方法的一个设计实例被称为准正交码设计[9],其中考虑了 2 个设计准则:

(1) 每个传感器响应的自相关最大化;

(2) 与其他传感器响应的互相关最小化。

然后采用这些准则来解决峰值旁瓣比最大化问题,以确保接收端读取所有传感器时能够实现传感器响应的简单分离。在该文献关于这种方法和其他变型方法的介绍中,主要问题来自其他传感器的干扰。下一节将讨论这个问题,并介绍一些避免信源干扰的方法。

6.4.3 干扰管理

来自其他传感器的小旁瓣干扰会产生累积并最终掩盖主传感器信号的峰值。如图 6.8 所示,当只有 1 个传感器产生干扰时,仍可检测到所需传感器的响应峰值,但当有 5 个传感器产生干扰时情况就不同了[10]。可以采用 2 种不同的方法来使这种干扰效应最小化。第一种被称为接收端迭代干涉法[10],这种方法中采用一个多滤波器组来检测多传感器响应,并对所有滤波器的输出进行排序以确定最强信号,然后移除该信号,重复该过程直至消除所有干扰。

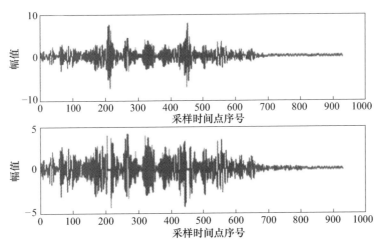

图 6.8　1 个干扰传感器(上图)和 5 个干扰传感器(下图)时的响应

本章首次提出了另一种缓解信源干扰的方法,该方法正在申请专利[11],它通过对各传感器进行简单的改进设计来减少对其他传感器的影响,避免出现过大的累积干扰以致难以控制。其思想是当传感器被访问时,只允许输出大的自相关响应峰值而阻止小的互相关响应。通过简单的二极管或晶体三极管作为硬限幅器来对每个传感器进行低成本的改进,可以防止所有小的互相关响应输出到主接收单元。

如图6.9所示,将2个简单的PN二极管极性反向并联,就可实现只有高于特定阈值的电压信号通过,从而很容易地消除了传感器间的互响应信号。这种方法成本低,并能有效控制无源传感器中的干扰。

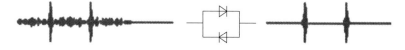

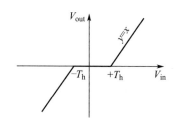

图 6.9　在信源端消除干扰[11]

6.5　小　　结

本章介绍了无源无线传感器在空间应用中的优势和面临的设计问题,对无线和有线系统进行的成本效益分析揭示了无线系统在成为当前有线系统的可靠替代品方面的巨大潜力,同时由于其重量轻和可扩展性而使成本显著降低。本章重点研究空间等极端环境中的无源或无电池传感器,由于环境条件或成本等原因可能无法使用电池。

详细讨论了无线系统的工作原理,分析了它们在物理和网络方面的可靠性,提出了纠错码和分布式解码方法来提高恶劣和极端环境中传感器网络的可靠性,通过将被噪声干扰的数据进行组合以提取信号的可靠估计值。

描述了无源传感器的优点,讨论了设计中面临的材料科学问题和编码设计问题。针对大多数网络面临的干扰问题,介绍了在信源端(传感器)和读取端消除干扰的2种方法。

本章介绍了一些诸如SAW的采样技术来实现所提出的想法,所提出的想法和系统层面的各种类似技术均可开发应用于空间和极端环境。

参 考 文 献

［1］ G. Studor(2007)'Fly – by – wireless: a revolution in aerospace vehicle architecture for instrumentation and control', NASA Technical Report.

［2］ B. Shen, A. Abedi (2007)'A simple error correction scheme for performance improvement of IEEE 802. 15. 4,' ICWN'07, June 2007, Las Vegas, NV, pp. 387 – 393.

［3］ A. Razi, A. Abedi(2014)'Convergence analysis of iterative decoding for binary CEO problem,' IEEE Transactions on Wireless Communications, 13(5), 2944 – 2954.

［4］ A. Abedi(2012)'Wireless sensors without batteries,' High Frequency Electronics Magazine, Nov, 22 – 26.

［5］ E. Dudzik, A. Abedi, D. Hummels, M. P. da Cunha(2008)'Wireless multiple access surface acoustic wave coded sensor system,' IET Electronics Letters, 44(12), 775 – 776.

［6］ A. T. Hines, D. Y. G. Tucker, J. H. Hines, J. Castro, A. Abedi(2012)'Techniques for optimal DSSS code selection for SAW multi – sensor systems,' IEEE International Frequency Control Symposium, Baltimore, MD, May 2012.

［7］ 7M. P. da Cunha, R. J. Lad, P. Davulis, A. Canabal, T. Moonlight, S. Moulzolf, D. J. Frankel, T. Pollard, D. McCann, E. Dudzik, A. Abedi, D. Hummels, G. Bernhardt(2011)'Wireless acoustic wave sensors and systems for harsh environment applications,' IEEE WiSNet'11, January 2011, Phoenix, AZ, pp. 41 – 44.

［8］ A Buvailo, Y Xing, J Hines, E Borguet(2011)'Thin polymer film based rapid surface acoustic wave humidity sensors,' Sensors and Actuators B: Chemical, 156(1), 444 – 449.

［9］ E. Dudzik, A. Abedi, M. P. da Cunha, D. Hummels(2008)'Orthogonal code design for passive wireless sensors,' QBSC'08, June 2008, Kingston, Canada, pp. 316 – 319.

［10］ A. Abedi, K. Zych(2013)'Iterative interference management in coded passive wireless sensors,' Proceedings of IEEE Sensors 2013, November 2013, Baltimore, MD.

［11］ A. Abedi(2013) Systems and methods for interference mitigation in passive wireless sensors, US Patent 61/ 871,511, Filed: Aug 2013, Patent Pending.

第7章　可预知的空间传感器容断网络中的连接计划设计

7.1　引　　言

今天,从轨道上连续采集光学和雷达图像已成为更好地理解和管理地球及其环境的强大科学工具。传统上,单个空基卫星传感器能够采集世界各地的数据,包括那些对地基采集设备来说太过遥远或无法到达的地方,这使得从空间进行地球观测成为提供空间和时间覆盖的有效手段。因此,基于空间分布式自主无线传感器的轨道网络(一种空间传感器网络(SSN,Space Sensor Network[1]))可以显著扩展在时空两个维度的覆盖范围,开创前所未有的应用领域。为了实现这一点,节点需要依靠高效的协议和算法将检测到的数据通过网络协同传输到地面的终点目标[2]。

但是在过去的20年中,与地球上基于互联网的网络相比,空间通信技术的进展不足。直到最近,NASA局和其他空间机构才开始采用合适的协议来发展分组交换型空间通信架构[3]。与互联网不同,卫星运行的空间环境十分恶劣,这意味着设计人员需要面对在地球通信中几乎不存在的问题:设备难以接近、轨道高动态变化、能源受限和硬件不够稳定[1,4]。由于现有协议无法在这些条件下运行,空间数据系统咨询委员会(Consultative Committee for Space Data Systems)[5]和国际互联网工程任务组(Internet Engineering Task Force)[6]承诺探索和揭示这些被称为延迟容忍网络①(DTN,Delay–tolerant Network)的特定网络。然而,作为延迟的特殊情况之一,中断所产生的延迟时间无限长。这种情况普遍存在于低地球轨道(LEO)中,而这正是地球观测传感器通常的安装位置。因此,后面将DTN称为容断网络。

虽然最近针对DTN开展了广泛的研究,但是在基于DTN的空间传感器网络可以部署到轨道上之前仍需要面对和克服许多挑战。本章分析了网络通信机遇项目(即连接计划(CP,Contact Plan))的设计、规划和实施的最新状态。DTN节点通常可以利用CP中的拓扑信息来优化路由,为此讨论了典型航天器资源约束条件、不同的CP建模技术、可能连接的选择标准以及现有的CP设计(CPD)方案[7-10]。但上述这些都没有利用运动信息,而轨道运动信息对于SSN应用来说可以方便地预测。实际上,在空间任务中,数据下载和数据采集通常都已进行了预先部署。因

---

① 有文献也称为容延网络。——译者注

此,我们将这些运动信息集成到运动感知的连接计划(TACP, Traffic Aware Contact Plan)设计中:采用一个混合整数线性规划(MILP)模型来解决在空间环境中运行的可预测容错无线传感器网络的 CPD 问题[11]。本章对 TACP 的性能进行了描述分析和评估,并将其与现有方案进行比较,讨论在实际 SSN 应用中执行 TACP 时面临的问题。

本章安排如下:7.1 节概述传统互联网通信向容断方案的演变,并讨论在空间环境中实施时的特点;在接下来的 7.2 节中,介绍资源受限的问题以及 CPD 的衍生需求,对现有方法进行概述,提出 TACP 并介绍其用于 SSN 中时是一种具有吸引力的 CPD 方案;7.3 节中给出案例研究,它被用作 CPD 基准来讨论 7.4 节中 SSN 实施规划所面临的挑战;最后,在 7.5 节中得出本章结论。

7.1.1 端到端的连接模式

互联网实现了无缝、透明和异构通信,因此可以将集中化功能应用于银行或教育等领域的可扩展和高效的分布式系统。早在 20 世纪 60 年代,互联网的概念就成长于军事和学术领域关于如何构建强大网络的研究中。因此尽管当时的寻址和路由是非集中的,但网络的主要目的是在发生灾难后保持连接,这是最重要的。互联网在无意中继承了一种端到端的连接模式,并已塑造了现代网络通信模式,包括目前支持无线传感器网络(WSN)的通用传输控制协议/因特网协议(TCP/IP)栈[12]。尽管 WSN 在过去 10 年中被应用于前所未有的传感和执行领域[13],但它们可能无法在空间和极端环境中有效运行[1],这是因为它们假设:①数据源与目的站之间保持持续连接;②数据包丢失率低;③端到端时延短;④节点之间的最大往返时间短;⑤错误率低。

在 SSN 中引入上述类似于互联网的条件,导致空间工业在不同的轨道条件下不得不面对许多问题。

一方面,传统的地球静止轨道(GEO)中继系统采用弯管式中继器,以便将信息从地球上的某个位置传输到卫星,再返回到地球上的另一个位置。因此,GEO 中继将信息广播到广阔的地理区域,但考虑双向和交互式数据通信时,必须解决远距离往返时间和频繁的信道中断等问题[14]。这种影响在深空(DS)系统中更为显著,因为更长的距离会导致更长的延迟和严重的中断,加之行星的旋转使得无法实现永久性的双向互联网式通信[15]。在这种情况下,由于 TCP 协议[12]具有交互对话特性,根本无法应对空间环境典型的长时延、低带宽和数据错误[16]。

另一方面,中断是 LEO 卫星系统中普遍存在的问题。例如,为了提供语音服务,铱星[17]卫星星座系统必须设计成具有足够的链路余量以避免中断,并在高动态和广拓扑结构中维持稳定的端到端多跳路径,为实现永久连接所付出的代价是采用卫星间切换机制构建的高度复杂、高成本、有争议的系统。最近,由于复杂性和成本显著增加,旨在部署类似互联网的 LEO 网状网络的雄心勃勃的美国国防高级研究计划局(DARPA)F6[18]分布式航天器体系项目被取消。

无论是由于 LEO 系统的复杂性和高成本,还是 GEO 和 DS 卫星系统的物理不可行性,端到端连接模式都很难适应高度动态和部署稀疏的空间环境,其原因是空间应用的连接间断性导致数据包丢失。在基于因特网的协议中通过一切手段来防止出现间断性连接,互联网通信中的 TCP 方案可能会以较低的数据速率重新传输丢失的数据包,但如果数据丢失十分严重,则出现通话丢失并会向用户报告错误。因此,TCP/IP[12]通信技术永远无法应用于那些诸如空间运行的易断 WSN 中[19-20]。尽管如此,这些具有挑战性的网络已经成为计算机网络和空间通信领域公认的研究领域,它们被称为 DTN[21]。DTN 体系结构[22]及其衍生的 Bundle 协议[23]被设计用来克服端到端持续连接的局限性。尽管 DTN 有希望成为未来传感器网络在太空和其他极端环境中的支持技术,但在成功部署之前,仍有几个难题需要解决。

7.1.2　容断无线传感器网络概述

DTN 在过去几年受到了很多关注,因为人们认为它们可用于一些通信受到延迟、带宽、数据错误或稳定性问题挑战的环境[21]。DTN 最初是作为星际互联网[15]的网络体系结构而开发的,它也被认为是构建卫星应用的替代方法[14],特别是应对典型的具有星间链路的 LEO 星座系统的间断信道(ISL)[24]。

通常,DTN 体系结构旨在通过在不同通信协议(即覆盖网络)之间进行转换来支持与其他网络(包括非中断网络)的互操作性,并利用中间存储来克服这些网络内部和网际的长时间中断和延迟,如图 7.1 所示。具备这些功能的 DTN 能够适应时变的无线通信设备的移动性和动态性,这些设备工作在地面、水下、空中、空间和其他极端环境下。在此类容断 WSN 中,数据通过网络节点进行路由传输,而不必与终端建立端到端的连接[15]。

为了实现这一点,DTN 使用信息—输送—前传方案来克服信道延迟和中断的问题,如图 7.1 中的虚线箭头所示。这与邮政系统类似,邮政系统将邮件存储在指定地点(节点),直到它们能够向前移动(转发)到另一个地方(或多个地方),并最后到达终点。与传统互联网路由器提供的很短时间的存储(以 ms 为单位)相比,DTN 节点需要长期持久存储以保存相当长时间(几小时甚至几天)的消息,直到有可用的转发机会。在这方面,因特网是 DTN 的一个特例,其节点缓冲容量极小且它们之间的延迟在实际中并不存在。

在将 DTN 应用于实践的尝试中定义了一种新的通信协议,该协议并未假设源节点和目标节点之间的端到端连接性,并已通过 RFC 5050 中 Bundle 协议规范得到解决[23]。Bundle 协议的关键功能包括:①托管转发;②通过使用持续、计划、预测和择机连接来应对间断性连接的能力;③实现网络端点标识与互联网地址的延迟绑定。

为了进行 Bundle 协议数据单元的路径规划,已经开发了多种路由机制[25-28]。

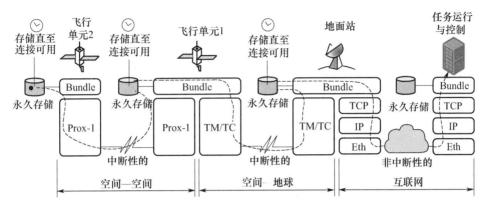

图 7.1　作为具有存储功能的覆盖层的 Bundle 协议解决容断问题

特别是当网络拓扑结构的变化(如空间环境)可预测时,连接图路由(CGR,Contact Graph Routing)[29]是很好的选择,因为 DTN 节点可以利用航天器轨道预测出的下一步通信机会先验知识,也就是连接计划 CP[30]。图 7.2 描述了 CP 的总体过程。首先,由任务运行与控制中心预先确定所有节点即将到来的通信机会,并将它们加载到连接拓扑(CT)中;接下来,通过与一个或多个优化标准相结合,CT 可以进一步发展为 CP 以满足 SSN 资源需求;最后,将 CP 分发给 SSN 节点,以便它们能够获知即将到来的连接,从而为将要产生的数据流确定高效的路由路径。由于 DTN 要应用于各种不同的底层协议之上,Bundle 协议需要收集各种协议的汇聚层适配器(CLA,Convergence Layer Adapter)以便在各种协议上附加束(Bundles)。目前已开发了各种不同的 CLA[31-33]。

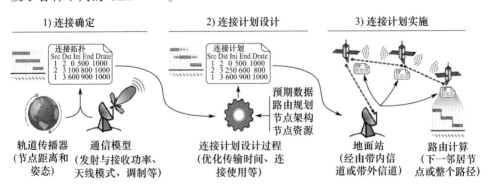

图 7.2　SSN 的连接计划产生、设计和执行

通过针对 Bundle 协议的广泛研究和实验,目前已有几种软件得以实现[34-36],其中 NASA 的星际覆盖网络(ION,Interplanetary Overlay Network)[37]在航天器应用中最受欢迎。ION 是 Jet Propulsion 实验室发布的开源(BSD-许可证)软件,是在深空任务中成功测试的首批支持 DTN 的协议栈之一[38]。另外,萨里卫星技术有限公司制造的 UK-DMC 卫星成功验证了 DTN2[34],该软件应用于一个在 LEO 轨

道运行的思科路由器中[39]。由于空间任务的成本问题,通常在轨 DTN 实验主要采用基于单一航天器的点对点链路验证,但 DTN 的目的通常是支持具有多个分布式传感器的任务,这些传感器通过卫星间链路利用机会性多跳通信进行联网,并利用轨道目标的可预测性来优化数据传输性能。正如我们在本章中所描述的,这种可预测的行为为星载 WSN 或 SSN 提供了独特的网络规划和设计机会。

在空间轨道环境下,分布式 SSN 节点之间的连接是非定时但可预测的。与互联网相比,SSN 的行为通常受到任务运行与控制中心的管控,可以通过轨道机制[40]和特定通信模型准确预测节点之间利用地 – 星链路或星间链路(ISL)的预期连接。因此,ISL 仅被视为点对点通信,而忽略共享介质访问方案,这种方案无法在空间广阔网络中正确执行,因为它们需要假定多个节点的物理邻接关系。这要么不太可能存在于自由飞行的星座中,要么需要通过卫星姿态和轨道控制系统来严格管控卫星飞行编队[41]。此外,DTN 架构可以在更高层上来处理路由,从而实现更简单的点对点应答器架构,特别是当需要在极端环境下满足任务需求时。

各种即将到来的可行的通信机会的集合就代表 CT。通常,CT 包含特定的拓扑间隔,节点可以利用这个间隔来进行路由和转发决策。然而,在进行路由决策时可能并不需要 CT 中的所有连接,因此前期研究了考虑 CT 的时间演变特性[7-8],通过拓扑设计来实现以最小成本(即最少的连接数)提供节点之间的连接。此外,在选择连接时还需要考虑资源约束(可用的转发器、功耗等)。除了连通性之外,在选择满足给定的一组限制条件的连接时,还必须考虑与容量和公平性相关的标准,同时提供最佳性能。我们将这种选择或设计称为 CP 设计(CPD),其中 CP 是符合限制条件并具有最优性能的 CT 的子集[9]。图 7.2 概述了该完整过程。

因为卫星网络资源有限(转发器、电源、燃料等),因此在多跳 DTN 服务得以在分布式 SSN 系统全面实施前面临的各种挑战中,CP 的设计至关重要。然而,目前 CP 的设计还没有受到重视,因为人们通常假设 DTN 节点之间的所有潜在连接都可归属于 CP。尽管最近已经开展了资源约束下的 CP 设计研究[9-10],但寻找通用设计过程的研究仍在继续,因为在大规模系统中这个问题将变得非常严重。

7.2　连接计划设计方法

在本节中,我们将介绍可预测容错 WSN 中 CP 的有效设计方法。当无法知道将要产生的数据量时,可以采用公平连接计划(FCP)[9]和路由感知连接计划(RACP)[10]等 CPD 程序。FCP 旨在通过利用众所周知的匹配算法[42]来实现有效的公平链路分配(单跳),而 RACP 通过利用启发式技术(模拟退火)来优化多跳路由,从而改进 FCP。

本节将进一步探讨如何提高 FCP 和 RACP 的效率,重点关注具有可预测轨迹和预定数据负载的在轨 SSN,这是空间应用的常态,其中航天仪器定期或按运行者需求生成数据[11]。在 7.3 节中,证明了在 TACP 中使用数据量信息可以进一步显著提高轨道式容断 SSN 的性能。图 7.3 根据每个 CPD 方法所利用的 SSN 信息对各种 CPD 方法的预期性能进行了比较。

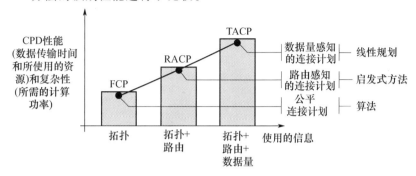

图 7.3　连接计划设计方法的性能对比

为了更清楚地解释 TACP 模型,我们引入了一个拓扑示例,并将在本章中利用它来描述建模和相关问题。这个特定的 SSN 也将在 7.3 节中用作性能基准,并对四种极轨容断无线传感器进行了评估,它们的轨道参数如表 7.1 所列。节点配置时有意使其中一个节点在轨迹矢量上超过另一节点 5° 近地点幅角,并使升交角的赤径略有差异。这种情形对于地球观测任务来说很有意义,卫星上的传感器在极地上方互相接近时具有最大的观测范围(覆盖面)[43]。在这些地区,相邻航天器之间的连接变得可行,产生了一个 500km 间隔的火车状区域。其中两个点对点定向天线(放置在每个卫星的前面和后面)可以通过产生更长的连接来优化通信链路。我们可以利用这些通信机会来进行在轨传感器之间的数据交互,以便进一步下传到地面站。

表 7.1　时间间隔和轨道参数示例

拓扑时间间隔	日期和时间
开始	2015 年 1 月 1 日,00:00:00
结束	2015 年 1 月 1 日,03:22:36
轨道参数	数值
Bstar 系数(地球半径)	0
倾斜角	0°
RAAN	0°、5°、10° 和 15°
偏心距	0
近地点幅角	180°、185°、190°、195°
平近点角	0°
平均运动量	14.92 转/天
高度	600km

因此,对于最大通信距离为 700 km 的 ISL,通过使用 SGP − 4[40]（一种众所周知的卫星传播器）可以得到图 7.4 所示的适用于 DTN 的时间演进拓扑。在所提出的 3h22min33s 的拓扑时间间隔内,星座轨道四次越过极点上方。但为了简单起见,我们只对第一次（越过北极）进行说明。图 7.4（b）和图 7.4（c）中使用的建模技术详见 7.2.1 节。

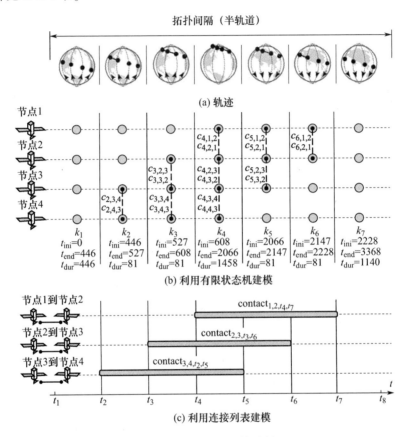

图 7.4　DTN 卫星网络示例

7.2.1　延迟容忍无线传感器网络模型

为了解决 CPD 问题,需要指定一个容断 SSN 建模技术。考虑图 7.4（a）所示的四卫星网络的轨迹,卫星之间连接的时间演变特性可以通过图形来捕获,其中顶点和边分别代表 DTN 节点和链路。换言之,这种图形表示可以被认为是一个有限状态机（FSM）,其中每个状态的特征是一个图形,其圆弧反过来代表了一个特定时期的通信机会（连接）。

因此,如图 7.4（a）所示,通过一组时间间隔 $[t_k, t_{k+1}]$（共 k 个,用来定义 k 个连续状态）来对拓扑结构进行捕获和分离。每个状态都有一个相关的图,表示其间隔持续时间内的通信机会 ($i_k = t_k - t_{k-1} : 1 \leqslant k \leqslant K$)。因此，FSM 可以用大小为 K 的矩阵 $\boldsymbol{T} = \{t_k\}$ 和 $\boldsymbol{I} = \{i_k\}$ 来编码，分别代表每个状态的起始时间和间隔持续时间。一般来说，对于每个连接的开始和结束时刻，FSM 中会产生从 k_a 到 k_{a+1} 的状态演化。为了描述清楚，加之单个连接可以跨越多个状态，因此我们通过圆弧来表示给定 k 个状态内的通信机会。针对书中所述的情景，采用 7 个状态就足于描述 CT，它代表了前半个轨道拓扑隔内的通信演变。示例网络的 FSM 模型如图 7.4 (b)所示，用于正式定义 CPD 过程的建模技术在 7.2.3 节中介绍。该图中值得注意的是，状态 k_4 代表极点上方形成的火车状区域(N_1 到 N_2，N_2 到 N_3 和 N_3 到 N_4)，其持续时间为 1458s。

拓扑也可以通过连接列表(CL)来表示，其中每个连接由源节点、目标节点、开始时间和停止时间来定义，如 contact$_{1,2,t_4,t_7}$。因此，示例网络的第一个半轨基本上包含了 3 个连接：

- 在 t_4 到 t_7 间隔内，从 N_1 到 N_2 的连接；
- 在 t_3 到 t_6 间隔内，从 N_2 到 N_3 的连接；
- 在 t_2 到 t_5 间隔内，从 N_3 到 N_4 的连接。

因此，图 7.4(c)所示拓扑的 CL 模型比 FSM 更紧凑，因为它可以表示为连接表而不是邻接矩阵。所以星际覆盖网络(ION)[37]的延迟容忍网络堆栈采用了 CL 格式以实现高效的 CP 分配。然而，对于 CPD 和一般工程而言，FSM 模型的间隔尺寸可能更便于处理，特别是如 7.2.3 节所述的应用 MILP 优化技术时[9]。最后，正如我们将在 7.4 节中进一步描述和讨论的那样，FSM 模型可以利用离散状态分段来提供更详细和精确的拓扑描述。一般来说，无论选择哪种建模技术，FSM 和 CL 之间的转换都很简单。

7.2.2 连接计划设计的约束条件

在最初的 CPD 阶段，通信子系统的属性(如发射功率、调制度、误码率等)和轨道动力学参数[40](如位置、距离和姿态等，其中姿态是指航天器和天线在惯性系中的方向)可用于确定将形成 CT 的未来连接的可行性。该技术在 7.2 节中被用于示例拓扑，并且与单个航天器如何确定当前的空对地连接机会没有什么不同。尽管如此，如图 7.2 所示，这一阶段的 CT 仅仅定义了物理(即 RF 信道)通信的可行性，并不一定意味着航天器拥有实现它所需的资源。空间发射成本取决于有效载荷的重量和尺寸，因此卫星平台往往在结构、太阳能电池板和电池的可用功率以及基座和姿态控制的推进剂负载方面进行高度优化。所以，一个节点在特定时间可能与多个节点有潜在连接，但仅限于使用其中的一个节点。此外，CP 中应考虑和评估其他空间设备产生的干扰，因此在设计 CP 时需要进一步考虑所有这些限制条件。

为了有效地设计用于容断 SSN 的 CP，我们对可能影响 CT 的系统资源和架构限制进行了列举、分类和描述。总的来说，可以将这些约束分为两类：

- 在特定时间段内使某种特定连接无法实现的约束；
- 限制 DTN 节点可同时支持连接数量的约束。

前者称为时区约束(TZ 约束)，后者称为并发资源约束(CR 约束)，两者不仅可与通信相关，还可与整个系统的运行相关。

7.2.2.1 时区(TZ)约束

一般来说，TZ 约束是指那些在特定地理区域或特定时段或其他机构特定原因而禁止通信的约束。LEO SSN 星座系统的运行轨道覆盖了广阔的地理区域，因此要遵守国际规则可能有困难。此外，如图 7.5 所示，由于 LEO 星座中的 ISL 在地球表面切平面方向，当 LEO 节点在极地轨道运行时，GEO 卫星可能会遇到干扰[44]。有一些 GEO 卫星需要特别关注，因为它们承担了如国际空间站之类的载人飞行任务的通信。因此必须考虑适当的辐射策略，以免产生(或承受)超出国际电信联盟建议的干扰水平[45]。

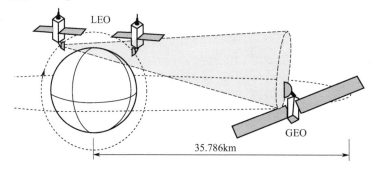

图 7.5 极地轨道上方 ISL 产生的干扰对 GEO 卫星的影响

此外，在特定地理区域内可能存在由许多其他机构因特定原因而对辐射进行的管控，这可以通过时间和区域限制来描述，这些限制会阻止在给定拓扑间隔内相应 CP 中的连接可用性。因此，通过在 CT 冲突期内直接禁用有冲突的连接，可以避免在特定国家或地区发射信号，也可以避免在其他特定机构禁止时发射信号。但一般来说，对地球静止卫星的干扰不仅用信号能量来衡量，还用信号到达受干扰节点的时间百分比来衡量[44-45]。因此，选择禁用哪个连接以及何时禁止对 CPD 而言是可行性策略问题，导出特定的 TZ 约束不在本章的讨论范围之内。

7.2.2.2 并发资源(CR)约束

另一方面，CR 约束并不像 TZ 约束那么直接，因为它们通常涉及包含航天器总线中架构或功率限制的组合问题。最简单的 CR 约束是航天器天线辐射方向图到达两个或更多个邻居时，如图 7.6(a)所示。此时多址方案可以自动协商信道的使用，但考虑到这种情况在像空间这样高度稀疏的环境中发生的频率较低，以及由于遥远的卫星间距离而使传统协商程序带来的开销，通常并不鼓励实施这种方案。因此，要实现点对点链路的高效利用，就要求系统运营商提前决定应建立哪些通信。

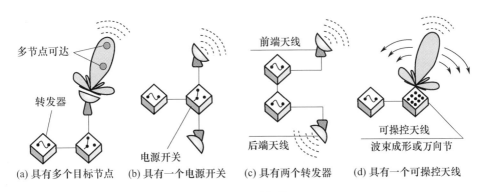

图 7.6 卫星架构

(a) 具有多个目标节点　(b) 具有一个电源开关　(c) 具有两个转发器　(d) 具有一个可操控天线

当一个卫星平台预计能够容纳来自不同方向的 ISL 链路时,就可能需要在该结构中放置多个天线。如图 7.6(b),其中电源开关允许用来选择使用特定的发射机天线。此时即使可以通过每个天线建立更多的链路,在给定的时间也只能建立一个连接(一个属于该 CP 的连接)。更复杂的架构如图 7.6(c)所示,其中两个同时发生的连接可以由两个协作通信的子系统来实现,只要电源可以使两个转发器保持在工作状态。但如果功率预算仅允许启用单个转发器,则存在如图 7.6(b)所示的单连接 CR 约束。最后,当考虑电子或机械可控天线技术时(如图 7.6(d)所示的波束成形和万向节天线),可能还需要从多个可能连接中进行选择。

一般来说,CR 约束要求在 CPD 阶段执行选择过程。为了说明这一点,假设示例卫星网络使用图 7.4(b)所示的体系结构。这个例子中的节点具有两个天线但仅有一个发射资源,因此在 FSM 模型中必须针对 k_3、k_4 和 k_5 处的 N_2 和 N_3 做出选择。不考虑状态分离,图 7.7(a)和图 7.7(b)说明了两种可能的 CP。如果选择第一个 CP,则网络将提供最大的总体(系统级)连接时间,而如果选择第二个 CP,则可获得更公平和连接的网络。因此这两种解决方案都被定义为可行 CP,可以由具有特定架构和资源的网络来实施。但是它们满足不同的选择标准:即总吞吐量(系统总连接时间)或链路分配公平性(均衡每个节点的通信可能性)。

应该注意的是,虽然一个示例中两个可行的解决方案是有用处的,但拓扑间隔越长,状态越多,节点、天线、转发器越多,并发资源限制越多,CPD 就会变得越复杂,通常这会导致复杂度呈指数级增长的重大组合问题。在定义和分发最终 CP 之前,必须由网络规划人员解决。此外,CPD 还可能由其他更复杂的选择标准来确定,不仅考虑到本例中的单跳情况,而且还考虑多跳路由(图 7.7 中的虚线箭头)。由于可能需要几种选择方法来找到最合适的 CP,这些过程的复杂性对于普通网络运营商而言可能是具有挑战性的。因此在 7.2.3 节中,我们提出了一个能够自动确定合适 CP 的 MILP 模型,通过利用 SSN 的流量可预测性来支持 DTN 节点之间的连接和数据传输。

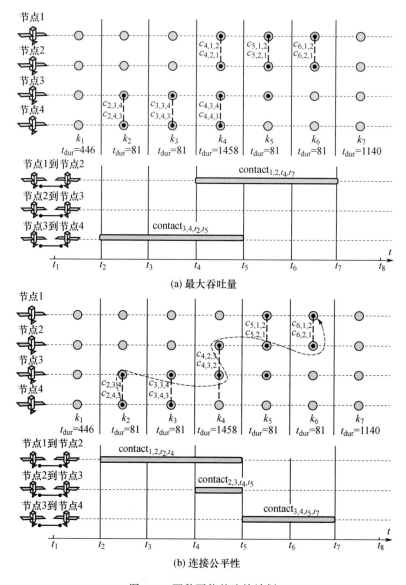

图 7.7　两种可能的连接计划

7.2.3　CPD 问题的混合整数线性规划

　　一般来说,CPD 问题是从满足 CT 通信机会以及符合 TZ 和 CR 约束条件的各种连接中进行选择并优化给定标准的拓扑结构。在空间应用的特殊情况下,网络流量通常是确定性的,由运营商向仪器或有效载荷发出数据请求而产生,而系统拓扑可以通过组合高精度轨道传播器[40]、转发器、天线和信道模型来预测。在这些假设下,我们提出了一种流量感知方法来解决 CPD 问题——针对这些高度确定但场景复杂的混合整数线性规划方法(MILP)。TACP模型假定具有关于CT(包括连接能力)和即将到来的网络流量的全局知识,因此 MILP 将给出一个最佳的无拥塞路由和转发分配方案,可最大限度地减少指定流量的总体传送延迟,同时提供最佳的通信接口和资源选择。实际上,通过指定连接传输数据,可以从这种最佳流量分配方案直接导出高效的 CP 并加以实施。

TACP 的核心是作为时间函数的拓扑结构,该函数利用 FSM(见图7.4)来表示众所周知的多流问题。因此,MILP 公式假定拓扑结构通过矩阵 $T=\{t_k\}$ 和 $I=\{i_k\}$ 进行编码,如 7.2.1 节所述。当使用 FSM 对 DTN 进行建模时,状态分离或许能够在 MILP 模型应用前提供一种有用的建模工具。状态分离是指任何状态 k_a 都可被有意分为两个新的状态 k_b 和 k_c(意味着 $t_{k_a}=t_{k_b}+t_{k_c}$)以满足特定的拓扑设计目的。例如,在图7.4(b)所示的拓扑中,总持续时间为 $i_4=1458\mathrm{s}$ 的状态 k_4 可以方便地分成 7.3 节所述 3 个状态 $i_{4a}=500\mathrm{s}, i_{4b}=500\mathrm{s}$ 和 $i_{4c}=458\mathrm{s}$。尽管 k_b 和 k_c 仍然具有相同的关联图,但 CPD 过程可以独立决定它们中的任何一个,因此为 k_b 和 k_c 生成不同子图。在最后的 CP 中,这将被视为连接缩短效应。一般来说,分割可以增加设计粒度,从而生成更精确的 CP,这将在 7.4.1 节中进一步讨论。

为了对 FSM 模型中的流量进行建模,待评估的 CT 需要表示为各个 k 状态下节点 i 和 j 之间的一组弧 $c_{k,i,j}$,也就是对于每一个状态 k,都有一个 $c_{k,i,j}$ 代表在时间间隔 $[t_{k-1}, t_k]$ 内节点 i 能够传输到节点 j 的流量。例如,图7.4(b)将这些系数显示在相应的弧旁边。因此,模型中的每个弧都具有相关的数据容量,与状态持续时间相结合后,可映射到 ION[37] CP 格式中常用的连接数据速率($c_{k,i,j}=\mathrm{rate}_{i,k}*(t_k-t_{k-1})$)。$c_{k,i,j}=0$ 是一种特殊情况,它表示节点 i 和 j 之间没有可用的传输(即连接)。因此,完整的 CT 可以建模成一个大小为 $K\times N\times N$ 的矩阵 C,包含所有 N 个节点的现有连接机会以及分散到 K 个状态下相应的容量。

由于 DTN 采用存储和转发方案,整个系统容量不仅与链路吞吐量(如 C 所表述的)相关,而且与每个中间节点的存储能力有关。因此,除了连接容量信息外,MILP 语句还假定每个顶点 i 都有一个与之关联的最大缓冲容量 b_i。对于 k 状态下从 y 发送到 z 的数据,每个节点 i 的有效缓冲区使用情况都采用一组 $B_{k,i}^{y,z}$ 变量建模。值得注意的是,对于所有 y,z 和 k 求得的 $B_{k,i}^{y,z}$ 总和不应该超过 b_i。因此除了 C 之外,还应将大小为 N 的矩阵 $B=\{b_i\}$ 作为输入,以便正确地限制 DTN 网络容量。

一旦通过 C 和 B 对 CT 容量进行了定义,就可以评估该特定 CPD 过程中的网络流量,但这种信息在现有的 CPD 机制中由于被认为是未知的而被忽略[9,10]。在这个扩展模型中,网络中的数据流通过变量 $X_{k,i,j}^{y,z}$ 来表示,该变量代表由信源 y 到终点 z 的数据在状态 k 从节点 i 传到节点 j。总之,这些流量的总和不应该超过相关的弧容量 $c_{k,i,j}$ 或引起接收节点中的缓存 b_i 溢出。需要澄清的是,由于我们对 LEO SSN 进行建模,该模型仅考虑了网络中的延迟($X_{k,i,j}^{y,z}$ 流量假定立即到达节点 j)所造成的中断。但通过在每个连接中加入一个延迟参数,可以很容易地将模型推广到总体延迟[46]。

每个产生的数据流 $X_{k,i,j}^{y,z}$ 可能被触发,以清空由输入流量矩阵 $D = \{d_k^{i,j}\}$ 表示的信源流,而 D 对于此类 DTN 而言是预先已知的。具体来说,这样的数据流规划是由一组流量 $d_k^{i,j}$ 形成的,它表示在 t_k 时刻由节点 i 产生并最终传到节点 j 的数据。事实上,正如我们在下面讨论的那样,多流问题约束将允许这种流量的有效路由。应该注意的是,所建的 MILP 模型在整个拓扑时间内允许多个数据生成点,即使对于不同状态下的相同源和目标元组 (i,j) 也是如此。当流量预计将在给定的 k 状态发生时,可以通过分段来对数据流的创建时间进行精确建模。最后,如果 C、B、D 和 $X_{k,i,j}^{y,z}$ 的大小恒定,则它们的单位应该相同,通常为比特、字节或数据包。另外,如果节点数据速率相同,则流量可以直接映射到时间(信道访问时间),该时间也可以用作单位。

一旦将 CT 定义为 C,缓冲容量定义为 B,流量规划定义为 D,模型就能够为每个 $X_{k,i,j}^{y,z}$ 变量提供最佳的流量分配。在此阶段,MILP 模型可以用作集中式路由方案,这将在 7.3.1 节中进一步讨论。但在计算最终 CP 之前,需要加入 7.2.2 节中所介绍的资源约束条件。为了对这些资源约束进行建模,我们使用另一个矩阵 $P = \{p_i\}$,其中 p_i 分量是对节点 i 在某给定时间能够提供的最大通信端口数的编码。这种可用端口的灵活表示是该 MILP 模型的独特性质,而之前的 CPD 程序(如 FCP[9])假定所有节点的可用端口始终为 1。为了对接口选择的组合特性进行建模,我们引入一组二进制变量 $Y_{k,i,j}$,当端口被使用则采用二进制值 1,否则为 0。

因此,该 TACP MILP 模型可用于选择每个节点中的端口,通过一个具有存储量 B 的连接拓扑 C,从而实现在满足端口限制模型 P 的条件下,优化输入流量矩阵 D 的传送。作为输出结果,模型公式提供了预期流量 $X_{k,i,j}^{y,z}$、存储信息所需的缓存区分配 $B_{k,i}^{y,z}$、最优端口选择策略 $Y_{k,i,j}$。表 7.2 中汇总了该 MILP 模型公式中所需的输入参数和输出变量。

表 7.2　TACP 的 MILP 模型参数

输入参数	
N	节点数量
K	拓扑状态数量
$T = \{t_k\}$	状态 k 的起始时间($1 \leqslant k \leqslant K$)
$I = \{i_k\}$	状态 k 的间隔期($i_k = t_{k+1} - t_k, 1 \leqslant k \leqslant K$)
$C = \{c_{k,i,j}\}$	在状态 k,节点 i 到 j 的吞吐能力($1 \leqslant k \leqslant K$ 且 $1 \leqslant i,j \leqslant N$)
$B = \{b_i\}$	节点 i 的缓存能力($1 \leqslant i \leqslant N$)
$D = \{d_k^{i,j}\}$	起源于状态 k,节点 i 到 j 的流量($1 \leqslant k \leqslant K$ 且 $1 \leqslant i,j \leqslant N$)
$P = \{p_i\}$	节点 i 并发的端口数($1 \leqslant i \leqslant N$)

输出变量	
$\{X_{k,i,j}^{y,z}\}$	由信源 y 到终点 z 的数据在状态 k 从节点 i 传到 $j(1 \leqslant i,j,y,z \leqslant N)$
$\{B_{k,i}^{y,z}\}$	由信源 y 到终点 z 的数据所占据的节点 i 的缓存量 $(1 \leqslant i,y,z \leqslant N)$
$\{Y_{k,i,j}\}$	在状态 k，从节点 i 到 j 的接口选择 $(1 \leqslant k \leqslant K$ 且 $1 \leqslant i,j \leqslant N)$

最后，TACP 模型的总体目标是使用最小和较早的弧来处理 **D** 所描述的流量。考虑到所有描述的系数和变量，该规划问题可以正式表示如下：

$$\text{min}: \sum_{k=1}^{K} \sum_{i=1}^{N} \sum_{j=1}^{N} \sum_{y=1}^{N} \sum_{z=1}^{N} w(t_k) * X_{k,i,j}^{y,z} \tag{7.1a}$$

$$\text{s. t.} \quad \sum_{j=1}^{N} X_{k,j,i}^{y,z} - \sum_{j=1}^{N} X_{k,i,j}^{y,z} = B_{k,i}^{y,z} - (B_{k-1,i}^{y,z} + d_k^{i,z}) \quad \forall k,i,y,z \tag{7.1b}$$

$$B_{k,i}^{y,z} \leqslant b_i \quad \forall k,i,y,z \tag{7.1c}$$

$$B_{0,i}^{y,z} = 0 \quad \forall i,y,z \tag{7.1d}$$

$$\sum_{y=1}^{N} \sum_{z=1}^{N} X_{k,i,j}^{y,z} \leqslant c_{k,i,j} \quad \forall k,i,j \tag{7.1e}$$

$$\sum_{k=1}^{K} \sum_{j=1}^{N} X_{k,i,j}^{y,z} = \sum_{k=1}^{K} d_k^{i,z} \quad \forall i = y,z \tag{7.1f}$$

$$\sum_{k=1}^{K} \sum_{i=1}^{N} X_{k,i,j}^{y,z} = \sum_{k=1}^{K} d_k^{y,j} \quad \forall y,j = z \tag{7.1g}$$

目标函数式(7.1a)旨在使数据量 $X_{k,i,j}^{y,z}$ 与权值函数 $w(t_k)$ 的乘积之和最小。权值越大，与之相关的弧越重要；而小的权值意味着在整个拓扑中较少使用。例如，考虑图 7.8 所示的简单情况，预期从 N_4 到 N_1 有单一的数据流 $d_1^{4,1} = 10$，存在如图 7.8(a)、(b) 所示的两条可行路径。如果 $w(t_k)$ 的系数采用 $w(t_k) = t_k$，则方案(b)可以将目标函数减小到 300。尽管采用弧数量是一个有效的解决方法，但它不能提供最早的发送时间。如果需要对发送时间进行严格优化，则应该选择状态 k_1 和 k_2 中的一些弧，而不是在状态 k_3 中的单一弧。为了达到这个效果，$w(t_k)$ 的系数可能需要进一步提高。通常来说，$w(t_k) = K \cdot t_k^2$ 已经足够保证最早的发送时间。图 7.8(a) 和图 7.8(b) 的目标函数结果分别为 17000s 和 27000s。需要强调 t_k^2 是一个系数而非变量运算，因此模型仍然是线性的。如同所指出的一样，$w(t_k)$ 的系数值也许会急剧增加，因此必须关注它以避免 MILP 解算器溢出。总之，所述的 TACP MILP 模型具有混合但可定制的目标，即优化最大流量的传送时间，同时使所使用的连接最少。

在所有约束条件中，方程(7.1b)是指每个节点 i 在所有状态和各种 (y,z) 数据流条件下的流量与缓存变量的不平衡。同样由 i 自发生成的到 z 的数据 $d_k^{i,z}$ 也被包含在不平衡建模中，因此 $d_k^{i,z}$ 或者传送（增加 $X_{k,i,j}^{y,z}$）或者保存在本地缓存（增加 $B_{k,i}^{y,z}$）。方程式(7.1c)和式(7.1d)分别为每个节点 i 和 (y,z) 数据流的缓冲器容量设置上界 b_i 和初始为空条件 $B_{0,i}^{y,z} = 0$。对即将到来的状态 $k > 0$，由于产生的 $d_k^{i,z} > 0$

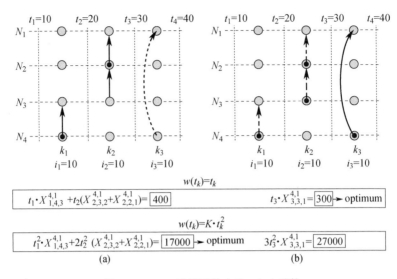

图 7.8　MILP 目标函数中的 $w(t_k)$ 系数

或者从其他节点接收的数据流 $X_{k,i,j}^{y,z}$ 都将使缓存区的占用增加，而当数据传出后缓存占用将减少。每个弧的最大容量由方程式(7.1e)控制。特殊情况下，如果所有节点都以同样的数据率传输，则所有给定连接上的弧都将具有相同的 $c_{k,i,j}$ 值。方程式(7.1d)和式(7.1e)分别给出了所有源节点和汇聚节点产生的输出流和输入流的不平衡。换言之，这些方程强制传输节点高效地将所有产生的数据发送出去并由接收节点完成数据接收。同样，方程式(7.1b)防止在状态 k 之前发送该状态产生的数据 $d_k^{y,z}$。由此，方程式(7.1b)到式(7.1f)对该 CT 和缓存容量限制进行了建模，并允许矩阵 D 中的数据流量能够以最优路径传送到最后的目的地。

　　方程式(7.1f)和式(7.1g)限制了给定节点 i 的最大可用并发端口数。方程式(7.1f)验证了二进制变量 $Y_{k,i,j}$ 的总和满足 p_i 上限。另一方面，方程式(7.1g)将选定的端口与通过它的数据流 $X_{k,i,j}^{y,z}$ 相关联。因此，如果一个端口没有被选择，则相关的弧中也不会有相应的前向或返回数据。最后，方程中采用了在 MILP 建模中熟知的"大 M 法"。当一个给定的端口被允许时，用一个足够大的系数 M 去乘以二进制变量 $Y_{k,i,j}$，使方程左边与连接相关的流量能够无限增加。另一方面，当一个端口被禁止时，$M \cdot Y_{k,i,j} = 0$，从而强制方程右边的所有 $X_{k,i,j}^{y,z}$ 等于 0。为了达到这个目标，系数 M 必须大于该端口所有可能的流量总和（$M > c_{k,i,j}$）。尽管方程式(7.1g)允许模型中包含一个有效均值来选择给定的端口数量，但是已经知道"大 M 法"存在引发数值不稳定的问题，尤其是当 $M >> \sum X_{k,i,j}^{y,z}$ 时。因此，应该认真选择 M 值以满足方程的需要但仍然尽可能小。

　　总之，TACP MILP 模型能够有效地组合可预测拓扑和 SSN 计划流量的信息，同时考虑到 CPD 的设计约束，并给出高效的流量分配方案。如前所述，它可用于

128

为 SSN 节点提供 CP,以便它们可以进行有效的路由决策。

7.3 连接计划设计分析

在本节中,我们通过将 FCP、RACP 和 TACP 应用到 7.2 节所描述的传感器网络中,对每个节点只赋予 1 个可用端口,从而对它们的性能进行评估和比较。我们也对 CT 进行评估,如 7.1.2 节所解释,它是所有通信机会的集合,不考虑设计或资源约束。尽管缺乏可实施性,CT 仍然作为一个上限代表了不受约束的性能参考标准。

7.3.1 实例研究概述

应该注意的是,对于示例中容断 SSN 的拓扑间隔(3h22min36s)允许星座的 4 个越极点飞行(每 48min1 次),本质上使得图 7.4 所示的模式重复 4 次。如 7.2.3 节所述,为了在设计中提供更高的粒度和精度,时长超过 500s($i_k > 500$)的拓扑状态被进一步细分为子状态。

在示例拓扑中,在图 7.9 的下半部分对分段效果进行了说明,状态 k_4 被细分为 k_{4a}、k_{4b} 和 k_{4c},相应的 $i_{4a} = 500s$,$i_{4b} = 500s$,$i_{4c} = 458s$。值得注意的是,因为该越极通信的 4 次迭代占用了整个拓扑时间间隔,所以 k_{10}、k_{16} 和 k_{22}(见图 7.9 的上半部分)也被分割。

为了对不同的 CPD 程序进行评估和比较,需要把流量模型视为将数据通过 CP 结果进行路由传输的一种候选机制。为此,我们重复使用如 7.2.3 节所述的多流问题的有限状态机模型,特别是可以通过将获得的 CP 输入 MILP 模型来获得最佳的流量分配,但没有方程式(7.1f)和式(7.1g)所表示的接口限制。这些路由决策是最优的并基于网络的全局视图,并不一定属于真实的分布式场景。后者的转发决策是基于每个节点的局部和有限的拓扑视图,这将在 7.4.3 节中进一步讨论。一般来说,缺乏拓扑的全局视图是一个 DTN 的特定路由问题,会导致不希望的流量反弹和拥塞[47],其讨论超出了本研究的范围,因此 SSN 的 CPD 过程并未考虑这一点。

为了完成研究案例的描述,我们现在考虑流量来源。将拓扑开始时刻(状态 k_1)的数据配置为由所有 N_2、N_3 和 N_4 节点均衡地生成,然后流向节点 N_1 进而通过空对地高速下行链路应答器传输数据。这种方式类似于在赤道地区进行多点同步采集并汇聚于单一节点后再随后下传。通信系统被限制为每个节点只有一个星际通信链路,该链路具有最大传输距离为 700km 的 1Mbit/s 全双工吞吐量。简单起见,将传输束(Bundle 协议数据单元)大小设置为 1Mbit 或(或 125kbyte),1Mbit/s 将占用信道 1s。这种固定信道占用对于基于冲突的共享介质访问方案而言并非一成不变的,而是具有随机性。此外,考虑到我们正在对 LEO SSN 星座进行建模,

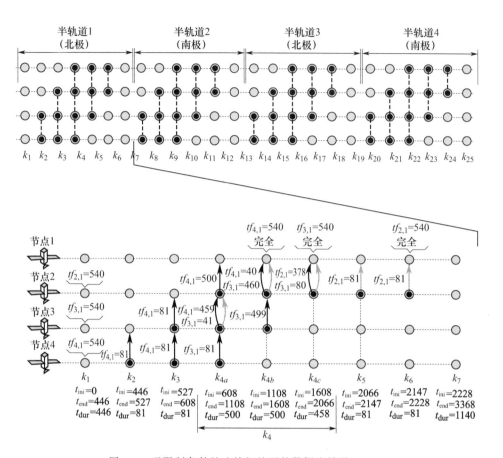

图 7.9 无限制条件的连接拓扑下的数据流结果($\rho = 1$)

1 个数据包到达目的地（传播延迟）所需的时间很短，因此在此分析中忽略不计。最后，将流量负载由 $\rho = 1$（540Mbit，67.5Mbyte 或每个节点 540 个数据包）变为 $\rho = 0.1$（54Mbit，6.75Mbyte 或每个节点 54 个数据包），其中 $\rho = 1$ 是指可以使无约束 CT 的 1 个轨道达到饱和的数据流量，解释如下。

使 CT CP 饱和的流量在图 7.9 中的第一个轨道上有详细说明，其中最佳流量分配方案允许将来自 N_2、N_3 和 N_4 节点的 3 个信源共 540 个数据包成功传送到 N_1。在该图中，从 N_{src} 到 N_{dst} 的每个数据流采用包数（此时相当于秒）进行测量并被唯一标识为 $tf_{N_{src},N_{dst}}$。应该注意的是，在这个轨道上再没有其他数据可以流向 N_1，因为从状态 k_4 到 k_6 的跨越连接持续时间为 1620s，这已经达到了 1s 内处理 $540 \times 3 = 1620$ 个信源包的极限。因此，尽管 N_4 到 N_3（状态 k_{4b} 和 k_{4c}）以及 N_3 到 N_2（状态 k_{4c} 和 k_5）等其他连接仍然没有得到充分利用，但这种流量配置已经使该 SSN 的单个轨道达到网络饱和。然而，只有在忽略端口限制时才能实现，因为 N_2 和 N_3 同时在状态 k_3 和 k_{4a} 发送和接收数据。如果采用端口限制，则预计的传送时间将延迟到在后续轨道中有可用连接为止。

为了对不同的 CPD 程序进行比较,有效递送到目的地的总载荷(传送比率)可能是最有效的衡量指标。尽管如此,我们确信如果拓扑间隔足够长(可能是几个轨道),则传送比率将始终保持最优(即传送完毕),因此有必要对这种传送的实现效率进行测量和理解,它就相当于 CPD 的执行效率。为了测量这种效率,我们监控整个网络连接时间的使用情况,直到全部数据流(CP 中所有连接的总和)传送完毕,同时监测载荷的有效传送时间(拓扑中所有生成数据都被传完的时间)。此后我们将假设所有数据流都已传送完毕,并将这些性能指标分别称为系统连接时间和传送时间。这些指标值越低,CPD 执行性能越好。

最后,在规定的情况下对于不同的数据负载(k_{4b}),我们将比较 FCP[9]、RACP[10] 和 TACP 的性能,如 7.2.3 节所述。特别地,我们将 RACP 模拟退火迭代次数配置为 10000 次,最高温度为 10000,并提供全面的多跳延迟改进标准。此外,我们在 TACP 模型中设置 $w(t_k) = Kt_k^2$,该模型如 7.2.3 节中所述,它将通过 MILP 模型生成一个尽早传送数据的 CP,无论需要多少连接来实现。然而,在这个特定的 SSN 拓扑结构中,唯一可行的路径是 $N_4 \rightarrow N_3 \rightarrow N_2 \rightarrow N_1$,因此 $w(t_k)$ 对所得到的 CP 没有显著影响。这些配置的结果在 7.3.2 节进行了汇总。

7.3.2 实例研究结果

图 7.10(a)和图 7.10(b)分别绘制了无约束 CT 中每个 CPD 方案(TACP,RACP 和 FCP)对不同网络负载($0 \leq \rho \leq 1$)的传送时间和系统连接时间。图 7.10(a)中的传送时间曲线在每个轨道(突出显示)中都有连接机会。因此,所有向 N_1 的传送都落在与该节点的连接期内。换句话说,如果无法在给定的越极飞行中完成传送,则可能会在下一次飞行中完成。

如 7.3.1 节所述,图 7.10(a)中 CT 的传输时间在 $\rho = 1$ 时增加到 2228s,恰好是状态 k_6 和第一个轨道周期结束时刻(图 7.9)。在系统连接时间内,每当流量需要新状态转发数据时,CT 计划都会证明此指标增加。值得说明的是,该指标只考虑所有启用的弧线,直到流量全部传送完成。例如,对于 $\rho = 0.3$,在 1094s 处完成传送(在状态 k_4),而对于 $\rho = 0.35$,则对应于状态 k_5 的 1175s。在 ρ 的演变过程中需要一个新的弧来处理数据流,因此 CT 不仅启用了 N_2 到 N_1 链路,而且还包括所有其他连接弧(N_4 到 N_3 和 N_3 到 N_2),因此整个系统连接时间急剧增加。通常采用 CT 路由可以得到最快的数据传送时间,因为它占用了所有网络连接和资源,但这意味着有一些弧未充分利用,因此增加了系统连接时间。此外,如 7.2.2 节所述,由于资源或架构限制,直接实施 CT 可能无法实现。

使用如 7.2.3 节所述的 TACP 模型,整个系统连接时间得到了优化,因为最终 CP 中的每个启用弧都被用于传输数据,而所有其余弧都被禁用,它们都得到了充分利用。这使得 TACP 成为最有效的系统资源使用方案,但如 4.1 节所讨论的,它不会在产生的 CP 中留下计划误差余量。就传送时间而言(图 7.10(a)),TACP 由

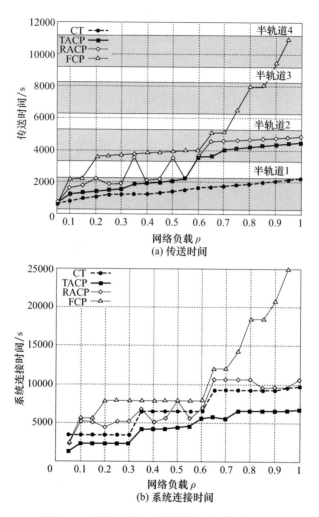

图 7.10 网络负载 ρ 可变条件下的案例研究

于资源约束而无法与 CT 性能相匹配。如图 7.9 所示,这是因为 CT 通过接口并发来实现最佳的传送时间,而 TACP、RACP 和 FCP 的设计和配置在拓扑间隔期间从不使用给定状态下的两个弧。在这些资源感知 CPD 机制中,TACP 能够为所有的负载 ρ 提供最快的传送时间。具体而言,$\rho=1$ 的最佳 CPD 如图 7.11 所示。TACP 在状态 k_{10b}(第二个半轨道期间)提供 4488s 的传送时间。有趣的是,图中没有任何节点使用超过一个弧。在这种给定情况下,MILP 公式保证了该方案是在传送时间方面的最佳解决方案。

TACP 紧随其后的是 RACP。RACP 在评估多路径度量时采用启发式算法(模拟退火)以探索可行的 CT 解决方案空间,因此可以根据传送时间从概率意义上找到非常合适的 CP。事实上,RACP 的表现优于预期,它在一些网络负载条件下的传送时间和 TACP 一样低,但没有利用数据流的可预测性。然而,RACP 没有引入

132

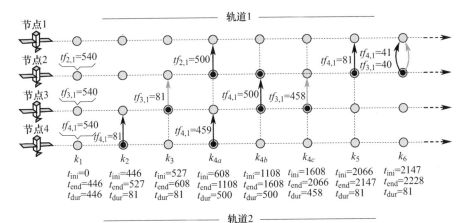

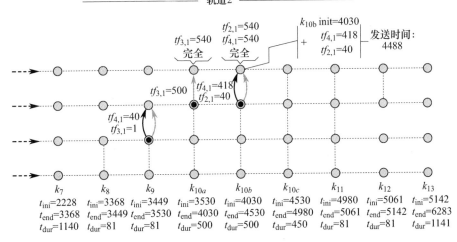

图 7.11　网络负载 $\rho = 1$ 时的 TACP 连接计划

网络流量信息,因此它会为了支持全向多路径流而启用连接弧,导致存在一些未充分利用的连接弧,这使得其系统连接时间远远高于 TACP。

最后,FCP 就网络信息而言是性能最差的 CPD 机制,但在计算复杂性方面可能是最有效的。由于使用了 Blossom 算法[42],FCP 在设计 CP 所需的处理时间上肯定优于 RACP 和 TACP。然而,FCP 为了确保全网公平而在决定采用或禁用连接弧时仅评估单跳连接[9],因此得到的 CP 对数据流的特性没有特别的益处。所以,FCP 设计的 CP 需要更长的时间来传送数据,在我们的测试中它在第四个半轨道才完成数据传送。这种传送时间也影响到流量到达目的地(N_1)前所需的系统资源量。

概括而言,TACP 在系统资源使用方面胜过第二高效方案(RACP)58%,同时也使传送时间优化了 10%(对于 $\rho = 1$)。对于更大的拓扑结构而言,这种性能改进变得更加重要。尽管结果指标清晰并与 7.2 节中的 CPD 过程相对应,但在分布式 SSN 中还需考虑设计的复杂性和最终 CP 实施的可行性,这将在 7.4 节中进一步讨论。

7.4 连接计划设计的讨论

7.4.1 TACP 的安全裕度和拓扑粒度

如 7.3 节所述,TACP 方案在传送延迟和系统连接时间方面提供了最佳的 CP,但这是在假设拓扑和数据流信息足够完整和准确的基础上,利用这些信息来实现的。如果产生了预期外的数据流量,其后果可能会非常严重,因为网络中的额外信息可能会错误地占用起初为预期数据流量所预留的资源。但这种影响对于采用 RACP 和 FCP 等非预知数据流量的技术的影响可能性较小,因为这些技术通常在整个拓扑时间间隔内启用多个连接弧,从而允许重新分配流量。作为缓解这一问题的一种方法,建议在实际的 SSN 实施中考虑 TACP 时在流量来源中保留一定的安全裕度。

另一方面,正如前面在 7.2.3 节所描述,通过将状态 k_a 分为更短的状态 k_{a1} 和 k_{a2},可以使 CPD 方案在分配连接弧时达到更高的精细度,从而实现更高效的 CP。图 7.12 说明了变化的分离参数 $\rho = 1$ 时 TACP 的传送时间。在 7.3 节的例子中,状态 k 最大持续时间为 500s 时的传送时间为 4488s,但这取决于 FSM 离散因子,这一点必须清楚。正如预期的那样,对于更长的持续时间 k_{maxDur},模型精度下降,导致 CP 质量变差。但随着状态分离粒度的增加,模型变得更加复杂,需要计算能力指数级增加,才能在合理的时间内进行模型求解。使用现代处理器和最先进的

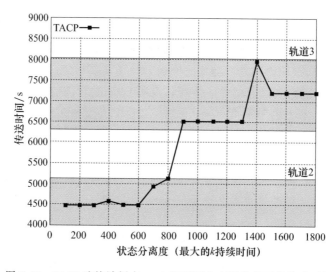

图 7.12 TACP 连接计划在 $\rho = 1$ 和不同分离度条件下的传送时间

商用 MILP 解算器,求解 $k_{maxDur} = 100$ 这种粒度的拓扑可能需要约 4h。换句话说,在这些条件下求解拓扑需要的时间比拓扑间隔的实际持续时间更长。此外,高度分离的计划可能会带来性能问题,因为通信变化和中断的增加会使系统对 SSN 节点之间的同步偏差更为敏感。因此,采用 FSM 对 CP 建模时应采用合适的状态分离标准。

7.4.2　连接计划的计算与分配

在为 SSN 设计 CP 时,还需要考虑其他运行因素。其中第一个是 CPD 方案的计算复杂性。尽管本例中提出的方案只包含很少的节点数量(4 个)和较短的时间范围(3h22min36s),但实现成功的 CPD 设计所需要的分析计算量可能相当大,对于 7.4.1 节中讨论的高度分离的拓扑更是如此。此外,由于可能需要从几种方法来找出最合适的 CP,对于普通网络运营商而言,这种过程的总体复杂性可能是非常困难的。因此,我们设想了一个连接计划计算单元(CPCE),它可以在未来的星载 WSN 中辅助甚至自动完成 CP 设计。CPCE 将能够确定采用何种 CP 以适应节点之间的连接和通过网络传输数据,它通常将成为任务操作和控制中心的一部分,并将触发所设计 CP 的分配,如下所述。

CP 设计完成后,需要解决分发问题以使得节点可以将其作为拓扑信息来使用。尽管我们已经在 SSN 的 CP 的正确和高效设计做出了很多努力,但在如何将所设计的 CP 安全下发到每个轨道节点方面还需要进一步的工作。需要说明的是,这些 CP 是每个卫星的关键资源,卫星需要利用 CP 来采用基于连接图方案(如 CGR[48])进行路由和转发决策。之前已经有过关于协议开发的研究,比如连接计划更新协议(CPUP)[49],它允许 CP 通过 Bundle 协议在带内分发。尽管如此,这个网络运行阶段的特殊过程仍然是一个与任务相关的需要执行的事情。

7.4.3　连接计划的实施

对于 CPD 而言,最后但同样重要的是最终轨道节点将采用的数据传送路由方案。如 7.3.1 节所述,案例研究中用于对所设计 CP 进行评估的流量模型是多流问题的 MILP 模型,它提供了最佳流量分配。但对于使用分布式路由方案(如 CGR[48])的 SSN 节点来说,这可能并非是常见的情况。采用分布式路由方案的节点通过借助于 CP 上带有的有限局域信息(忽略其他数据流来源)来确定路由,因此产生的数据流量可能会产生不必要的拥塞问题[50]。尽管已经提出了一些 CGR 改进方法[50-52]来缓解拥塞,但其效果肯定不同于 7.2 节所述的 CPD 中所假设的最佳分配方案。事实上,任何差异都可能导致流量流经与计划不同的连接,因此必须对其进行评估以避免失去 CPD 中获得的最优性能。在撰写本书时,研究人员正在通过详细的系统仿真来进行评估,以验证在特定路由算法和信道条件下所得到的 CP 中的正确流量。

7.5 小 结

本章讨论了利用星载无线传感器网络来增强地球观测任务的功能和性能的优点。在这些极端环境中,基于互联网的协议无法执行,DTN 是一种诱人的通信选择。我们详细分析了为有效实施基于 DTN 的 SSN 而创建的 CPD 所面临的挑战。我们因此研究了不同的建模技术,包括一种通用、独特且新颖的 TACP 机制,它可利用 SSN 中通常可用的预期流量和拓扑信息。最后,通过为受关注的 LEO SSN 拓扑设计 CP 证明了 TACP 的优势,它在系统资源使用方面的表现优于现有的 CPD 方案,在传送时间方面有 10% 的优化。

然而,在该领域仍有很多研究机会,涉及预先设计并利用地球上集总节点的 CP 的准确性、可扩展性和可执行性。特别是书中已经指出的在确定连接时考虑流量安全裕度的必要性,不同 CPD 方法的复杂性和局限性,以及所制定的连接计划的分发和实施问题。这说明利用 SSN 的可预测性信息可能变成一个复杂的问题,但值得我们为了充分利用高价值的轨道资源而对其加以解决。

因此,有效的 CPD 方法(如 TACP)有望对空间网络的感测数据传送产生重大影响。实际上,通过利用轨道资源的某些特性(如可预测性),这些运行和规划方案正在改变联网卫星系统的构想方式。尤其是由于外层空间飞行任务必须在难以到达和极其恶劣的环境中执行,这些飞行任务变得特别昂贵,并且其使用寿命显然是有限的。因此,通过本章所介绍的方法来优化数据传送时间和资源使用将对太空业界具有重大价值,必将推动未来 SSN 解决方案的实施。

参 考 文 献

[1] Rashvand, H. , Abedi, A. , Alcaraz – Calero, J. , Mitchell, P. , and Mukhopadhyay, S. (2014) Wireless sensor systems for space and extreme environments: A review. Sensors Journal, IEEE, 14(11), 3955 – 3970, doi:10. 1109/JSEN. 2014. 2357030.

[2] Chu, J. , Guo, J. , and Gill, E. (2013) Fractionated space infrastructure for long – term earth observation missions, in Aerospace Conference, 2013 IEEE, pp. 1 – 9, doi:10. 1109/AERO. 2013. 6496854.

[3] Jackson, J. (2005) The interplanetary internet. IEEE Spectrum, 42(8), 31 – 35.

[4] Larson, W. and Wertz, J. (1999) Space Mission Analysis and Design, 3rd edn, vol. 8, Microcosm.

[5] Consultative Committee for Space Data Systems(CCSDS), Delay Tolerant Networking Working Group (SIS – DTN) webpage, http://cwe. ccsds. org/sis/default. aspx#_SIS – DTN.

[6] Internet Engineering Task Force(IETF), Delay Tolerant Networking Working Group(DTNWG) webpage, https://datatracker. ietf. org/wg/dtnwg/charter/.

[7] Huang, M. , Chen, S. , Zhu, Y. , and Wang, Y. (2010) Cost – efficient topology design problem in time – evolving delay – tolerant networks, in Global Telecommunications Conference(GLOBECOM 2010), 2010 IEEE, pp. 1 – 5, doi:10. 1109/GLOCOM. 2010. 5684269.

[8] Huang, M., Chen, S., Li, F., and Wang, Y. (2012) Topology design in time – evolving delay – tolerant networks with unreliable links, in Global Communications Conference(GLOBECOM), 2012 IEEE, pp. 5296 – 5301, doi:10. 1109/GLOCOM. 2012. 6503962.

[9] Fraire, J., Madoery, P., and Finochietto, J. (2014) On the design and analysis of fair contact plans in predictable delay – tolerant networks. Sensors Journal, IEEE, 14 (11), 3874 – 3882, doi: 10. 1109/JSEN. 2014. 2348917.

[10] Fraire, J. and Finochietto, J. (2015) Routing – aware fair contact plan design for predictable delay tolerant networks. Ad – Hoc Networks, 25, Pt B, 303 – 313, doi:10. 1016/j. adhoc. 2014. 07. 006.

[11] Fraire, J., Madoery, P., and Finochietto, J. Traffic – aware contact plan design for disruption – tolerant space sensor networks. Ad – Hoc Networks. In Press.

[12] Postel, J. (1981), Request for comments: RFC – 793, transmission control protocol specification, Network Working Group, IETF.

[13] Akyildiz, I., Su, W., Sankarasubramaniam, Y., and Cayirci, E. (2002) A survey on sensor networks. IEEE Communications Magazine, 40(8), 102 – 114.

[14] Caini, C., Cruickshank, H., Farrell, S., and Marchese, M. (2011) Delay – and disruption – tolerant networking(DTN): An alternative solution for future satellite networking applications, pp. 1980 – 1997, doi: 10. 1109/JPROC. 2011. 2158378.

[15] Burleigh, S., Hooke, A., Torgerson, L., Fall, K., Cerf, V., Durst, B., Scott, K., and Weiss, H. (2003) Delay – tolerant networking: an approach to interplanetary internet. Communications Magazine, IEEE, 41(6), 128 – 136, doi:10. 1109/MCOM. 2003. 1204759.

[16] Caini, C. and Fiore, V. (2012) Moon to earth DTN communications through lunar relay satellites, in 6th Advanced Satellite Multimedia Systems Conference(ASMS) and 12th Signal Processing for Space Communications Workshop(SPSC), Baiona, pp. 89 – 95.

[17] Garrison, T., Ince, M., Pizzicaroli, J., and Swan, P. (1997) Systems engineering trades for the iridium constellation. Journal of Spacecraft and Rockets, 34(5), 675 – 680.

[18] DARPA Tactical Technology Office, System F6 program, http://www. darpa. mil/Our_Work/TTO/Programs/System_F6. aspx.

[19] Akyildiz, I. F., Su, W., Sankarasubramaniam, Y., and Cayirci, E. (2002) Wireless sensor networks: a survey. Elsevier Computer Networks Journal, 38, 393 – 422.

[20] Durst, R. C., Miller, G. J., and Travis, E. J. (1997) TCP extensions for space communications. Wireless Networks, 3(5), 389 – 403, doi:10. 1023/A:1019190124953.

[21] Fall, K. (2003) A delay – tolerant network architecture for challenged internets, in Proceedings of the 2003 Conference on Applications, Technologies, Architectures, and Protocols for Computer Communications, ACM, New York, NY, USA, SIGCOMM '03, pp. 27 – 34, doi:10. 1145/863955. 863960.

[22] Cerf, V., Burleigh, S., Hooke, A., Torgerson, L., Durst, R., Scott, K., Fall, K., and Weiss, H. (2007) Delay – tolerant networking architecture, Tech. Rep. RFC – 4838, Network Working Group, IETF.

[23] Scott, K. and Burleigh, S. (2007) Bundle protocol specification, Tech. Rep. RFC – 5050, Network Working Group, IETF.

[24] Caini, C. and Firrincieli, R. (2011) DTN for LEO satellite communications, Springer, pp. 186 – 198.

[25] Lindgren, A., Doria, A., Davies, E., and Grasic Probabilistic routing protocol for intermittently connected networks, Tech. Rep. RFC – 6693, Internet Research Task Force.

[26] Burgess, J., Gallagher, B., Jensen, D., and Levine, B. (2006) Maxprop: Routing for vehicle – based disruption – tolerant networks, in 25th IEEE International Conference on Computer Communications Proceedings

（INFOCOM 2006）.

[27] Balasubramanian, A. , Levine, B. , and Venkataramani, A. (2007) DTN routing as a resource allocation problem, in Proceedings of the 2007 Conference on Applications, Technologies, Architectures, and Protocols for Computer Communications(SIGCOMM 2007).

[28] Spyropoulos, T. , Psounis, K. , and Cauligi, S. (2005) Spray and wait: an efficient routing scheme for intermittently connected mobile networks, in Proceedings of the 2005 Conference on Applications, Technologies, Architectures, and Protocols for Computer Communications(SIGCOMM 2005).

[29] Birrane, E. , Burleigh, S. , and Kasch, N. (2012) Analysis of the contact graph routing algorithm: Bounding interplanetary paths. Acta Astronautica, 75, 108 – 119.

[30] Caini, C. and Firrincieli, R. (2012) Application of contact graph routing to LEO satellite DTN communications, in Communications (ICC), 2012 IEEE International Conference on, pp. 3301 – 3305, doi: 10. 1109/ICC. 2012. 6363686.

[31] Demmer, M. , Ott, J. , and Perreault, S. (2014) Request for comments: RFC – 7242, delay – tolerant networking TCP convergence – layer protocol, Internet Research Task Force(IRTF).

[32] Kruse, H. , Jero, S. , and Ostermann, S. (2014) Request for comments: RFC – 7122: Datagram convergence layers for the delay and disruption tolerant networking(DTN) bundle protocol and Licklider transmission protocol(ltp), Internet Research Task Force(IRTF).

[33] Alfonzo, M. , Fraire, J. , Kocian, E. , and Alvarez, N. (2014) Development of a DTN bundle protocol convergence layer for spacewire, in Biennial Congress of Argentina(ARGENCON), 2014 IEEE, pp. 770 – 775.

[34] DTN Research Group, DTN2: a DTN reference implementation. https://sites. google. com/site/dtnresgroup/ home/code/ dtn2documentation.

[35] Viagenie Inc. , Postellation: a lean and deployable DTN Implementation. http://postellation. viagenie. ca/.

[36] IBR – DTN: A modular and lightweight implementation of the bundle protocol. http://trac. ibr. cs. tu – bs. de/ project – cm – 2012 – ibrdtn.

[37] Burleigh, S. (2007) Interplanetary overlay network: An implementation of the DTN bundle protocol, in Consumer Communications and Networking Conference, 2007. CCNC 2007. 4th IEEE, pp. 222 – 226, doi: 10. 1109/CCNC. 2007. 51.

[38] Wyatt, J. , Burleigh, S. , Jones, R. , Torgerson, L. , and Wissler, S. (2009) Disruption tolerant networking flight validation experiment on NASA's EPOXI mission, in Proceedings of the 2009 First International Conference on Advances in Satellite and Space Communications, IEEE Computer Society, Washington, DC, USA, SPACOMM '09, pp. 187 – 196, doi:10. 1109/. 38.

[39] Ivancic, W. , Eddy, W. , Stewart, D. , Wood, L. , Holliday, P. , Jackson, C. , and Northam, J. (2010) Experience with delay – tolerant networking from orbit. International Journal of Satellite Communication and Networking, 28, 335 – 351.

[40] Vallado, D. A. (2007) Fundamentals of Astrodynamics and Applications, 4th edn, Microcosm.

[41] Krishnamurthy, A. and Preis, R. (2005) Satellite formation, a mobile sensor network in space, in Parallel and Distributed Processing Symposium, 2005. Proceedings. 19th IEEE International, doi: 10. 1109/IPDPS. 2005. 387.

[42] Kolmogorov, V. (2009) Blossom V: a new implementation of a minimum cost perfect matching algorithm. Mathematical Programming Computation, 1(1), 43 – 67, doi:10. 1007/s12532 – 009 – 0002 – 8.

[43] Fraire, J. and Finochietto, J. (2015) Design challenges in contact plans for disruption – tolerant satellite networks. Communications Magazine, IEEE, 53(5), 163 – 169, doi:10. 1109/MCOM. 2015. 7105656.

[44] Mendoza, H. and Corral – Briones, G. (2013) Interference in medium and low orbit distributed satellite sys-

138

tems, in XV Reunión de Trabajo Procesamiento de la Información y Control(RPIC), San Carlos de Bariloche, Argentina, pp. 1110 – 1115.

[45] ITU – R(2003), Recommendation ITU – R S. 1325 – 3, International Telecommunication Union.

[46] Alonso, J. and Fall, K. (2003) A linear programming formulation of flows over time with piecewise constant capacity and transit times, Tech. Rep. IRB – TR – 03 – 007, Intel.

[47] Fraire, J. , Madoery, P. , and Finochietto, J. (2014) Leveraging routing performance and congestion avoidance in predictable delay tolerant networks, in Wireless for Space and Extreme Environments(WiSEE), 2014 IEEE International Conference on, pp. 1 – 7, doi:10. 1109/WiSEE. 2014. 6973079.

[48] Burleigh, S. (2010) Contact graph routing, IETF – Draft.

[49] Bezirgiannidis, N. , Tsapeli, F. , Diamantopoulos, S. , and Tsaoussidis, V. (2013) Towards flexibility and accuracy in space DTN communications, in Proceedings of the 8th ACM MobiCom Workshop on Challenged Networks, ACM, New York, NY, USA, CHANTS '13, pp. 43 – 48, doi:10. 1145/2505494. 2505499.

[50] Fraire, J. , Madoery, P. , Finochietto, J. , and Birrane, E. (2015) Congestion modeling and management techniques for predictable disruption tolerant networks, in 40th IEEE Conference on Local Computer Networks (LCN 2015), IEEE.

[51] Birrane, E. (2013) Congestion modeling in graph – routed delay tolerant networks with predictive capacity consumption, in Global Communications Conference(GLOBECOM), 2013 IEEE, pp. 3016 – 3022, doi: 10. 1109/GLOCOM. 2013. 6831534.

[52] Yan, H. , Zhang, Q. , and Sun, Y. (2015) Local information – based congestion control scheme for space delay/disruption tolerant networks. Wireless Networks, 21(6), 2087 – 2099, doi:10. 1007/s11276 – 015 – 0911 – 6.

第8章　用于阿丽亚娜运载火箭发射的红外无线传感器网络开发

8.1　引　言

阿丽亚娜运载火箭是阿丽亚娜火箭家族的重型运载火箭,该火箭家族(阿丽亚娜–1型至阿丽亚娜–5型)由空客防务和空间公司开发。2013年7月9日,欧洲航天局(ESA)批准了阿丽亚娜–6型的最终设计[1]。根据卫星的大小不同,该型运载火箭能够向地球同步转移轨道或近地轨道运送多达3颗卫星。

为了在未来提供更好的性能和可靠性以及更低的运营成本,无线技术已经被用作运载火箭中一部分繁重和复杂布线的替代品。这是欧洲航天局未来运载火箭预备项目的主要目标[2],该项目保持了欧洲在航天技术方面的长期独立能力,并提高了在全球航天发射市场的竞争力。

作为欧洲运载火箭产业渐进式重组的一部分,将使用商用部件的无线技术引入到空间应用中,目的是缩短开发时间和成本[3]。无线技术还增加了传感器系统和网络配置的灵活性。图8.1显示了无线传感器节点在阿丽亚娜–5型上面级的可能应用。上面级的各部分由不同的欧洲国家建造,分别实现各自特定功能。空客–赛峰发射公司的开发重点之一是用于火箭设备舱(VEB)的增强型无线传感器节点[4]。

为上面级开发无线传感器节点的主要制约因素之一是电磁发射不应超过图8.2所示的限值[4]。为了满足无线通信时不会向运载火箭内其他电子设备发射强电场信号的要求,需要采用一些低电磁发射无线技术(如超宽带(UWB))和光学发射技术(如红外)。

本章的重点是为阿丽亚娜运载火箭设备舱开发的红外无线传感器网络。该传感器网络的原型是在阿丽亚娜–5型的火箭设备舱上建造和测试的,并将应用于新的阿丽亚娜–6型运载火箭中。

8.1.1　目标

为了实现小型化,空间传感器节点中采用了许多商用元器件,如具有微机电系统的智能传感器等,同样包括一些在日常家用电器中使用的商用红外收发器。对于航天工业而言,还必须开发红外收发器的专用集成电路以满足技术创新要求。

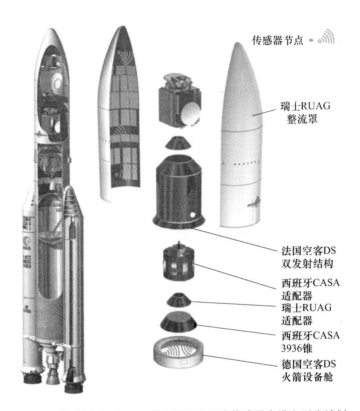

传感器节点 =))))

瑞士RUAG
整流罩

法国空客DS
双发射结构

西班牙CASA
适配器

瑞士RUAG
适配器

西班牙CASA
3936锥

德国空客DS
火箭设备舱

图 8.1　针对阿丽亚娜 – 5 型上面级的无线传感器布设和开发计划

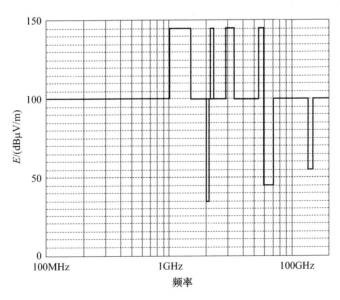

图 8.2　在运载火箭内允许的电磁辐射/发射值[4]

如果传感器节点采用电池供电,则除了传输范围和误码率之外,低功耗红外收发器的设计对于延长传感器节点的使用寿命也非常重要。还有一些其他方法也可用于延长传感器节点的工作时间,如通过可见光进行无线电力传输,它可以在发射前和飞行过程中为电池充电。

在无线能量传输和光通信中利用了上面级内部的材料和几何结构等影响的信息。红外无线传感器网络开发的目标包括:

- 研究上面级的内部材料对红外通信和无线电力传输的影响;
- 开发红外收发器 ASIC 以匹配商用红外收发器组件;
- 开发时间同步和时间戳方法,以减小传感器节点硬件组件的体积并缩短数据包的长度。
- 利用商用智能传感器,尽量减少阿丽亚娜 - 5 型遥测子系统中的传感器节点体积。

8.1.2　火箭设备舱概述及其内表面材料

多层绝热(MLI)主要用作火箭设备舱中结构和电子设备的保温层。阿丽亚娜运载火箭的电子设备设计可在 - 20 ~ + 70℃ 范围内工作,MLI 有助于保持设备工作温度处于该范围内。漫射式红外发射器的发光二极管(LED)由于覆盖范围较广(总发射角度 > 30°),通常被用于家用电器中,但将其应用于诸如火箭内部舱室的有限空间时也能发挥其优点。图 8.3 显示了该型火箭设备舱,直径 5.4m,高度 1.56m。利用无线传感器节点对设备舱内环境进行监测非常重要,因为设备舱中有运载火箭的大脑——承载了大部分飞行控制系统电子设备和箭载计算机[5]。

图 8.3　阿丽亚娜 - 5 型运载火箭设备舱[5]

本章分为四个部分,涵盖上述目标中提到的四个要点。下面分别介绍每个部分的开发过程和测试结果。

8.2 红外收发器专用集成电路的开发流程与测试

红外收发器 ASIC 的开发需要用到可能对通信有影响的上面级材料的测量数据,这些数据有助于确定发射功率和调制方法的 ASIC 设计过程。开发过程描述如下。

8.2.1 上面级材料对红外通信的影响

运载火箭中使用的多层绝热材料是具有很高光反射率的轻质薄膜。这些多层材料由聚酯/聚酰胺薄膜制成,其一面或两面沉积 99.99% 的铝蒸气。这些资料的细节是空客防务与空间公司严格保守的秘密。

为了研究这种材料对红外通信的影响,搭建了图 8.4 中所示的测试设备,目的是研究多层绝热材料 MLI 对各种测量角度和距离条件下误码率(BER)的影响。通过将 MLI 目标放置在红外发射器(TX)和红外接收器(RX)的前面,以测试其影响。将 MLI 目标支架与后面墙壁之间的距离调整到不会对测量结果产生显著影响。在实验过程中,只有很少一部分红外光线从墙壁反射到接收器。测试过程中采用一个 LED 直流光源和一个交流光源来引入噪声,同样也在全暗(无光)条件下进行了测试。式(8.1)显示了无线红外信道的通用模型,其中 $X(t)$ 是 n 个红外发射器 LED 的输出功率,$Y(t)$ 是红外光电探测器的输出电流,$N(t)$ 代表作为高斯散粒噪声的可见背景光[6]。

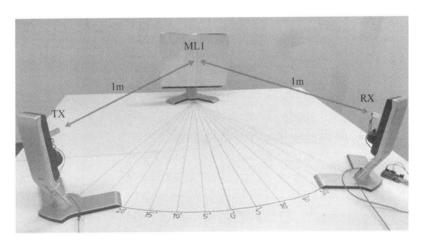

图 8.4　无线收发器和多层绝热材料 MLI 目标的试验设置

通过将接收器和发射器放置在 MLI 目标前面 0° 的位置,测得了 10^{-9} 的 BER,这是在无光状态并将发射器 LED 电流设置为最佳条件下实现的。由于光源的高斯散粒噪声以及通信角度变化引起的路径损耗,都会引起 BER 的增加。

$$Y(t) = nX(t) * H(t) + N(t) \tag{8.1}$$

测试中,开关键控(OOK)使用 IrDA 物理层协议[7],其中波特率为 9600bit/s,波长为 950nm(红外)。

通过在距离 MLI 目标 1m 处 0°方位进行 BER 测量来研究最佳的红外 LED 电阻。图 8.5 中非视距(NLOS)测量的结果显示,如果红外发射器二极管的电阻值低于 5Ω,则 BER 将降低至 10^{-9}。在 5V 电源电压下,测到了通过红外 LED 的 175mA 短时电流,相应的前向电压为 3V。根据 IrDA 标准,LED 变为 1 的时间小于 20μs。

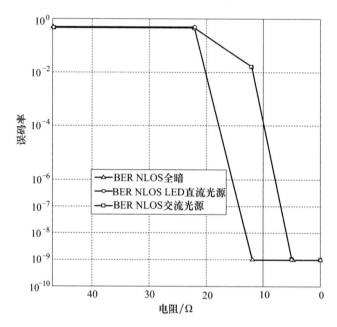

图 8.5   不同光照条件下误码率随发射二极管电阻变化的测量结果

通过角度改变可以发现,与交流光源引起的较高 BER 相比,通过 LED 直流光源引入的高斯散粒噪声不会对 BER 造成太大影响(参见图 8.6)。对于 LED 直流光源和无光条件,BER 在 10°时达到 10^{-9}。当通信角度大于 10°时,红外接收器接收的功率越弱,导致 BER 就越大。

图 8.7 显示了使用交流光源(AC light)和接收器 RX 与发射器 TX 之间的传输角度为 10°时的测量情况。

本节的实验结果表明,在阿丽亚娜 - 5 型运载火箭设备舱中使用 MLI 作为漫射式红外通信(波特率为 9600bit/s)的反射器可以在一定条件下实现 10^{-9} 的误码率:

• 通过提供足够的红外发射电流可以使 MLI 和红外收发器之间的传输距离大于 1m(本实验中大于 175mA 或使 LED 电阻小于 5Ω);

144

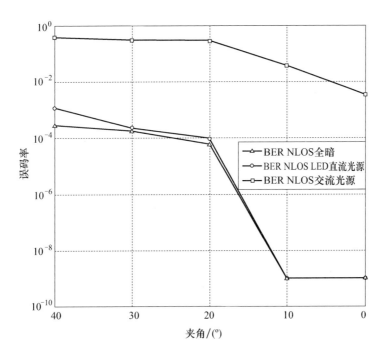

图 8.6　误码率随红外收发器夹角变化的测量结果

图 8.7　固定夹角和固定距离条件下的非视距传输实验的设置情况

● 空客 – 赛峰空间发射有限公司提供的 MLI 材料在直流光源和无光条件下、不同测量角度下的 BER 性能没有可测量的差异,这个结果将促进下一步对可见光通信发射器的研究开发;

- 红外接收器的信道模型不符合文献[7]中报道的余弦函数,需要进一步研究。

8.2.2 低功率红外收发器 ASIC 开发

该项目开发的 ASIC 是基于 AMS 350nm 技术。这种模拟混合信号 350nm CMOS 技术目前由奥地利的跨国半导体制造商——奥地利 Mikro Systeme AG(简称 AMS)提供。

在这个项目中设计红外收发器专用的 ASIC 是一项极具挑战性的任务,必须谨慎采取多个步骤来确保 ASIC 符合 IrDA 标准的要求,这些步骤包括:

- 通过功率谱密度仿真为红外收发器选择最佳调制类型;
- 利用所选调制类型在现场可编程门阵列(FPGA)上合成并测试红外收发器;
- 采用 AMS 350nm 技术设计 ASIC,并在传感器节点上进行测试。

选择分相曼彻斯特码和单极性归零码用于 Matlab 的功率谱密度仿真。通过生成随机比特流来模拟相关功率谱密度,如图 8.8 所示。在 9600bit/s 波特率下的仿真结果表明单极编码比曼彻斯特编码消耗的能量大约低 -20dB,而在 2400bit/s 的较低比特率下曼彻斯特码能够将功率差别缩小到 -6dB。选择 9600bit/s 的传输速度是为了满足来自智能传感器的数据传输,如用于敏感温度、气压、空气湿度和加速度的传感器。

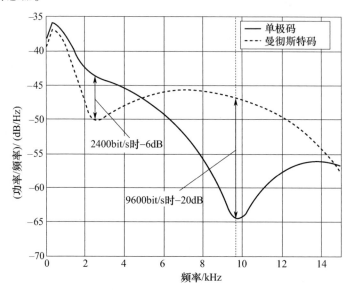

图 8.8 曼彻斯特码和单极码的功率谱密度的对比

接下来,将更详细地介绍两种调制类型的硬件框图和信号形状。

图 8.9 所示的曼彻斯特编码框图包含一个发射器,该发射器具有一个通用异

146

步收发器(UART)转曼彻斯特码的模块和一个 3/16 脉冲整形模块。UART 输入信号被转换为曼彻斯特编码,'0'表示由 0 到 1 的转换,'1'表示由 1 到 0 的转换[8]。曼彻斯特码的优点是没有直流分量,使接收器能够调整判决门限,并根据输入信号(边沿检测机制)[9]来产生波特率时钟。接收器部分有一个 3/16 脉冲恢复模块和一个曼彻斯特码转 UART 模块。

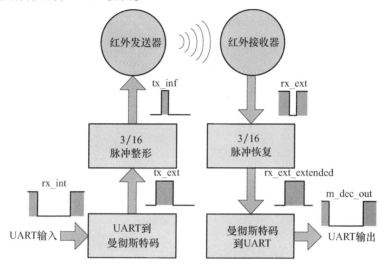

图 8.9　分相曼彻斯特编码的框图

　　与曼彻斯特编码相比,图 8.10 中的单极性归零编码功能模块更加简单。在发射器部分只需要一个 3/16 脉冲整形模块。该模块将 UART 输入信号 rx_int 反转并整形为 tx_ext,然后用于驱动红外发射器 LED。

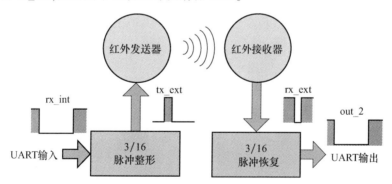

图 8.10　单极性归零编码红外收发器的框图

　　接收器部分也很简单。红外接收器电路输出端的信号 rx_ext 进入 3/16 脉冲恢复模块,并根据 UART 9600bit/s 规范将其周期从 20μs 延长到 104μs。

　　两种调制类型均在 FPGA 上进行了合成,并通过示波器实时测量不同模块上的信号形状以进行测试。

147

该 ASIC 采用 AMS 350nm 技术进行综合,综合结果包含原始逻辑门和触发器组成的模块,它们相互连接以执行所选调制类型的功能。图 8.11 显示了 Manchester_TX/RX(ASIC 上的曼彻斯特编码)和 Simple_TX/RX(ASIC 上的单极性归零编码)的逻辑块图。

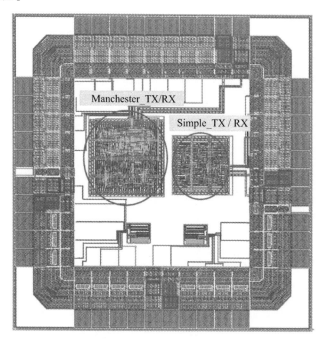

图 8.11　具有 40 个输入/输出引脚的红外收发器设计布局

曼彻斯特码的输入/输出模块所占芯片表面积为 $330\mu m \times 330\mu m$,单极编码的输入/输出模块为 $130\mu m \times 130\mu m$。两种设计(包括 40 个输入/输出焊盘)所需的总面积为 $1800\mu m \times 1800\mu m$。

表 8.1 汇总了本设计的功耗估算。基于 AMS 350nm 技术参数,使用 SimVision(由 Cadence 设计系统公司提供)进行了 10ms 动态功耗仿真估算。仿真结果被导出为 VCD(Value change dump)文件格式,并用于估计在使用寄存器传输级逻辑编译器时的动态功耗。

表 8.1　数字电路的动态功耗估计

模块名称	Instance	漏功耗/nW	动态功耗/mW	总功耗/mW
Manchester_TX/RX	628	0.598	39.89	39.89
Simple_TX	261	0.248	1.47	1.47

结果显示,分相曼彻斯特码模块的设计布局面积比单极性归零码模块大 1.4 倍,前者功耗(39.89mW)比后者(1.47mW)超出约 26 倍。采用 AMS 350nm 技术制造的 ASIC 如图 8.12 所示。

图 8.12　红外收发器 ASIC

ASIC 开发的一些有用结果包括:

● 分相曼彻斯特码的布局面积比单极性归零码大 1.4 倍,逻辑单元的数量超过 2.4 倍,这导致了分相曼彻斯特码设计的功耗远远大于单极性归零码设计的功耗;

● ASIC 已通过测试并能够按照设计进行工作。分相曼彻斯特码设计的功耗为 $818\mu W$,单极性归零码设计的功耗为 $382\mu W$;

● 就 ASIC 功能设计而言,单极性归零编码比分相曼彻斯特编码设计简单,功耗更低,并将用于未来的开发。

该型 ASIC 目前正在阿丽亚娜 – 5 型运载火箭设备舱内部进行红外无线传感器网络的测试,并根据测试结果进行 ASIC 抗辐射设计。下一节将讨论时间同步问题和时间戳方法。对于阿丽亚娜运载火箭而言,在处理无线传感器网络时的时间同步问题变得更加重要,这是因为箭载计算机处理带有同步/时间戳的无线传感器比处理有线传感器更加容易。

8.2.3　时间同步与时间戳方法

图 8.13 显示了可靠传感器网络,它是阿丽亚娜运载火箭遥测系统的一部分[10]。时间数据是由航电网络网关下发到各传感器节点来实现同步的。

在本节中,时间同步和时间戳方法的设计开发包括最小化传感器节点上的硬件数量,并降低传感器节点在处理同步问题时的工作负载。

使用有线通信协议可以使可靠传感器网络中的延迟 $T_A - T_B$ 变为确定值,而接入点和传感器节点的无线通信产生的延迟 T_C 的确定性较低,这是本节的研究重点。接入点和传感器节点之间的时间同步需要更好的方法,这种方法也应该适用于 UWB 传感器网络。采用可见光通信(VLC)可以在同一时间对所有传感器节点进行时间同步,因为每个传感器节点都有太阳能电池以接收来自 VLC 发射器的光信号。

149

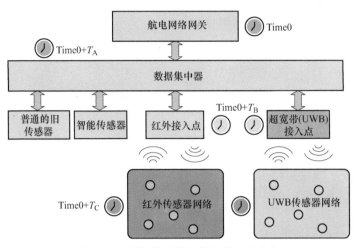

图 8.13　可靠传感器网络及其时延分布

图 8.14 的框图中显示了时间同步子系统。时延 T_1 由以下单元所需的反应时间产生：

- VLC 电路；
- VLC LED；
- 传感器节点的太阳能电池；
- 传感器节点的解调电路；
- 微控制器；
- 红外发射器电路；
- 红外接收器电路。

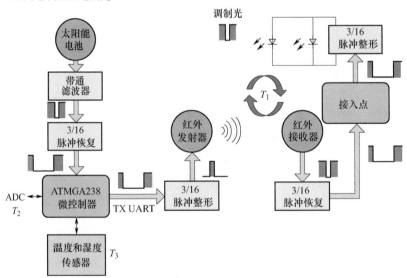

图 8.14　接入点和传感器节点的框图

通过模数转换器(ADC)进行模拟信号采集增加了延时 T_2，最后还有由湿度传感器引起的延时 T_3。通过在硬件上重复测量来记录延时 $T_1 - T_3$，然后将这些延迟存储在接入点中，并在稍后用于恢复由传感器节点执行的每个测量序列的时间戳。

所有的传感器节点将同时接收时间信息(T_{old})，随后将接收到执行感测序列的相关命令。模数转换通道 ADC0 到 ADC3 的感测序列标号用 n 表示，而湿度传感器的序列标号用 m 表示。

通过接入点后，将接收到的 T_{old}、n、m 和来自传感器节点的测量数据按照以下公式计算时间戳：

$$T_{(n,m)} = T_{old} + T_1 + n \times T_2 + m \times T_3 \qquad (8.2)$$

例如，ADC 首次测量的时间戳是 $T_{(n=1,m=0)} = T_{old} + T_1 + 1 \times T_2 + 0 \times T_3$，第二次测量将变为 $T_{(n=2,m=0)} = T_{old} + T_1 + 2 \times T_2 + 0 \times T_3$，而第一次湿度测量的时间戳是 $T_{(n=0,m=1)} = T_{old} + T_1 + 0 \times T_2 + 1 \times T_3$。

为了测试时间同步和时间戳方法，将图 8.15 中的设备布置成在传感器节点和接入点红外接收器之间存在非视距连接。在这个实验中，通过 MLI 的反射来进行漫射非视距可见光/红外传播[11]。VLC 发射器由六个高功率 LED 灯组成，布置成朝向 MLI 聚焦并直接反射到传感器节点。

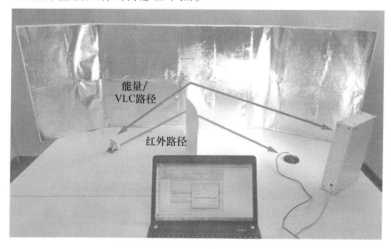

图 8.15 利用可见光通信和通过 MLI 进行能量分配的时间同步与时间戳测试

实验中的可见光和红外光路径长 1.5m。示波器上的测量结果显示 T_1 为 2.7ms，T_2 为 1.8ms，T_3 为 1.4s。在接入点采用式(8.2)计算 ADC0 到 ADC3 通道和湿度传感器进行的每次测量的时间戳。

本项工作的重要成果包括：

• 通过用测量序列信息替换每组测量数据的时间戳，可以将数据包长度显著减少达 40%，也使传感器节点上的红外发射器的功耗显著降低；

• 避免在传感器节点上使用实时时钟电路，从根本上降低了传感器节点的硬件和功耗；

• 实验证明 MLI 有助于实现可见光/红外收发器的漫射非视距通信；

• 使用 VLC 的时间同步方法，可使网络中的所有传感器节点实现时间、命令和能量传输的同步；

• 如果能够足够精确地确定延迟 T_1、T_2 和 T_3，则只需要测量序列和上一次的时间信息，就可以确定接入点接收到的每组数据的时间戳。

下一节将探讨使用商用传感器作为传感器节点，这些传感器节点包含红外收发器、红外收发器 ASIC 和作为 VLC 接收器的太阳能电池。

8.2.4 阿丽亚娜-5 型运载火箭遥测子系统中的商用智能传感器

选择内置数据采集和处理单元的商用传感器用于传感器节点，这些传感器节点的主要工作是测量 VEB 内部的环境参数，例如：

• 气压/温度；

• 三轴加速度；

• 红外/可见光强度；

• 空气湿度。

传感器节点架构由 3 个主要部分组成，如图 8.16 所示。传感部分通过将 ADC 与微控制器连接，即所谓的"智能传感器"；传输部分由红外收发器 LED 和 ASIC 组成；电源管理部分由 3.7V/150 mAh 锂电池供电，通过 6V 太阳能电池进行充电，太阳能电池也用作 VLC 接收器。

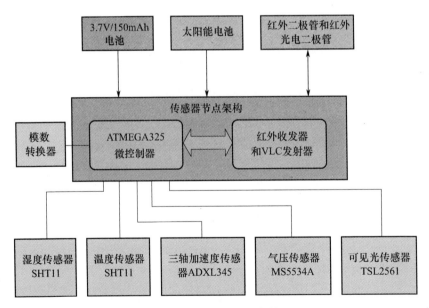

图 8.16 传感器节点架构

152

市场上有四种不同类型的智能传感器可用于传感器节点(图8.17):

- 湿度和温度传感器[12];
- 红外和可见光传感器[13];
- 相对气压传感器[14];
- 三轴加速度计[15]。

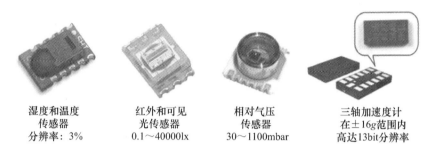

| 湿度和温度
传感器
分辨率: 3% | 红外和可见
光传感器
0.1~40000lx | 相对气压
传感器
30~1100mbar | 三轴加速度计
在±16g范围内
高达13bit分辨率 |

图8.17 无线传感器节点上遥测子系统的智能传感器

传感器节点由商用组件和红外收发器 ASIC 构成,如图 8.18 所示。在印制电路板上,红外收发器放置在 ASIC 附近。

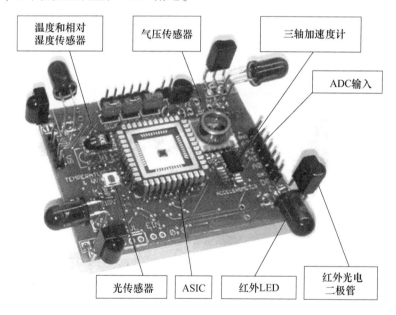

图8.18 传感器节点硬件

按顺序对每个智能传感器的测量时间进行测量,如图 8.19 所示。第一个序列 M1 是具有 100 个数据样本的三轴加速度测量结果,第二个序列 M2 用于测量红外和可见光强度,带温度补偿的气压测量序列为 M3,最后一个序列 M4 是相对空气湿度测量结果。在设备舱中执行所有测量花费的总时间是 1.684s。

153

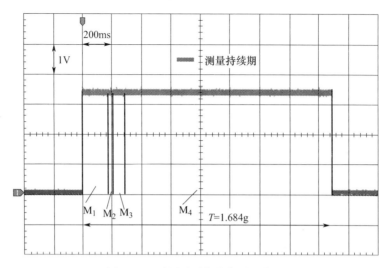

图 8.19　遥测子系统的各测量序列

图 8.20 所示为在实验室条件下进行的子系统测试,硬件包括接入点、3 个传感器节点和 3 个 VLC 发射器。该接入点基于 Xilinx Zynq – 7000 – FPGA 构建,并在 Linux 操作系统上运行以实现与数据集中器的连接。

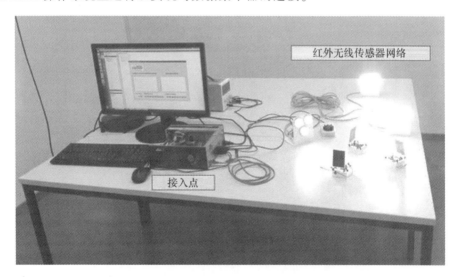

图 8.20　在实验室中测试红外无线传感器网络

在设计这些无线传感器节点时得到的一些重要结果是:

• 每个智能传感器及其所需的测量周期都通过测试结果进行了验证。三轴加速度传感器需要的测量时间最短,为 1.6ms。

• 所有传感器的功耗最高为 3.3mW,远远低于目前在阿丽亚娜运载火箭中使用的分离型模拟传感器的功耗(通常为 10V 和几百毫安)。

154

8.3 小　　结

本项目中开发的红外无线技术结合了商用组件和红外收发器 ASIC,代表了新型阿丽亚娜运载火箭的未来发展方向。

测试结果显示,当采用直流光源为太阳能电池供电并发送信息时,在火箭设备舱内大量覆盖的多层绝热材料 MLI 对于光通信大有用处。

可见光通信 VLC 还可用于传感器节点的时间同步和时间戳,特别是希望同时向所有传感器发送时间信息时。通过将时间戳的计算工作转到由计算能力更强的接入点来执行,传感器节点的工作负载明显降低。

通过将红外收发器 ASIC 和智能传感器的低功耗相结合,可以使传感器节点在空间任务中更加耐用,寿命更长。传感器节点能够在多种物理测量环境中运行,并能够抗御温度、湿度、压力、加速度和振动等极端情况,涵盖了设备舱中的大部分感测要求。

参 考 文 献

[1] 'Europe okays design for next – generation rocket'. PhysOrg, 9 July 2013. Retrieved 9 July 2013.

[2] European Space Agency, 'About future launchers preparatory programme(FLPP)', 4 January 2016.

[3] European Space Agency, 'FLPP Preparing for Europe's Next – Generation Launcher', 9 October 2008.

[4] Arianespace, 'Ariane 5 User's Manual Issue 5', 1 July 2011.

[5] 'The VEB for Ariane 5G's third and last qualification flight' ESA/CNES/Arianespace, ID209081, 2004.

[6] J. M. Kahn and J. R. Barry, 'Wireless infrared communication,' Proceedings of the IEEE, vol. 85, no. 2, pp. 265 – 298, 1997.

[7] B. C. Baker, 'Wireless communication using the IrDA standard protocol', Microchip Technology, Inc. , pp. 1 – 2, 2003.

[8] R. Forster 'Manchester encoding: opposing definitions resolved', Engineering Science and Education Journal, vol. 9, issue 6, pp. 278 – 280, 2000.

[9] M. Gotschlich, 'Remote controls – radio frequency or infrared'. Infineon Technologies AG, 2010.

[10] H. J. Besstermueller, J. Sebald, H. – J. Borchers, M. Schneider, H. Luttmann, V. Schmid, 'Wireless – sensor networks in space technology demonstration on ISS', Dresdner Sensor – Symposium 2015.

[11] F. R. Gfeller and U. Bapst, 'Wireless in – house data communication via diffuse infrared radiation,' Proceedings of the IEEE, vol. 67, no. 11, pp. 1474 – 1486, 1979.

[12] Sensorion AG, The Sensor Company, 'Humidity and temperature sensor IC, SHT1x', Version 5, 2011.

[13] Texas Advanced Optoelectronic Solution, 'Light – to – Digital Converter, TSL2560', TAOS059N, 2009.

[14] Intersema, AMSYS GmbH, 'Barometer module, MS5534A' ECN 510, 2002.

[15] Analog Devices, '3 – axis digital accelerometer, ADXL345', Revision 0, 2009.

第9章 用于结构健康监测的多信道无线传感器网络

近来,结构健康监测已应用于飞机和太空运载火箭(这里称为"发射器"),其中互连装置的数量不断增加。到目前为止一直在使用有线网络,但其质量大导致燃料消耗增加和碳排放量大。无线传感器网络(WSN)必然会降低布线的重量和复杂度,但关键问题是它们是否能够满足飞机和运载火箭在特定环境下的非关键性能和健康监测应用的要求。

首先,我们梳理和统一飞机和运载火箭中非关键性能和健康监测应用方面的要求,并证明这些要求需要使用多信道网状无线网络。多信道网络在延迟、吞吐量和鲁棒性方面具有许多优势,然而也存在一些困难和挑战,其中有的是普遍性的,而有的则是数据采集应用中特有的。本章介绍各类先进的解决方案,这些方案从介质访问控制机制到多跳路由技术,既有针对数据采集应用中特有问题的方案,也有针对普遍性问题的方案。当将路由技术和介质访问控制机制放在一起进行处理时,可以获得最佳性能。根据可用信道数、路由树中汇聚节点的子节点数和无线接口数,建立原始数据汇集所需的最小时隙数量的限值。介绍 SAHARA 这种为数据采集提供自适应多信道无冲突协议的解决方案,并提供许多仿真得到的性能结果。

9.1 背 景

结构健康监测是一项新兴技术,它对结构进行监测并检查其功能是否满足预期目标,检测并分析存在的损坏和故障。该技术最近已在飞机中得到应用。然而,由于互连部件数量的增加和数据交换量的增加,飞机中使用的物理系统变得越来越复杂。人们已经提出采用自动预测和健康监测系统(HMS)来解决这个问题。这些系统通常需要采用传感器网络,通过将各类传感器集成到飞机中以感测温度、振动和压力等参数,并将测量数据通过电线传输到中央单元,由后者完成所有数据收集后进行进一步的分析。然而,电线的内在特性(如总重量、成本以及容易断裂和老化)阻碍了电线的使用以及传感器在飞机中的集成,因此迫切需要可以缓解这些问题的无线 HMS。

现在,无线传感器网络不仅在家庭和工厂监控方面,而且在航空航天工业领域,都引发了革命性的变化。有人认为从有线传感器网络向无线传感器网络过渡将大大减少布线量[1]。然而,无线传感器网络是否能够满足飞机和运载火箭的要求?

为了便于阅读,本章使用术语"飞行器"来涵盖飞机和运载火箭。

9.1.1　WSN 应用于飞行器中的预期效益

一般来说,将 WSN 应用于飞行器将降低布线的复杂性和重量,例如在阿丽亚娜 - 5 型火箭的 1.5t 总质量中,电缆就占据了 70%[2]。波音 747 - 400 的布线长度大约为 270km,最新和最复杂的空客 A380 上的电缆长度超过 530km[3]。此外,在飞行器中进行电缆布线是具有挑战性的,因为信号电缆必须在物理上进行分隔以避免干扰。"猎户座"探索飞行试验 - 1 型中飞行测试装置(DFI)的质量为 544kg,共有 1200 个信道,其中导线占 DFI 数据系统总质量的 57%。

美国国家航空航天局的一项研究[4]表明,未来的猎户座飞行任务中 DFI 可能存在巨大的发展潜力。通过小型化和结构与设备分布优化,采用全部有线化的 400 个信道的 DFI 系统可能重 54kg,但如果全部实现无线化,则可能仅重 38kg。一个简单的计算表明,每个有线信道的质量为 0.45kg[4]。使用小型化和优化的有线方式,可以减少到 0.19kg,而完全无线方式则可降低到每信道 0.09kg。在阿丽亚娜运载火箭上进行的类似研究也显示了仪器和遥测子系统的大幅改进。

由此而产生的结果是燃料效率提高,碳排放量降低。此外,通过无线连接代替电缆连接,使传感器的增加或移除更加方便,并实现了在先前由于布线限制而无法靠近的位置安装传感器的可能性。这样就能够部署更多的传感器,有助于确保系统的冗余性。

9.1.2　飞行器对 WSN 的需求

为了应对飞行器制约因素和特定环境,飞行器制造商和终端用户在法国航空航天集团 ASTech 的支持下,在 SAHARA 项目中确定了统一的 WSN 需求。该项目由空客集团创新部领导,于 2011 年底开始,成员包括学术团体(法国国家空间研究中心(CNES)、欧洲经委会(ECE)、EPMI、法国国家信息与自动化研究所(Inria)、法国 LIMOS 国家实验室),作为终端用户的飞机制造商(空客集团创新部、空中客车防务与航天公司、空中客车直升机公司、赛峰集团)以及中小型企业(BeanAir、GLOBALSYS、OKTAL - SE、ReFLEX - CES)。

为了缩短开发时间并简化飞行器中所采用的技术途径,SAHARA 项目只专注于非关键传感器和 HMS,并且仅考虑基于成熟的商用现成(COTS)技术。这个项目的目标是利用 COTS 组件开发现有的无线技术,使其适应飞行器中通用和自适应无线传感器网络的需要。项目范围包括:统一的 WSN 需求的定义,WSN 技术和协议开发,WSN 演示系统开发,典型飞行器中环境测试以及机载射频传播模型的开发。

虽然统一的 WSN 需求涵盖不同类型的飞机和运载火箭，但本章只关注非关键性能和 HMS 测量。这些要求可以总结如下：

- 温度、压力等静态传感器；
- 振动、冲击、应变等动态传感器；
- 采样率从数次/h 到 10^4 次/s；
- 具有各种采样率的传感器网络；
- 每个网络的传感器节点数从 1~50 个不等；
- 传感器节点的预期电池容量在活动模式下为 40min 至 14h，在睡眠模式下为 24 个月；
- 传感器节点集成在一个受限制的环境中，导致存在传播问题；
- 集成在飞机机身、尾翼、机翼、发动机、起落架、发射台、燃料箱的传感器节点，与最近的汇聚节点的距离超过节点单跳通信范围，需要采用多跳通信；
- 从传感器节点到距离最近的汇聚节点的延迟从 100~500ms 不等；
- 1~100μs 的测量定时精度。

为了满足这些在延迟、能源效率和可靠性方面的很高要求，目前已经推出了低功耗无线网状网。此外，为了满足确定性和延迟约束条件，需要采用时隙和多信道介质访问控制机制。

9.1.3　前期工作

许多前期项目已经涉及无线技术在飞机系统中的应用，我们将在下面列出其中几个并介绍它们的目标。

（1）集成无线传感（WISE）。WISE 欧洲项目[5]，旨在：

- 通过部署低功耗自主传感器的新型无线技术来增强飞机监控系统；
- 在无法使用物理链接的情况下监测新参数；
- 当物理链路出现故障时，继续监测或改善冗余性；
- 提高信息分离能力。

最终目标是通过简化维护系统来降低飞机运行和安装成本，提高可用性和调度速度，降低地面和飞行试验装置的成本，改善人机界面并降低事故率。

（2）SWAN。@ MOST SWAN 项目[6]涵盖了与新航空系统相关的所有工程问题，从应用的定义和要求的获取到原型开发，包括对飞机监管和认证，以及将 WSN 集成到飞机系统架构中时涉及的安保、安全和可靠性问题的调查。SWAN 项目的主要目标是：

- 提供基于 WSN 技术的维护操作解决方案，具有比现有技术更高的效率；
- 确定在飞行器不同领域（如空气动力学、发动机、驾驶室、系统和结构）的潜在改进技术，并有益于整个飞行器的维护。

（3）自主传感微系统（AUTOSENS）。AUTOSENS 项目[7]主要研究嵌入到飞行器中的自主无线传感器的能量采集问题,所提出的体系结构考虑了目标环境特性。其中一个模块管理用于传感和处理的能量,而另一个模块管理通信能量。

（4）可移动实时维护系统（SMMART）SMMART 是一个欧洲项目[8],研究解决空中、道路和海上的运输行业维护问题的一种新的综合方法,其目标是:

- 减少对日益精密和复杂产品进行定期和不定期维护检查的时间和成本;
- 无论流动的员工在哪里工作,都能远程为其所有任务提供足够的最新信息;
- 最大限度地减少大型运输舰队不定期停机的成本亏损。

该项目基于射频识别（RFID）技术开发。

虽然上述项目已经结束,但其结果尚未公布。值得注意的是,所有这些项目都认为无线技术对飞行器的预防性维护和结构健康监测大有用途。然而,无线传感器的自治仍然是一个具有挑战性的问题。

9.1.4　本章结构

本章安排如下:9.2 节描述了多信道使用带来的挑战并提出了不同的解决方案。9.3 节侧重于数据收集应用方面的问题,并提供了解决方案实例。9.4 节介绍了 SAHARA,这是一种符合飞行器的统一的 WSN 需求并使用 IEEE 802.15.4 COTS 技术的解决方案。最后,在 9.5 节中讨论出现的问题并给出各种不同观点。本章是在 IEEE WISEE 2015 会议上发表的一篇论文[9]的基础上进行扩展而来的。

9.2　多信道的一般性问题

在多信道网络中,各节点同时使用多个信道进行通信,其通信协议面临一些额外的问题。在本节中,我们将讨论这些问题并提供最新的解决方案。

9.2.1　飞行器舱内或运载火箭内的信号传播

封闭区域内 2.4GHz 信号的分析和行为预测取决于信号传播的物理条件。对于这个相对较短的波长（12.5cm）而言,来自侧壁、天花板表面、座椅、头枕和人的信号反射以及金属或硬质表面的折射都很重要。由于涉及的参数数量多,使得信号分析非常复杂。其中对信号分析非常重要的参数,如传播路径损耗、时延扩展和相干带宽,都必须通过仿真和实验来验证。

此外,机舱内部通常由坚硬的表面构成,因此必须对墙壁和天花板上连续高能量反射造成的多径传播的可能性进行表征分析,以便选择合适的信号调制和码速来避免过多的码间串扰。在系统设计完成之前,必须充分了解其他机载传输设备（例如机载 WiFi 或蓝牙）的噪声水平以及对所设计系统的可能干扰。

上述问题导致我们考虑多跳和多信道自适应解决方案。针对封闭区域(如火车)内 2.4GHz ISM 频段的信号传播,有公开的测量结果和研究可供参考,严格的研究已经给出了参数的相关知识[10-11]。结果表明,来自金属或硬质表面的多种反射导致其路径损耗指数小于自由空间中信号传播的路径损耗指数。在许多情况下,发射/接收天线的位置在任何时候都是满足传输需求的关键,因此必须修改仿真模型以正确预测相干带宽或时延扩展。射频链路参数的时变性对于飞机机舱而言可能比对于特定的运载火箭更重要。对于这些受限制和受阻塞的区域,实验调查是绝对必要的。

9.2.2　多信道无线网状网

尽管与 2.4GHz 频段的平均通信距离相比,飞机或运载火箭的尺寸并不大(飞机的尺寸小于 80m×80m),但无线网络的复杂性和无线介质的时变性导致我们考虑多跳拓扑。这种拓扑的冗余特性将允许数据使用多路径通信。基于可靠性考虑,应避免出现由单个节点导致的网络故障,因此不应采用星型拓扑结构。网状拓扑是首选方案,一旦发生链路或节点故障,数据可以通过另一条路由到达目的地。

9.2.3　网络构建

在网络建立阶段,节点试图成为网络的一部分以便能够交换和转发数据包。当一个节点被激活时,通常会有一个网络发现阶段,在此期间它会扫描现有网络。多信道网络中的扫描过程非常重要。一个新的节点应该能够检测某个信道上的活动,以便它可以尝试与网络进行通信以获得访问权并成为其一部分。特殊的广播帧(通常被称为"信标")用于表示网络的存在,例如 WiFi[12] 和 ZigBee[13] 就是这种情况。

问题在于要确保新节点能够找到网络,换句话说,节点应该能够与已经加入网络的相邻节点同时处于相同的信道上。如果没有一个固定和已知的控制信道,这个过程可能会持续相当长的时间,并且在某些情况下会耗尽大量的节点能量资源。

降低这一阶段的时间和能量消耗的一个解决方案是在固定和已知的信道上交换控制信息。这将允许新节点只扫描一个信道。节点应周期性地切换到该控制信道并发送信标帧以便被新节点检测到。

9.2.4　节点的时间同步

为保证介质访问和多跳网络中的最大端到端时延,必须实现节点同步。而节点在不同信道上工作使得在全网范围内的同步变得更加重要,以管理网络发现和实现邻居节点更新。诸如来自 IEEE 802.15.4e 的 TSCH 之类的协议采用单跳同步,以分配多个信道上的时隙。

对这种同步方案进行拓展以便使同步信号到达多跳的节点,往往非常困难。

可以通过使用外部同步设备来实现,但难点在于确保网络中的所有节点都可以访问此设备。例如,只有当所有节点都能够与卫星通信时,才能使用 GPS 信号来进行节点同步。此外,这对节点的重量和能量消耗也有影响。

另一种方法是基于网络中的内部参考源来实现相对同步。例如网络中的指定节点可以广播同步信标,并由其他节点传播到网络的所有节点。文献[14 – 15]中报道了类似的方法。

9.2.5　信道选择

基于 IEEE 802.15.4 的无线标准在 2.4GHz 频带中有 16 个可用信道。而其他无线标准,如 WiFi 和蓝牙也使用 2.4GHz 频段。这使得 IEEE 802.15.4 网络容易受到邻近网络(包括其他 IEEE 802.15.4 网络)的干扰,我们称之为"外部干扰"。当网络节点接收到来自不属于本网络一部分的信号源的扰动时,会发生外部干扰。

内部干扰是由本网络中的节点引起的,这取决于物理层中使用的调制和频率。使用相同信道的节点容易产生内部干扰。为了避免这种情况,应该使用正交信道。

使用信道分配技术可以避免内部干扰,这将在 9.2.6 节讨论。为了避免外部干扰,通常需要进行扫描以确定每个信道的能量水平。扫描过程将产生所谓的"信道黑名单",这是一个不应该在网络中使用的信道列表。这种黑名单技术可以通过分布式方式完成。网络中的每个节点都会扫描自己的环境并生成自己的黑名单。这个本地黑名单随后将用于在本地选择一个合适的信道,或者发送到负责将信道分配给网络中所有节点的控制器节点,这会导致可用信道被选定之前产生显著的延迟。另外,如果干扰不稳定(这是普遍的情况),则信道黑名单必须经常更新。信道黑名单也可以针对整个网络来执行,这可以在不同网络上对频带进行分段,以提高性能并避免外部干扰。当可以管理附近网络时,这种方案是可行的,但情况往往不是这样。

9.2.6　信道分配

信道分配是多信道 MAC 协议的主要挑战之一。受成本和尺寸考虑的限制,大多数节点只配备一个射频收发器,因此大多数协议提出的解决方案允许节点在任何给定时间只发送或只接收。有的分配方案为接收机分配一个信道,为发射机分配另一个信道。有的协议将信道分配与时隙分配结合起来。

有的协议提出了一种静态信道分配方案,其中节点持续使用相同的信道,直到邻居或干扰条件改变并迫使它们寻找更合适的信道[16]。这种方法通常很简单,并且不会由于频繁切换信道而浪费能量。另外一些协议使用半动态信道分配,其中节点根据目的地来切换信道[17 - 19]。这种方法是自适应的,并允许在选择合适的信道时具有更大的灵活性。更动态的信道分配方法包括在每次传输时都改变信道[20-21],这种方法更加稳健,因为它避免了不良信道,并使节点能够使用所有可用信道,但是由于信道频繁切换导致能源浪费和时间浪费。

另外一些协议提出采用一个多端口的汇聚节点以提高特定节点的接收吞吐量[22-23],的确,为汇聚节点收发器分配不同的信道将允许在多个信道同时进行接收。

9.2.7 网络连通性

如图9.1所示,多信道分配方案有几种不同的网络连通性假设,其中信道1用实线表示,而信道2用虚线表示:

* 如图9.1(a)所示,所有信道上都存在相同的拓扑结构,并假设每个信道都具有连通性。
* 每个信道的拓扑结构可能不同,但假设至少在一个信道上是全连通的,这个信道通常是传输控制消息的信道。如图9.1(b)中所示,信道2上有两个断开的部分。
* 在最宽松的条件下需要多个信道来确保全网络的连通性,如图9.1(c)所示。

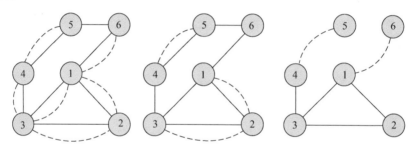

(a) 各信道具有相同拓扑　(b) 在一个信道上的全连通性　(c) 需要基于两个信道来保持连通性

图9.1　不同的连接情况

9.2.8 邻居发现

对于任意节点 u 而言,要认定节点 v 为其在信道 c 中一跳邻居的条件是:当且仅当两者都能在信道 c 上互相接收对方的信息,也就是在信道 c 上它们之间存在对称链路。有的解决方案在使用之前并不检查链接的对称性,当信息传输需要确认 ACK 信号而链路不对称时,将导致无用的重传[24]。需要注意的是,在真实的多信道环境中,一个节点可能在一个信道上是单跳邻居,而在另一个信道上却不是[25]。与网络连通性假设相似,根据所提出的假设有不同类型的解决方案。最简单的解决方案仅在一个信道(通常是控制信道)上进行邻居发现,而最复杂的解决方案则是在所有使用的信道上都进行邻居发现。有的解决方案利用各信道之间存在的大量相似性来高效地存储邻居信息。

9.2.9 介质访问控制

文献中提出的多信道介质访问控制(MAC)协议使用时分多址(TDMA)或防冲突的载波侦听多址(CSMA/CA),或两种技术的组合。在下文中,我们简要描述最著名的多信道协议。

9.2.9.1 基于竞争的协议

Lohier 等[17]提出了针对传感器网络的多信道访问协议(MASN),用于多对一传输的分层 ZigBee 网络。基于 ZigBee 所使用的分层地址分配过程,由协调器统一负责各信道的分配。这种解决方案的主要优点是只需对 MAC 层稍作修改,就可以很容易地集成到 IEEE 802.15.4 设备中。但作者使用单一拓扑进行模拟,这可能是 MASN 最方便的拓扑结构。

Zhou 等[19]提出了用于无线传感器网络的多频率介质访问控制协议(MMSN),基于不同策略使用半动态信道分配方法来进行信道分配。各种策略根据协议开销水平和信道分配的有效性而有所不同。在每个时隙的开始时刻,节点对介质进行竞争访问以便在公共广播信道上广播控制数据。当一个节点发送一个数据包时,它在前导码发送期间在自身信道和目标信道之间进行切换,由于这种信道频率的切换导致协议开销和重复次数增加。

9.2.9.2 无竞争协议

Incel 等[21]提出了多信道轻型 MAC 协议(MC – LMAC),该协议保证了在两跳邻域范围内不会同时使用相同的时隙/信道对。但由于需要在两跳邻域范围内进行邻居发现,所以存在所交换的控制信息开销大的问题,且这个问题随网络密度的增加而更加严峻。

Pister 和 Doherty 提出了时间同步网状协议(TSMP)[26],基于 WirelessHART 和 ISA100.11a 等工业标准以及 IEEE 802.15.4e 等标准开发。该协议采用信道跳频技术使节点能够在每次传输中切换信道,但存在的一个缺点是无法支持拓扑结构的变化。

9.2.9.3 混合协议

用于密集无线传感器网络的高能效多信道 MAC 协议(Y – MAC)[27]是基于轻型 MAC(LMAC)和 MMSN 中提出的算法开发的。由接收器负责时隙分配,它允许新节点加入网络并以动态方式分配时隙。在每个时隙的开始时刻,到达同一接收器的潜在发送者使用 CSMA/CA 算法来实现介质的竞争访问。接收器和发送器按照预定的顺序依次跳到新的信道,实现多个数据包在不同信道上的连续发送。Y – MAC 通过为那些无法发送自身数据的节点提供在连续时隙中竞争的可能性来减少延迟。但该文中没有详细介绍信道分配方法,作者只是坚持在单跳邻居中不使用相同的信道,这会导致节点从两跳范围内的邻居节点同时接收到传输信号而造成的严重干扰。

Priya 和 Manohar 提出了无线传感器网络节能混合 MAC(EE - MAC)[18]协议,这是一个使用半动态信道分配方法的集中式协议。EE - MAC 分两个阶段进行操作:设置阶段和传输阶段。在第一阶段完成邻居发现、时隙分配和全局同步,这些操作仅在设置阶段和拓扑发生变化时才运行。在传输阶段,时间被分成不同时隙。每个时隙又被分为计划子时隙和竞争子时隙,每个周期中都是计划子时隙在前,竞争子时隙在后。节点在竞争子时隙中使用低功率监听(LPL)[28],并向基站发送 Hello 消息。EE - MAC 协议存在用以交换和向基站发送的 Hello 信息而导致通信开销大的问题。

Borms 等[20]提出了多信道 MAC 协议(MuChMAC),它使用动态信道分配方法。时间被分成不同时隙。每个节点能够根据其标识符和当前时隙号,使用一个伪随机数发生器来独立选择接收信道转换序列。每隔 n 个时隙会插入一个广播时隙,这些公共广播时隙也遵循伪随机信道跳转序列,因此发送端能够计算接收端的信道。MuChMAC 的主要缺点是其信道分配是基于一种随机机制,而没有考虑到邻居的信道使用情况。

Diab 等[22]提出了混合多信道 MAC 协议(HMC - MAC),采用 TDMA 的信令传输和 CSMA/CA 与频分多址(FDMA)相结合的数据交换。时间被分成不同时隙。TDMA 间隔专用于邻居发现和信道分配过程。HMC - MAC 旨在减少控制流量开销,它允许节点在同一个信道上共享时隙,以便将数据发送到相同的目的地。相关结果[29]表明,该方法在冲突次数和数据包传输速率方面提高了网络性能。然而,在靠近汇聚端的节点中存在数据包的积累,因此该协议存在端到端时延长的问题。

9.2.10 动态多跳路由

传感器节点的能量限制是 WSN 路由协议设计中具有挑战性的问题。所提出的协议旨在实现负载平衡,实现端到端数据包传输所消耗的能量最小化,并避免出现个别节点剩余能量过低的情况。这些协议最初设计用于单信道网络,也可用于多信道网络。如下所述,可以将各种多跳路由协议区分为不同的类型。

• 以数据为中心的协议:只将数据发送到感兴趣的节点,以避免无用的传输。这样的协议使得数据传送采用查询驱动模式,提出了两种主要的数据传送方法。第一种是通过协商的传感器协议(SPIN)[30],各节点广播其可用数据并等待来自感兴趣节点的发送请求;第二种是定向扩散协议(DD)[31],其中汇聚端向各传感器广播所关注的消息,并且只有受关注的节点回复梯度消息。因此关注信息和梯度信息都用于建立汇聚端和受关注传感器之间的路径。目前已提出了多种相关方法,如谣传路由和基于梯度的路由。

• 分层路由协议:通过对节点进行分层以简化路由并减少其开销。最著名的分层路由协议是低功耗自适应分层聚类（LEACH）协议[31]。LEACH协议将传感器节点组织成簇，其中一个节点充当簇首。为了平衡能量消耗，采用循环方式随机选择簇首节点。节能型传感器信息收集系统（PEGASIS）[31]通过将所有节点组织成链状来对LEACH协议进行增强，其中链首节点是可变的。

- 机会路由协议：有的技术方案利用无线通信的广播特性或节点的移动性，为任意给定节点均保持多个前向转发的候选节点，并根据所进行的传输来选择相应的候选节点。Zeng等[32]强调了这些协议如何实现更高的能效。另一些技术方案通过将路由和移动性相结合，以获得比传统技术更小的能耗。当网络的连接不能永久保证时，他们使用移动接收器[33-34]、移动中继器[35]或数据骡[36-37]。

- 地理路由协议：使用节点的地理坐标来构建路由。Akkaya等[31]提出一种地理和能量感知的路由协议（GEAR），其中所有消息首先被前向传送到目标区域，然后再转发到该区域内的目的地。GAF协议[31]基于节点的位置信息建立虚拟网格。在每个小区中，只有一个节点处于活动状态并传输送息，而所有其他节点都处于休眠状态。

- 基于能量选择的路由协议：这意味着避免出现低剩余能量的节点，从而最大化网络寿命[38]。这些方法还应该选择使端到端数据包传输所消耗能量最小的路由，以节省节点的能量。

9.2.11 能源效率

WSN设计中最具挑战性的问题是如何节省节点能量，同时保持所需的网络行为。任何WSN只有在被认为是存活的情况下才能完成其任务，而不是相反。因此，任何节能技术的目标都是最大化网络寿命，这关键取决于任何单个节点的生存时间。

为了完成应用所需的任务，传感器节点在感测、处理、传输和接收数据时都会消耗能量。因此，使数据处理任务最小化将节省非常有限的传感器的能量。另外，WSN固有的冗余性意味着网络中存在许多类似的传输信息。实验结果证实，通信所消耗的能量非常大。

9.2.11.1 能量浪费的原因

从应用角度来看，许多通信状态是无用的，从而导致了大量的能量浪费。

- 冲突：当一个节点同时接收到多个数据包时就会发生冲突。所有冲突的数据包都被丢弃。如果发送者希望其数据包被目的地接收到，就会进行重发。

- 串音：在发送者传输范围内的非目节点接收到数据包时，会造成的能量浪费。

- 控制数据包开销：应该最小化控制数据包的数量，以留出可用于数据传输的带宽。

- 空闲监听：是MAC协议中主要的能量消耗源之一。每当节点监听空闲信道以便接收可能的数据流时都会产生能量消耗。

- 干扰:当一个节点收到一个数据包但无法解码时。

各种不同的技术旨在最大限度地降低能耗并延长网络寿命。

9.2.11.2 节能技术分类

我们可以确定五大类节能技术:缩减数据、降低协议开销,节能路由,轮值和拓扑控制。

- 缩减数据:减少生成、处理和传输的数据量。这种技术的例子包括数据压缩和数据聚合。

- 降低协议开销:通过降低协议开销来提高效率。此类技术存在不同途径,例如调整控制消息的传输周期以保持网络稳定就是一个例子。更一般地说,基于在应用层、网络层和 MAC 层之间的跨层优化方法是另一个例子。

- 节能路由:通过使数据包从信源传输到最终目的地的耗能最小化来最大限度地延长网络寿命。机会路由、分层路由、以数据为中心的路由、地理路由以及基于能量选择的路由,是节能路由技术的主要例子。多路径路由协议使用多条路由来实现负载平衡以及避免路由失败。

- 轮值(也称占空比,或异步休眠):轮值意味着节点在其生命周期内只有一小部分时间处于活动状态。应该对节点休眠(活动)的时间表进行协调,以满足应用的需要。这些技术可以进一步细分为:

  - 高粒度技术,专注于在网络部署的所有传感器中选择活动节点;

  - 低粒度技术,在不需要通信时切断活动节点的射频单元,并在需要该节点通信时打开。该技术与介质访问协议密切相关。

- 拓扑控制:在保持网络连接的同时,通过调整传输功率来降低功耗。根据本地信息创建新的简化拓扑。

表 9.1 显示了每种节能技术对各种能量浪费源的影响。符号"M"表示主要影响,"S"表示次要影响。

表 9.1　节能技术对能量浪费源的影响

	缩减数据	降低协议开销	节能路由	轮值	拓扑控制
传感与处理	M	—	—	M	—
通信	M	M	M	M	M
冲突	S	S	S	M	M
串音	S	S	M	M	M
控制数据包	—	M	S	S	—
空闲监听	—	—	—	M	—
干扰	S	S	M	M	M

9.2.12 无线传感器网络的鲁棒性和自适应性

正如9.2.2节所讨论的那样,由于周围环境的复杂性,在飞行器等受限区域中的信号传播容易出现链路故障。为了确保协议可靠,节点应该能够在MAC层和路由层上适应不断变化的链路条件。许多实际部署的WSN将遇到动态变化的条件,所以仅仅运行是不够的,还必须自动适应以下因素。

- 拓扑改变。这通常由路由协议提供,路由协议在当前路由中断时自动选择新路由。
- 数据流量变化。自适应时隙和信道分配必须考虑流量变化,以便为负载较高的节点分配更多的时隙;
- 环境扰动。这些扰动可能是由于外部干扰源(如雷达)造成的,也可能是内部扰动(如WSN内部存在干扰时)造成的。所使用的MAC和路由协议应该能够选择不受干扰的信道,以便提高传输速率乃至提高用户所接受的服务质量。

9.3 数据收集中的多信道问题

数据收集是飞行器中WSN支持的典型应用。每个节点感知其环境并生成传输到汇聚节点的数据,汇聚节点负责收集和处理这些数据。每个传感器节点担任着数据源和/或路由器节点的角色,将数据消息传送到汇聚节点,而不需要中间路由器的聚合,这种数据收集被称为原始数据汇集。

数据汇集的两个关键问题是:

- 最大限度地减少延迟并保证数据包传输;
- 节能。

最小化的端到端延迟确保了收集到的数据的实时性。另外,保证数据包传输可以实现更精确的监测。干扰是影响快速数据收集的一个限制因素,为了缓解这个问题,研究人员采用了多信道通信。利用多信道通信一方面提高了并行传输的网络容量,另一方面提高了对内部或外部干扰的鲁棒性,因此可以大大缩短数据收集延迟。

由于数据汇集涉及大量可能同时传送数据的传感器,冲突和重传是有限延迟面临的主要问题。冲突导致数据丢失和重传,增加了数据包延迟,导致了不确定的数据包传输时间。与基于竞争的协议(由于退避和冲突导致效率低下)不同,无冲突协议能够保证有限的延迟。实际上,这些协议也称为确定性访问协议,确保节点的传输不会干扰任何其他同时进行的传输。这是通过向节点分配信道和时隙以避免这些干扰的方式来实现的,从而使得人们容易控制到达最终目的地所需的数据包延迟。此外,无冲突协议比基于竞争的协议更节能。它们消除了能量浪费的主要来源,如空闲监听、串音和冲突。另外,一个节点只有在向其父节点传输或从其子节点接收时才处于活动状态,否则节点关闭其射频功能。因此,无冲突协议非常适合电池供电的节点并有助于其节能。

为了简单起见,下面假设每个数据包可以在一个时隙中完成传输。时隙帧由一系列时隙组成,周期性发送。在每个时隙中,网络中所有使用的信道上可以同时进行传输。

9.3.1 汇聚节点附近的高密度通信量

在原始数据汇集中,靠近汇聚节点的传感器节点传输的数据包比远端传感器节点多,因此它们的通信负载较重。

对于任一节点 u,令 $\mathrm{Gen}(u)$ 表示 u 在一个时隙帧内生成的数据包数量。我们可以计算 u 在一个时隙帧内传输的数据包数量 $\mathrm{Trans}(u)$(假设每个节点能够发送它生成的所有数据),$\mathrm{Trans}(u)$ 等于 $\mathrm{Gen}(u)$ 加上从其子节点接收并转发给其父节点的数据包数量,可以写出:

$$\mathrm{Trans}(u) = \sum_{v \in \mathrm{subtree}(u)} \mathrm{Gen}(v) \tag{9.1}$$

式中,$\mathrm{subtree}(u)$ 表示在路由树中 u 节点的子节点树(包含 u 节点)。

9.3.2 时隙与信道分配

对于数据流量负载,我们可以区分两种时隙和信道分配的方法。

• 最简单的时隙和信道分配不考虑流量负载的变化。即使靠近汇聚节点的节点具有很大的流量负载,也会为所有节点分配相同数量的时隙。因此,在没有消息丢失和消息聚合的情况下,传感器节点在时隙帧中发送的所有数据可能需要高达 $\max_{u \in \mathrm{WSN}} \mathrm{Trans}(u)$ 个时隙帧才能到达汇聚节点。最坏的情况是,当数据消息在发送到汇聚节点的过程中,每个时隙只能前进一跳。

• 流量感知的时隙和信道分配方案在每个时隙帧为各节点分配所需的确切时隙数量。因此,在没有消息丢失的情况下,单个时隙帧足以使在此时隙中收集的所有数据传送到达汇聚节点。

下面我们仅考虑第二种方法,它能够确保最小的数据收集延迟。

9.3.3 冲突节点

在时隙和信道分配问题中,两个冲突节点如果在同一时隙使用相同信道,则将阻止节点接收数据或确认信息。假设在 MAC 层使用立即确认方案,每个单播数据包在其发送的时隙中被确认,并且确定两种类型的冲突:数据 – 数据和数据 – 确认。考虑到传感器节点发送的数据是由汇聚节点使用路由树来收集的,我们可以证明唯一可能的冲突是由下面的属性 1 给出的冲突,如图 9.2 所示。在该图中,两个节点之间的实线表示属于路由树的无线链路,而虚线表示路由不使用的无线链路。

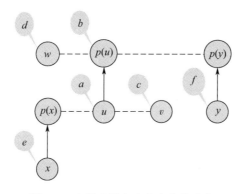

图 9.2 立即确认方案中存在的冲突

属性 1

对于任一节点 u，当使用立即确认时，其冲突节点是：

a. 节点 u 自身

b. 父节点 Parent(u)，图 9.2 中标记为 $p(u)$

c. u 的单跳邻居节点，见节点 v

d. 父节点 Parent(u) 的单跳邻居节点，见节点 w

e. 见节点 x，其父节点为 u 的单跳邻居节点

f. 见节点 y，其父节点为 Parent(u) 的单跳邻居节点

9.3.4 多接口汇聚节点

部署的大多数 WSN 都支持数据收集应用，其中汇聚节点是网络中生成的所有数据的目的地。因此，为了增强汇聚节点的接收吞吐量，采用具有多个无线接口的汇聚节点，即多接口汇聚节点。多个无线接口使汇聚节点能够在不同的信道上同时接收数据。正如理论和实验结果[39]所证实的那样，汇聚节点的无线接口数量超过其子节点数或可用信道数是没有用的。

9.3.5 无冲突调度中的最优时隙数量

我们首先给出一些与调度有关的定义。

定义 1

当且仅当在每个时隙内没有任何节点处于以下状态之一，该调度才被认为是有效的：

- 不止一次在相同的信道或相同的无线接口上传输；
- 在同一个信道或同一个无线接口上多次接收；

- 在相同的信道或相同的无线接口上同时发送和接收。

定义 2

当且仅当没有两个冲突节点被分配相同的时隙和相同的信道时,才称该调度是无冲突的。

定义 3

当且仅当为每个传感器节点分配的时隙数量能够满足在同一时隙帧中传输其所有消息时,才称该调度是流量感知的。

定义 4

当且仅当没有消息丢失,且在时隙帧中发送的每个消息都会在相同的时隙帧中传送到信宿,这样的流量感知无冲突调度才可以被称为最小化数据收集延迟。

属性 2

无冲突调度最小化数据收集延迟的数据传送时间的上限是一个时隙帧加上赋予数据收集的时隙持续时间。

在最坏的情况下,节点在其被赋予的最后一个时隙中产生数据消息,因此该消息必须等到下一个时隙帧才能开始传送。在没有消息丢失的情况下,消息会在同一时隙帧中传送到汇聚节点,因此该数据消息会在时隙帧最后一个时隙到达汇聚节点,故服从属性 2。

属性 3

在原始数据汇集中,分配给传感器节点的最小时隙数量的下限为 $\max(S_n, S_t)$,其中:

$$S_n = \left[\sum_{u \in \text{WSN}} \text{Gen}(u)/g \right] \qquad (9.2)$$

$$S_t = \text{Gen}(c_1) + 2 \sum_{\substack{v \in \text{subtree}(c_1) \\ v \neq c_1}} \text{Gen}(v) + \delta \qquad (9.3)$$

式中 $g = \min(\text{ninterf}, \text{nchild}, \text{nchannel})$,其中 ninterf 表示汇聚节点的无线接口数量,nchild 表示汇聚节点的子节点数量,nchannel > 1 表示用于数据汇集的可用信道数量。将汇聚节点的子节点按照所需时隙降序排列,如果第 $(g+1)$ 个子节点请求与第一个子节点相同数量的时隙时,则 $\delta = 1$,否则 $\delta = 0$。

这个属性的证明可以在文献[39]中找到。根据这个属性,我们可以定义两种类型的拓扑:

● T_n 型拓扑结构,最小时隙数由式(9.2)给出。在这样的拓扑结构中,所有子树中时隙请求的分布都相同。这种拓扑结构如图9.3(a)所示。

● T_t 型拓扑结构,最小时隙数由式(9.3)给出。在这样的拓扑结构中,时隙的数量由需求最多的子树所确定。图9.3(b)描述了一个这样的例子。

假设每个节点在每个数据收集周期内生成一条数据消息,表9.2给出了原始数据汇集所需的最小时隙数。

表9.2　所需的最小时隙数

拓扑类型	汇聚节点有 1 个接口	汇聚节点有 2 个接口		汇聚节点有 3 个接口	
	2 个信道	2 个信道	3 个信道	2 个信道	3 个信道
T_n	19	13	13	13	13
T_t	9	6	6	6	5

表9.2表明,对2个信道的 T_n 型拓扑而言,若汇聚节点有两个无线接口则只需要6个时隙,但若只有1个无线接口就需要9个时隙。而当无线接口增加到3个时,只有信道数随之增加到3个,才能使最小时隙数减少到5个。对于2个信道的 T_t 型拓扑而言,若汇聚节点只有1个无线接口就需要19个时隙,有2个无线接口则需要13个时隙。此时,无论是将信道数或是无线接口数或是将两者同时增加到3个,也不会使最小时隙数减小。因此,为汇聚节点配备比可用信道数量或其子节点数量更多的无线接口是没有用的。

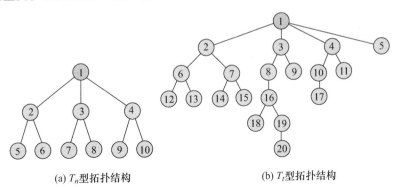

(a) T_n型拓扑结构　　　　(b) T_t型拓扑结构

图9.3　拓扑结构示例

属性3强调了构建路由树的重要性,其中没有子树请求比平均值高得多的时隙。当路由树的所有子树在时隙请求上保持均衡时,在数据收集中需要的时隙数更少。

属性4

如果 nchannel $\leqslant$ ninterf $<$ nchild,且 $g \times \max(S_t, S_n) \geqslant \sum_{u \in \mathrm{WSN}} \mathrm{Gen}(u) + \mathrm{Rcv}(\mathrm{ch})$,则无论有无立即确认,异构多信道WSN中原始数据采集所需的最小时隙数都等于

$\max(S_t, S_n)$,其中 $\mathrm{Rcv}(\mathrm{ch})$ 为汇聚节点所有子节点中接收数据包数最多的子节点 ch 的接收包数。

$g \times \max(S_t, S_n)$ 的数量表示汇聚节点的子节点可以利用的传输机会数量，$\sum_{u \in \mathrm{WSN}} \mathrm{Gen}(u)$ 为必须发送到汇聚节点的消息数量。每个传输都使用 g 个可用接口和信道中的 1 个接口和 1 个信道。如果 nchannel $\leqslant$ ninterf < nchild，则汇聚节点的任意子节点都将选择这 g 个信道之一来进行传输。因此，根据立即确认方案，汇聚节点的这个子节点会发生冲突。为避免冲突，我们应该使 $g \times \max(S_t, S_n) \geqslant \sum_{u \in \mathrm{WSN}} \mathrm{Gen}(u) + \mathrm{Rcv}(\mathrm{ch})$，其中 ch 表示汇聚节点的接收数据包数最多的子节点。在这种情况下可以避免冲突，并且无论有没有立即确认，时隙的数量都是相同的，等于 $\max(S_t, S_n)$。故满足属性 4。

9.3.6　用于数据采集的介质访问控制

Wu 等[16]提出了一种基于集中树的多通道协议（TMCP）用于数据收集，它使用固定信道分配方法。整个网络被划分为具有相同根节点的多个子树，每个子树被分配不同的信道。TMCP 找到可用的正交信道，将整个网络划分为若干子树并为各自分配不同的信道。TMCP 可以提高单信道解决方案的吞吐量，同时保持较高的数据包传送率和较低的延迟。但是，TMCP 会阻止属于不同子树的节点之间的直接通信。

9.3.7　用于数据汇集的多信道路由

在所有节点将数据发送到一个目的地（即汇聚节点）的汇集情况下，建立到所有目的地的路由没有用处，只需建立从每个传感器节点到汇聚节点的路由就足够了。此路由树通常采用梯度方法构建：汇聚节点广播包含成本的消息。接收到此消息的节点选定父节点的条件是：当且仅当传送消息的节点是其单跳节点且提供的成本最小时。在这种情况下，接收节点在转发消息之前会将消息中的成本数据进行更新。最著名的例子是由低功率损耗网络（RPL）的 IPv6 路由协议[40]给出的。还有其他一些例子，如多信道优化延迟时隙分配（MODESA）是一种用于 WSN 中原始数据汇集的优化的多通道时隙分配协议，用于邻居发现和路由构建。9.4 节给出了 MODESA 的更详细描述。

节点也可以选择几个潜在的父节点。例如，假设成本简单地等于节点的深度，任何非汇聚节点的节点（$u \neq \mathrm{sink}$）都可以从其单跳邻居（即与它具有对称链路的节点）中选择那些深度小于自己的节点作为其父节点。递归计算节点的深度：汇聚节点深度为 0，其单跳邻居深度为 1，依此类推。请注意，真实多信道网络中节点的深度可能因信道而不同。

选择潜在父节点时也可以考虑链路质量的统计值。如 IEEE 802.15.4e TSCH 网络[41]中所做的那样,具有高链路质量的潜在父节点更频繁地用于传送应用消息。

9.3.8 集中式和分布式无冲突调度算法

任何无冲突调度都由一系列元组(发送者、接收者、信道、时隙)周期性复制而成。在任意拓扑结构的单信道网络中,寻找最小时隙数的无冲突调度已被证明是 NP – hard 问题[42],这就是为什么通常采用启发式算法来计算时隙和信道分配的原因。这种调度可以以集中或分布的方式进行计算。集中调度算法可以达到最少的时隙数,但适应的网络规模有限。相比之下,分布式算法能够支持大量的节点,但可能远不是最优的。集中式调度算法的例子有 TMCP[16] 和 MODESA [23],分布式算法包括 DeTAS[43] 和 Wave[39]。

假设流量感知的时隙和信道分配方案使数据收集延迟最小化,现在评估这两种调度算法各自所需的控制信息数量。我们首先观察到集中式和分布式的分配方案都采用:

- 邻居发现:每个节点都发现其邻居并检查链路的对称性;
- 路由树构造:通过交换包括发送节点深度在内的消息,从而构建用于数据收集的路由树。节点的深度代表到汇聚节点的距离,这个距离用跳数表示。

在集中式分配中,每个非汇聚节点 $u \neq sink$,其在路由树中的深度为 $\text{Depth}(u)$,向汇聚节点传输包含路由树中父节点和子节点的邻居表及其流量需求 $\text{Gen}(u)$。该消息需要 $\text{Depth}(u)$ 跳才能到达汇聚节点。我们可以得到总共 $\sum_{u} \text{Depth}(u)$ 个传输,也可写成 $\text{AverageDepth} \cdot (N-1)$。然后由汇聚节点计算无冲突的调度表并将其广播到所有传感器节点。因此,集中模式建立无冲突调度所需要传输的总消息数为 $\text{AverageDepth} \cdot (N-1)$ 将调度表广播到所有节点所需的消息数。假设包含调度表的消息必须被分成 K 段以满足标准 MAC 协议允许的最大数据帧尺寸要求。在最坏情况下,广播调度表到所有节点需要 $K \cdot (N-1)$ 条消息。因此,集中式分配方案需要 $(\text{AverageDepth} + K) \cdot (N-1)$ 次传输。

在分布式分配中,假设任意节点 u 都将 $\text{Trans}(u)$ 用作时隙和信道分配的优先级。所有节点 u 都根据式(9.1)来计算 $\text{Trans}(u)$ 并将其发送给其父节点 $\text{Parent}(u)$。这需要 $N-1$ 条消息来使所有节点知道它们自己的 $\text{Trans}(u)$ 值,其中 N 是 WSN 中的总节点数。任意非汇聚节点 u 需要首先向冲突节点通告其优先级,然后通告其时隙分配。因此,节点 u 将其时隙分配通告给它的单跳邻居。由其父节点和距节点 u 或其父节点 $\text{Parent}(u)$ 为单跳的节点将该通告信息向前传送。因此,u 的时隙分配需要 $1 + V + V = 2V + 1$ 条消息,其中 V 表示每个节点的平均邻居数量。我们有 $N-1$ 个传感器节点,且每个节点首先向其冲突节点通告其优先级,然后通告其信道分配,因此共需要 $2 \cdot (2V+1) \cdot (N-1) = (4V+2) \cdot (N-1)$ 条消息来建立

173

无冲突调度。

因此,当且仅当满足以下条件时,集中式分配所需消息数量的性能优于分布式分配:

$$(\text{AverageDepth} + K) \cdot (N-1) \leqslant (4V+2) \cdot (N-1)$$

属性 5

当且仅当 $K \leqslant 4V+2 - \text{AverageDepth}$ 时,集中式分配需要的控制消息少于分布式分配,其中 V 为每个节点的平均邻居数,AverageDepth 是所有节点距汇聚节点的平均深度,K 是调度表的分段数量。

9.4 解决实例——SAHARA 项目

本节所介绍的工作是大型 SAHARA 项目的一部分。

9.4.1 解决方案介绍

现在介绍一个路由、时隙和频率联合分配解决方案的实例,它通过使用级联信标来确保多跳同步。信令业务通过专用信道传输,但需要指出的是,该信道也可用于传输数据流。假设这种控制信道确保了网络的连通性。

9.4.1.1 基于 IEEE 802.15.4 标准的解决方案

IEEE 802.15.4 标准的物理层已被许多其他标准采用,如 ZigBee[13],WirelessHART[44] 和 ISA100.11a[45]。它基于可靠的调制技术实现符号冗余,并确保良好的抗多径干扰能力,从而便于室内部署。它在 2.4GHz 频段和 16 个正交信道上提供 250kbit/s 的传输速率,使其成为多信道 MAC 协议的理想选择。因此,该物理层已在 SAHARA 项目中得到采用。

9.4.1.2 网络部署

如前所述,我们针对的是静态部署问题,即节点部署后保持静止。要激活的第一个节点是负责创建网络和管理时间同步的节点。该特定节点使用周期性信标帧来通知其存在,可以选择汇聚节点来扮演这个角色。信标帧将帮助其他节点在指定的控制信道上扫描时检测管理节点的存在。当其他节点被激活时,它们将检测信标并向汇聚节点发送加入请求。一旦节点被允许成为网络的一部分(网络准入过程超出本章的范围),该节点将传播它收到的信标。为了避免信标帧之间的冲突,汇聚节点规定信标应该以何种顺序传播。因此,信标以无冲突的 TDMA 方式发送,其中每个节点拥有属于自己的用于广播信标帧的时隙。距离汇聚节点多跳的节点将以多跳的方式向汇聚节点发送加入请求。在联合响应信息中,节点被告知传播顺序。为了使其他节点更新它们的传播顺序,信标中将包含 m 个连续信标周期内的更新(信标周期是指汇聚节点连续 2 次发送信标的时间间隔),包含更新而不是完整的节点列表使得这种机制具有可扩展性。关于信标传播机制的更多细节可以在文献[46]中找到。

9.4.1.3　时隙帧

描述节点活动组织的时隙帧由 4 个时段组成:

- 1 个同步周期:使用控制信道传播且包含多跳信标;
- 1 个控制周期:允许使用控制信道传输 CSMA/CA 中网络控制消息;
- 1 个数据周期:使用包括控制信道在内的所有可用信道,根据无冲突调度来收集应用数据;
- 1 个休眠周期:所有网络节点休眠以节省节点能量。

9.4.1.4　多接口汇聚节点

为了增强汇聚节点的接收吞吐量,使用多接口汇聚节点,从而能够同时从不同的信道进行接收。汇聚节点的无线接口数量至多等于可用信道数量和子节点数量中的较大者。

9.4.1.5　邻居发现

多信道环境的邻居发现是在由应用定义的信道列表的每个信道上连续完成的。在正在进行邻居发现的信道上,每个节点广播 1 条包含其单跳邻居列表的 Hello 消息。汇聚节点启动 Hello 消息级联。Hello 消息从汇聚节点通过逐跳传播的方式传输到网络的最远节点。处于深度 d 的各个节点从那些距汇聚节点更近的邻居接收 Hello 消息,并通过随机时偏抖动来传输它自己的 Hello 消息以避免冲突。经过几次交换 Hello 消息检查链路的对称性,且如果其邻居稳定,则每个节点向汇聚节点发送 Notify 消息。非汇聚节点发送的 Notify 消息包含其深度、邻居和一些应用信息(例如所需的时隙数量或无线接口数量)。Notify 消息由负责计算时隙和信道联合分配的汇聚节点来处理。

9.4.1.6　无冲突调度

因为我们的应用满足属性 5 的条件,所以使用集中式算法来进行时隙和信道联合分配,称为 MODESA[23]。根据属性 1,节点从收集的单跳邻居中计算任何非汇聚节点的冲突节点和潜在父节点。汇聚集点在选择用于收集全网络数据的路由时,也一同进行信道和时隙分配。

在最初的信道发现期间,希望缩短首次数据收集的延迟。这就是为什么在发现第一个信道之后,就立即建立第一个调度以收集数据。每次发现一个新的信道,就会重建调度以充分利用并行传输。此后,Notify 消息中的任何信息变化都可能导致当前调度的更新或创建新的调度。

Livolant 等[47]计算了采用各种标准(CoAP[48],RPL,IPv6,IEEE 802.15.4e)将集中调度安装到网络时所需要的成本,并将它们与 SAHARA 解决方案进行了比较。该成本根据网络中发送的数据包数量和延迟进行评估。使用这些标准的成本比

SAHARA 解决方案高得多。

9.4.2 实例分析

如图 9.4 所示,考虑一个具有 8 个节点和 3 个信道的网络,为简单起见,所有信道的拓扑结构都是相同的。每个属于{3,4,6,7,8}的节点在每个时隙帧生成 1 个数据包,而节点 2 和节点 5 每个时隙帧生成 2 个数据包。标记为节点 1 的汇聚节点具有 3 个无线接口。

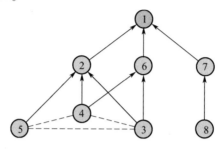

图 9.4　一个拓扑示例

对于这个网络示例,其中 AverageDepth = 1.57, $V = 3$,只要 $K \leqslant 12.43$ 个分段,则时隙和信道的集中式分配就优于分布式分配。

MODESA 提供了表 9.3 中给出的调度。我们注意到在时隙 1 和时隙 3,3 个信道同时被使用。汇聚节点的 3 个接口在时隙 1 均处于活动状态:它们从节点 2、节点 6 和节点 7 接收。在时隙 2 中,我们注意到信道 2 上的空间复用:相距 4 跳的节点 3 和节点 8 在同一个信道上同时发送。

表 9.3　MODESA 针对具有 3 个无线接口的汇聚节点和
具有 3 个信道的网络所获得的调度

时隙 信道	1	2	3	4	5	6
1	2→1	2→1	6→1	2→1	6→1	2→1
2	6→1	3→6 8→7	7→1	4→6	5→2	
3	7→1		5→2			

9.4.3 解决方案性能评估

9.4.3.1 多信道和多个无线接口对汇集吞吐量的影响

我们首先评估在汇聚节点上使用多个信道和多个无线接口的好处,使用 NS-2 模拟器进行仿真。图中的每个点表示使用 50 个节点的随机拓扑进行 100 次重复所生成的平均值。数据包的大小是 50byte。我们根据计算得到的汇聚节点每秒接收到的数据包数,评估了以下各种 MAC 协议的总吞吐性能。

176

- 9.2.9.3 节介绍的 WSN"混合多信道(HMC)"MAC 协议[29];
- 随机分配——一种以随机方式向节点分配信道的多信道 MAC 协议;
- 单一信道(1channel)——标准 CSMA/CA 使用单个信道。

首先,我们在图 9.5(a) 中显示使用多个信道的好处。仿真结果表明,即使以随机方式分配信道,也具有比使用单个信道更好的性能。HMC 比随机分配要好,因为它考虑了邻居节点之间的干扰。图 9.5(b) 显示了相同协议的仿真结果,但在汇聚节点使用了 3 个无线接口。这里展示了在汇聚节点上使用多个无线接口的好处。"1 信道"协议是 MAC 协议,它在汇聚节点的每个无线接口上使用 1 个信道。结果清楚地表明,当将多个信道与汇聚节点的多个无线接口相结合时,总吞吐量得到了提高。

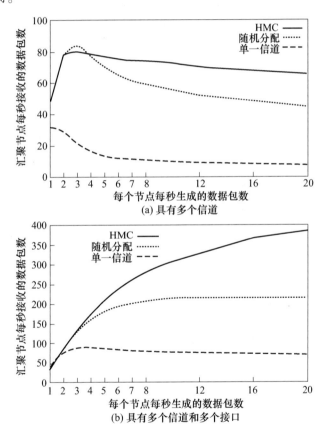

图 9.5 汇聚节点每秒接收的数据包数

下面通过与 2 种调度方法相比较,评估 MODESA 的性能:
- 最优值,为任意配置提供最小的时隙数;
- TMCP,一种基于相关簇的多信道调度。

我们还记得 TMCP 将拓扑树分成了多个子树,通过为子树分配不同的信道使

177

树间干扰最小化,同一子树中的所有节点在同一个信道上进行通信。对于 TMCP,我们将节点的优先级设置为等于其深度。假设信道的数量等于子树的数量。

区分两种情况:
- 同构数据流,所有节点在每个数据收集周期内生成 1 个数据包;
- 异构数据流,其中有的传感器节点每个数据采集周期产生多个数据包(即节点具有不同的采样率)。

9.4.3.2 具有单一无线接口的汇聚节点和同构数据流

在第一组仿真中,假设数据流为同构的,且汇聚节点只有单一无线接口。我们对完成数据汇集所需的时隙数、缓冲区数量和时隙重用率进行比较,结果见图 9.6 和图 9.7。总体而言,MODESA 的性能优于 TMCP。

仔细查看图 9.6 中绘制的结果,我们发现在具有 100 个节点的配置中,MODESA 在 T_t 配置中使用的时隙数比 TMCP 少 20%(在 T_n 配置中为 23%)。这与图 9.7(b)中的评估结果一致,其中我们的信道和时隙联合分配实现了比 TMCP 更高的时隙重用率。此外,如图 9.6 所示,MODESA 在 T_t 配置中较最优值的偏差仍然小于 9%(在 T_n 配置中为 7%)。此外,TMCP 比 MODESA 需要更多的缓冲区:如图 9.7(a)所示,在 100 个节点的拓扑中,MODESA 只需要 15 个缓冲区,而 TMCP 需要 44 个缓冲区。这可以通过 MODESA 在调度节点时考虑了缓冲区中数据包的数量这个事实来解释。

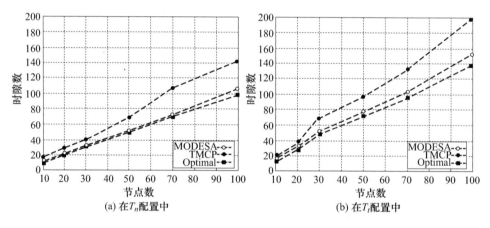

图 9.6 TMCP 和 MODESA 使用的时隙数与最优值的比较

9.4.3.3 接收器无线接口数量的影响

我们通过仿真进一步研究了 MODESA 和 TMCP 的行为,其中汇聚节点配备了与子树数量相同的无线接口。每个无线接口工作在不同的信道上,所以汇聚节点可以同时从其子节点接收数据。假设每个节点总是在每个数据收集周期内生成 1 个数据包。

图 9.8 显示了与图 9.6 中相同的曲线行为。对于小型拓扑结构(≤30),

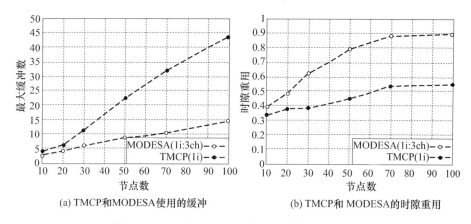

(a) TMCP和MODESA使用的缓冲　　　　(b) TMCP和MODESA的时隙重用

图 9.7　TMCP 和 MODESA 使用的缓冲和时隙重用

MODESA 和 TMCP 的性能非常接近。但是当节点数量增加时,算法之间的差距变得巨大。这些结果清楚地显示了 MODESA 在调度方面的出色表现。

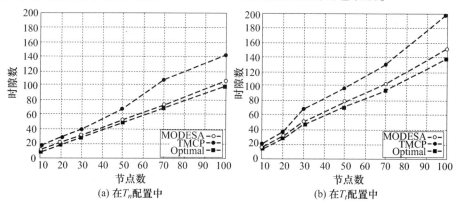

(a) 在T_n配置中　　　　(b) 在T_r配置中

图 9.8　TMCP 和 MODESA 使用的时隙数与最优值的比较(多个无线接口)

9.4.3.4　附加链路的影响

在数据收集应用中计算无冲突调度的算法通常采用的假设是,所有不属于路由树的干扰链路都被基于接收机的信道分配所消除。然而,已经证明[49]将最小数量的信道分配给接收机,使得所有干扰链路被移除是一个 NP – 完全问题。需要特别注意的是,MODESA 并不要求消除所有干扰链路。如下例所示,MODESA 很容易考虑到附加干扰链路的存在。考虑图 9.9 所示的拓扑结构,其中路由树采用实线描绘,而附加的干扰链路采用虚线描绘。汇聚节点只有 1 个无线接口,每个节点在每个数据收集周期内生成 1 个数据包。在路由树的每个链路上,符号 $slot_{i_{channel_j}}$ 表示在时隙 i 和信道 j 的这个定向链路上有传输。如果在考虑的链路上需要多个传输,它们用分号隔开。表 9.4 总结了 MODESA 所需的时隙数量。

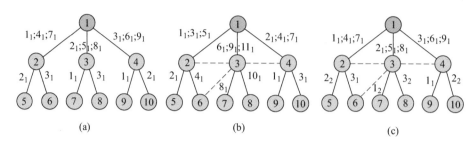

图 9.9　考虑附加链路的拓扑

表 9.4　MODESA 对于具有单个接口的汇聚节点所需的时隙数量

信道数	1	1	2
附加链路	无	有	有
插图	图 9.9(a)	图 9.9(b)	图 9.9(c)
MODESA 的时隙数	9	11	9

在没有附加链路的情况下,需要 9 个时隙才能完成数据汇集。但当添加额外的干扰链路时,需要 2 个额外的时隙。增加额外的调度信道会允许更多的并行传输,因此需要重新建立初始调度长度。

为了进一步研究干扰链路对调度长度的影响,进行了另一组模拟。在下面介绍的结果中,汇聚节点配备了与其子节点数量相同的无线接口,且信道数量等于无线接口的数量。通过如下方式增加附加链路:对于每一个处于路由树中深度 d 为偶数的节点,为其增加一条附加链路到深度为 $d-1$ 但非父节点的上层节点,另外以 50% 的概率为其增加一条附加链路到深度为 $d+1$ 但非子节点的下层节点,平均增加了 60% 的附加链接。从图 9.9 可以看出,附加链路的影响取决于路由树。对 MODESA 和 TMCP 而言,最差的路由树都是 T_l 配置。对于 100 个节点,MODESA 需要 13 个额外的时隙完成 T_l 配置的数据汇集,而 T_n 配置中只需要 5 个时隙。值得注意的是,对于 MODESA 来说,由于附加链路引起的附加时隙数比 TMCP 小,这说明 MODESA 更容易兼容其他冲突链接。

9.4.3.5　异构数据流

在第二类仿真中,汇聚节点也配备了与其子节点数量一样多的无线接口。首先考虑了图 9.10 所示的 3 种拓扑结构,各节点旁的数字表示该节点所需要的时隙数量。

如表 9.5 所列,对于所有这些拓扑结构,MODESA 都是最优的,需要的时隙数量最少,而 TMCP 在所有这些拓扑中都需要更多的时隙。另外,对于多线状和树状拓扑结构,MODESA 只需要 2 个无线接口和 2 个信道即可达到完成数据汇集所需的最佳时隙数量。但即使汇聚节点配备 3 个或 4 个无线接口,TMCP 也无法达到最佳值。这可以通过以下事实来解释:对单一信道上同一子树所有节点进行调度并不能确保高的空间复用率。

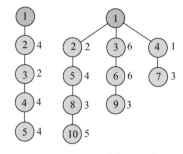

(a) 线状拓扑   (b) 多线状拓扑

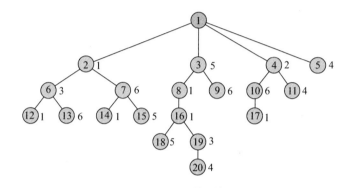

(c) 树状拓扑

图 9.10 具有异构数据流的 3 种拓扑结构

表 9.5 TMCP 和 MODESA 需要的时隙数与最优值的比较

	线状拓扑	多线状拓扑	树状拓扑
	1 个接口,1 个信道	3 个接口,3 个信道	4 个接口,4 个信道
最优值	24	26	45
MODESA	24	26	45
TMCP	32	34	58

图 9.11 所示的结果再次表明 MODESA 所需的时隙数接近最优值:在 T_l 配置中偏差为 5%(在 T_n 配置中为 3%)。另外,MODESA 明显优于 TMCP。

9.4.4 解决方案的鲁棒性和自适应性

本章所提出的解决方案支持连接到控制信道的任何网络拓扑,拓扑结构可能因信道而异。出于可靠性原因,选择了网状拓扑,因此每个节点都能够通过从其潜在父节点中选择另一个来应对其首选父节点的链路或节点故障。

在路由图中可能存在未使用的其他链接。这些链接可能会增加我们解决方案所避免的干扰。汇聚节点的无线接口数量可能会有所不同。考虑到物理层链路的错误率,每个节点被赋予的时隙数量高于它请求的数量以应对传输错误。

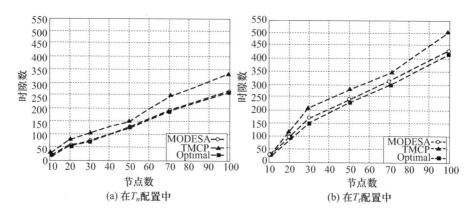

图 9.11 TMCP 和 MODESA 使用的时隙数与最优值的比较

该解决方案能够适应拓扑变化。节点加入网络后进行邻居发现,其中包括其潜在的父节点。然后它向汇聚节点发送 1 条 Notify 消息,由汇聚节点为该节点分配时隙和信道,用以传输其产生的数据。然后将该调度的更新广播到所有节点以便下一个时隙帧中应用。当节点离开网络时,更新无冲突调度以释放分配给该节点的传输时隙。如果与父节点的联系中断,更新无冲突调度以便在潜在节点中选择新的父节点。如果创建了新连接,则更新冲突节点。如果汇聚节点检测当前调度中没有冲突,则保留此调度,否则调度会被更新以避免冲突。此外,汇聚节点可以使用关于链路质量的统计信息来从所有潜在的父节点中选择最合适的父节点。

另外,该方案还考虑了应用需求的变化(如产生更多的数据流)[50],这种情况下将导致现有的调度被相应地更新。

总结这一部分,MODESA 依赖于有效的启发方式,提供了接近最优值的调度长度。它明显优于最先进的 TMCP 解决方案,改进量可高达 20%,同时它需要的缓冲区也更少。MODESA 的另一个优势是它足够灵活,可以应对其他干扰链接。

9.5 小   结

对于非关键数据的无线采集,飞行器对数据吞吐量、鲁棒性和延迟要求都很高。有线网络满足这些要求,但由于其线缆重量而成本很高。例如,空客 A380 有530km 的电线。同样,阿丽亚娜 – 5 型运载火箭中的接线占据了其航空电子产品质量的 70%。无线网络能够显著降低这种质量。然而,在机舱等狭小环境中的无线电传播是多种多样且难以预测的。尽管部署区域较小,但需要多跳和多信道解决方案来应对干扰和路径阻塞。多信道 WSN 能够满足这些要求。首先,多信道WSN 增加了传输的并行性,从而提高了吞吐量。此外,它们利用信道多样性来缓解内部和外部干扰,因此可以实现更高的数据传送率和更好的吞吐量。本章通过深入的仿真,对多信道 WSN 以及汇聚节点配备多个无线接口所带来的好处进行了评估。

基于多信道模式,已经提出 SAHARA 解决方案。在 MAC 层,通过将时隙分配和多信道访问相结合,提供了无冲突的介质访问调度。建立了数据收集所需的最小时隙数的理论值。强调了数据收集树的影响。MODESA 建立的集中调度接近最优值。SAHARA 解决方案也能够自动适应拓扑和流量变化,该解决方案的可行性已通过简单测试平台的实施验证。

作为进一步的工作,将对飞行器上的真实范例进行性能评估,以便在非常接近真实情况的环境中获得性能结果。但仍然存在一些问题,分布式调度算法仍在研究阶段,虽然它们提供了比集中式调度算法更好的可扩展性,但可能远不是最优的。WSN 的自适应性可以得到改善。例如,WSN 网络应该同时考虑到其所处的真实环境以及服务质量方面的应用要求,提供找到最佳折中方案的手段。此外,软件无线电由于其对无线传播的各种条件和各种业务量的自适应性而颇具吸引力。但是,技术问题(重量,体积和能量)不允许其立即集成到飞行器中。另一个未解决的问题是关于可实施并符合航空标准(例如 DO – 160)的现场可编程门阵列和/或智能天线的开发。

致谢

我们要感谢 SAHARA 项目的成员和 Richard James 提供的宝贵帮助。

参 考 文 献

[1] L. M. Miller, C. Guidi, T. Krabach, Space sensors for human investigation of planetary surfaces (Space-SHIPS), In Proceedings of the 2nd International Conference on Micro/Nanotechnology for Space Applications, NASA/JPL, Pasadena, CA, April 1999.

[2] J. M. Collignon, B. Rmili, An ultra low power RFID sensor platform for launchers applications, WISEE 2013.

[3] T. van den Berg, G. La Rocca and M. J. L. van Tooren, Automatic Flattening of Three – Dimensional Wiring Harnesses for Manufacturing, ICAS 2012.

[4] E. R. Martinez, J. A. Santos, R. David, M. Mojarradi, L. del Castillo, S. P. Jackson, Challenge of developmental flight instrumentation for Orion exploration flight test 1: Potential benefit of wireless technology for future Orion missions, IEEE WISEE, October 2014.

[5] WISE partners, D6.3.3 WISE Project, Publishable Final Activity Report, http://cordis. europa. eu/docs/publications/1270/127030191 – 6_en. pdf, November 2008.

[6] SWAN partners, Wireless Sensor Networks for Aircraft Maintenance Operations, http://triagnosys. com/swan.

[7] AUTOSENS partners, AUTOnomous SENSing microsystem, http://www. fnrae. org/1 – 39841 – Detail – projet. php? id_theme = 2& id_projet = 7.

[8] SMMART partners, System for Mobile Maintenance Accessible in Real Time, http://www. lintar. disco. unimib. it/space/Progetti/SMMART/ SMMART – 6220 – Project_Flyer. pdf.

[9] P. Minet, G. Chalhoub, E. Livolant, M. Misson, B. Rmili, J. – F. Perelgritz, Adaptive wireless sensor networks for aircraft, IEEE WISEE 2015, Orlando, FL, December 2015.

[10] A. Liccardo, A. Mariscotti, A. Marrese, N. Pasquino, R. Schiano Lo Moriello, Statistical characterization of the 2. 45 GHz propagation channel aboard trains, ACTA IMEKO, 4(1): 44 – 52, 2015.

[11] B. Nkakanou, G. Y. Delisle, N. Hakem, Y. Coulibaly, UHF Propagation parameters to support wireless sensor networks for onboard trains Journal of Communication and Computers, August 2013, 10: 1120 – 1130.

[12] IEEE standard for local and metropolitan area networks Part 11: Wireless LAN medium access control (MAC) and physical layer(PHY) specifications, IEEE Std 802. 11 – 2012, Institute of Electrical and Electronics Engineers(IEEE), March 2012.

[13] Zigbee Specification, Document 053474r17, ZigBee Alliance, January 2008.

[14] G. Chalhoub, A Guitton, F. Jacquet, A. Freitas, M. Misson, Medium access control for a tree – based wireless sensor network: Synchronization management, IFIP Wireless Days, November 2008.

[15] G. Huang, A. Y. Zomaya, F. C. Delicato, P. F. Pires, Long term and large scale time synchronization in wireless sensor networks, Computer Communications, 37: 77 – 91, 2014.

[16] Y. Wu, J. A. Stankovic, T. He, Sh. Lin, Realistic and efficient multi – channel communications in wireless sensor networks, IEEE Infocom, April 2008.

[17] S. Lohier, A. Rachedi, I. Salhi, E. Livolant, Multichannel access for bandwidth improvement in IEEE 802. 15. 4 Wireless Sensor Network, IFIP/IEEE Wireless Days, November 2012.

[18] B. Priya, S. S. Manohar, EE – MAC: Energy efficient hybrid MAC for WSN, International Journal of Distributed Sensor Networks 2013. Article ID 526383.

[19] G. Zhou, Ch. Huang, T. Yan, T. He, J. A. Stankovic, MMSN: Multi – frequency media access control for wireless sensor networks, IEEE Infocom, 2006.

[20] J. Borms, K. Steenhaut, B. Lemmens, Low – overhead dynamic multi – channel MAC for wireless sensor networks, EWSN, February 2010.

[21] O. D. Incel, P. Jansen, S. Mullender, MC – LMAC: A multi – channel MAC protocol for wireless sensor networks, Technical Report TR – CTIT – 08 – 61, Centre for Telematics and Information Technology, 2008.

[22] R. Diab, G. Chalhoub, M. Misson, Evaluation of a hybrid multi – channel MAC protocol for periodic and burst traffic, IEEE LCN, September 2014.

[23] R. Soua, P. Minet, E. Livolant, MODESA: an optimized multichannel slot assignment for raw data convergecast in wireless sensor networks, IPCCC 2012, December 2012.

[24] P. Minet, S. Mahfoudh, G. Chalhoub, A. Guitton, Node coloring in a Wireless sensor network with unidirectional links and topology changes, IEEE WCNC, April 2010.

[25] T. Watteyne, A. Mehta, K. Pister, Reliability through frequency diversity: why channel hopping makes sense, ACM PE – WASUN, October 2009.

[26] K. Pister, L. Doherty, TSMP: Time synchronised mesh protocol, in Parallel and Distributed Computing and Systems(PDCS), Orlando, Florida, November 2008.

[27] Y. Kim, H. Shin, H. Cha, Y – MAC: An energy – efficient multi – channel MAC protocol for dense wireless sensor networks, International Conference on Information Processing in Sensor Networks, 2008.

[28] J. Polastre, J. Hill, D. Culler, Versatile low power media access for wireless sensor networks, ACM Sensys, November 2004.

[29] G. Chalhoub, R. Diab, M. Misson, HMC – MAC Protocol for high data rate wireless sensor networks, Electronics, 4(2): 359 – 379, 2015.

[30] E. – O. Blass, J. Horneber, M. Zitterbart, Analyzing data prediction in wireless sensor networks, in Proc. IEEE Vehicular Technology Conference, VTC Spring 2008, 2008.

[31] K. Akkaya, M. Younis, A survey on routing protocols for wireless sensor networks. Ad Hoc Networks, 3

(3): 325 – 349, 2005.

[32] K. Zeng, W. Lou, J. Yang, D. R. Brown III, On geographic collaborative forwarding in wireless ad hoc and sensor networks, International Conference on Wireless Algorithms, Systems and Applications(WASA), 2007.

[33] Jun Luo; Hubaux, J. – P., Joint mobility and routing for lifetime elongation in wireless sensor networks, 24th Annual Joint Conference of the IEEE Computer and Communications Societies(INFOCOM 2005), 2005.

[34] I. Papadimitriou, L. Georgiadis, Energy – aware routing to maximize lifetime in wireless sensor networks with mobile sink. Journal of Communications Software and Systems, 2(2), 141 – 151, 2006.

[35] L. Pelusi, A. Passarella, M. Conti, Opportunistic networking: data forwarding in disconnected mobile ad hoc networks, IEEE Communications Magazine, 44(11): 134 – 141, 2006.

[36] R. C. Shah, S. Roy, S. Jain, W. Brunette, Data MULEs: modeling a three – tier architecture for sparse sensor networks, IEEE International Workshop on Sensor Network Protocols and Applications(SNPA 2003), 11 May 2003, pp. 30 – 41.

[37] C. H. Ou, K. F. Ssu, Routing with mobile relays in opportunistic sensor networks, in 18th Annual IEEE International Symposium on Personal, Indoor and Mobile Radio Communicatioons(PIRMC'07), 2007.

[38] S. Mahfoudh, P. Minet, I. Amdouni, Energy – efficient routing and node activity scheduling in the OCARI wireless sensor network, Future Internet 2010, 2(3): 308 – 340, 2010.

[39] R. Soua, P. Minet, E. Livolant, Wave: a distributed scheduling algorithm for convergecast in IEEE 802. 15. 4e TSCH networks, Transactions on Emerging Telecommunications Technologies, 27(4): 557 – 575, 2015.

[40] T. Winter, P. Thubert, A. Brandt, J. Hui, R. Kelsey, P. Levis, K. Pister, R. Struik, J. Vasseur, R. Alexander, RPL: IPv6 Routing Protocol for Low Power and Lossy Networks, RFC 6550, March 2012.

[41] IEEE Standard for Local and Metropolitan Area Networks – Part 15. 4: Low Rate Wireless Personal Area Networks(LR – WPANs) Amendment 1: MAC Sublayer, IEEE Std 802. 15. 4e – 2012, Institute of Electrical and Electronics Engineers(IEEE), April 2012.

[42] H. Choi, J. Wang, E. A. Hughes, Scheduling on sensor hybrid network, IEEE ICCCN, October 2005.

[43] N. Accettura, M. R. Palattela, G. Boggia, L. A. Grieco, M. Dohler, Decentralized traffic aware scheduling for multi – hop low power lossy networks in the Internet of Things, WoWMoM'13, Madrid, Spain, 2013.

[44] HART Communication Foundation, HART field communication protocol specifications, Tech. Rep., 2008.

[45] International Society of Automation, ISA100. 11a: 2009 wireless systems for industrial utomation: Process control and related applications, Draft standard, 2009.

[46] G. Chalhoub, M. Misson, Cluster – tree based energy efficient protocol for wireless sensor networks, IEEE ICNSC, April 2010.

[47] E. Livolant, P. Minet, T. Watteyne, The cost of installing a new communication schedule in a 6TiSCH low – power wireless network using CoAP(Extended version, Research Report RR – 8817, Inria, November 2015.

[48] Z. Shelby, K. Hartke, C. Bormann, The constrained application protocol(CoAP), Technical report RFC 7252, Internet Engineering Task Force, June 2014.

[49] A. Ghosh, O. D. Incel, V. S. A Kumar, B. Krishnamachari, Multichannel scheduling algorithms for fast aggregated convergecast in sensor networks, 6th IEEE International Conference on Mobile Adhoc and Sensor Systems, MASS 2009, October 2009.

[50] R. Soua, E. Livolant, P. Minet, Adaptive strategy for an optimized collision – free slot assignment in multichannel wireless sensor networks, Journal of Sensor and Actuator Networks, Special Issue on Advances in Sensor Network Operating Systems, 2(3): 449 – 485, 2013.

第10章　用于缺陷检测与定位的无线压电传感器系统

10.1　引　　言

结构健康监测(SHM)是一个可以持续监测和评估桥梁、火车、海上油库和飞机机翼等结构完整性的系统,能够使结构的性能和安全性保持在适当的水平。缺陷检测是SHM的一个新兴领域,它不仅能够通过尽量减少检查维护次数来降低成本,还可以在较早阶段防止灾难性故障的发生。这对于开发自主监测结构特别有用,其中集成了"智能"材料。

基于兰姆波(Lamb wave)的缺陷检测和定位方法是一种众所周知的非破坏性评估方法,已经在SHM中得到广泛应用[1-2],它利用超声导波来识别结构中的退化和缺陷(如裂纹)。兰姆波状态监测的基础是兰姆波传播与结构缺陷之间的相互作用。例如,薄结构中的裂纹在兰姆波传播路径中引入新的边界(不连续),这导致反射、散射和模态转换。这些相互作用可以通过兰姆波传播特性的变化来观察,例如幅度、模态、频率和传播延迟,由此可以确定传输路径是否包含缺陷以及缺陷的位置和大小。目前已经开发了许多方法来提高缺陷定位精度,减小尺寸并降低部署和维护成本。过去10年里,在基于兰姆波的状态监测领域,压电陶瓷传感器的使用得到了广泛关注。基于压电陶瓷的兰姆波状态监测和缺陷检测技术的综合研究见文献[1]。由于具有简单、耐用、小尺寸和低成本的特点,基于压电陶瓷的兰姆波监测技术已在SHM缺陷检测领域显示了广阔的应用前景[3]。

压电陶瓷网络在SHM中的典型应用包括桥梁、管道、飞机机翼和无人机的状态监测。Yapar等[4]使用声发射压电传感器对桥梁进行监测,在三种代表性桥梁:钢梁、钢筋混凝土和预应力混凝土的实验和数值研究中,对声学压电陶瓷监测的有效性和适用性进行了评估。Gu等[5]介绍了基于压电的强度监测技术,该技术使用了在浇铸阶段嵌入到混凝土试样中的压电陶瓷传感器。文献[6]报道了混凝土结构SHM中嵌入式压电陶瓷传感器的最新发展。表面粘贴的压电陶瓷传感器已经用于监测梁单元中的声表面波传播[7]。采用非线性兰姆波技术的压电陶瓷传感器已经被开发和验证用于高速列车转向架的疲劳裂纹检测和在线缺陷监测[8]。

压电陶瓷兰姆波技术的另一个新兴应用是无人驾驶飞行器(UAV)的运行状

况和事件监测。相比于载人飞行系统,UAV 的在线 SHM 要求更高。与有人驾驶飞机不同,UAV 没有飞行员来感测和观察突发事件。此外,大多数的无人机部件是由多层复合材料制成,更容易发生内部缺陷,但也更加难以检测。Qiu 和 Yuan[2]设计了有线多通道压电陶瓷阵列来对 UAV 翼盒进行缺陷检测(见图 10.1(a))。Oliver等[9]使用嵌入式或表面贴装式压电陶瓷传感器探测 UAV 复合机翼的缺陷。作为由韩国国防发展局资助的 KASHMOS 项目的一部分,文献[10 - 11]对用于缺陷检测的压电陶瓷传感器进行了测试。文献[12]提出了一种具有多达 64 个压电陶瓷并行数据采集通道的碰撞事件传感系统,用于检测无人机发生碰撞事件的位置。文献[13 - 14]介绍了一种损伤检测方法,它使用紧凑型压电陶瓷传感器阵列来对飞机复合结构的单个或多个缺陷进行定位。文献[15]介绍了一种将无人机和图像处理以及数据采集程序集成于一体的创新协议,用于裂缝检测和表面退化评估。

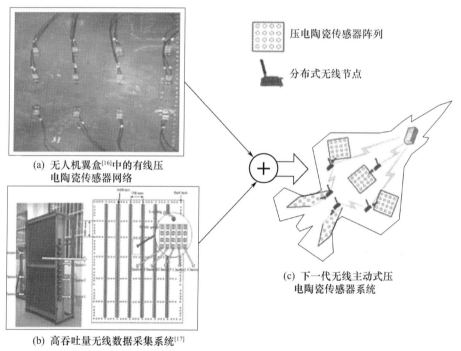

(a) 无人机翼盒[16]中的有线压电陶瓷传感器网络

(b) 高吞吐量无线数据采集系统[17]

压电陶瓷传感器阵列

分布式无线节点

(c) 下一代无线主动式压电陶瓷传感器系统

图 10.1　用于 SHM 的压电陶瓷传感器网络的应用实例和改进革新

无线通信技术和无线传感器网络(WSN)的成熟意味着无线 SHM 系统是实现快速、准确和低成本的结构监测大有前途的解决方案[17](见图 10.1(b))。该领域的最新发展是低成本的无线压电陶瓷传感器网络[18]。如图 10.1(c)所示,下一代SHM 将基于压电陶瓷的兰姆波技术与无线传输相结合,通过简单和无线部署实现大范围的 SHM。在这种基于在线压电陶瓷的 SHM 和事件监测系统中,一套压电陶瓷传感器通过表面粘贴方式安装到结构表面,或通过嵌入方式安装到结构内部。由于兰姆波的传播受到结构退化和缺陷的影响,可以通过密切监测从激发(换能)器传播到这些用于接收的压电陶瓷传感器的兰姆波特性,从而识别结构内的缺陷。

虽然已经有一些关于使用兰姆波进行缺陷定位的研究[16],但大多数是需要密集布线的有线系统,因此会导致高昂的部署和维护成本,这使得它们不适合大规模SHM 中的分布式传感。Martens 等[19] 使用具有高分辨率脉宽调制的 TI TMS320F28335 数字信号处理器和采用 4 MHz 采样速率的多通道模数转换器(ADC),研究了一种有线压电陶瓷传感器平台。但该平台是有线的,没有无线模块,不适用于广域监视的压电陶瓷网络。

基于无线压电陶瓷传感器的 SHM 除了具有自身优点之外,也给结构工程界带来了新的挑战,因为 WSN 节点的传统设计不适合 SHM 中的主动传感。WSN 的大多数现有应用(例如智能家居和环境监测)不需要高采样速率,因此传统的 WSN 节点仅支持数赫和数百赫之间的采样速率。然而,在基于兰姆波的 SHM 中,需要感测的波是高频信号(数百千赫级量级),并且往往需要很高的采样速率,因为采样速率直接影响缺陷定位的分辨率。另外,由于兰姆波传播的复杂性,缺陷检测算法通常是计算密集型的,并且需要相当大的数据处理能力。然而现有的 WSN 硬件节点(例如 Mica2,MicaZ 和 TelosB)专为低数据速率和相对较少计算量的应用而设计,这使得难以在现有的 WSN 硬件节点中进行兰姆波数据的本地处理。低数据速率的无线链路(IEEE 802.15.4 中最高为 125kbit/s)需要很长时间才能将原始兰姆波数据发送到远程中央服务器进行数据处理。

为了解决大量兰姆波数据和低无线传输速率的问题,文献[20]提出了基于兰姆波的 SHM 的新压缩感知方法,已经证实可以在压缩感知之后重建兰姆波。然而,由于分布式兰姆波数据处理所需的密集计算,将压缩感知方法嵌入无线节点仍然很困难。文献[21]提出使用 FPGA 的无线节点来实现主动压电陶瓷传感。另一种解决方案是将数字信号处理器硬件集成到压电陶瓷传感器节点中,以增强板载计算能力。Dong 等[22] 设计了一个带有 TMS320F28069 芯片的 Martlet 节点,该芯片可以支持 3MHz 采样速率的 MEMS 加速度计。无线压电陶瓷传感器和激发(换能)器节点也分别采用 TMS320C2811 和 TMS320F2812 芯片开发[23-24]。但是,这些平台缺乏压缩感知和分布式数据处理能力。

新设计的无线节点采用 TMS320F28335 数字信号处理器和改进的 IEEE 802.15.4 无线通信模块,通信速率高达 2Mbit/s[25]。每个节点连接到一组压电陶瓷传感器,并支持高达 12.5 MHz 的系统采样速率。其中一个压电陶瓷传感器用作超声波激发(换能)器,以任意频率将兰姆波导入目标结构,而在其他压电陶瓷传感器处的振动响应被同时感测。除硬件外,分布式数据处理算法已被设计为无线压电陶瓷传感器的智能"大脑"。因此,通过无线链路传输的数据量显著减少。这些特点使得压电陶瓷传感器 – 执行器节点可以轻松部署到广域 SHM 中。

本章的其余部分安排如下:10.2 节介绍基于兰姆波的缺陷检测和主动压电陶瓷检测的基本原理。10.3 节介绍新开发的用于 SHM 的无线压电陶瓷传感器网络。10.4 节介绍无线压电陶瓷传感器节点的详细设计。有关 SHM 的分布式信号处理过程将在 10.5 节中讨论,10.6 节进行总结,并概述未来发展趋势。

10.2 主动压电传感与缺陷检测

兰姆波也称为远距离超声波,是一种可以在较薄的板状结构中以很小的衰减传播相对较长距离的弹性导波,因此在非破坏式 SHM 中具有很大的应用潜力。压电陶瓷传感器坚固耐用,成本低,体积小,重量轻且节能,这些都满足 WSN 的特点。因此,兰姆波监测与新兴的无线压电陶瓷传感器的结合被认为是大型结构实时 SHM 的新一代方法。本节将介绍 SHM 中主动式压电陶瓷感测和兰姆波分析的原理。

10.2.1 主动压电传感技术

压电陶瓷传感器利用压电陶瓷材料中机械和电气状态之间的相互作用,通过将机械应力转化为电荷来测量机械应力,或反过来将施加到压电陶瓷材料上的电场转变为机械应力。后者被称为逆向压电效应,被广泛用于产生超声波。压电陶瓷传感器可以安装在现有结构表面或嵌入到复合材料内部。

近年来,人们在 SHM 中开始探索使用压电陶瓷传感器主动感测兰姆波。压电陶瓷传感器交替工作在超声波激励模式和被动检测模式下。在主动感测中,一组压电陶瓷传感器被部署在待监测结构的表面,同时通过一个或多个压电陶瓷传感器作为激励器来将兰姆波导入到结构中。其他压电陶瓷传感器则以被动模式工作,检测兰姆波在结构中传播时的到达情况。此外还需要一个开关电路来对这些传感器进行功能转换,以便在各个位置激发和监测兰姆波,以提高缺陷检测性能。

由于压电陶瓷传感器的耐用性好、重量轻、成本低,具有超声波激发或检测的双重作用,加之能效高,是超声波声学应用中使用最广泛的激励器和传感器。例如,安装在金属板表面的 25mm 圆形压电陶瓷传感器(见图 10.5)质量约为 1g,成本为几镑。压电陶瓷传感器在兰姆波产生和检测方面具有出色的性能,这些特性在基于兰姆波的嵌入式无线 SHM 中很受欢迎。

10.2.2 基于兰姆波的缺陷检测

兰姆波由 Horace Lamb 研究固体中这种特定类型的声波而得名。这是一种机械弹性变形波,通过结构的两个平行表面引导,在薄壁板状结构中传播。兰姆波是频率色散的,由两种基本波形组成:对称模式(用 S_n 表示)和反对称模式(用 A_n 表示)。兰姆波的频率响应可以表示为

$$H(l,\omega) = \sum_{A_n} a_n(l,\omega) \cdot e^{-j \cdot K_{A_n} \cdot l} + \sum_{S_n} b_n(l,\omega) \cdot e^{-j \cdot K_{S_n} \cdot l} \qquad (10.1)$$

式中,l 为传播距离,ω 表示角频率,下标 A_n 和 S_n 分别表示第 n 个反对称模式和第 n 个对称模式。a_n 和 $K_{A_n} = \omega/C_{A_n}$ 分别是 A_n 模式波的幅值和波数,其中 C_{A_n} 表示 A_n 模式波的相速度。b_n 和 $K_{S_n} = \omega/C_{S_n}$ 分别是 S_n 模式波的幅值和波数,其中 C_{S_n} 表示 S_n 模式波的相速度,相同的符号适用于第 n 个对称模式 S_n。在结构中传播的兰姆波的模式数量及其频率色散特性与兰姆波的频率和结构本身密切相关。另外,不同的模式具有不同的相速度,随着频率 f 和材料厚度 d 而变化。对于任意给定频率,至少存在两种模式(S_0 和 A_0)。在较低频率下(通常低于 100kHz),A_0 和 S_0 是兰姆波信号的主要模式(见图 10.3)。因此,式(10.1)可以近似为

$$H(l,\omega) = a_0(l,\omega) \cdot e^{-j \cdot K_{A_0} \cdot l} + b_0(l,\omega) \cdot e^{-j \cdot K_{S_0} \cdot l} \qquad (10.2)$$

同时存在两个或更多兰姆波模式会使兰姆波在检测结构缺陷时变得更加复杂。

如文献中所示,兰姆波的独特特征是它们与结构中缺陷的相互作用,表现为散射和/或模式转换。例如,薄的结构中的裂纹在兰姆波传播路径中引入新的边界(不连续)。当波穿过裂纹时将发生反射和散射,可能导致兰姆波传播特性的变化,包括幅度、模式、频率、传播延迟(被称为飞行时间(TOF))和方向的改变。通过检查传播特性的变化,可以确定路径中是否包含缺陷,甚至可以估计缺陷的类型和大小。许多算法都可用来测量这些特性,例如 TOF 的互相关、幅度的基线测试、快速傅里叶变换和频谱的短时频变换。根据这些特征,可以识别兰姆波路径中的散射,并可以定位缺陷。

通过分布在结构中不同位置的一组传感器对兰姆波进行同步测量可以确定它们的传播特性。测量由结构缺陷引起的兰姆波信号的变化并进行处理,可以提取诸如缺陷位置等确切信息。然而,特定的兰姆波模式可以更容易检测出某些缺陷。例如,S_0 模式更适合探测贯穿厚度的裂纹,而 A_0 模式更适合于发现腐蚀和剥离。

在将兰姆波信号加工成缺陷图像的过程中,兰姆波的色散特性和多模特性是面临的主要问题,它们不但使对实验数据的解释变得更加复杂,并且降低了波的空间分辨率。在 SHM 中将兰姆波分解成对称模式和反对称模式仍然是一项难题。目前已经开发了多种数据处理技术来解决,以便更好地解释和改进缺陷检测性能,本章后续将对这些技术进行介绍。

汉宁窗(Hanning window)调制的兰姆波:一种技术是将调制兰姆波作为窄频谱的脉冲(称为声频脉冲串)传输。短持续时间和窄频谱使得分别在时域和频域中分离不同的兰姆波模式变得更容易。例如汉宁窗调制的 5 周期正弦波,见图 10.2(c)。由于它们的相速度不同,不同的模式具有不同的 TOF,到达传感器的时间也不相同。短脉冲使得不同模式的兰姆波在时域中的不同时间到达。汉宁窗还具有抑制由于波形猝发或猝灭而引起的频率旁瓣的特性(图 10.2(c) 和图 10.2

（d）），使得所感应的兰姆波能量集中在激励频率附近的窄频带内。随着色散效应和带宽的降低，汉宁窗调制的兰姆波有助于兰姆波的数据解释并提高缺陷检测性能。

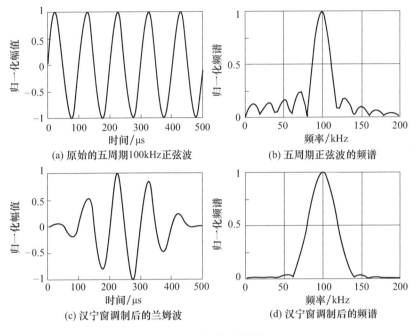

(a) 原始的五周期100kHz正弦波

(b) 五周期正弦波的频谱

(c) 汉宁窗调制后的兰姆波

(d) 汉宁窗调制后的频谱

图 10.2　汉宁窗调制

　　频率调谐：既然模式取决于频率，而频率色散又随频率 f 和材料厚度 d 而变化，因此最好找到兰姆波的最佳频率，使其包含低色散模式的兰姆波，以减少其他模式兰姆波干扰。选择适当频率的过程称为调谐。如图 10.3 所示可以找到最佳频率，在该频率下只有一种模式被激发，或者可以将多种模式轻松分离。此处特意选择 100kHz 的激励频率以避免具有不同群速度的两种模式发生重叠。结果显示，A_0 模式波显然需要比 S_0 模式波更长的时间才能到达压电陶瓷传感器。虽然兰姆波调谐需要花费大量时间和精力进行分析和测试，但它带来了很多优势，并可以针对特定应用来进行兰姆波的最优选择。

　　用于缺陷检测的数据处理和成像：一旦最佳频率被选定和调制，则由压电陶瓷传感器激发和感测兰姆波，并从检测到的信号中分解出各种模式以提取传播特性，随后就可以从这些传播特性中对缺陷进行估计。常见的缺陷检测方法是对结构缺陷状态与健康状态之间的兰姆波传播进行比较分析。文献[26]总结了通过兰姆波的比较分析而得到的可以检测出的缺陷类型。Ing 和 Fink[27]首次提出了兰姆波的时间反转用于结构缺陷诊断。Wang 等[28]提出了一种基于兰姆波时间反转的成像方法，利用兰姆波中提取的信息将材料缺陷显示为数字图像。这些方法需要来自无缺陷状态的基准数据[27-28]，并且对环境变化非常敏感。无基准的兰姆波是

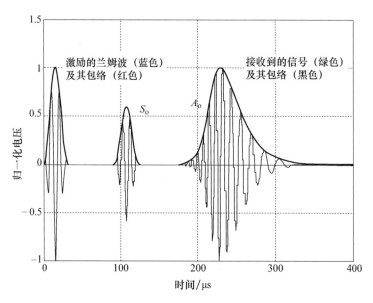

图 10.3　100kHz 兰姆波和它的响应(图中信号均进行了归一化以便于显示)(见彩图)

SHM 的首选。最近 Jun 和 Lee 提出了一种无基线的成像方法,利用从混合时间反转过程中提取的兰姆波的缺陷信号[29]。与其他无损检测中的成像技术[30]类似,兰姆波成像是最近开发的方法,并已被广泛应用于缺陷检测。该方法需要所有兰姆波模式的 TOF,因此必须提前对兰姆波进行模式分解。兰姆波分解的基本概念是指将兰姆波信号通过一组子函数的线性组合进行建模,也就是分解为兰姆波的基模的线性组合。基于这个概念提出的一种匹配追踪方法已被用于模式分解[23]。一种使用同心圆环和圆形压电陶瓷传感器的新技术也被提出,该技术尤其适用于兰姆波模式分解[31]。最近,Park 等[32]提出了两个规则:群速度比率规则和模式幅度比率规则,以进一步提高分解性能。在兰姆波成像和缺陷检测中,TOF 发挥着重要作用,无线压电陶瓷节点必须对数据采样进行同步以确保缺陷定位精度。

　　图 10.4 说明了 SHM 应用中基于压电陶瓷传感器的兰姆波成像技术原理。基于 TOF 的缺陷成像方法的实现过程如下:

　　(1) 获取第 i 个压电陶瓷传感器采集的兰姆波响应信号 $v_i(t)$。

　　(2) 采用滤波技术(如小波变换)来获得去噪信号 $s_i(t) = F(v_i(t))$,其中 $F(\cdot)$ 表示滤波处理,例如香农[33]和离散[34]小波变换。

　　(3) 使用希尔伯特变换提取包络以构造复解析信号 $x_i(t) = s_i(t) + \mathrm{j}H(s_i(t))$,其中 $H(s_i(t)) = -\dfrac{1}{\pi}\displaystyle\int_{-\infty}^{+\infty}\dfrac{s_i(\tau)}{t-\tau}\mathrm{d}t$ 是 $s_i(t)$ 的希尔伯特变换。因此,可以通过解析信号 $x_i(t)$ 的幅值来找到原始信号 $s_i(t)$ 的包络。

　　(4) 通过互相关函数值和阈值来检测 TOF。互相关函数被广泛用于检测两个信号之间的延迟。长度为 N 的两个离散信号 $x(n)$ 和 $y(n)$ 的互相关函数值 $R_{xy}(n)$

192

由 $R_{xy}(m) = \dfrac{1}{N}\sum_{n=0}^{N-1}x(n)y(n-m)$ 给出,其中 m 代表这两个信号之间的延迟。

在基于压电陶瓷的兰姆波检测中,由缺陷引起的反射类似于原始激发,并且可以通过找到 $R_{xy}(m)$ 的峰值来提取 TOF。

(5)如有必要,对兰姆波进行模式分解。

(6)一旦获得了 TOF 且兰姆波已进行了模式分解,则可以利用波传播速度来估计该缺陷到各个压电陶瓷传感器的距离。例如,对于模式 A_0 可以通过 $l_{Ri} = C_{A_0} \cdot$ TOF 确定从缺陷 R 到第 i 个压电陶瓷传感器的距离,其中 C_{A_0} 是 A_0 已知的传播速度。

(7)可以使用几何方法来进行缺陷定位。利用估计的距离,可以绘制出两个压电陶瓷传感器之间共享相同焦点的多个椭圆。缺陷的可能位置在两个椭圆的交点处。在位置 (x,y) 处的交点数代表存在缺陷的可能性,因此可以获取表示缺陷位置的图像。

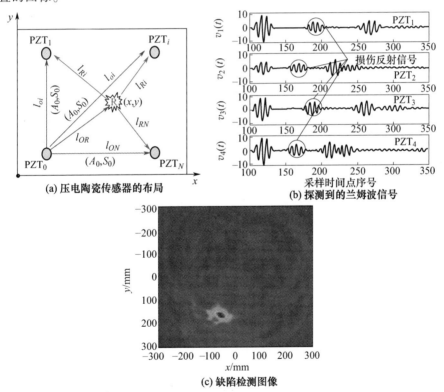

图 10.4　SHM 中基于压电陶瓷的兰姆波成像探测的原理和数据处理(见彩图)

另一种广泛使用的缺陷定位方法是时间反转聚焦[35]。在实际缺陷的位置或附近,时间反转聚焦信号将具有较高的幅度,因此可以通过合成的时间反转信号的幅度分布图像来表示缺陷区域。

10.3   无线压电陶瓷传感器网络

与大多数基于压电陶瓷的 SHM 系统类似,无线压电传感器网络由一组分布式无线节点组成,每个节点连接一组压电陶瓷传感器,这些传感器部署在被监测结构的不同区域,如图 10.5 所示。通常,无线压电陶瓷传感器网络由三类设备组成。

压电陶瓷传感器:压电陶瓷传感器可以工作在两种模式:根据施加在压电晶体上的电信号激励模式来激发弹性兰姆波,或者采用探测模式将响应的弹性兰姆波转换成电信号。

无线传感器节点:每个节点连接到多个压电陶瓷传感器(书中所提出的无线节点最多可以连接 16 个压电陶瓷通道),并决定压电陶瓷传感器的工作模式:一种模式是通过产生激励信号来驱动压电陶瓷传感器工作,另一种模式是读取来自压电陶瓷传感器转换得到的电信号。无线节点具有适用于处理兰姆波信号的计算资源。特别是考虑到无线网络中众多压电陶瓷传感器采集到的大量兰姆波数据和低功率无线通信(如 IEEE 802.15.4)中的低数据传输速率之间的矛盾,数据最好首先由无线节点进行本地处理,仅将有用的信息(信号包络、传播时间、波的模式)发送到基站以进行进一步处理。

基站和用户界面:由数据汇聚节点将来自无线节点的兰姆波传播特性进行聚合,以完成缺陷检测和定位。基站还可以作为协调器来进行无线数据传输的调度优化,并为多个无线传感器节点的兰姆波生成和检测提供时间同步服务。

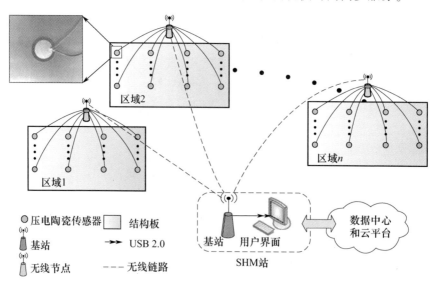

图 10.5   一个无线压电陶瓷传感器和监测网络的拓扑结构

根据应用需求和监视区域的大小,网络拓扑可以采用单簇或多簇。图 10.5 所示为单簇无线压电陶瓷传感器网络,这使得同步数据采集更容易。

10.4　无线压电陶瓷传感器节点

所提出的无线压电陶瓷传感器节点的功能框图如图 10.6 所示。无线压电陶瓷传感器节点由三部分组成:调理单元、数据处理单元和无线通信单元。

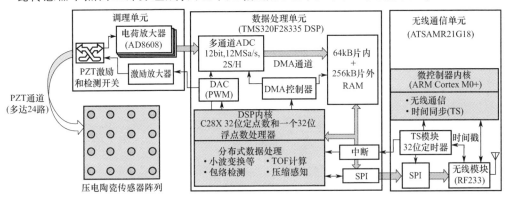

图 10.6　无线压电陶瓷传感器节点的功能框图

调理单元是一个模拟信号处理电路,它有两个任务:兰姆波激励和兰姆波检测。兰姆波激励是将由信号处理单元产生的低压(如 3.3V)兰姆波形放大到适当的较高电压,从而可以通过压电陶瓷传感器将期望的兰姆波导入到结构中。兰姆波检测是将由压电陶瓷传感器拾取的微弱含噪信号通过放大和滤波,变为信号处理单元中模数转换电路所适合的电平(如 3.3V)。文献[16,36]中介绍了激励和开关电路。在我们最近的工作[25]中,采用了一组由基于 AD8608 运算放大器的电荷放大器所组成的兰姆波检测电路。与受距离/衰减效应影响的电压前置放大器不同,电荷放大器可以保持信号的灵敏度,而不受从压电陶瓷传感器到前置放大器的距离影响。选择 AD8608 是因为其低偏置电流(最大 1pA),低噪声(最大 12nV)和低失调电压(最大 65μV)。电荷放大器的输出设置为 0.1~3.2V,与 ADC 的输入范围(0~3.2V)匹配,并具有 100mV 的保护裕度以保持线性。

所提出的系统中的数据处理单元基于 TI 公司的 TMS320F28335 数字信号处理器开发,该处理器能够进行同步高速数据采集。内置 12 位 ADC,转换时间为 80ns,两个独立采样保持单元支持同时转换。直接存储器访问(DMA)模块允许无线压电陶瓷传感器节点以高达 12.5MHz 的采样率采集传感器数据,而不会增加 CPU 的计算负担。信号处理单元的另一个核心功能是通过执行"智能"兰姆波处理算法(如模式分解和互相关检查,小波和/或希尔伯特变换,TOF 估计和压缩感知)进行分布式数据处理。

无线通信单元是基于 32 位 ARM Cortex – M0 + 处理器(Atmel 的 ATSAMR21)

和内置的超低功耗 IEEE 802. 15. 4 收发器(RF233),它支持 2Mbit/s 的数据速率,远远高于 IEEE 802. 15. 4 的 125kbit/s 标准速率。一旦信号处理单元完成数据处理,结果就会通过 SPI 接口发送到无线通信单元。无线通信单元的另一个任务是时间同步。众所周知,时间同步在所有基于 TOF 的 SHM 系统中起着关键作用。时间同步误差将降低到达时间的计算准确性和缺陷定位的分辨率。正因为如此,所设计的硬件系统中采用双处理器架构,第二个处理器(无线通信单元中的 AT-SAMR21G18)与计算密集型数据处理器相分离。ATSAMR21G18 专用于无线通信和时间同步。因此,基于中断的时间同步和时间戳的精度不会受到其他任务(如 ADC 中断和密集数据处理的延迟)的影响。

设计的无线压电陶瓷传感器节点的概念验证原型如图 10.7 所示。它由两块通过两个 20 路连接器相连的 PCB 板组成。底板包含位于 RF 子板正下方的数据处理单元(TI F28335 DSP)和信号调理单元(一组放大器)。子板位于顶部并包含无线通信单元(ATSAMR21)。同时,无线单元的 32kHz 晶振提供实时时钟,该时钟用于精确时间同步和同步数据采集。

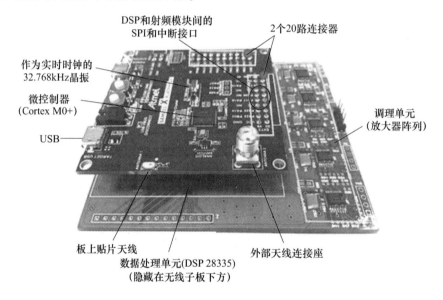

图 10.7　设计的无线压电陶瓷执行器/传感器节点的原型
(由两块板组成:DSP 和调理板(底部)和无线子板(顶部))

10.5　分布式数据处理

10.5.1　工作流程概述

图 10.8 概述了分布式数据处理和通信的工作流程。诊断过程从 SHM 站的用

196

户界面开始,并通过基站广播到子无线节点(见图 10.5)。在握手过程完成之后,基站向无线压电陶瓷传感器节点广播初始启动命令。一旦接收到初始启动命令,选定的压电陶瓷节点将触发信号激励,其他压电陶瓷节点立即开始数据采集。

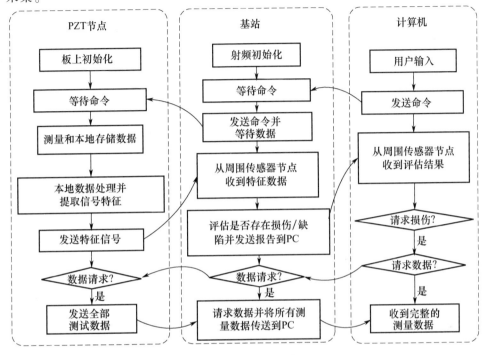

图 10.8 无线压电陶瓷传感器网络的工作流程一览

传统的无线传感器节点通常使用集中式架构。在这种架构中,ADC 和存储器芯片直接连接到微控制器的 I/O 端口。微控制器必须按顺序访问外设芯片,并需要多个时钟周期才能完成涉及多个外设芯片的操作。大多数外设芯片在等待来自微控制器的信号时必须处于活动状态。对于传统设计中的这种架构,高采样率几乎是不可能的。

10.5.2 高速同步采样的传感与数据处理

图 10.9(a)中的流程图说明了传统设计的典型数据采样周期,如在 WSN 原型中广泛使用的 Telosb、Imote2 和 MICA 节点。这些传统节点的微控制器内部有一个 12 位 ADC。微控制器向 ADC 发送时钟信号和控制信号以触发周期性采样。内部缓冲区设置为从 ADC 获取数据。读取操作需要 12 次周期性操作,每个周期会产生 1 个 ADC 时钟信号以逐位填充缓冲区。数据完全读出后,微控制器向板载闪存提供时钟信号和控制信号。在将数据逐位写入闪存之前,微控制器需要通过一些指令将地址发送到闪存。闪存存储操作还需要 12 个操作周期,每次操作都涉及一

些指令和一些时钟周期。然后采样周期结束并可以开始另一个采样周期。这种架构清楚地揭示了使用普通微控制器的无线传感器节点的低效率。

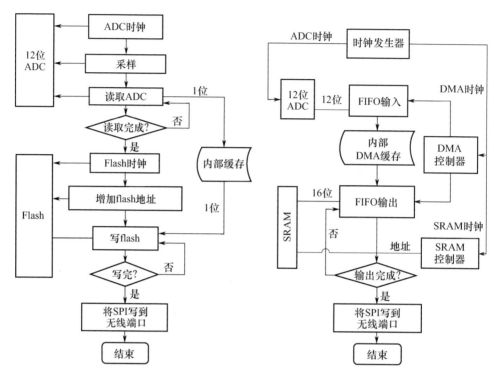

(a) 传统的低采样速率的无线传感器节点　　　(b) 提出的无线压电陶瓷传感器/执行器节点

图 10.9　数据采样和收集过程

图 10.9(b) 是采用 TMS320F28335 芯片的改进采样设计。该芯片内部有一些控制器,包括 1 个用于采样数据输入和输出的先进先出(FIFO) DMA 控制器,1 个静态随机存储器(SRAM)控制器和 1 个时钟发生器。DMA 算法已被广泛用于允许硬件独立访问内存。为了使无线传感器节点能够用于高速应用,采用了诸如 semi-DMA 算法来扩展无线传感器节点的传统架构。在我们的设计中通过 DMA 控制器,主控 TMS320F28335 芯片可以从数据传输任务中解脱出来。当采用 DMA 时,采样数据的传输和数据的获取可以更加高效。12 位采样数据由 ADC 采集并通过 DMA 控制器以 FIFO 输入模式保存到内部 DMA 缓冲区中。同时,DMA 控制器和地址控制器以 FIFO 输出模式访问 SRAM 而对数据进行控制。采样数据从内部 DMA 缓冲区以 16 位长度(SRAM 的 I/O 宽度)移至 SRAM。每个时钟周期都有 8 个连续采样操作和 1 个向 SRAM 写数据的写操作。因此,采样数据根据内部 DMA 缓冲区中的位对齐进行封装,可以充分利用 DMA、ADC 和 SRAM 而不会受到任何影响。

10.6 小　　结

本章回顾了 SHM 中基于压电陶瓷的主动声传感的最新技术,并提出了用于大面积在线缺陷检测和事件监测的下一代低成本、分布式无线压电陶瓷传感器网络。介绍了压电陶瓷传感器的基本原理以及基于兰姆波的信号处理技术在缺陷检测中的应用,并讨论了高性能无线压电陶瓷传感器网络的设计。所设计的无线节点是一个强大的无线平台,用于执行精确的高频数据采集和分布式本地数据处理。在线分布式 SHM 的好处包括能够在早期进行故障预防,通过无线部署降低成本,并实现检测次数更少的视情维修。这是开发自监控智能结构的关键技术。

通过将压电陶瓷传感器(低成本、小尺寸、简单耐用)、兰姆波缺陷检测(非破坏性和在线操作)和无线数据传输(省去线缆,开发简单快捷)的优势相结合,无线压电陶瓷传感器系统在诸如飞机、无人机、火车和桥梁的缺陷检测和事件监测等领域,展示了其在在线大规模 SHM 中所具有的潜力。然而,作为一种新兴的跨学科技术,它也对现有的传感器、无线通信和信号处理领域提出了新的挑战。时间同步、可扩展性和可靠性很有可能成为该方向的研究热点和发展趋势。

时间同步:在 SHM 中,数据采集中的精确时序是实现更高分辨率缺陷定位的关键技术,这取决于分布式传感器测量的相位和振幅关系。低成本无线节点中的晶体振荡器并非是一个精确足够高的时钟源,目前已经提出了多种技术使用时间戳分组交换来对产生漂移的时钟进行同步,例如 RBS[37]、TSPN[38] 和 FTSP[39]。最新的趋势是将 IEEE 1588 PTP 经过调整后融入 WSN[40]。无线通信中的时间抖动和空间抖动比有线网络更大,因此需要采用先进的数据处理技术来解决这些问题。

可扩展性:SHM 需要大量压电陶瓷传感器和高采样率来测量结构的状态,因此会生成大量的原始数据。考虑系统的可扩展性非常重要,如果节点数量增加,则系统必须通过带宽有限的无线链路发送大量数据。分布式信号处理和压缩感知已经显示出解决可扩展性问题的可能性,通过从本地采集的大量数据中提取有用信息,从而减少了通过无线链路传输的数据。另一方面,在无线压电陶瓷传感器网络中,带宽高效的高吞吐量通信调度是优选方案。数据包冲突是导致基于 CSMA 的无线通信中吞吐量低的主要原因。TDMA 和同步轮值管理可以在很大程度上防止数据包冲突,从而提高无线带宽的利用率。

可靠性:无线节点的可靠性必须受到重视,无线节点的电源也是有限的。压电陶瓷传感器和传感器节点的状态监测[41]是构建容错压电陶瓷传感器网络的颇具吸引力的技术。能量收集技术是解决电源问题的可行潜在解决方案。

利益冲突

作者声明,本章内容的出版不存在利益冲突。

致谢

本章的工作得到了欧盟委员会项目"海上风电场健康监测"(HEMOW)(项目号:FP7 – PEOPLE – 2010 – IRSES – GA – 269202)和英国工程和自然科学研究委员会项目"用于智能监测的新型传感网络"(NEWTON)/J012343/1 的资助。

参 考 文 献

[1] Z. Su and L. Ye., Identification of Damage Using Lamb Waves: From Fundamentals to Applications. Springer – Verlag, 2009.

[2] L. Qiu and S. Yuan, 'On development of a multi – channel PZT array scanning system and its evaluating application on UAV wing box,' Sensors and Actuators A: Physical, vol. 151, no. 2, pp. 220 – 230, 2009.

[3] V. Giurgiutiu, 'Lamb wave generation with piezoelectric wafer active sensors for structural health monitoring,' in SPIE's 10th Annual International Symposium on Smart Structures and Materials and 8th Annual International Symposium on NDE for Health Monitoring and Diagnostics, San Diego, CA, 2002.

[4] O. Yapar, P. Basu, P. Volgyesi, and A. Ledeczi, 'Structural health monitoring of bridges with piezoelectric AE sensors,' Engineering Failure Analysis, vol. 56, pp. 150 – 169, 2015.

[5] H. Gu, G. Song, H. Dhonde, Y. L. Mo, and S. Yan, 'Concrete early – age strength monitoring using embedded piezoelectric transducers,' Smart Materials and Structures, vol. 15, no. 6, p. 1837, 2006.

[6] D. Ai, H. Zhu, and H. Luo, 'Sensitivity of embedded active PZT sensor for concrete structural impact damage detection,' Construction and Building Materials, vol. 111, pp. 348 – 357, 2016.

[7] F. Song, G. L. Huang, J. H. Kim, and S. Haran, 'On the study of surface wave propagation in concrete structures using a piezoelectric actuator/sensor system,' Smart Materials and Structures, vol. 17, no. 5, p. 055024, 2008.

[8] Q. Wang, Z. Su, and M. Hong, 'Online damage monitoring for high – speed train bogie using guided waves: Development and validation,' in EWSHM 7th European Workshop on Structural Health Monitoring, 2014.

[9] J. Oliver, J. Kosmatka, C. Farrar, and G. Park, 'Development of a composite uav wing test – bed for structural health monitoring research,' in Proceedings of 14th SPIE Conference on Smart Structures and Nondestructive Evaluation, San Diego, CA., March 2007.

[10] Y. – K. An, M. K. Kim, and H. Sohn, 'Airplane hot spot monitoring using integrated impedance and guided wave measurements,' Structural Control and Health Monitoring, vol. 19, no. 7, pp. 592 – 604, 2012.

[11] C. Y. Park, J. H. Kim, and S. – M. Jun, 'A structural health monitoring project for a composite unmanned aerial vehicle wing: overview and evaluation tests,' Structural Control and Health Monitoring, vol. 19, pp. 567 – 579, 2012.

[12] X. P. Qing, S. J. Beard, R. Ikegami, F. – K. Chang, and C. Boller, 'Aerospace applications of smart layer technology,' in Encyclopedia of Structural Health Monitoring, 2009.

[13] Y. Zhong, S. Yuan, and L. Qiu, 'Multiple damage detection on aircraft composite structures using near – field MUSIC algorithm,' Sensors and Actuators A: Physical, vol. 214, pp. 234 – 244, 2014.

[14] L. Qiu, B. Liu, S. Yuan, and Z. Su, 'Impact imaging of aircraft composite structure based on a model – independent spatial – wavenumber filter,' Ultrasonics, vol. 64, pp. 10 – 24, 2016.

[15] S. Sankarasrinivasan, E. Balasubramanian, K. Karthik, U. Chandrasekar, and R. Gupta, 'Health monitoring of civil structures with integrated UAV and image processing system,' Procedia Computer Science, vol.

54, pp. 508 – 515, 2015.

[16] L. Qiu, S. Yuan, and Q. Wu, 'Design and experiment of PZT network – based structural health monitoring scanning system,' Chinese Journal of Aeronautics, vol. 22, no. 5, pp. 505 – 512, 2009.

[17] S. Gao, S. Yuan, L. Qiu, B. Ling, and Y. Ren, 'A high – throughput multi – hop WSN for structural health monitoring.' Journal of Vibroengineering, vol. 18, no. 2, 2016.

[18] X. Liu, J. Cao, and W. Z. Song, 'Distributed sensing for high – quality structural health monitoring using wsns,' IEEE Transactions on Parallel and Distributed Systems, vol. 26, no. 3, pp. 738 – 747, 2015.

[19] O. Martens, T. Saar, and M. Reidla, 'TMS320F28335 – based piezosensor monitor – node,' in 4th European Education and Research Conference(EDERC) , 2010, Dec 2010, pp. 62 – 65.

[20] X. Zhao, H. Gao, G. Zhang, B. Ayhan, F. Yan, C. Kwan, and J. L. Rose, 'Active health monitoring of an aircraft wing with embedded piezoelectric sensor/actuator network: I. defect detection, localization and growth monitoring,' Smart Materials and Structures, vol. 16, no. 4, p. 1208, 2007.

[21] L. Liu and F. Yuan, 'Active damage localization for plate – like structures using wireless sensors and a distributed algorithm,' Smart Materials and Structures, vol. 17, no. 6, Article ID 055022, 2008.

[22] X. Dong, D. Zhu, and Y. Wang, 'Design and validation of acceleration measurement using the martlet wireless sensing system,' in ASME 2014 Conference on Smart Materials, Adaptive Structures and Intelligent Systems, 2014.

[23] A. Perelli, T. D. Ianni, A. Marzani, L. D. Marchi, and G. Masetti, 'Model – based compressive sensing for damage localization in lamb wave inspection,' IEEE Transactions on Ultrasonics, Ferroelectrics, and Frequency Control, vol. 60, no. 10, pp. 2089 – 2097, 2013.

[24] A. Perelli, L. De Marchi, and A. Marzani, 'Acoustic emission localization in plates with dispersion and reverberations using sparse pzt sensors in passive mode,' Smart Materials and Structures, vol. 21, no. 2, 2012.

[25] S. Gao, X. Dai, Z. Liu, G. Tian, and S. Yuan, 'A wireless piezoelectric sensor network for distributed structural health monitoring,' in Wireless for Space and Extreme Environments(WiSEE) , 2015 IEEE International Conference on, Dec 2015, pp. 1 – 6.

[26] V. Giurgiutiu, A. Zagrai, and J. Bao, 'Damage identification in aging aircraft structures with piezoelectric wafer active sensors,' Journal of Intelligent Material Systems and Structures, vol. 15, no. 9 – 10, pp. 673 – 687, 2004.

[27] R. K. Ing and M. Fink, 'Time – reversed lamb waves,' IEEE Transactions on Ultrasonics, Ferroelectrics, and Frequency Control, vol. 45, no. 4, pp. 1032 – 1043, 1998.

[28] C. Wang, J. Rose, and F. Chang, 'A synthetic time – reversal imaging method for structural health monitoring,' Smart Materials and Structures, vol. 13, pp. 415 – 423, 2004.

[29] Y. Jun and U. Lee, 'Computer – aided hybrid time reversal process for structural health monitoring,' Journal of Mechanical Science and Technology, vol. 26, no. 1, pp. 53 – 61. , 2012.

[30] B. Gao, W. L. Woo, and G. Y. Tian, 'Electromagnetic thermography nondestructive evaluation: Physics – based modeling and pattern mining,' Scientific Reports, vol. 6, 2016.

[31] C. M. Yeum, H. Sohn, and J. B. Ihn, 'Lamb wave mode decomposition using concentric ring and circular piezoelectric transducers,' Wave Motion, vol. 48, no. 4, pp. 358 – 370, 2011.

[32] I. Park, Y. Jun, and U. Lee, 'Lamb wave mode decomposition for structural health monitoring,' Wave Motion, vol. 51, no. 2, pp. 335 – 347, 2014.

[33] S. Gao, X. Dai, Z. Liu, and G. Tian, 'High – performance wireless piezoelectric sensor network for distributed structural health monitoring,' International Journal of Distributed Sensor Networks, vol. 2016, 2016.

[34] L. Yu and V. Giurgiutiu, 'In – situ optimized PWAS phased arrays for Lamb wave structural health monitoring,' Journal of Mechanics of Materials and Structures, vol. 2, no. 3, pp. 459 – 487, 2007.

[35] L. Qiu, S. Yuan, X. Zhang, and Y. Wang, 'A time reversal focusing based impact imaging method and its evaluation on complex composite structures,' Smart Materials and Structures, vol. 20, no. 10, p. 105014, 2011.

[36] D. Musiani, 'Design of an active sensing platform for wireless structural health monitoring,' Ph. D. dissertation, University of Bologna, 2006.

[37] J. Elson, L. Girod, and D. Estrin, 'Fine – grained network time synchronization using reference broadcasts,' ACM SIGOPS Operating Systems Review, vol. 36, no. SI, pp. 147 – 163, 2002.

[38] S. Ganeriwal, R. Kumar, and M. B. Srivastava, 'Timing – sync protocol for sensor networks,' in Proceedings of the 1st International Conference on Embedded Networked Sensor Systems. ACM, 2003, pp. 138 – 149.

[39] M. Maróti, B. Kusy, G. Simon, and Á. Lédeczi, 'The flooding time synchronization protocol,' in Proceedings of the 2nd International Conference on Embedded Networked Sensor Systems. ACM, 2004, pp. 39 – 49.

[40] Y. Huang, T. Li, X. Dai, H. Wang, and Y. Yang, 'TS2: a realistic IEEE1588 time – synchronization simulator for mobile wireless sensor networks,' Simulation, vol. 91, no. 2, pp. 164 – 180, 2015.

[41] X. Dai, F. Qin, Z. Gao, K. Pan, and K. Busawon, 'Model – based on – line sensor fault detection in wireless sensor actuator networks,' in IEEE 13th International Conference on Industrial Informatics (INDIN), 2015, Cambridge, United Kingdom, 2015, pp. 556 – 561.

202

第 11 章　采用临近空间卫星平台的导航与遥感

11.1　背景与动机

无线传感器技术的进步有望在机载飞行器之间提供安全高效、低成本和广泛适用的信息交互。例如,如果民用航班在飞行中的传感器能够分享关于恶劣天气条件和紧急情况的信息,特别是当航班处于地面控制站以外的地区时,航空事故将显著减少。无人驾驶飞行器依靠无线传感器网络进行安全操纵。机载网络预期能够为机载飞行器提供信息交互手段,并将它们与空间网络和地面网络连接起来,以创建未来的多域通信网络[1]。可靠路由协议的开发已见报道,该协议可以减少由于链路和路径故障而丢失的数据包数量[2-4]。

虽然卫星和飞机是良好的无线传感器平台,但它们无法对感兴趣区域进行长达数天、数周乃至数月的感测。即使我们可以根据特定任务的需求发射卫星,也只能在很短的时间周期内才能看到。表 11.1 给出了低地球轨道(LEO)中典型卫星在地平线以上不同角度的通过时间[5],从表中可以看出这些时间有多短。卫星通常在高于 200km 的轨道上运行,而飞机通常在低于 18km 的高度飞行。

表 11.1　典型 LEO 卫星在地平线以上不同角度的通过时间

通过时间/s		高于地平线的角度				
		0°	5°	10°	30°	45°
高度/km	200	469	337	248	100	60
	300	575	436	334	144	87
	400	670	524	414	188	114

11.1.1　什么是临近空间

临近空间定义为距离地球表面约 20～100km 的大气区域,如图 11.1 所示。请注意,下限不是根据业务考虑而确定的,而是来自国际控制的空域高度。

目前很少有传感器在临近空间运行,这是因为临近空间大气太稀薄不能支持大多数飞机的飞行,但其大气又太稠密而无法维持卫星轨道。不过,多项技术的进步已经为实现这种可能性带来了革命性的进展:

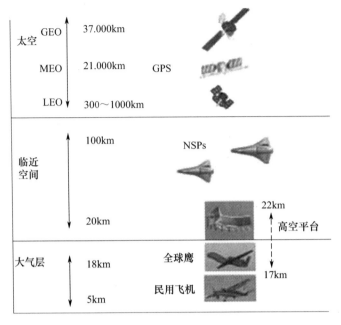

图 11.1　临近空间的定义

- 电源,包括薄型轻质太阳能电池,小型高效燃料电池和高能量密度电池;
- 电子器件的小型化和计算能力的指数增长,使极轻小型封装中的传感器成为可能;
- 非常轻质、坚固和柔韧的材料,能够抵抗强紫外线照射下的降解退化,并且相对氦气或氢气是不可渗透的[6]。

另外两项新兴技术,即高空浮力举升和等离子体推力,有助于实现在临近空间建立一个可操作的立足点。随着高度的增加,电动力传输到空气中可用于推进、冷却或控制,这使得利用多种新颖的电磁电路成为可能。等离子体技术的发展促进了许多研究机构或实验室在高空和全球观测领域的研究。

因此,近年来临近空间已成为一个备受关注的领域,并在通信雷达和导航领域已经出现可能的现实应用。

11.1.2　临近空间作为传感器平台的优势

与目前的卫星和飞机平台相比,临近空间平台在微波遥感应用方面具有许多优势。

11.1.2.1　固有的生存能力

对于临近空间飞行器而言,有可供选择的有助于提高其防御能力的手段,如类似于现代战斗机所携带的欺骗性"箔条",它足够小巧轻便,具有可行性,可以通过分次投放来混淆雷达制导系统。此外,使用诱饵机也是一种选择,其价格本身相对便宜,可以安装简单的假载荷,使其具有与真实飞行器相似的电子和红外特征,进一步使它们难以区分。

11.1.2.2 持续监测或快速重访频率

临近空间飞行器最有用也是最独特的方面是它们能够提供持续的区域覆盖或快速重访频率。空间技术已经彻底改变了现代战场和遥感,但人们普遍期待的对区域的持续覆盖,仍然无法通过卫星或飞机来实现。表 11.1 显示了选定 LEO 轨道的观测时间。在大气层的底层,目前进气式飞机可以预计的最长持续时间大约为 1 天左右,但通过使用临近空间飞行器可以实现区域的持久覆盖。临近空间位于对流层上方,对流层是大部分天气发生的大气区域,而临近空间没有云、雷暴或降水。此外,现代推进技术可用于对付临近空间的任何轻微风。

11.1.2.3 高灵敏度和大覆盖范围

临近空间飞行器比它们那些在轨道上运行的近亲们距离目标更近。当接收低功率信号时,距离至关重要。从雷达方程中,我们知道接收信号的功率衰减为发射机到目标的距离的平方,而有源天线的功率衰减为发射机距离的 4 次方。考虑到最低点,临近空间飞行器比位于 400km 高度的典型 LEO 卫星到目标的距离要近 10 ~ 20 倍,这种距离差异意味着临近空间飞行器可以探测到比 LEO 卫星可接收功率要弱 10 ~ 13dB 的信号。

另一方面,临近空间飞行器在这样高的高度上将具有惊人的地面覆盖范围。图 11.2 显示了地面覆盖面积与俯视角度的关系。虽然轨道卫星传统上拥有比临近空间飞行器大得多的覆盖面积,但它们是以无法持续观测和较低的信号强度为代价的。此外,临近空间飞行器在低于卫星的高度上工作带来了另一个优势:它们在电离层下面飞行。电离层闪烁是很难预测的,但它可以显著破坏卫星通信和导航。幸运的是,电离层闪烁对临近空间飞行器没有影响。

11.1.2.4 低成本

临近空间飞行器固有的简单性、可恢复性和相对不太复杂的设备都有助于提高其成本优势。高空飞行器的价格将是数百万美元,这样的成本可以与目前的"捕食者"和"全球鹰"等无人机相比。而卫星的成本巨大,通常每个都在(60 ~ 300)百万美元之间,除了这些成本之外,还有将它们投入轨道的费用,这又增加了(10 ~ 40)百万美元。另外,临近空间飞行器不会暴露于太空电子辐射中,因此其有效载荷不需要进行昂贵的辐射加固。

表 11.2 总结了卫星、临近空间平台(NSP)和飞机各自的相对优势。卫星在覆盖范围和空间飞越方面具有优势;有人和无人飞机反应灵敏,它们可以在几分钟或至少几小时内升空,一旦就位还可以随意重定向;与卫星相比,NSP 的反应也非常迅速,几乎具有和飞机一样的响应速度。卫星的开发成本要大得多,因此相较于使用 1 个卫星和多个地面站的模式,采用多个 NSP 覆盖一个大的区域会更加有效。此外,由于卫星的开发周期长,一旦入轨后总会有被废弃的风险。与地面和卫星传

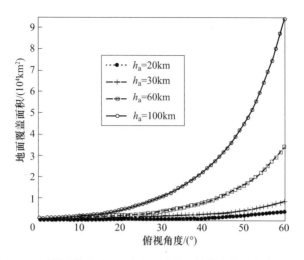

图 11.2   不同飞行高度 h_a 时地面覆盖区域作为俯视角度的函数

感器相比,NSP 还具有良好的路径损耗特性。它们还可以经常起飞和降落以进行维护和升级。综上所述,有必要建立 NSP 和地面与卫星系统相结合的混合基础设施,这样就可以构建一个强大的综合网络设施系统,其中每个部分都弥补了其他部分的弱点。

表 11.2   卫星、临近空间平台和飞机各自的相对优势

	卫星	NSP	飞机
成本		✓	
持久性		✓	
响应速度		✓	✓
覆盖范围	✓	✓	
分辨率		✓	✓
空间飞越	✓		
功耗	✓		✓

11.1.3   采用临近空间卫星平台的动机

在临近空间中,没有电离层闪烁而导致的无线信号传播性能降低。此外,由于不受轨道力学限制且飞行路径可能受控,这意味着 NSP 可以在服务区域保持几乎静止[7-8]。它们可以按需移动以服务于不同地区,并且能够通过起飞和降落以进行载荷的维护和升级。因此,NSP 可以将卫星具备的感测覆盖面积大、持续工作时间长与无人机具备的快速响应能力结合起来,这些功能使得 NSP 在许多应用领域具有诱人的前景,其中电信是最有希望产生商业效益的领域之一,其他应用领域还包括遥感[9]、环境监测和农业服务[10]。

Karapantazis 和 Pavlidou 在文献[11]中对 NSP 在宽带通信中的应用进行了调查研究,文献首先介绍了 NSP,随后讨论了合适的平台和可能的架构,以及关于信道建模、天线以及传输和编码技术的一些要点。Avagnina 等[12]提出了联合提供蜂窝通信服务和导航卫星系统支持服务的高空平台(HAP),结果表明 NSP 适用于实现大半径的宏小区。Mohammed 等[13]讨论了 NSP 在为未来通信服务中提供全球连接性方面的作用。有关 NSP 在各种通信系统和网络中作用的其他研究工作可参见文献[14 – 18]。

本章概述在临近空间和卫星平台上集成无线传感器系统的应用,但没有讨论实际的实施细节[19]。我们也呼吁展开更多的研究。应用重点放在通信中继和区域遥感的无源雷达上。尽管由于 NSP 较低的飞行高度使得其覆盖范围比卫星小得多,但它们可以提供半径数百千米的有效观测区域覆盖,并提供成本效益较高的通信、导航和定位服务,特别是对于那些星载和地面传感器有限或无法使用的地区。

11.2 无线传感器系统中的临近空间平台

11.2.1 临近空间平台

传统而言,只有极少数飞行器能够在临近空间运行,因为这里的大气层太薄而不能支持飞机的飞行,而对于卫星来说大气层又太厚以至卫星无法保持在轨道上。现在,在临近空间长期运行的 NSP 已经成为可能,这是因为:

- 在抗紫外线舱体材料和超压飞艇设计方面取得进展[20];
- 计算机辅助设计模型;
- 高空飞机技术和更好的浮力/浮空气囊管理技术;
- 对平流层认识的提升。

受限于可携带的燃料量,目前平流层飞机和飞艇的滞空时间限制在几天内,它们的有效载荷供电能力被限制在数千瓦之内。然而,人们越来越关注通过无线方式提供更多千瓦甚至数兆瓦的电力,以便为平流层飞行器和更高功率的有效载荷提供持续运行的支持[21]。

现在已经有了一些 NSP,而目前更多的还处于原型阶段[11,22 – 23]。图 11.3 显示了由 NASA 设计的两种典型的 NSP。HAP 可以分为三大类:

- 自由浮空器;
- 可转向的自由浮空器;
- 可操控的飞行器。

自由浮空器本质上是一个随风飘浮的大气球。它们通常分为两种类型:零压力或超压力。通过使用可变压舱物可实现有限的转向,这使它们能够漂浮在不同

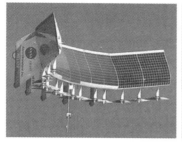 

(a) HELIOS   (b) 探路者

图 11.3   NASA 设计的两种典型的 NSP

的高度以利用不同的风向和速度。但由于没有使用主动转向或推进系统,自由浮空器没有滞留能力。自由浮空器已经展示了它们在通信平台上的商业可行性。根据体积的不同,它们可以将数十千克至数千千克的有效载荷提升至超过 30km 的高度。

可转向的自由浮空器也在风中漂浮,但它们可以像帆船那样利用风,并且可以高精度地导航。通过有限的转向能力,可转向的自由浮空器可以在短时间内稳定在固定位置附近。它的传感器比自由浮空器上的传感器更复杂。可转向的自由浮空器商业上已经成熟,即将实现军事部署。

可操控的飞行器具有推进和控制能力,可以对其进行操纵以飞到一个特定区域并长时间停留在那里。可操控的飞行器将卫星具备的感测覆盖面积大和持续工作时间长与无人机具备的快速响应能力结合起来,是针对需要快速重访应用的最有用的一类 NSP。它们可能替代支持无线传感器系统的卫星[15]。

11.2.2   为何将在无线传感器系统中采用临近空间平台

目前的星载和机载通信和导航技术有两个缺点[24]:

- 它们无法提供持续的区域监测;
- 在卫星高度和飞机高度之间部署的传感器很少。

此外,军事应用中隐身和高生存能力的需求呼唤除卫星和飞机以外的新平台,而通过使用 NSP 可以同时实现这些目标。

与 400km 高度上的典型 LEO 卫星相比,NSP 距离目标要近 10 ~ 20 倍。这种距离差异意味着 NSP 可以检测到更弱的信号。虽然轨道卫星比 NSP 具有更大的覆盖面积,但后者具有很好的覆盖面积、可持续覆盖能力和良好的信号强度。NSP 比卫星更灵活,因为它可以在发生故障时由地面重新定位和修复。NSP 还为“最后一公里”宽带问题提供了一个平台,因为它可以在不部署多个地面基站的情况下提供大范围覆盖[25]。

基于 NSP 的无线传感器系统另一个非常受欢迎的特性是其视距传播的路径

损耗特性。NSP 可以直接连接到卫星通信系统以提供固定无线接入服务。多个 NSP 也可以相互连接。其延迟较短,链路预算更优,因此在为移动用户提供服务时,NSP 比卫星成本效益更高。另外,通过点波束天线可以实现频率复用,从而避免了需要安装巨大天线来实现高频谱效率[26]。

此外,在 NSP 上还可以安装能够对传感器输出数据进行操作和计算的智能传感器[27]。研究人员在开发用于智能传感器通信的通用通信协议方面已经做了大量的工作,如内部 IC 总线(I^2C)、串行外围接口和基于互联网的通信。一些作者已经研究了智能传感器和智能系统的框架。例如,Schmalzel 等[28]开发了一种基于智能传感器的智能系统的新架构。我们认为智能传感器将使 NSP 系统支持实现高度自主的方法,并提供适当的通信协议,以便与正在开发的系统元件进行及时和高质量的交互。

总之,NSP 可以成为无线传感器市场上的新型平流层的解决方案。因为它们靠近地面部署且在空中具有准静止性,因此它们能够克服卫星技术的主要缺点。此外,它们的构建、部署、发射和维护成本远低于卫星。当然,由于覆盖范围、可靠性、安全性和成本的原因,NSP 显然无法替代卫星和地面无线电链路。实际上,卫星、NSP 和地面系统具有不同但互补的特征。虽然卫星更适合覆盖非常大的区域并提供广播应用,但 NSP 能够以较低的成本覆盖偏远地区或人口稀少的地区,并且当固定定向天线不能使用时,NSP 可为移动用户提供宽带服务[29]。

11.3 无线传感器系统中的 NSP 概述

近年来,NSP 在无线传感器中的应用受到了很多关注。以下我们对该领域的一些发展进行概述。

11.3.1 NSP 提升传感器通信能力

Djuknic 等[10]在 1997 年最先描述了如何建立 NSP 无线通信服务,所建议的平台包括高空航空飞行器(HAAV),例如飞艇、飞机和直升机,它们将长时间在平流层高度运行,并携带多用途通信载荷。作者总结说,HAAV 相对于地面和卫星平台具有许多优势,因为它们带来了提供无线通信服务和开发诸如小区扫描和平流层无线电中继等创新通信概念的机遇。通过平台与地面用户终端之间建立的通信,NSP 可以在基础设施少于地面网络的情况下为更多用户提供服务。因此,它们可以提供高速宽带无线服务,作为地面和卫星系统的补充。

许多研究项目一直致力于基于 NSP 的通信服务,相关综述可在文献[22,30-31]中找到。第一个 NSP 计划是加拿大的固定式高空中继平台,但第一个通过 NSP 的商业视频电话和互联网服务则是由美国 Sky Station Inc. 开发[32]。SkyTower 的目标是将 NSP 推广为提供固定宽带、窄带和广播通信的途径[33]。"先进概念技术示范"项目开始设计、建造和测试一个高空的浮空器原型,可以保持在距地 21km 的高度相对地球静止长达 6 个月,它能够自己产生能量并携带多种有效载荷,是为军事和民用活动而设计的,其中包括:

- 天气和环境监测;
- 近程和远程导弹预警;
- 监控;
- 目标获取。

在欧洲,欧洲航天局和欧盟委员会这两个组织已经开始资助在 NSP 方面的研究活动,资助项目包括[34-35]:

- HeliNet,一个用于交通监视、环境监控和宽带服务的平流层平台网络;
- CAPANINA,一种宽带通信技术;
- UAVNET,无人机网络;
- CAPECON,无人机的民事应用和潜在配置解决方案的经济效益;
- USICO,民用无人机的安全问题。

CAPANINA 项目旨在调查可能的宽带应用和服务,以及最合适的空中平台集成方案,包括在同一覆盖区域部署多个平台进行服务,以及最合适的回程和网络基础设施。这种多平台配置可以用于固定用户和移动用户[36]。天网是日本推出的一个项目,旨在开发部署在 20km 以上高空的气球,用于通信、广播和环境观测[37]。韩国电子通信研究院已经开展了 NSP 的研究活动[38],主要目标是开发一个 200m 长的全尺寸飞艇,以携带重达 1000kg 的电信和遥感有效载荷。此外,中国国家自然科学基金和 863 计划资助了多个 NSP 研究项目[39-42]。

由于对大容量无线通信服务的需求带来了越来越大的挑战,特别是"最后一公里"传送的问题,人们已经提出使用 NSP 来提供无线宽带[43]。NSP 在 3G 以上的网络中的作用也得到了广泛研究[44],研究中考虑到了不同的混合系统架构,突出 NSP 和"地面 – NSP – 卫星"综合系统的优点。文献[45]中介绍了一种能够显著提高 NSP 在毫米波段通信网络容量的方法,并阐述了 NSP 星座如何利用天线的方向性来实现共用频率共享分配。还有一些很好的评论文章讨论了 NSP 在宽带通信[11,13]和全球无线连接[29]中的作用,从"地面 – NSP – 卫星"集成通信架构的角度提出了该技术的发展潜力和面临的挑战[29]。

Mohammed 等[13]提出了几种用于全球连接的传感器系统。Zong 等[46]也研究了部署 NSP 传感器网络为地面用户提供无线通信的问题,其目的是为地面用户提供质量可靠的通信服务。Kahar 和 Iskandar 研究了 NSP 系统中使用正交频分复用的下行链路在长期演化过程中的信道估计[47]。另外两篇论文分析了 NSP 系统中用于维持服务质量的高效越区切换传播模型[48-49]。Ibrahim 和 Alfa 研究了使用 NSP 进行组播传输的无线资源分配[50],他们将 NSP 服务区域内的不同会话组播到用户终端的问题建模为一个最优化问题,并对该最优化问题进行了求解,以找到

NSP 中无线电功率、子信道和时隙等资源的最佳分配。该最优化问题被证明是一个混合整数非线性规划,可以使用拉格朗日松弛算法进行求解[51]。此外,文献[52 - 55]中还探讨了 NSP 中的数据和光通信。

11.3.2　将 NSP 用于雷达和导航传感器

NSP 也是适用于雷达和导航传感器的平台。NSP 填补了卫星高度和飞机高度之间的空白[24],因此它在微波遥感中的应用得到了广泛研究[56]。NSP 对于合成孔径雷达(SAR)成像特别有用。SAR 成像通过发射的宽带波形和高方位角分辨力,并利用目标和雷达平台之间的相对运动,来获得很高的分辨力。大范围的 SAR 传感极为有用,但由于天线最小面积限制,目前的星载和机载系统均无法有效实现[57]。星载 SAR 系统成像的覆盖面广但方位角分辨力有限。相比之下,机载 SAR 系统具有高分辨力的成像能力,但覆盖范围有限。此外,无论是星载还是机载 SAR 都无法提供持续成像。典型的解决方案是采用基于移位相位中心处理技术,但它们可能会带来不均匀的空间采样问题。另一种方法是使用多个正交波形[58],这种方法大大降低了模糊的信号峰值,但因为模糊度能量不变,所以不适用于分布式目标。还可以通过方位调制来抑制距离模糊度[59],但关键问题是如何设计实用的正交波形[60 - 61]。正因为上述问题,促使人们使用 NSP 作为雷达平台[62],它可以同时增加覆盖范围和方位角分辨力。

在下面的讨论中,我们介绍两种基于 NSP 的 SAR 系统的潜在应用,文献[63]提供了更全面的综述。

潜在应用之一是国土安全[64]。必须保护公共交通系统、民用航空和关键基础设施免受恐怖袭击,而不影响这些设施的正常工作。雷达已广泛应用于各种军事和民用领域。许多国家都有军用雷达系统,专门用于检测威胁。然而,目前的雷达系统可能无法很好地处理攻击。使用 NSP 接收机和机会照射源的被动雷达可以为这些问题提供解决方案[5]。被动雷达不发射信号,而是依靠机会发射器和无源接收器来检测威胁。这对国土安全应用特别有吸引力,因为这些传感器还可以服务于其他目的,例如交通监控和天气预报。

另一个潜在的应用是灾难监测。近年来自然灾害发生频率迅速增加。以海啸探测为例,海啸可能源于地震、海底山体滑坡、火山爆发、陨石撞击或这些因素的综合作用。海啸有足够的能量穿过整个海洋。在深海中它们波幅很低,因此很难被发现,但它们在海岸附近波幅变高,因此更易被探测到[65]。据报道,苏门答腊海啸在深海中波高为 60 ~ 80cm,但在达班达亚齐附近最大波高为 15m[66]。已经证明海啸波幅与其雷达散射截面积之间存在关联[67]。在海平面高度计卫星 Jason - 1 的 C 和 Ku 波段记录中发现雷达散射截面积的几个分贝的重大变化,与海平面异常同步。

Galletti 等[68]研究了基于 NSP 雷达的海啸探测,他们认为可以通过测量下述量来探测海啸:

- 波浪高度；
- 轨道速度；
- 感应雷达散射截面积调制。

11.3.3　集成的通信和导航传感器

越来越多的太空任务促进了可支持导航和通信等服务的网络发展[69]。因此通过 NSP 提供电信服务成为下一代系统中的热点。基于 NSP 的无线传感器具有许多预期优势，如可按需移动、覆盖范围大，传感器可重新配置[12]。

de Cola 和 Marchese 研究了用于行星际网络的高性能通信和导航传感器[70]，他们提出了依靠分组层编码方法来改善整体性能的传输策略。Noreen 提出了一个集成的移动卫星广播、寻呼、通信和导航系统[71]，其设计的网络支持混合移动卫星业务，优化了无线市场应用，特别是满足农村居民和旅行者的需求。

Dreher 等[72]设计了数字波束成形的天线和接收器用于卫星导航和通信。Galati 等[73]研究了一个用于空中交通管理的综合通信、导航和监视卫星系统。而 Chen 等[74]提出了一个多模式无线网络，在同一设施上进行通信和监视。但正如 Avagnina 等[12]所指出的那样，人们在开展使用 NSP 进行通信的研究时往往忽略了它也是提供导航和定位服务的重要基础设施。作者认为，NSP 可作为全球卫星导航系统(GNSS)的补充设施，以执行到达方位估计和广播位置信息。

11.4　集成无线传感器系统

过去和正在进行的研究活动都表明，基于 NSP 的传感器可以集成到当前主要的地面和卫星无线网络中(如 WiMAX 或 3G/4G)[75-77]，或作为独立系统提供服务[78]。当然，这种趋势并不是要取代现有的通信技术，而是要以互补和集成的方式与它们共存[79]。尽管 NSP 提供了灵活性以适应广泛的应用，从通信到导航和遥感[80]，但本章将重点介绍用于通信和导航的集成无线传感器系统。

图 11.4 显示了一个广泛的系统架构，它可以被归类为一个集成的"地面 – NSP"传感器系统(见图 11.5)，和一个集成的"地面 – NSP – 卫星"传感器系统。在"地面 – NSP"传感器系统中，允许通过网关站点(GS)与其他通信网络连接[81]。考虑切换发生的位置，它可以进一步分为两种拓扑结构[82]：

- 通过地面切换：两个用户之间的路径包括：一个上行链路(从用户到 NSP)、一个下行馈电链路(到执行切换的 GS)、一个上行馈电链路(从 GS 到 NSP)和一个到用户端的下行链路；
- 通过 NSP 平台切换：两个用户之间的路径只有从用户到 NSP 的上行链路(由 NSP 执行网络切换)，以及从 NSP 到用户的下行链路。

当 NSP 放置在缺乏或没有地面基础设施(农村和偏远地区)的区域之上时，

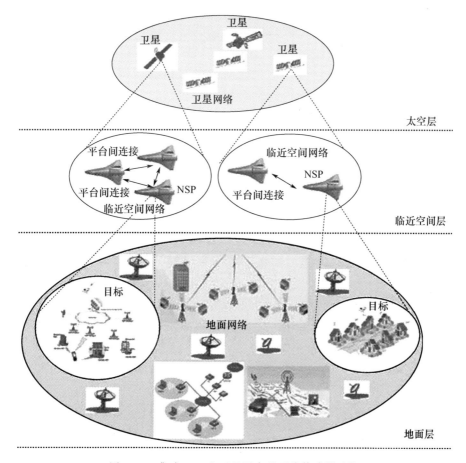

图 11.4　集成 NSP 和卫星平台的无线传感器系统

"地面 – NSP – 卫星"传感器系统特别有用。在这种情况下,NSP 传感器可以用作卫星通信的中继[83]。此外,我们可以只使用独立的 NSP 传感器系统[84],如图 11.6 所示。这种 NSP 系统可以经济有效地部署在农村或偏远地区,在这些地区部署地面传感器系统相当昂贵且低效。

多个 NSP 可通过地面站或平台间链路相互连接,以提供一个空中的传感器网络,特别是可以利用这样的网络[85-86]。文献[87]已经证明利用 16 个 NSP 就可以以 10° 的最小倾斜角覆盖全日本并提供服务,利用 18 个 NSP 可以覆盖整个希腊并包括其所有岛屿[88]。多个 NSP 也可以采用某种平面或垂直布置方案进行部署,以覆盖一个相同的覆盖区域。这种配置方案可以提高空间辨识能力,并可以根据需要来对系统进行扩展以提供更大的容量[45]。为了应对日益增长的业务负载和服务需求,可以在同一个小区上同时部署 3~6 个 NSP[13]。如果 NSP 通过地面站相互连接,则它们只能布置在地面站所在区域的上方。相反,当多个 NSP 之间采用平台间链路时,则它们的部署可以不受地面传感器的限制,因此可以获得高度灵活

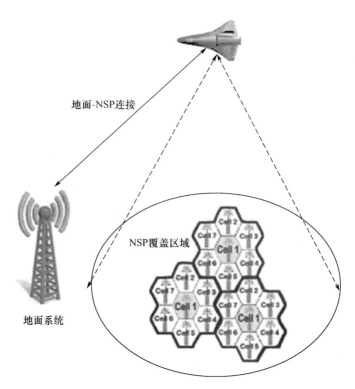

图 11.5　NSP – 地面系统图

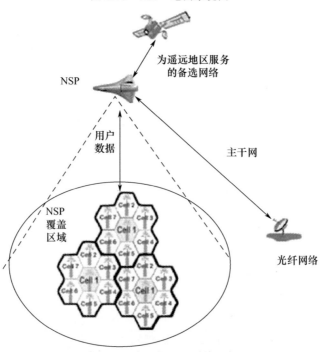

图 11.6　独立的 NSP 系统图例

214

的系统覆盖和较低的信号延迟。

利用用户的位置信息可以提高系统容量,因此还可以将定位服务集成到传感器网络中。全球卫星导航系统被广泛应用于提供定位服务,但它们至少需要4颗卫星可视,这在城市环境中很难少满足[12]。另一方面,目前的地面网络不能为移动用户提供有效的定位服务,特别是在农村地区。相比之下,集成的"NSP – 卫星"系统可以为现有的定位系统提供补充。例如,NSP网络可以提高GNSS在关键应用和恶劣环境中的定位精度。长飞行时间和其他一些特点使得NSP成为GNSS定位服务的良好校准器。此外,NSP网络提供了一个额外的可以为用户所利用的测距信号,用户可以根据具体情况选择最佳的测量集合[12]。

利用星载机会照明源来检测被动目标的能力也可以集成到NSP传感器系统中。如图11.7所示,被动NSP接收器由两个信道组成。一个直接指向卫星的外差信道用于提取匹配滤波器和同步补偿的参考信号,该信号在一个延迟窗口中进行采样,可以使用NSP位置信息的知识来预测。另一个天线被用作接收反射信号的雷达通道,它指向感兴趣的地面区域。以GPS卫星为例,图11.8举例说明了从直射路径通道提取参考信号用于反射信号匹配滤波的功能模块。请注意,使用单通道接收器的配置也是可行的,此时需要利用同步信息对导航消息进行解码。

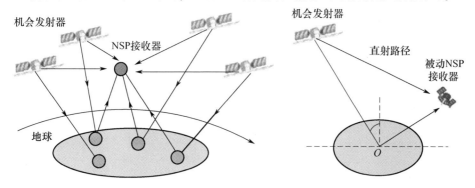

图11.7　NSP上的被动接收器和星载机会发射器的空间几何构型

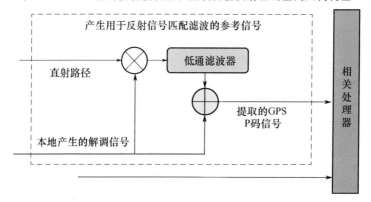

图11.8　从直射路径通道提取参考信号用于反射信号匹配滤波的功能模块

11.5　临近空间平台的布设

为了部署多个 NSP 来监测一个给定区域,我们考虑如图 11.9 所示的几何构型,其中 θ_{in} 是入射角,θ_e 是地心角,R_e 是地球半径,h_s 是 NSP 高度。

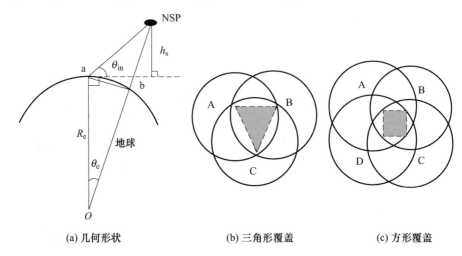

(a) 几何形状　　　　　　　(b) 三角形覆盖　　　　　　(c) 方形覆盖

图 11.9　NSP 观测的几何形状与覆盖区域示例

从用户到 NSP 的投影距离可以表示为

$$D_e = R_e \theta_e \tag{11.1}$$

式中

$$\theta_e = 90° - \theta_{in} - \arcsin\left[\frac{R_e \sin(90° + \theta_{in})}{R_e + h_s}\right] \tag{11.2}$$

假设两个 NSP 之间的距离为 L_h,其地面投影距离为 L_e,则存在如下的几何关系:

$$\frac{L_h}{L_e} = \frac{R_e + h_s}{R_e} \Rightarrow L_h = \frac{(R_e + h_s)L_e}{R_e} \tag{11.3}$$

如果采用图 11.9(b)所示的三角形覆盖,则 L_e 应满足

$$L_e \leqslant D_e \tag{11.4}$$

如果采用图 11.9(c)所示的方形覆盖,则 L_e 应满足

$$L_e \leqslant \frac{\sqrt{2}}{2}D_e \tag{11.5}$$

举例说明,假设地球半径为 $R_e = 6378\text{km}$。图 11.10 给出了入射角 θ_{in} 和平台高度 h_s 的不同组合下所需的 NSP 部署参数,从图中可以看出所需的 NSP 距离随入

射角 θ_{in} 的增加而缩短,但随平台高度 h_s 的增加而延长。接收的信噪比将随着入射角的减小而变差[89]。

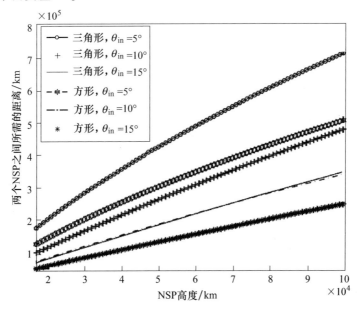

图 11.10 两个 NSP 之间所需的距离

为了确定监测给定区域所需的 NSP 数量,我们考虑图 11.9(c) 中所示的几何形状。假设要监测区域的长度和宽度分别是 L_l 和 L_w,且相应的地心角度为

$$\varepsilon_x \approx \frac{180L_l}{\pi R_e} \tag{11.6}$$

$$\varepsilon_y \approx \frac{180L_w}{\pi R_e} \tag{11.7}$$

所需的 NSP 数量可以导出为

$$N = \left[\left\lceil \frac{\varepsilon_x}{\dfrac{180d_x}{(R_e + h_s)\pi}} \right\rceil + 2 \right] \times \left[\left\lceil \frac{\varepsilon_y}{\dfrac{180d_y}{(R_e + h_s)\pi}} \right\rceil + 2 \right] \tag{11.8}$$

式中,d_x 和 d_y 分别表示两个 NSP 之间的距离在 x 轴和 y 轴上的投影,$\lceil x \rceil$ 表示大于或等于 x 且最接近的整数。根据几何关系,d_x 和 d_y 可以推导为

$$d_x = d_y = (R_e + h_s) \cdot \frac{\sqrt{2}}{2}\varepsilon_s \tag{11.9}$$

式中,ε_s 为 NSP 的地心角。

假设待观测区域面积为 500km × 500km。表 11.3 给出了不同几何配置下所需的 NSP 数目。注意表中假设 $R_e = 6378$km。可以看出,所需 NSP 的数目随 NSP 高度的增加而减少,且随信号入射角 θ_{in} 的减小而减少。

表 11.3　不同几何配置下所需的 NSP 数目

入射角	NSP 高度/km	所需的 NSP 数目
5°	20	5×5
	30	5×4
	60	4×3
	100	3×3
15°	20	10×8
	30	8×6
	60	5×5
	100	4×4
20°	20	13×10
	30	10×8
	60	6×5
	100	5×4

11.6　限制与不足

NSP 是未来集成无线传感器系统的有前景的平台。采用费效比更优的 NSP 可能成为以往无线客户无法实现的解决方案,但它也有一些局限性和不足。

11.6.1　发射限制

如果无法可靠感知周围气象数据,从而允许飞行控制器预测湍流、结冰和可能危及飞行器的暴风和阵风,那么天气将成为 NSP 的一个重要风险。为此,应该收集来自世界各地气球工作组及其天气测量团队的高空对流层运行经验,并将这些知识进行整理后用来辅助计算机天气预测。NSP 可以在对流层中运行超过 5h,因此在发射开始之前天气条件必须在允许的参数范围内。注意到卫星也面临类似的发射限制,但它只是在发射期间才需要满足。有人驾驶和无人驾驶的飞机也受到类似的起飞和回收限制,尽管它们的限制比 NSP 的限制要小。

目前很难使 NSP 在海拔高度超过 20km 的空间运行。海拔的升高会大大增加 NSP 的尺寸,很容易导致地面难以控制,并使得发射变得更加困难。经验法则是:每增加 30km 的高度,NSP 的体积就会翻倍。

11.6.2　生存限制

随着 NSP 技术的发展,应该设想目标检测技术也将发展。在历史上临近空间不是飞行器可以允许的区域,所以也没有针对该高度范围设计的导弹。然而,现代地对空导弹可达到喷气式飞机飞行的高度,而 NSP 不会超出当前常规武器的范围。因此,NSP 需要具有灵活性、可替换性和更优的费效比,否则它们在军事应用中可能受到限制。另一方面,一旦 NSP 变得具有自主性,由于其雷达散射面积小,即使是高性能雷达可能也难以对其进行检测和跟踪。

11.6.3　法律限制

飞越自由是另一个限制。临近空间的管理法规是任何条约或政策都没有直接涉及的灰色地带。临近空间并不属于一个新的法律管理规定,问题在于它是否属于航空法管辖范围,哪些国家要求主权,哪些航空法存在飞越权。由于临近空间制度缺乏明确的法律先例,对是否存在飞越权的问题仍然存在争议[90]。

11.6.4　系统的实现问题

对于通过临近空间和卫星平台集成的无线传感器网络而言,同步补偿是一项技术难题。在发射机和接收机使用相同的本地振荡器进行间接相位同步的情况下,在整个相干积分时间内都需要保持相位稳定性。即使容许的低频相位误差可以放宽至 $45°$[91],相位稳定性也只能通过超高质量的振荡器才能实现[92]。此外,由于 NSP 通常面临恶劣环境,这将导致相位稳定性进一步降低。针对这一问题,目前已经提出了几种潜在的同步技术或算法,例如使用超高质量振荡器[91]和合适的双向链路[93]。但是在大多数情况下,我们不能改变发射机,所以有必要开发一种无需调整发射机的实用同步技术。沿用基于直接路径信号的同步方法是一种可能的解决方案[94]。

大气湍流的存在导致 NSP 轨迹偏离正常位置和高度(横摇角、俯仰角和偏航角),这也可能会出现问题,因此通常必须进行运动补偿。在当前的通信和导航系统中,通常使用 GPS 和惯性导航系统来完成这项任务。但对于 NSP 传感器而言,NSP 的负载能力非常有限,无法配置运动补偿设备,因此需要开发高效的运动补偿技术。

天线的设计和安装使用也是 NSP 系统的一项关键技术。介质透镜天线由于其优越的性能而广泛应用于 NSP 系统[95-96]。文献[96]讨论了介质透镜天线的接地平面,设计的天线具有较高的孔径效率和广角多扫描波束。但如果使用较低的载波频率,则馈电波导的体积和重量将大大增加,因此系统难以安装在 NSP 上。为了解决这个问题,文献[97]中设计了一种新颖的多波束介质透镜天线阵列,其工作频率范围为 $1.77 \sim 2.44\text{GHz}$,由八木单元馈电。事实上,在 NSP 上部署定向天线时,需要在工作频率和成本之间进行折中,因为在各个 NSP 之间建立有效链接时存在由于速度、空气动力学和风致漂移等带来的许多问题[98]。针对这些问题开展的一些研究已见诸报道。例如,Alshbatat 等[99]提出了一种适用于无人机通信网络的自适应 MAC 协议。在他们的模型中,请求发送/清除发送(RTS/CTS)的交换是全方位的,数据通过 4 个波束之一定向传输。他们假设无人机上有 4 个天线,其中 2 个位于机翼下方,其余的位于机翼上方。该模型中假设无人机有能力规划和倾转到所需的传输方向,但这个假设实际并不现实。

11.7 小　　结

在本章中,我们证明了在各种监测、地球观测和其他传感应用中,NSP 与卫星和其他机载网络相比的技术优势。NSP 相对较大的覆盖面积和导航支持能力,使它们有望成为与导航和通信站共存的基础设施的一部分。这些系统将通过连接地面站和卫星来提供综合服务。在许多持续监测应用中,NSP 的固定区域监测能力相对移动卫星或飞机平台的周期性快照来说具有明显优势,使得"NSP – 卫星 – 飞机平台"的集成能够服务于红外、电光、超光谱成像、智能传感器以及其他传统或未来的传感器等应用中。我们还解释了 NSP 如何能够在卫星和地面网络之间的这个附加却又始终存在的空间层内发挥重要作用。我们强烈建议工程界支持 NSP 的研究和开发,将其投入到服务于人类的应用中。

参 考 文 献

[1] Sampigethaya, K., Poovendran, R., Shetty, S., Davis, T., and Royalty, C. (2011) Future e – enabled aircraft communications and security: The next 20 years and beyond. Proceedings of the IEEE, 99(11), 2040 – 2055.

[2] Fu, B. and DaSilva, L. A. (2007) A mesh in the sky: A routing protocol for airborne networks, in Proceedings of the IEEE Military Communication Conference, Orlando, FL, pp. 1 – 7.

[3] Kuiper, E. and Nadjm – Tehrani, S. (2011) Geographical routing with location service in intermitterly connected manets. IEEE Transactions on Vehicular Technology, 60(2), 592 – 604.

[4] Rohrer, J., Jabbar, A., Cetinkaya, E., Perrins, E., and Sterbenz, J. (2011) Highly – dynamic cross – layered aeronautical network architecture. IEEE Transactions on Aerospace and Electronic Systems, 47(4), 2742 – 2765.

[5] W. – Q. Wang, Cai, J. Y., and Peng, Q. C. (2010) Near – space microwave radar remote sensing: potentials and challenge analysis. Remote Sensing, 2(3), 717 – 739.

[6] Tomme, E. B. (2005) Balloons in today's military: an introduction to near – space concept. Air Space Journal, 19(1), 39 – 50.

[7] Zhao, J., Jiang, B., He, Z., and Mao, Z. H. (2014) Modelling and fault tolerant control for near – space vehicles with vertical tail loss. IET Control Theory & Applications, 8(9), 718 – 727.

[8] Shen, Q., Jiang, B., and Cocquempot, V. (2013) Fuzzy logic system – based adaptive fault – tolerant control for near – space vehicle attitude dynamics with actuator faults. IEEE Transactions on Fuzzy Systems, 21(2), 289 – 300.

[9] Wang, W. Q. (2012) Regional remote sensing by near – space vehicle – borne passive radar system. ISPRS

Journal of Photogrammetry and Remote Sensing, 69(2), 29 – 36.

[10] M. Djuknic, G. , Freidenfelds, J. , and Okunev, Y. (1997) Establishing wireless communications services via high – altitude aeronautical platforms: A concept whose time has come? IEEE Communications Magazine, 35(9), 128 – 135.

[11] Karapantazis, S. and Pavlidou, F. (2005) Broadband communications via high – altitude platform: a survey. IEEE Communications Surveys & Tutorials, 7(1), 2 – 31.

[12] Avagnina, D. , Dovis, F. , Ghilione, A. , Mulassano, P. , and di Torino, P. (2002) Wireless networks based on high – altitude platforms for the provision of integrated navigation/communication services. IEEE Coomunication Magazine, 40(2), 119 – 125.

[13] Mohammed, A. , Mehmood, A. , Pavlidou, F. , and Mohorcic, M. (2011) The role of high – altitude platforms(haps) in the global wireless connectivity. Proceedings of the IEEE, 99(11), 1939 – 1493.

[14] Chaumette, S. , Laplace, R. , Mazel, C. , Mirault, R. , Dunand, A. , Lecoute, Y. , and Perbet, J. N. (2011) CARUS, an operational retasking application for a swarm of autonomous UAVs: First return on experience, in Proceedings of the IEEE Military Communication Conference, Baltimore, MD, pp. 2003 – 2010.

[15] Liu, Y. , Grace, D. , and Mitchell, P. D. (2009) Exploiting platform diversity for QoS improvement for users with different high altitude platform availability. IEEE Transactions on Wireless Communications, 8(1), 196 – 203.

[16] Holis, J. and Pechac, P. (2008) Elevation dependent shadowing model for mobile communications via high altitude platforms in built – up areas. IEEE Transactions on Antennas and Propagation, 56(4), 1078 – 1084.

[17] Likitthanasate, P. , Grace, D. , and Mitchell, P. D. (2008) Spectrum etiquettes for terrestrial and high – altitude platform – based cognitive radio systems. IET Communications, 2(6), 846 – 855.

[18] Panagopoulos, A. D. , Georgiadou, E. M. , and Kanellopoulos, J. D. (2007) Selection combining site diversity performance in high altitude platform networks. IEEE Communication Letters, 11(10), 787 – 789.

[19] Wang, W. Q. and Jiang, D. D. (2014) Integrated wireless sensor systems via near – space and satellite platforms—A review. IEEE Sensors Journal, 14(11), 3903 – 3914.

[20] Onda, M. (2001), Super – pressured high – altitude airship, aist. 6 305 641.

[21] Dickinson, R. M. (2013) Power in the Sky: requirements for microwave wireless power beamers for powering high – altitude platforms. IEEE Microwave Magazine, 14(2), 36 – 47.

[22] David, G. and Mihael, M. (2011) Broadband Communications via High Altitude Platforms, John Wiley & Sons, Hoboken, NJ.

[23] Alejandro, A. Z. , Lius, C. R. J. , and Antonio, D. P. J. (2008) High – Altitude Platforms for Wireless Communications, John Wiley, New York, USA.

[24] Wang, W. Q. (2011) Near – space vehicles: supply a gap between satellites and airplanes. IEEE Aerospace and Electronic Systems Magazine, 25(4), 4 – 9.

[25] Cianca, E. , Prasad, R. , Sanctis, M. D. , Luise, A. D. , Antonini, M. , Teotino, D. , and Ruggieri, M. (2005) Integrated satellite – HAP systems. IEEE Communications Magazine, 43(12), 33 – 39.

[26] Bayhan, S. , Gur, G. , and Alagoz, F. (2007) High altitude platform(HAP) driven smart radios: A novel concept, in Proceedings of the International Workshop on Satellite and Space Communications, Salzburg, pp. 201 – 205.

[27] Sveda, M. and Vrba, R. (2003) Integrated smart sensor networking framework for sensor – based appliances. IEEE Sensors Journal, 3(5), 579 – 586.

[28] Schmalzel, J. , Figueroa, F. , Morris, J. , Mandayam, S. , and Polikar, R. (2005) An architecture for intelligent systems based on smart sensors. IEEE Transactions on Instrumentation and Measurement, 54(4),

1612 – 1616.

[29] Falletti, E. , Laddomada, M. , Mondin, M. , and Sellone, F. (2006) Integrated services from high – altitude platforms: A flexible communication system. IEEE Communications Magazine, 44(2), 85 – 94.

[30] Aragón – Zavala, A. , Cuevas – Ruíz, J. L. , and Delgado – Penín, A. (2008) High – Altitude Platform for Wireless Communications, Wiley.

[31] Cook, E. C. (2013) Broad Area Wireless Networking Via High Altitude Platforms, Pennyhill Press.

[32] Falletti, E. , Mondin, M. , Dovis, F. , and Grace, D. (2003) Integration HAP with terrestrial UMTS network: Interference analysis and cell dimensioning. Wireless Personal Communications, 25(2), 291 – 325.

[33] Wierzbanowski, T. (2006) Unmanned aircraft systems will provide access to the statosphere. RF Design, pp. 12 – 16.

[34] Pent, M. , Tozer, T. C. , and Penin, J. A. D. (2002) HAPs for telecommunication and surveillance applications, in Proceedings of the 32nd European Microwave Conference, Milan, Italy, pp. 1 – 4.

[35] Lopresti, L. , Mondin, M. , Orsi, S. , and Pent, M. (1999) Heliplat as a GSM base station: a feasibility study, in Proceedings of the Data Systems in Aerospace Conference, Lisbon, Portugal, pp. 1 – 4.

[36] Grace, D. , Capstick, M. H. , Mohorcic, M. , Horwath, J. , and Pallaricini, M. B. (2005) Integrating users into the wider broadband network via high – altitude platforms. IEEE Wireless Communications, 12(5), 98 – 105.

[37] Yokomaku, Y. (2000) Overview of stratospheric platform airship R&D program in Janpan, in Proceedings of the 2nd Stratospheric Platform Systems Workshop, Tokyo, Japan.

[38] Lee, Y. G. , Kim, D. M. , and Yeom, C. H. (2005) Development of Korean high altitude platform systems. International Journal of Wireless Information Network, 13(1), 31 – 41.

[39] Jiang, B. , Gao, Z. F. , Shi, P. , and Xu, Y. F. (2010) Adaptive fault – tolerant tracking control of near – space vehicle using Takagi – Sugeno fuzzy models. IEEE Transactions on Fuzzy Systems, 18 (5), 1000 – 1007.

[40] Hu, S. G. , Fang, Y. W. , Xiao, B. S. , Wu, Y. L. , and Mou, D. (2010) Near – space hypersonic vehicle longitudinal motion control based on Markov jump system theory, in Proceedings of the 8th World Congress Intelligent Control Automation, Jian, China, pp. 7067 – 7072.

[41] Ji, Y. H. , Zong, Q. , Dou, L. Q. , and Zhao, Z. S. (2010) High – oder sliding – mode observer for state estimation in a near – space hypersonic vehicle, in Proceedings of the 8th World Congress Intelligent Control and Automation, Jinan, China, pp. 2415 – 2418.

[42] He, N. B. , Jiang, C. S. , and Gong, C. L. (2010) Terminal sliding mode control for near – space vehicle, in Proceedings of the 29th Chinese Conference, Beijing, China, pp. 2281 – 2283.

[43] Tozer, T. C. and Grace, D. (2001) High – altitude platforms for wireless communications. Electronics & Communication Engineering Journal, 13(3), 127 – 137.

[44] Karapantazis, S. and Pavlidou, F. N. (2005) The role of high altitude platforms in beyond 3G networks. IEEE Wireless Communications, 12(6), 33 – 41.

[45] Grace, D. , Thornton, J. , Chen, G. H. , White, G. P. , and Tozer, T. C. (2005) Improving the system capacity of broadband services using multiple high – altitude platforms. IEEE Transactions on Wireless Communications, 4(2), 700 – 709.

[46] Zong, R. , Gao, X. B. , Wang, X. Y. , and Lv, Z. T. (2012) Deployment of high altitude platforms network a game theoretic approach, in Proceedings of the International Conference on Computing Networking and Communications, Maui, HI, pp. 304 – 308.

[47] Kahar, M. R. and Iskandar, A. (2013) Channel estimation for LTE downlink in high altitude platforms

(HAPs) systems, in Proceedings of the International Conference on Information and Communication Technology, Bandung, pp. 182 – 186.

[48] Alsamhi, S. H. and Rajput, N. S. (2014) Performance and analysis of propgation models for efficient handoff in high altitude platform system to sustain QoS, in Proceedings of IEEE Students' Conference on Electrical, E-lectronics and Computer Science, Bhopal, pp. 1 – 6.

[49] Hasirci, Z. and Cavdar, I. H. (2012) Propagation modeling dependent on frequency and distance for mobile communications via high altitude platforms(haps), in Proceedings of the 35th International Conference on Telecommunications and Signal Processing, Prague, pp. 287 – 291.

[50] Ibrahim, A. and Alfa, A. S. (2013) Radio recource allocation for multicast transmissions over high altitude platforms, in Proceedings of the IEEE Globecom Workshops, Atlanta, GA, pp. 281 – 287.

[51] Ibrahim, A. and Alfa, A. S. (2014) Solving binary and continuous knapsack problems for radio resource allocation over high altitude platforms, in Proceedings of the Wireless Telecommunications Symposium, Washington, DC, pp. 1 – 7.

[52] White, G. P. and Zakharov, Y. V. (2007) Data communications to trains from high – altitude platforms. IEEE Transactions on Vehicular Technology, 56(4), 2253 – 2266.

[53] Fidler, F., Knapek, M., Horwath, J., and Leeb, W. R. (2010) Optical communications for high – altitude platforms. IEEE Journal of Selected Topics in Quantum Electronics, 16(5), 1058 – 1070.

[54] Wang, X. Y. (2013) Development of high altitude platforms in heterogeneous wireless sensor network via MRF – MAP and potential games, in Proceedings of the IEEE Wireless Communications and Networking Conference, Shanghai, pp. 1446 – 1451.

[55] Raafat, W. M., Fattah, S. A., and El – motaafy, H. A. (2012) On the capacity of multicell coverage MIMO systems in high altitude platform channels, in Proceedings of the International Conference on Future Generation Communication Technology, London, pp. 6 – 11.

[56] Wang, W. Q. (2013) Large – area remote sensing in high – altitude high – speed platform using MIMO SAR. IEEE Journal of Selected Topics in Applied Earth Observation and Remote Sensing, 6(5), 2146 – 2158.

[57] W. – Q. Wang(May 2013) Multi – Antenna Synthetic Aperture Radar, CRC Press, New York.

[58] Wang, W. Q. (2013) Mitigating range ambiguities in high PRF SAR with OFDM waveform diversity. IEEE Geoscience and Remote Sensing Letters, 10(1), 101 – 105.

[59] Bordoni, F., Younis, M., and Krieger, G. (2012) Ambiguity suppression by azimuth phase coding in multi-channel SAR systems. IEEE Transactions on Geoscience and Remote Sensing, 50(2), 617 – 629.

[60] Wang, W. Q. (2013) MIMO SAR imaging: Potential and challenges. IEEE Aerospace and Electronic Systems Magazine, 27(8), 18 – 23.

[61] Wang, W. Q. (2014) MIMO SAR chirp modulation diversity waveform design. IEEE Geoscience and Remote Sensing Letters, 11(9), 1644 – 1648.

[62] W. – Q. Wang and Shao, H. Z. (2014) High altitude platform multichannel SAR for wide – swath and staring imaging. IEEE Aerospace and Electronic Systems Magazine, 29(5), 12 – 17.

[63] Wang, W. Q. (2011) Near – Space Remote Sensing: Potential and Challenges, Springer, New York.

[64] Wang, W. Q. (2007) Application of near – space passive radar for homeland security. Sensing and Imaging: An International Journal, 8(1), 39 – 52.

[65] Meyers, R. G., Draim, C. J. E., Cefola, P. J., and Raizer, V. Y. (2008) A new tsunami detection concept using space – based microwave radiometry, in Proceedings of the IEEE Geoscience and Remote Sensing Symposium, Boston, MA, pp. 958 – 961.

[66] Borrero, J. C. (2005) Field data and satellite imagery of tsunami effects in Banda Aceh. Science, 308

223

(5728), 1596 – 1596.

[67] Kouchi, K. and Yamazaki, F. (2007) Characteristics of tsunami – affected areas in moderate – resolution satellite images. IEEE Transactions on Geoscience and Remote Sensing, 45(6), 1650 – 1657.

[68] Galletti, M. , Krieger, G. , Thomas, B. , Marquart, M. , and Johanness, S. S. (2007) Concept design of a near – space radar for tsunami detection, in Proceedings of the IEEE Geoscience and Remote Sensing Symposium, Barcelona, pp. 34 – 37.

[69] Camana, P. (1988) Integrated communications, navigation, identification avionics(ICNIA) – the next generation. IEEE Aerospace and Electronics Systems Magazine, 3(8), 23 – 26.

[70] de Cola, T. and Marchese, M. (2008) High performance communication and navigation systems for interplanetary networks. IEEE Systems Journal, 2(1), 104 – 113.

[71] Noreen, G. K. (1990) An integrated mobile satellite broadcast, paging, communications and navigation system. IEEE Transactions on Broadcasting, 36(4), 270 – 274.

[72] Dreher, A. , N. Niklash, Klefenz, F. , and Schroth, A. (2003) Antenna and receiver system with digital beamforming for satellite navigation and communications. IEEE Transactions on Microwave Theory and Techniques, 51(7), 1815 – 1821.

[73] Galati, G. , Giorgio, P. , Girolamo, S. D. , Dellago, R. , Gentile, S. , and Lanari, F. (1996) Study of an integrated communication, navigation and surveillance satellite system for air traffic management, in Proceedings of the CIE International Radar Conference, Beijing, China, pp. 238 – 241.

[74] Chen, J. J. , Safar, Z. , and Sorensen, J. A. (2007) Multimodal wireless networks: communication and surveillance on the same infrastucture. IEEE Transactions on Information Forensics and Security, 2 (3), 468 – 484.

[75] Wang, T. , de Lamare, R. C. , and Mitchell, P. D. (2011) Low – complexity set – membership channel estimation for cooperative wireless sensor networks. IEEE Transactions on Vehicular Technology, 60(6), 2594 – 2607.

[76] Razi, A. , Afghah, F. , and Abedi, A. (2011) Binary source estimation using a two – tiered wireless sensor network. IEEE Communications Letters, 15(4), 449 – 451.

[77] Suryadevara, N. K. and Mukhopadhyay, S. C. (2012) Wireless sensor network based home monitoring system for wellness determintion of elderly. IEEE Sensors Journal, 12(6), 1965 – 1972.

[78] Avdikos, G. and Papadakis, G. (2008) Overview of the application of high altitude platform(hap) systems in future telecommunication networks, in Proceedings of the 10th International Workshop on Signal Processing for Space Communications, Rhodes Island, pp. 1 – 6.

[79] Yang, Z. and Mohammed, A. (2008) Business model design for capacity – driven services from high altitude platforms, in Proceedings of the 3rd IEEE/IFIP International Worksjop on Business – driven IT Management, pp. 118 – 119.

[80] Elabdin, Z. , Elshaikh, O. , Islam, R. , Ismail, A. P. , and Khalifa, O. O. (2006) High altitude platform for wireless communications and other services, in Proceedings of the International Conference on Electrical and Computer Engineering, Dhaka, pp. 432 – 438.

[81] Hatime, H. , Namuduri, K. , and Watkins, J. M. (2011) OCTOPUS: An on – demand communication topology updating strategy for mobile sensor networks. IEEE Sensor Journal, 11(4), 1004 – 1012.

[82] Kandus, G. , Svigelj, A. , and Mohorcic, M. (2005) Telecommunication network over high altitude platforms, in Proceedings of the 7th International Conference on Telecommunications in Modern Satellite, Cable and Broadcasting Service, pp. 344 – 347.

[83] Yao, H. , McLamb, J. , Mustafa, M. , Narula – Tam, A. , and Yazdani, N. (2009) Dynamic resource allo-

cation DAMA alternatives study for satellite communication systems, in Proceedings of the IEEE Military Communication Conference, Boston, MA, pp. 1 – 7.

[84] Wicaksono, B. I. (2012) On the evaluation of techno – economic high altitude platforms communication, in Proceedings of the 7th International Conference on Telecommunication Systems, Services, and Applications, Bali, pp. 255 – 260.

[85] Anastaspoulos, M. P. and Cottis, P. G. (2009) High altitude platform networks: a feedback suppression algorithm for reliable multicast/broadcast services. IEEE Transactions on Wireless Communications, 8 (4), 1639 – 1643.

[86] Celcer, T., Javornik, T., Mohorcic, M., and Kandus, G. (2009) Virtual multiple input multiple output in multiple high – altitude platform constellations. IET Communications, 3(11), 1704 – 1715.

[87] Miura, R. and Oodo, M. (2001) Wireless communications system using stratospheric platforms – R& D program on tecommunication and broadcasting system using high altitude platforms. Journal of the Communications Research Laboratory, 48(4), 33 – 48.

[88] Milas, V., Koletta, M., and Constantinou, P. (2003) Interference and compatibility studies between satellite systems and systems using high altitude platform stations, in Proceedings of the 1st International Conference on Advances on Satellite Mobile Systems, Frascati, Italy, pp. 1 – 4.

[89] Thornton, J., Grace, D., Capstick, M. H., and Tozer, T. C. (2003) Optimizing an array of antennas for cellular coverage from a high altitude platform. IEEE Transactions on Wireless Communication, 2(3), 484 – 492.

[90] E. B. Tomme, The paradigm shift to effects – based space: Near – space as a combat space effects enabler. http://www. airpower. au. af. mil.

[91] Gierull, C. (2006) Mitigation of phase noise in bistatic SAR systems with extremely large synthetic apertures, in Proceedings of the European Synthetic Aperture Radsr Symposium, Dresden, Germany, pp. 1 – 4.

[92] Weiss, M. (2004) Time and frequency synchronization aspects for bistatic SAR systems, in Proceedings of the European Synthetic Aperture Radar Symposium, Ulm, Germany, pp. 395 – 398.

[93] Younis, M., Metzig, R., and Krieger, G. (2006) Performance predication of a phase synchronization link for bistatic SAR. IEEE Geoscience and Remote Sensing Letters, 3(3), 429 – 433.

[94] W. – Q. Wang, Ding, C. B., and Liang, X. D. (2008) Time and phase synchronization via direct – path signal for bistatic synthetic aperture radar systems. IET Radar Sonar and Navigation, 2(1), 1 – 11.

[95] Thornton, J. (2004) A low sidelobe asymmetric beam antenna for high altitude platform communications. IEEE Microwave and Wireless Components Letters, 14(2), 59 – 61.

[96] Thornton, J. (2006) Wide – scanning multi – layer hemisphere lens antenna for Ka – band. IEE Proc. – Microwave, Antennas and Propagation, 153(6), 573 – 578.

[97] Cai, R. N., Yang, M. C., X. – Q. Zhang, and Li, M. (2012) A novel multi – beam lens antenna for high altitude platform communication, in Proceedings of the IEEE 75th Vehicular Technology Conference, Yokohama, pp. 1 – 5.

[98] Temel, S. and Bekmezci, I. (2013) On the performance of flying Ad Hoc networks FANETs utilizing near space high altitude platforms HAPs, in Proceedings of the 6th International Conference on Recent Advances in Space Technologies, Istanbul, pp. 461 – 465.

[99] Alshbatat, A. I. and Dong, L. (2010) Adaptive MAC protocol for UAV communication networks using directional antennas, in Proceedings of the International Conference on Networking, Sensing and Control, Chicago, IL, pp. 598 – 603.

第三部分

水下与潜水型无线传感器系统的
解决方案

第12章　水下声传感的介绍

12.1　引　　言

地球表面近四分之三被水覆盖,从浅水、海滨到只有少数人见过的深海。目前,这个独特且容易到达的环境正在引起人们新的兴趣。

新的智能传感器可以使我们更多地深入了解、利用和控制各种水域,甚至在许多情况下人们在水域中时就像在家中的感觉一样。这也许将成为先进文明和工业社会新起点的开端,人们开始将水域视为潜在和真正隐藏的宝藏。毫无疑问,水域无限的资源将提高我们的生活质量。然而,深水区域难以观察和到达,并很难为人类所控制,因此这可能使我们认为深水水域的利用仅仅是一厢情愿,而非人类长期发展的必然趋势。事实上,当新兴工业和传统工业以及新老一代对水域产生兴趣时,这种新的趋势就已经开始了。我们只需要看看由各种工业计划和有远见的研究人员所提供的文献,就可以看到该领域的许多可预见的发展趋势。

Toma 等[1]针对海洋的重要性以及如何更好地了解水下环境提出了一种前瞻性观点,他们认为海洋作为一个完整的生命来源,调节着地球的气候。这项工作促使人们研究水下环境,并使用先进的智能传感器来观测和了解更多有关海洋的生物、地质和化学过程。这些知识可以帮助我们了解地球本身以及地球上生命的可持续性。作者还强调应该启动全球范围的现场观测计划。由于地球上的水覆盖率非常高,加之我们对现有技术能力运用不足,水下项目现在乃至将来都仍将耗资巨大、进度缓慢,而且非常耗时。我们注意到,最近的水下环境开发计划大多是用于监测气候和科学发现,而不是我们需要的深化工业应用,以启动一种新的水下工业范例。

然而,Toma 等指出了欧盟成员国所关注的一些问题:

* 环境监测需要处理大量数据,包括收集、分析和整理,因此必须将各种用途单一的设备和程序进行集成;
* 在不同国家和地区分别开展各自的环境监测活动;
* 缺乏通用性、质量控制和相关标准;
* 经济可行的实际应用不多,可用数据的灵活性不高,无法进行更深入的操作;
* 各国的政策不同,知识产权和成本也不相同;

- 缺少专家和技术工人。

他们建议未来对下列事项展开调查研究：

- 开展普遍的地理和生物监测，以评估水下环境和气候变化；
- RFID 的分类和信息收集（如温度和压力测量）；
- 通过地震信号和飓风测量，预测自然事件的发生；
- 探测水下物体和炸弹，并相应地进行机器人清除；
- 水下养殖和食品资源项目和规划（海洋科学技术、渔业研究等）；
- 水下管道泄漏检测及相关的机器人维修和保养；
- 使用先进浮标对船舶和潜航器进行通信和发布警告；
- 水下寻宝和休闲活动；
- 水下载人交通工具的指导和救援；
- 水下矿产、油气资源项目和规划。

在技术层面上，水中通信仍然很不发达。我们主要的水下数据通信技术是基于声学，例如水声传感器网络（UASN），并且我们为传感器应用提供了许多实用的解决方案。对可用的声学传输技术而言，远距离水下通信在带宽上受到一定限制，而且往往存在过大的背景噪声，如图 12.1 所示，因此高质量视频和其他宽带应用很难实现。目前的技术对于大多数急需的低速应用而言，如敏感信息的监测和通

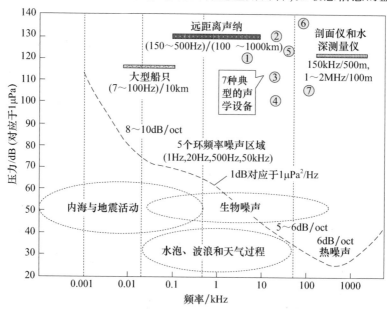

图 12.1　由海洋水深决定的干扰水声信号的典型噪声和干扰源（资料来源：Toma 等[1]）
指定的 7 种典型的声学设备：①底部剖面仪（5kHz/1km）；②调制解调器（20kHz／1km）；③长基线定位（20kHz/10km）；④调制解调器（20kHz/10km）；⑤回声测深仪（40kHz/1km）；⑥ADCP（75kHz/500m）；⑦调制解调器（80kHz/1km）。

信,则已经足够。

本章的结构如下:12.2 节讨论水下环境并分析声学和非声学系统的通信能力;12.3 节研究水下传感器网络的水下部件,重点是节点和链路的开发,并提供节点的声学天线和声通信链路的数学模型;12.4 节着眼于水声传感器网络,在其中一个小节中提出问题和需求,并在另一小节中给出解决方案;12.5 节简要回顾水下网络在移动和固定平台上的应用;12.6 节对本章进行总结。

12.2　水下无线智能传感

在水下发送和接收信息的想法可以追溯到列奥纳多·达·芬奇时代,他发现通过聆听浸没在海底的长管道可以探测到远处船只[2],这是第一个利用水下环境进行通信的记录。迄今为止,关于这个问题的解决方案究竟如何? 它们是否真的随着现有丰富和卓越的技术而得到改进? 它们能够与最新的地面无线系统相媲美吗? 如果答案是否定的,那就应该从 3 个领域寻求解决之道:

- 非技术领域;
- 需求领域;
- 技术领域。

在智能传感器出现以及人们还未对气候和环境产生担忧之前,在该领域的技术发展既不显著也不成系统。我们已经有了连接各大洲的通信光缆。引入水下传感的两个技术难点是:

- 信号传播能量的严重损失;
- 缺少规划、安装和维护的手段。

其中第二个问题可以用机器人等新技术来解决,所以我们在非竞争性水下智能传感方面的主要技术问题是寻找适用于水下环境的通信技术,这种水下环境被称为极端环境。

作为一种潜在的解决方案,人们已多次尝试使用无线电,并采用较低的频率以便于水下通信。在过去的 50 年中,人们一直在尝试许多此类想法,一些基本产品已经使用了低频声频、声纳、超声波和声波。对于水下使用的无线传感器网络(WSN)而言,这些被称为水下无线传感器网络(UWSN)的系统已经被用于实现传感设备、节点和系统的互连,并实现了诸如监测、勘探和控制等功能的无线传感。

在本章中,声波被用作数据传输的主要技术,用水声传感器网络来替代水下传感器网络。但考虑到通用性,本节我们将讨论 UWSN 的潜在通信方法,将其划分为声学和非声学技术两个方面。

12.2.1　非声学传感器

声学是经过验证的无线水下通信方法,但让我们来研究未来水下通信的 3 种最有前景的技术。

12.2.1.1 无线电系统

完善的地面无线传感器系统的能力不断增强,成本很低,并得到了广泛应用,因而人们很自然地尝试将其用于水下传感应用中。但遗憾的是,无线电在水下传播时存在极大的吸收能量损失和极强的散射,因此目前仍无法将其用于水下系统。

与地面波条件下频率越高吞吐量越大的情况不同,在水下环境中,无线电波遵循"微波炉"效应:载波信号频率越高,能量损失越大,导致吞吐量越差。换句话说,传播损耗因子随着距离或频率的增加而迅速增加。因此在水中我们必须使用中频无线电波进行短距离通信,或使用低至 500 Hz 的频率进行较长距离的通信。

射频通信可以帮助我们解决需要更高数据速率但只涉及短距离传输的应用。例如,对于特定的水下场景,De Freitas 使用 700MHz、2.4GHz 和 5GHz 这 3 个无线频段,对一个专门配置的 IEEE 802.11 系统进行了性能评估[3]。对一个新设计的天线(工作频率为 768MHz)的实验结果显示,其通信距离比使用相同频率的地面天线增加了 50%。该系统在 2m 和 1.6m 距离处的接收数据速率分别约为 400kbit/s 和 11Mbit/s。对 2.4GHz 和 5GHz 频段的测量结果显示,其工作距离分别为 32cm 和 10cm。同样,在 2.462GHz/20cm 条件下,系统吞吐量为 100Mbit/s,而在 5GHz/10cm 条件下,系统吞吐量为 10Mbit/s。

12.2.1.2 光学系统

完全无导引的水下光通信系统,也称为自由空间光学(FSO)系统,可用于水下短距离通信。De Freitas 解释说,虽然光学解决方案可以在短距离内实现更高的数据传输速率,但由于其成本较高加之其他苛刻的限制条件,例如对视距(LOS)通信的需求以及需要对由太阳光引起的强干扰进行补偿,使得这项技术缺少吸引力。

另一个有趣的光学水下实例来自 Arnon 和 Kedar[4],他们提出了一种非视距(NLOS)光学解决方案。他们称光学无线技术是传感器网络水下链路的一种很有前途的替代方案。他们已经在实验室中展示了一个 1Gbit/s 的数据传输链路,并配备了模拟的海洋水域水生介质,实现了 FSO 技术的长距离水下通信。在距离为 64m 的清澈海水条件下提供了 5GHz 带宽,并在模拟的海港混浊水域中测试了距离缩短至 8m 时的 1GHz 带宽通信。在混合声 - 光无线链路中使用 LED 发射器所开展的进一步海洋 FSO 实验结果显示,可以构建具有更高数据速率的经济实惠的水下传感器网络。然而在实践中,当传感装置被部署在海底或固定于某深度附近时,并不总是可以实现视距通信。这促使作者尝试采用长距离的多跳通信。他们在一个地面 NLOS 光无线传感器网络原型系统中测试了这种方法,测试结果显示虽然大气中后向散射光对通信的作用类似于部署许多微小的反射镜,但应用中主要的反射来自海洋与大气的交界面。

12.2.1.3 磁感应系统

作为深海水下声学和光学技术的替代方案,Allen 等[5]提出使用磁感应(MI)

技术,尤其针对浅水和浑浊水域。这个想法基于磁感应在海军感测中的使用历史,它曾经在超过一个多世纪的时间里属于水下环境的领先技术,用于目标检测和跟踪。然而,由于磁信号长距离传输能力较差,Allen 等建议它只适用于小型自主水下航行器(AUV)。

MI 技术因其独有特性,已被应用于地下以及水下环境,从而产生了一些令人感兴趣的开发。一种是在水下通信系统中使用超材料增强型磁感应(M2I),这是一种对 MI 技术有很大改进的方法。Guo 等使用特殊的超材料封装设备,解释了如何在 30m 以上的距离,针对 – 100dBm 的噪声功率(远高于通常的 – 140dBm),实现每秒数千比特的传输速率,这几乎是未采用超材料的传统 MI 系统的速率的 2倍。因此,所有利用短距离 M^2I 连接的水下网络传感器应用现在都可以提供更宽的带宽。由于对节点数量需求的增加,网络的复杂性随着覆盖范围的增大而迅速增加。然而,新的低成本和有竞争力的 M^2I 网络系统可能会引入一个新的重要趋势,这对未来水下传感器的应用将是非常重要的[6]。

12.2.2 声学传感器

在自然界中,海豚和蝙蝠使用声学技术,这是我们已经采用的一种用于探测水下物体的方法(起初没有记录,但最近有记录)。一个重要的记录来自于达芬奇,他在 1490 年将一根管子插入水中以检测水表面下的物体,显示了在水下使用可闻声波的可能性。目前,声传输技术以各种不同形式和频率得到了进一步发展。例如,声纳是一种深海水域扫描显示技术。UWSN 发展的一个重要步骤是寻找一种适用于水下通信的通用实用技术。例如,声学技术已经试验了很长时间:自 1945年首次用于语音通信以来已经得到广泛应用,现在有大量系列化产品,例如与潜艇进行通信的水下电话,这就是所谓的水下声道。然而,水下声学技术具有一些自然的限制特性:

- 由于载波频率较低,带宽有限;
- 抗窄带干扰能力较弱;
- 可达范围较小(通常最大为 40km · kbit/s)。

今天,声波是数百千米范围内水下通信的一种常用方法。由于严重的频率相关衰减和表面引起的扩散反射,通常可实现的数据速率约为 20kbit/s。在浅水区通信距离可以拓展到 100km,在深海区可达 200km,但数据速率降低至 0.5kbit/s。声波在水中的传播速度低,只有 1500m/s,因此长时延会引起同步问题。通常,声学链路以半双工模式工作[4]。

下面介绍了一种纯声学水下网络传感器技术的特点[7-8]:

- 节点具有空间 3D 移动性;
- 由于水流作用,节点以 1～3m/s 的速度移动;
- 需要更强大的自主配置能力来解决非统一部署的问题;

- 由于水流使得数据接收器发生漂移而导致预先确定的传输路径变得不稳定;
- 数据速率远低于地面,1km 时的速率为 40kbit/s;
- 损耗更高,距离更长,意味着能耗更大;
- 主要由于节点移动导致路由优化更加困难;
- 通信速度从光速降低到声速,因此传播延迟要大得多;
- 监视应用中通常采用 ad-hoc 连接,跳数取决于深度,通常为 4~7 跳;
- 因为漂移、结垢或腐蚀,水下节点比地面网络更容易出错,并且死亡速率可能更快,所以需要更强的自恢复路由功能;
- 电池电量很大导致成本很高,因此推荐使用其他替代能源;
- 由于水下设备的成本高,涉及面积大,只能进行稀疏部署。

12.2.3 接收信号模型

射线传播模型是普遍认可的在浅水中进行信号传播建模的方法。通常以下 4 种基本类型的特征射线是有意义的:
- 折射式表面反射(RSR);
- 折射式底部反射(RBR);
- 折射式表面反射 + 底部反射(RSRBR);
- 直接路径(DP)。

在整个传播过程中,特征射线在表面反射 i 次后,其长度为

$$r_i = \sqrt{(D_{Tx} + a_i D_w + b_i D_{Rx})^2 + d^2} \tag{12.1}$$

发射机和接收机的几何关系如图 12.2 所示,系数 a_i 和 b_i 由式(12.2)~式(12.4)定义。

$$a_1 = 0 \tag{12.2}$$

$$a_{i+1} = a_i + [1 + (-1)^{i+1}] \tag{12.3}$$

$$b_i = (-1)^{i+1} \tag{12.4}$$

给定每个特征射线 r_i 的近似值,接收信号 $r(t)$ 可以表示为发射信号 $e(t)$ 与声学信道 $h(t)$ 的简单卷积,再加上白噪声 $w(t)$:

$$\begin{cases} r(t) = e(t) * h(t) + w(t) \\ r(t) = s(t) + w(t) = \sum_{k=1}^{K} \beta_k e(t - \tau_k) + w(t) \end{cases} \tag{12.5}$$

式中,$*$ 为卷积算符,τ_k 和 β_k 分别对应于第 k 条路径的时延和衰减因子。时延可以由发射机和接收机的深度(D_{Tx},D_{Rx})、水深 D_w 和 LOS 距离 d 来确定:

$$\tau_k = \frac{r_k}{\bar{c}_{ij}} = \frac{\sqrt{(D_{Tx} + a_k D_w + b_k D_{Rx})^2 + d^2}}{\bar{c}_{ij}} \tag{12.6}$$

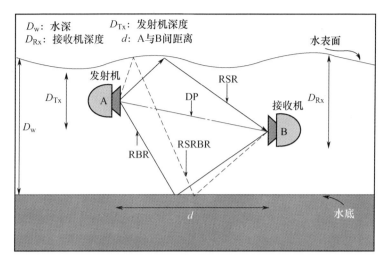

图 12.2　4 个感兴趣的特征射线的多径信道示意图(DP、RSR、RBR 和 RSRBR,
我们建议使用 RSR 和 RBR 特征射线进行 NLOS 链路的定向通信[7])

对于长度为 r_k 的特征射线(行波),时延取决于两个连接节点 $\{i,j\}$ 之间的平均声速 c_{ij}。第 k 条路径的衰减因子 β_k 可以建模为

$$\beta_k = 10^{\frac{\mathrm{TL_{TOTAL}}}{10}} = 10^{\frac{\mathrm{TL_{MULT}}(k)+\mathrm{TL_{LOS}}}{10}} \tag{12.7}$$

式中,$\mathrm{TL_{TOTAL}}$ 是浅水环境中的总衰减。在浅水环境中,大部分传输损耗是由于多径效应。在水声学中,通常将表面积(水面或底部)和体积(平面波)散射强度 S 用作混响参数。混响是由于海洋边界的不均匀性所造成的介质内所有散射贡献的总和。总散射指数是 I_{scat}(单位表面积或体积散射声音的强度,以单位距离为参考)与 I_{inc}(入射平面波强度)的比率函数:

$$S = 10\log\frac{I_{\mathrm{scat}}}{I_{\mathrm{inc}}} \quad (\mathrm{dB}) \tag{12.8}$$

12.3　网状传感器

WSN 也被称为网状传感器,后者强调了这些智能传感系统的任务、应用和使用,而不仅仅是创建另一种网络模式。在许多情况下,这个术语可能听起来不太重要,但是对于较小规模的 WSN 来说这很重要。它们更加重视系统可以提供的服务,使得 WSN 对于给定的部署规模变得更加灵活。该术语还方便适用于各种规模的网络,而不仅仅是普通的大型传感器网络。

在本节中,我们简要介绍 WSN 的智能传感和水下部署,包括组件、网络和技术,回避了与传统 WSN 类似的网络通用和常见问题。我们鼓励读者阅读本书的其他章节以获得更多关于这些方面的信息。为了介绍流畅,我们首先讨论节点的重

要性,全面评述近期的技术研究论文,然后简要讨论一个典型的阵列式天线模型;接下来关注水下环节,以扩展我们对水下环境的理解,以及水下传播和长距离通信,包括对链路的声速建模。

一个智能传感系统的特征通常为影响其动态性、行为、性能和功用的少数基本但主要的 WSN 功能。例如,对于 WSN 在水下环境中的应用,我们通常根据 5 个可行性因素来评估一个项目:

- 通信便利性;
- 寿命和生存能力;
- 成本;
- 维护和适用性;
- 安全性。

大多数水下应用通常在长远距离上使用,而忽略了成本。因此我们通常认为前两个因素是最重要的。

12. 3. 1 节点

UWSN 中,网络节点的尺寸和功能可能会相差很大。节点可以是单个传感设备、多个/复杂的传感设备、浮标、AUV、平台、数据接收器,或者是简单的位于水下或上方的远程控制系统。让我们看看这个领域的一些最新进展。

部署新应用的一个常见问题是相对于网络中使用的设备数量,如何使总体成本最小化。可以通过使用通用的低成本传感器来降低成本,但这不并适用于水下系统,原因很明显:

- 技术不成熟;
- 声学调制解调器过大;
- 应用缺乏可行性,使用量低。

小批量生产意味着水下技术的进步和新服务的开发非常困难。因此,许多设计师正在考虑加强设计过程。Jurdak 等[9] 提出了一个有趣的想法,他们建议定制标准软件以适合基于 MOTE 的短距离水下环境监测应用。他们重新设计调制解调器软件,称为"软调制解调器",使用内置麦克风和扬声器。在他们的 Tmote 创造平台上,采用了模块化设计以适应其内置硬件模块。该通道的实验声学硬件配置有利于频移键控(FSK)软调制解调低于 3kHz 的频率,并且能够在 10m 范围内以每秒几十比特的速率传输数据。

为了延长网络的使用寿命,Yang 等[10] 重新设计了水下传感器节点的硬件,并使用特殊的睡眠过程来降低协议中介质访问控制(MAC)层的能耗。也就是说,在选择低功耗设备和新架构的基础上,他们在硬件中采用自主的"睡眠—唤醒"操作模式。在系统的前通道模块中有 5 个部分:换能器、前置放大器、带通滤波器、自动增益控制(AGC)和一个 CymaScope,这是一种能够使声音可视的科学仪器,但此处用于在需要时唤醒调制解调器。

通过全局功率分配,我们可以对水下节点的许多特性进行扩展。在本书第 3 章详细解释了 Alirezaei 等[11-12]提出的一个好方法,提高了节点最优功率和能量分配的性能,延长了网络的使用寿命,提高了总体感测性能,使网络对节点故障具有鲁棒性,并明确了每个传感器节点的可靠性和节点的自动开关机时间。

水听器是一种可用作水下通信声学天线的麦克风,它具有声阻抗与水相匹配的压电换能器。单一水听器本质上是全向的。对于定向水声通信,天线由一系列水听器阵列组成,可以将各种相位和幅度相加,从而将其变为波束形成器。定向波束形成器可以通过水听器阵列输出的平均信噪比(SNR)来表示:

$$\frac{S^2}{N^2} = \frac{\overline{\left[\sum_{i=1}^{m} s_i(t)\right]^2}}{\overline{\left[\sum_{i=1}^{m} n_i(t)\right]^2}} = \frac{\sum_{i=1}^{m}\sum_{j=1}^{m} s_{ij}}{\sum_{i=1}^{m}\sum_{j=1}^{m} n_{ij}} \tag{12.9}$$

式中,上条形符号代表 m 个信号 $s_i(t)$ 和噪声 $n_i(t)$ 的时间平均值。第 i 个和第 j 个水听器的阵列信号和噪声可以表示为 $s_{ij} = s^2 s_{ij}$ 和 $n_{ij} = n^2 n_{ij}$。因此,波束形成器可以被进一步简化为

$$\frac{S^2}{N^2} = \frac{s^2}{n^2} \frac{\sum_{i=1}^{m}\sum_{j=1}^{m} s_{ij}}{\sum_{i=1}^{m}\sum_{j=1}^{m} n_{ij}}$$

水听器阵列的增益可以表示为

$$AG = 10\log\left(\frac{\frac{S^2}{N^2}}{\frac{s^2}{n^2}}\right) = 10\log\left(\frac{\sum_{i=1}^{m}\sum_{j=1}^{m} s_{ij}}{\sum_{i=1}^{m}\sum_{j=1}^{m} n_{ij}}\right)$$

可以进一步在波束指向角 $\theta = \theta_s$ 处,定义阵列增益为 AG 的天线增益 $G(\theta)$:

$$G(\theta) \cong \begin{cases} AG, & 组合增益 \\ DI(\theta = \theta_s), & 定向增益 \end{cases} \tag{12.10}$$

文献[13]研制了一种用于水声通信的矢量水听器阵列,尽管该设计使用了可以接收声信号的水听器阵列,但不能传输声信号,不过同样的概念可以扩展到同时具有感测和发射特性的水听器阵列[14-15]。图 12.3 显示了 7 个单元的 3D 矢量传感器阵列,分别在 3 个正半轴和负半轴 $\pm(x, y, z)$ 以及原点 $(0, 0, 0)$ 位置安装有传感器。进行组合时,7 个传感器可以用作全向天线,其波束图显示在图 12.3 的右侧(偶极子是沿 x 轴取向的全向波束)。

Butler 等[16]设计并评估了一种压电定向换能器,它通过组合圆柱形声辐射器的基本振动模式而产生了方向图。换能器及其垂直波束图如图 12.4 所示。波束

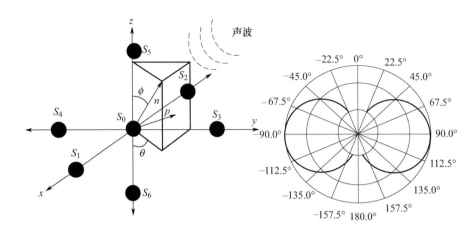

图 12.3　一个 7 单元天线阵列和相应的波束图以及一个轴上所有单元的信号

指向角可以通过改变电压振幅而不是相位进行电控制,这使得它成为我们提出的系统模型的理想选择。

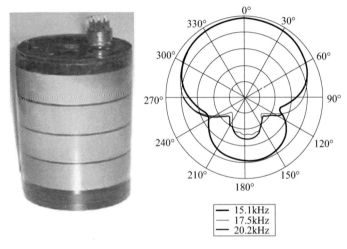

15.1kHz
17.5kHz
20.2kHz

图 12.4　可层叠多模压电定向换能器的水听器(每个圆柱体高度约为 50mm,外径为 108mm。右图显示了水平波束图,垂直波束图取决于层叠的数量[7])

12.3.2　连接

水声网络(UWAN)是一种用于多媒体通信的 UASN,它由固定节点和移动节点组成,它们协作形成一个网络[17]。在这个意义上的节点是一个主动通信实体,因为它可以发送和接收网络数据包。这个概念如图 12.5 所示,图中可以看到固定节点和移动节点都在通信以便为应用提供服务。

UWAN 的应用包括广泛的水下通信以及:

● 基于传感器的环境监测;

- 海洋剖面测量；
- 油田泄漏检测；
- 分布式监控；
- 导航。

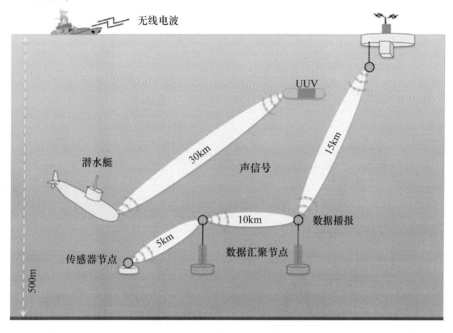

图 12.5　由于其有利的传播特性,声信号链路得以在水下通信节点中使用[7]

水下介质不均匀,由不同温度、密度和盐度的水层组成。这些变化的参数会影响声速曲线[18-20],它可以建模为海洋深度的函数。水下介质可分为两个不同的层:表面和温跃层,如图 12.6 所示。表层主要受季节温度变化的影响,而温跃层受到随深度增加而升高的压力和降低的温度影响[21]。为了简化分析,我们将重点放在深度小于 200m 的浅水通信。这意味着我们只会关注表层。在浅水中,声波将受到多径传播的很大影响,最终导致同一信号的多个衰减副本在不同时间到达[22-25]。图 12.7 中可以看到多径效应的射线跟踪模拟,该图显示了典型的声音传播,其起始角度范围为 5°~15°。定向通信通常用于缓解多径效应[16,26-27]。更重要的是,定向通信允许在同一范围内同时进行多个传输,从而充分利用空间频谱。但是,大多数定向通信方案都依赖于 LOS 链路,这可能无法在水下实现。此外,对于 ad-hoc 网络,节点定位、介质仲裁和数据路由都需要有效的网络操作。

当存在定向通信限制时,节点移动性成为定位所面临的挑战。在洋流作用下,即使非移动节点也会随时间改变位置。这对依赖于固定参考节点(通常称为锚节点)来估计其他传感器节点位置的定位技术提出了挑战。另外,利用测量得到的接收信号强度(RSS)、到达时间(TOA)、到达时间差(TDOA)或到达角(AOA)来建

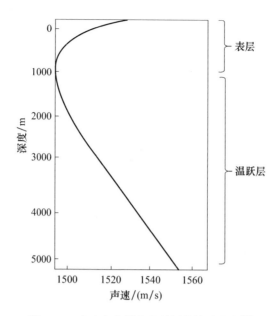

图 12.6   声速在表层和温跃层的统计变化[7]

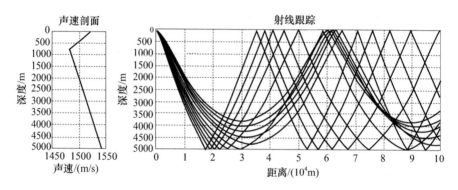

图 12.7   数学模拟结果证明了平均声速如何产生[7]

立相对拓扑,这需要建立 LOS 通信,然而这对于移动节点来说并不总是可行的。而且,这些测量(特别是 TOA 和 TDOA)可能由于多路径信号比预期早到达而带有误差,降低了测量的准确性。为了克服这一问题,我们建议定向通信也使用 NLOS 链路。我们开发了一种新的链路分类方法[7],它使用水面或底部的反射(用于浅水)来建立所需的 NLOS 链路。接收器只接收一次反射(表面或底部)的信号,识别方法是将测得的 RSS 与计算的表面/底部衰减参数进行比较。而 RSS 是通过计算来自恢复的信道脉冲响应衰减来获得的。只接收表面或底部反射信号能够促进采用定向天线的 NLOS 使用,并充分利用多个节点之间的空间频谱。因此,发射机将能够根据所使用的通信协议选择 LOS 或 NLOS,而接收机将能够通过合并链路分类来过滤出所需的链路。

240

假定我们通过合适的方法恢复了声学信道脉冲响应(IR)$h_r(t)$,就可以从恢复的信道脉冲响应中确定多径损失(EL_{MULT}):

$$EL_{MULT} = -10\log(|h_r(t=\tau)|) \quad (dB) \qquad (12.11)$$

式中,τ 是第一个多径信号的时延拓展。假设我们了解不同的声学传输损失(TL_{LOS},TL_{RSR},TL_{RBR}),就可以通过采用以下数学条件来进行声学链路分类:

$$\begin{cases} EL_{MULT} \leqslant TL_{LOS} & (LOS) \\ TL_{LOS} < EL_{MULT} \leqslant TL_{LOS} + TL_{RSR} & (RSR) \\ TL_{LOS} + TL_{RSR} < EL_{MULT} \leqslant TL_{LOS} + TL_{RBR} & (RBR) \end{cases} \qquad (12.12)$$

采用适当的散射模型可以获得传输损耗,即与文献[7]中描述的类似。在第13章中,介绍了一组合适的协议,以便利用这些 NLOS 链路来进行节点发现和定位。

12.4 联 网

如前所述,高频无线电信号在水下衰减很快,而光信号通常存在高散射分量,因此声信号与无线电或光信号相比具有更大的优势。因此到目前为止,声通信是大多数水下传感应用的首选技术。然而,声通信存在几个问题:①声学信道提供的数据速率很低,在 1km 距离内通常为几十千比特每秒。超过 1km 以上时,由于多径和干扰问题,数据速率下降得更快。为此,实际的水声调制解调器设计用于短距离节点部署。因此,水下应用需要更多数量的节点,而为了覆盖更大的水下区域需要的节点数就非常巨大了。②声学信道质量差传播质量,例如多径信号传播,以及介质层受温度、电导率和反射和折射特性变化的影响而剧烈变化。③表面波增加了声学信道的时变性。④由于声音在水中的速度低,多普勒效应可能变得更加显著。⑤还存在其他常见的水下物理问题,包括能量、维护和保护。尽管存在这些问题,实际上我们已经能够开发出大量的实际应用,包括 GPS 辅助定位、监控、石油平台监测、地震和海啸预警,气候和海洋观测以及水质污染跟踪等[28]。

12.4.1 环境

水下是一个非常规和极端的环境,智能传感器有望利用现有技术渗透其中,使我们能够扩展对它的理解并控制它以用于未来所需。因此,我们研究水声传感器网络的不同特点,以迎接即将到来的无处不在的接入时代的新挑战,通过互联网友好协议实现在各个层级上与选定的遥远水下区域和海洋的互联互通。网状传感器通过声学技术在这些区域得到应用,即本章前面提到的 UASN。UASN 通常由大量传感器和潜航器组成,这些传感器和潜航器被部署在特定目标区域执行协作监控任务。为了实现在节点层面感测目标,我们的设备和潜航器需要在如此严酷和非传统的环境中工作,要求它们自主工作并足够智能,以实现在各级操作中的自组织。在网络层应该能够使用可用信道来完成基本功能,这些信道具有以下特点:①噪声大导致错误率高;②多径损失大;③多普勒效应产生畸变;④带宽有限;⑤能耗高;⑥时延长且变化很大;⑦传播速度低且不稳定;⑧压力、温度和盐度变化导致介质特性变化很大;⑨表面波和表面反射显著;⑩存在海洋噪声。

为了使 UASN 与地面互联网通信,P2P 协议兼容性至关重要。例如,使用 IPv6 封装格式可以帮助解决较大数据包报头的开销。当节点被添加到其他效率低下和不兼容的协议时,可能面临许多不可预知的严重实际问题。图 12.8 说明了基于 P2P 的 UASN 应用场景的体系结构,展示了各种声学传感器节点、中继节点、汇聚节点和作为补偿的地面节点[29]。

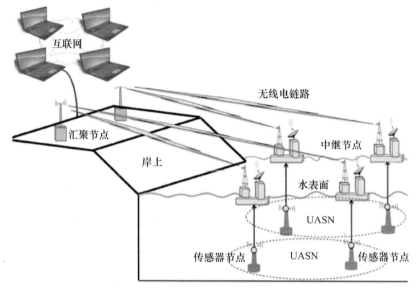

图 12.8　基于 P2P 的 UASN 典型应用场景的体系结构示例(基于文献[30]绘制)

UASN 未来工业应用中进一步的网际互联前景是与电信系统兼容。大多数实际应用都需要与长期演进(LTE)互联互通,如气候监测、海洋观测、水污染监测、石油平台监测,海军监控、目标跟踪和地震预警[30]。

12.4.2　解决方案

地面通信网络通常按照 2D 要求进行设计和操作。在水下应用中,深度起着重要作用,因此需要 3D 网络。目前针对其他极端环境(例如空间和地下)中的 3D 网络已经开展了研究。Zheng 等[31]提出了一种利用浮标和其他设备将深水区域连接到卫星的新方法,所提出的架构包括一些地面站和灵活的装载平台。据称,灵活的加载功能在整个监视的数据采集和运行中发挥着重要作用。

与其他传感器网络解决方案一样,除了通常用于研究和进一步模型开发的超大型 WSN 之外,所有中小型网状传感器都需要针对实际应用或特定情况进行设计。设计人员可以针对需要部署的 3 个主要方面选择一套合适的专用解决方案:

- 硬件;
- 通信;
- 协议。

对于基于现有解决方案的 UASN,需要考虑以下要求:

- 自配置;
- 声学通信(短距离,有限带宽);
- 时间同步(通常要求苛刻且无法预测);
- 大部分时间处于关闭状态的操作;
- 数据捕获和转发;
- 能量感知的系统设计;
- 超低轮值周期的操作;
- 价格;
- MAC 协议;
- 延迟容忍协议。

但是,所有 UWSN 都从传感器的定位开始。Heidemann 等[32]提出了一个方案,如图 12.9 所示。作者为这种监测解决方案提出了 4 种不同类型的节点。在网络的最底层,有大量的传感器节点被部署在海底或海底附近,通常直立在海床附近,并且具有适度的计算能力和存储容量,还可能具有某种能量收集能力。在上层(平台),有多种方式将此网络连接到全球网络和互联网,以提供远程控制或数据存储,供进一步分析和使用。如果应用需要,图中椭圆形状所示的移动节点(漂浮或连接到潜水机器人和 AUV 上)可以集成到系统中。

在某些水下部署的情况下,具有图像信号的网状传感器需要的带宽比大多数单一声学链路所能提供的带宽大得多。对于这种情况,Khan 等[33]提出使用 AUV 访问和读取来自传感器节点的数据、图像和视频文件。如果仍然存在对更高数据速率的需求,那么贪婪路径规划可能会提供解决方案。

为了提高声学信道的吞吐量和改善延迟性能,可以在网状传感器中采用网络编码(NC)。Manville 等[34]建议使用水下 NC 为 UASN 创建更有效和可靠的通信链路。考虑到 NC 和所提出的前向纠错(FEC)系统所涉及的额外复杂性,该思想更适用于大型复杂网络。

为传感器和其他设备及系统提供能量被认为是 UASN 操作中最困难、最耗费人力和成本最高的部分。能源效率至关重要,因为超过 75% 的 UASN 能源使用与下列活动相关:

- 监测并将数据传输到基站进行处理和存储;
- 通信活动。

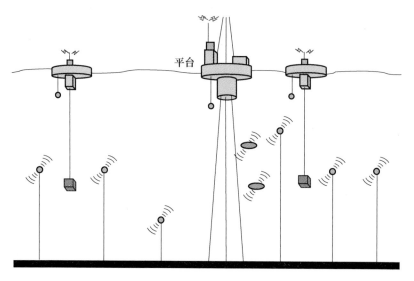

图 12.9　针对实际应用设计的基本核心场景[32]

不良的传输环境是通信出错的主要原因,导致需要数据重传并消耗能量,因此有效使用纠错码看起来十分重要。最近的一项研究是由 Souza 等[35] 开展的,他们为所需的误帧率(FER)确定了最低重传水平,显示了如何在不使用额外能量的情况下拓展声学链路的范围。类似的情况适用于具有多个节点的网络,其目标是检测对象并进行分类。对于供电能力较弱的传感器而言,通常会受到各独立功率限制的总和约束。正如 Alirezaei 和 Mathar 所描述的那样,各个节点的信息在到达融合中心合并之前,分别在通信信道上传输。融合中心使用估计器对目标对象的类型进行最终决策,该估计器给出随后的距离分类。这样的对象分类可以通过更好的最优功率分配来实现高性能传感器网络[36]。

在可以将基于网状传感器的技术能力称为一种新 UWSN 模式之前,还有很多事情要做。Heidemann 等评估了一些目前尚未达到或在不久的将来也难以达到的要求。水下传感操作相当受限,这是因为远程控制的 UASN 主要部署在小型平台、潜水器以及主动和受管设备中,因此它们本质上是临时性的。在地面无线传感器网络中,这些节点价格便宜、通信距离短、多跳传输、自主配置,并且能够利用公共能源;相比之下,水下声学节点仍然价格昂贵、部署稀疏,并且通常在长距离上直接与基站通信。例如,一种潜在的水下应用是使用永久性地震传感器来生成海底油田的实时图像,这是当前由拖曳大量水听器的船舶所执行的任务[37]。

关于未来发展的考虑:

• 需要四维地震监测来判断现场特性并启动干预;

• 大多数水下设施需要长期进行设备监测和控制;

• 机器人技术正在迅速成熟,因此我们应该毫不犹豫地使用一批水下机器人;

244

- 由于现有技术的不成熟,声学信道非常差;
- 声学信道对水下传感器节点的网络施加了很多限制,目前的协议不能处理远程通信。

12.5　典型的水下传感应用

为了展示水下系统和服务的趋势和未来潜力,下面简要介绍该领域当前的研究。

UWSN 技术一个令人关注的发展是帮助维护和降低资源成本。开展的研究将提高水下系统提供的服务质量。Delauney[38]对清洁环境监测网络系统的一项有意思的研究表明,这种解决方案不仅可以提高 UWSN 的性能,还可以应用于所有受到生物污染(biofouling)的水下设备。biofouling 是生物污染"biological fouling"的缩写,是人们所不希望发生的微生物或藻类在潮湿表面上的积累,这种情况在炎热的气候中一直存在,而且非常严重。如果没有适当的措施,对于长期的水下监测系统和设备是一个严重的问题。

节点移动性和部署密度是针对不同的 UWSN 而变化的两个参数。UWSN 通常是静态的,节点连接到码头和锚定浮标上或固定在海底。半移动 UWSN 暂时或长时间悬挂于浮标上,其网络拓扑允许高效连接。但移动 UWSN 需要动态网络,并且在节点定位和网络连通的维护方面存在技术和性能方面的挑战[39]。

接下来的两个小节将介绍移动监测潜航器和固定系统,也称为开发平台。

12.5.1　用于水下监测的潜航器

一个实用的水下检测和监测是利用传感器丰富的智能和自动潜航器。无人水下航行器(UUV),也称水下无人机,是可以在水下工作而无需人员在内部驾驶的航行器。它们分为两类:遥控潜航器(ROV)和独立操作的 AUV,也称为"水下机器人"。这两类潜航器在部署和管理上差别很大,但在所采用的技术、成本和维护方面却相差甚小。

PZT 传感器是这些潜航器导航的关键组件之一。对于不同的应用,它们有不同的形式。受到盲鱼成像机制的启发,Asadnia 等[40]开发了用于被动式类鱼形水下传感的薄膜压电传感器阵列。AUV 通常利用这种传感器阵列来监测自身的运动、周围的水流和其他物体。阵列中的各个感测元件能够对潜航器本体与周围水体的相对运动产生响应,起到了流量传感器的作用。当潜航器在水下物体上滑行时,因为物体的存在,潜航器本体上会出现水流 – 压力变化,这些变化取决于物体的形状和位置,所以可以通过分析移动物体产生的水扰动来检测周围物体的存在,该过程也被称为"一定距离处的触摸"感测。

水下滑翔机是一种 AUV,它利用浮力的微小变化并与机翼结合,将垂直运动转换为水平运动。这种方法使它们更便宜、更节能,因此它们在水下作业中非常有用。实例之一是使用它们的被动声学能力来识别海上交通[41],这是通过使用波束成形和多径波束互相关的小型 3D 声学天线来完成的。这种系统可以精确探测到 200m 以外的船舶,探测距离估计可达 850m。

值得一提的是,声纳可以与通信系统集成。声纳(声音导航和测距)是雷达(无线电导航和测距)的声学版本,用于水下传感应用,如移动物体的检测和跟踪。它也可以用于潜艇导航以及与物体的通信或物体检测。它有两种形式:被动式(仅用于收听)和主动式(用于分析所发射信号的回波)。大多数 AUV 和水下滑翔机都采用声纳技术。例如,为了检测特定的水下小型目标,Crosby 和 Cobb[42]认为水下目标检测是冗长乏味且耗时的,如果目标是水雷,还会对参与监视、调查和勘探的系统和人员带来危险。因此,AUV 应该携带短距离但分辨力很高的声纳,可以通过信号处理来改进其操作,如人工物品的模式分类、平台运动和声纳波束模式。这些增强功能可以在监测和识别出特定目标之前从海底图像中除去无用的目标。

Paull 等利用侧视传感器(SLS),推动了声纳技术在 AUV 航迹规划和水雷探测方面的进一步发展。许多水下采矿的对策操作都可以采用 SLS 来进行,并且有两种可能的方法:合成孔径声纳(SAS)或侧扫声纳(SSS)。SAS 与模拟雷达类似,但它具有自适应性,因此需要进一步的信号处理。SSS 能够使发出的高频声音返回,以此生成海底图像,因此已经被应用于水下采矿中,主要用于检测分析来自海床上物体的图像,它们会产生声纳式阴影。人们可以对这些阴影图像进行处理并与选定的对象(如水雷)数据库进行比较。随着 AUV 沿其路径移动,所载的 SSS 传感器能够收集足够的图像数据[43]。

12.5.2　水下平台开发

水下技术的发展之一是水下平台的使用。这个想法是采用一个相对较小但感测功能丰富的单元,作为一个有限区域内的智能基站。例如由一个或多个合作平台组成的技术开发辅助平台,这些平台可以为 ad - hoc 网络提供各种服务层的互连互通,从而为工业和科研等用户提供共享的通用观察和监控服务。在这里研究的大多数应用都是定向的,并使用动态智能无线传感器。

水下平台可以用于试点研究,通常用于对大型项目进行初步研究,例如这些项目是否能够适应新环境。这些平台可以为新技术和服务的发展提供重要的尝试和试验环境。平台既可以专门为支持单个任务/服务而设计,也可以是多功能的,用于支持多种任务或服务。多功能平台可能实现以下功能:

- 作为网络信息收集和维护的共用基站;
- 充当可附接系统和设备(滑翔机和 AUV)的接入点;
- 促进可扩展的应用和服务;

- 提供共享计算和传感资源。

Carevic 介绍了一个用于检测和跟踪多个水下目标的小型单一服务平台,被称为观察平台。它使用 13 个定向传感器。布局如图 12.10 所示,图中显示了 9 个传感器[44]。

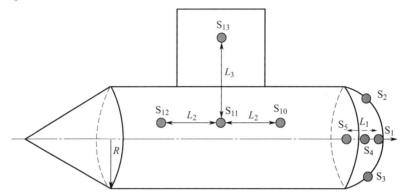

图 12.10 平台的几何 3D 观测模型。使用了 13 个定向传感器($S_1 \sim S_{13}$):S_1 和周围 4 个传感器($S_2 \sim S_5$)位于头部;其余 4 个传感器($S_6 \sim S_9$)与($S_{10} \sim S_{13}$)类似,但位于船的另一侧[44]

为了将 TDOA 的通用测量方法应用于无源瞬态信号,传感器通过接收自身辐射信号,其响应具有相对源位置的方向图。在嘈杂和恶劣的水下环境中自动估计运动目标的位置和速度的任务非常繁琐。文献采用了一种复杂的特殊似然方法,测量的数据被认为是一个单一的目标,并采用一个特殊的建模过程,通过杂波分析来识别所有目标的存在与否。

Zhang 等[45]指出了一些令人关注的实际问题,同时进行一些简单的实验:

- 对节点进行正确定位并使其保持在传输范围内,这是相当困难的,采用自部署和自配置技术将有所帮助;

- 水下声信号的反射非常严重,当反射的到达测量信号产生的误差很大时,将导致许多系统无法工作;

- 联机调试和日志记录对于正在开发或改进的平台非常重要,对于处理实时信息、考察所监测和采集数据的有用性而言,也同样重要;

- 能源和电池容量低的问题不仅烦人,而且会影响传感性能,并使通信和信号处理任务不可靠。

复杂的平台部署将为监测、污染控制、气候记录、自然扰动预测、搜索和调查任务以及海洋生物研究等应用而部署的长期水下项目提供更好和更加可持续的方式。也就是说,智能水下传感器可能成为未来有前途的海洋观测综合体的焦点。Heidemann 等分析了水下传感器网络在静态平台上的研究进展和相关部署问题。基本上所有的传感平台都需要水下传感器,这些传感器通常很普通,因此易于使用且价格便宜,如用于深度测量的压力传感器、用于环境光和温度测量的光电二极管

247

和热敏电阻等。然而,许多设备可能实现困难且价格昂贵,包括用于测量水中二氧化碳浓度和浊度的设备,以及用于检测水下物体的声纳传感器[39]。

另一项令人关注的工作是 Kastner 等在水下多模式监测的传感器平台上开展的,主要用于观测鲸鱼、鲨鱼和浮游生物。用于了解水下生态系统的固定或移动平台需要采用多模式水下传感器,以便通过各种网络和物理模式进行工作,这些传感器平台包括空中和水下平台。他们的水下平台包括一个漂流器,这是一种自主的浮力控制潜航器,通过改变其对洋流的浮力来控制其深度。它们可能成为真正的综合网络化传感系统的一部分,配备了声学调制解调器、用于浮力控制的活塞,以及用于测量深度和温度的传感器、处理器和电池。它们能够检测数十千米外的鱼类和其他物体,数据通信速度超过 1000bit/s,在短距离内可以提高到 10kbit/s[46]。

另一个有趣的无源声学平台技术来自 Toma 等[1]的多平台被动水下声学仪器,用于对海洋生态系统进行评估,其费效比更优。开发新一代低成本、多功能、网络化海洋传感器系统,可增强海洋、海事和渔业管理。对于观察和监测应用而言,采用被动声学平台是可行的,这些应用包括鱼类繁殖区域检测、温室气体检测、降雨估计、地震事件检测、冰裂监测、温度测量和层析成像。图 12.11 是从未来的视角探索被动声学的应用。

由欧盟委员会资助的一个合作项目 NeXOS 提供[47]。

图 12.11　海景声学环境

这项工作的核心是他们用数据收集系统展示的"用于传感器和仪器系统的智能电子接口"。

12.6　小　　结

覆盖地球的广阔水域已经成为许多科学家和工程师关注的焦点,他们正在开始对智能传感器技术在水域应用的可能性进行新的系统研究。本章是近期许多关注水下环境的尝试之一,旨在积极探索通过新技术发展来了解其潜力,为文明利用水下环境带来新的应用模式。为此,我们研究了无线水下传感的最新发展,尤其关注 UASN。通过智能感知来测量如此庞大而复杂的环境目前依赖于我们的传输技术,因为极端的水下环境对于我们来说仍然非常遥远。

通过智能传感来征服水下环境不可能独立实现,而只能与其他技术相结合,其中一些技术在本书的其他章节中有所描述。许多技术和性能都可以得到增强和提升,包括以最小能耗来感测和积累信息的节点,用于 UASN 中的通信和数据传输的链路能力,以及信号速度、延迟、能量和寿命。然而,我们需要找到技术上的捷径,如更先进的编码、新的调制方法和多链路通信技术。在应用层面,研究了用于监测的典型水下传感系统,如 UUV、AUV 和 ROV,并对一种基于平台的新方法进行了分析。

参 考 文 献

[1] D. M. Toma, J. d. Río, N. Carreras, L. Corradino, P. Braulte, E. Delory, A. Castro and P. Ruiz, 'Multi – platform underwater passive acoustics instrument for a more cost – efficient assessment of ocean ecosystems,' in 2015 IEEE International Instrumentation and Measurement Technology Conference (I2MTC), Pisa, 2015.

[2] M. Stojanovic, The Wiley Encyclopedia of Electrical and Electronics Engineering, John Wiley, 1999.

[3] P. C. de Freitas, 'Evaluation of Wi – Fi underwater networks in freshwater,' MSc Thesis, Universidade do Porto, 2014.

[4] D. K. Shlomi Arnon and Debbie Kedar, 'Non – line – of – sight underwater optical wireless communication network,' Optical Society of America A, vol. 26, pp. 530 – 539, 2009.

[5] G. I. Allen, R. Matthews and M. Wynn, 'Mitigation of Platform generated magnetic noise impressed on a magnetic sensor mounted in an autonomous underwater vehicle,' in OCEANS, 2001. MTS/IEEE Conference and Exhibition, Honolulu, 2001.

[6] H. Guo, J. S. Sun and N. M. Litchinitser, 'M2I: Channel modeling for metamaterial – enhanced magnetic induction communications,' IEEE Transactions on Antennas and Propagation, vol. 63, no. 11, pp. 5072 – 5087, 2015.

[7] L. Emokpae, 'Design and analysis of underwater acoustic networks with reflected links,' PhD Thesis, University of Maryland, Baltimore, 2013.

[8] N. A. B. Idrus, 'The performance of directional flooding routing protocol for underwater sensor networks,' PhD Thesis, Universiti Tun Hussein Onn Malaysia, 2015.

[9] R. Jurdak, C. V. Lopes and P. Baldi, 'Software acoustic modems for short range mote – based underwater sensor networks,' in OCEANS 2006 – Asia Pacific, 2006.

[10] Y. Yang, Z. Xiaomin, P. Bo and F. Yujing, 'Design of sensor nodes in underwater sensor networks,' in 4th IEEE Conference on Industrial Electronics and Applications, 2009.

[11] G. Alirezaei, O. Taghizadeh and R. Mathar, 'Optimum power allocation with sensitivity analysis for passive radar applications,' IEEE Sensors Journal, vol. 14, no. 11, pp. 3800 – 3809, 2014.

[12] G. Alirezaei, O. Taghizadeh and R. Mathar, 'Comparing several power allocation strategies for sensor net-

works,' in The 20th International ITG Workshop on Smart Antennas(WSA'16), Munich, 2016.

[13] N. Zou, C. C. Swee and B. A. L. Chew, 'Vector hydrophone array development and its associated DOA esti-mation algorithms,' in OCEANS 2006 – Asia Pacific, 2006.

[14] D. Billon and B. Quellec, 'Performance of high data rate acoustic underwater communication systems using a-daptive beamforming and equalization,' in Proceedings of OCEANS '94, Oceans Engineering for Today's Technology and Tomorrow's Preservation, Brest, 1994.

[15] D. Chizhik, A. P. Rosenberg and Q. Zhang, 'Coherent and differential acoustic communication in shallow water using transmitter and receiver arrays,' in OCEANS 2010, Sydney, 2010.

[16] A. L. Butler, J. L. Butler, J. A. Rice, W. Dalton, J. Baker and P. Pietryka, 'A tri – modal directional mo-dem transducer,' in OCEANS 2003 Proceedings, San Diego, 2003.

[17] I. F. Akyildiz, D. Pompili and T. Melodia, 'Underwater acoustic sensor networks: research challenges,' Ad Hoc Networks, vol. 3, no. 3, pp. 257 – 279, 2005.

[18] M. A. Pedersen, 'Normal – mode and ray theory applied to underwater acoustic conditions of extreme down-ward refraction,' The Journal of the Acoustical Society of America, pp. 323 – 368, 1972.

[19] M. B. Porter, 'Acoustic models and sonar systems,' IEEE Journal of Oceanic Engineering, vol. 18, no. 4, pp. 425 – 437, 1993.

[20] L. Emokpae and M. Younis, 'Surface based underwater communications,' in Global Telecommunications Conference(GLOBECOM 2010), Miami, 2010.

[21] F. B. Jensen, W. A. Kuperman, M. B. Porter, H. Schmidt, Computational Ocean Acoustics, Springer, 2011.

[22] C. T. Tindle and M. J. Murphy, 'Microseisms and ocean wave measurements,' IEEE Journal of Oceanic En-gineering, vol. 24, no. 1, pp. 112 – 115, 1999.

[23] F. Shulz, R. Weber, A. Waldhorst and J. Bohme, 'Performance enhancement of blind adaptive equalizers u-sing environmental knowledge,' in Proc. of the IEEE/OES OCEANS Conference, San Diego, 2003.

[24] A. Jarrot, C. Ioana and A. Quinquis, 'Denoising underwater signals propagating through multi – path chan-nels,' in Europe Oceans2005, 2005.

[25] G. Zhang, J. M. Hovem, H. Dong and L. Liu, 'Experimental studies of underwater acoustic communications over multipath channels,' in Fourth International Conference on Sensor Technologies and Applications(SENS-ORCOMM), 2010.

[26] A. Essebar, G. Loubet and F. Vial, 'Underwater acoustic channel simulations for communication,' in Proc. of the IEEE/OES OCEANS'94 Conference, 1994.

[27] G. S. Sineiro, 'Underwater multimode directional transducer evaluation,' MSc Thesis, Naval Postgraduate School, Monterey, 2003.

[28] M. Erol – Kantarci, H. T. Mouftah and E. Oktug, 'Localization techniques for underwater acoustic sensor networks,' IEEE Communications Magazine, vol. 48, no. 12, pp. 152 – 158, 2010.

[29] M. Xu and G. Liu, 'Design of a P2P based collaboration platform for underwater acoustic sensor network,' in The 11th International Symposium on Communications & Information Technologies(ISCIT 2011), 2011.

[30] F. Xu, R. Li, C. Zhao, H. Yao and J. Zhang, 'Congestion – aware signaling aggregation scheme for cellular based underwater acoustic sensor network,' in IEEE ICC 2015 – Workshop on Radar and Sonar Networks, 2015.

[31] J. Zheng, S. Zhou, Z. Liu, S. Ye, L. Liu and L. Yin, 'A New underwater sensor networks architecture,' in IEEE International Conference on Information Theory and Information Security(ICITIS), 2010.

[32] J. Heidemann, Y. Li, A. Syed, J. Wills and W. Ye, 'Underwater sensor networking: research challenges

and potential applications,' USC/ISI, 2005.

[33] F. A. Khan, S. A. Khan, D. Turgut and L. Boloni, 'Greedy path planning for maximizing value of information in underwater sensor networks,' in IEEE 39th Conference on Local Computer Networks Workshops(LCN Workshops), Edmonton, 2014.

[34] C. Manville, A. Miyajan, A. Alharbi, H. Mo, M. Zuba and J. – H. Cui, 'Network coding in underwater sensor networks,' in OCEANS 2013, Bergen, 2013.

[35] F. A. d. Souza, B. S. Chang, G. Brante, R. D. Souza, M. E. Pellenz and F. Rosas, 'Optimizing the number of hops and retransmissions for energy efficient multi – hop underwater acoustic communications,' IEEE Sensors Journal, vol. 16, no. 10, pp. 3927 – 3938, 2016.

[36] G. Alirezaei and R. Mathar, 'Optimum power allocation for sensor networks that perform object classification,' IEEE Sensors Journal, vol. 14, pp. 3862 – 3873, Nov 2014.

[37] Heidemann, W. Ye, J. Wills, A. Syed and Y. Li, 'Research challenges and applications for underwater sensor networking,' in IEEE Wireless Communications and Networking Conference, 2006. WCNC 2006, 2006.

[38] L. Delauney, 'Biofouling protection for marine underwater observatories sensors,' in OCEANS 2009 – EUROPE, 2009.

[39] J. Heidemann, M. Stojanovic and M. Zorzi, 'Underwater sensor networks: applications, advances and challenges,' Phil. Trans. R. Soc. A, vol. 370, pp. 158 – 175, 2012.

[40] M. Asadnia, A. G. P. Kottapalli, Z. Shen, J. Miao and M. Triantafyllou, 'Flexible and surface – mountable piezoelectric sensor arrays for underwater sensing in marine vehicles,' IEEE Sensors Journal, vol. 13, no. 10, pp. 3918 – 3925, 2013.

[41] A. Tesei, R. Been, D. Williams, B. Cardeira, D. Galletti, D. Cecchi, B. Garau and A. Maguer, 'Passive acoustic surveillance of surface vessels using tridimensional array on an underwater glider,' in OCEANS 2015, Genova, 2015.

[42] F. Crosby and J. T. Cobb, 'Sonar Processing for short range, very – high resolution autono – mous underwater vehicle sensors,' in Proceedings of OCEANS 2005, 2005.

[43] L. Paull, S. Saeedi, M. Seto and H. Li, 'Sensor – driven online coverage planning for autonomous underwater vehicles,' IEEE/ASME Transactions on Mechatronics, vol. 18, no. 6, pp. 1827 – 1838, 2013.

[44] D. Carevic, 'Detection and tracking of underwater targets using directional sensors,' in Proceedings of the Intelligent Sensors, Sensor Networks and Information(ISSNIP'07), Melbourne, 2007.

[45] K. Zhang, S. Climent, N. Meratnia and P. J. M. Havinga, 'Practical problems of experimenting with an underwater wireless sensor node platform,' in Seventh International Conference on Intelligent Sensors, Sensor Networks and Information Processing(ISSNIP), 2011.

[46] R. Kastner, A. Lin, C. Schurgers, J. Jaffe, P. Franks and B. S. Stewart, 'Sensor Platforms for multimodal underwater monitoring,' in Green Computing Conference(IGCC), 2012 International, San Jose, 2012.

[47] E. Q. Gutiérrez, 'http://www. nexosproject. eu/sites/default/files/Factsheet_ 1st_update,' 27 July 2016. URL: http://www. nexosproject. eu.

第 13 章　使用表面反射
波束的水下锚点定位

13.1　引　言

在本章中,我们将重点放在利用已经通过适当的无锚点定位方案进行定位的参考节点,来对漂离网络的丢失节点进行定位。考虑一个在浅水中运行的水声传感器网络(ASN),如图 13.1 所示。该 ASN 中包含基站(BS)节点、地理定位(GP)节点和漂移丢失(LD)节点。UREAL[1]算法的目标是定位所有 LD 节点,该算法假定每次仅对一个 LD 节点进行定位。如图 13.1 所示,BS 节点位于水面附近,利用其天线阵列定期测量水面函数。BS 和 GP 节点都配备了定向压电式水下换能器,类似于 12.3.1 节中提到的换能器,将其配置为可以对到达角(AOA)的俯仰角和方位角进行测量[2-3]。LD 节点只配备一个全向传感器。

水面上的反射点和 BS 节点可以用作求解标准三角测量问题的参考点。因此,给定图 13.1 中 UREAL 算法的 ASN 模型,第 i 个 GP 节点的位置$(GP_{xi}, GP_{yi}, GP_{zi})$可以通过评估下列多边测量表达式来确定:

$$\begin{bmatrix} (X_1 - GP_{xi})^2 + (Y_1 - GP_{yi})^2 + (Z_1 - GP_{zi})^2 \\ (X_2 - GP_{xi})^2 + (Y_2 - GP_{yi})^2 + (Z_2 - GP_{zi})^2 \\ \vdots \\ (X_n - GP_{xi})^2 + (Y_n - GP_{yi})^2 + (Z_n - GP_{zi})^2 \end{bmatrix} = \begin{bmatrix} d_1^2 \\ d_2^2 \\ \vdots \\ d_n^2 \end{bmatrix} \quad (13.1)$$

式中,(X_i, Y_i, Z_i)是水面上的第 i 个反射点,用作临时的参考点。方程式(13.1)还需要从 GP 节点到每个反射点的测距信息 $d_i = c \times \tau_i / 2$,因为每个 GP 节点都持续进行水面函数估计,所以可以知道测距信息。

在开始阶段的无锚点定位之后,BS 和 GP 节点将用作参考点来对由于水流而发生漂移的 LD 节点进行定位。在这种情况下,只依赖于 BS 节点的水面函数。丢失的 LD 节点将发送具有参考分组编号的全向广播测试连通(ping)消息,该消息将被一部分参考节点(BS 和 GP)接收到。然后每个 GP 节点会将链路分类为视距

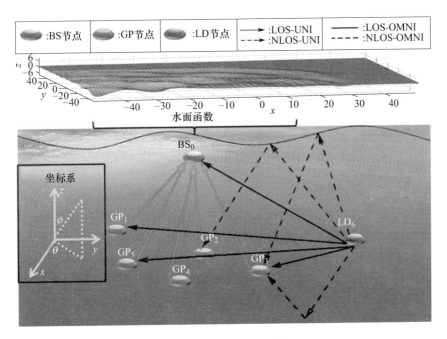

図13.1 一个ASN的网络模型

（UREAL算法使用视距（LOS）和非视距（NLOS）到达角（AOA）信息
来定位漂离ASN的LD节点。水面函数用于NLOS位置估计）

（LOS）链路或表面反射的非视距（NLOS）链路。在这个阶段,因为BS节点将持续更新水面函数,所以GP节点无需保持水面函数。每个GP节点还将确定从丢失节点接收到的ping消息的AOA方位角（θ）和俯仰角（ϕ）。根据θ和ϕ,GP节点会把到LD节点的链路区分为LOS或NLOS（通过水表面反射）。链路分类（LOS和NLOS）及AOA的数据集合被发送到BS节点以用于对漂移节点进行集中定位。计算出的节点位置将在整个网络中广播,直到该信息到达LD节点。图13.1总结了这种基于水下反射的声学定位（UREAL）方案。为了清楚起见,我们做出以下假设:

• 所提出的UREAL方案一次只能定位一个LD节点;

• 在多个LD节点想要加入ASN的情况下,BS和GP节点可利用包头信息来区分它们;

• 在网络建立时,BS和GP节点的位置通过采用一种合适的无锚点定位方案[4]来确定,如图13.2所示。在ASN的整个生命周期中都会维持这些位置信息。

下面三节将详细介绍UREAL方法。

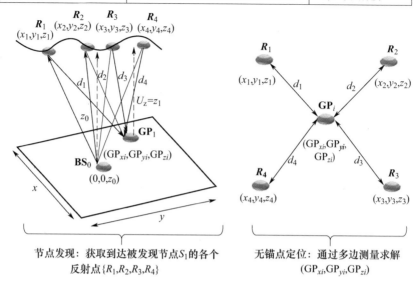

| ⬤ : 反射点 | d_i: 从反射点R_i到被发现节点的距离 | z_i: 节点深度 |

节点发现: 获取到达被发现节点S_1的各个
反射点$\{R_1,R_2,R_3,R_4\}$

无锚点定位: 通过多边测量求解
$(GP_{xi},GP_{yi},GP_{zi})$

图 13.2　用于定位 GP 节点的无锚点定位方案

(已定位的 BS 和 GP 节点将被用作参考节点来定位已漂离 ASN 的 LD 节点)

13.2　UREAL 算法中的到达角测量

如前所述,传统的相对定位算法需要利用 LOS 距离。为了定位已漂移的 LD 节点,我们提出了一种基于 AOA 的闭式解,目的是在定位过程中利用参考 GP 和 BS 节点的天线阵列。

根据 Zamora 等在文献[5]中所述,AOA 测距要求源节点位置必须沿着方位线(LOB)。因此源节点的位置是根据到各参考节点的多条 LOB 的交点处获得的。由于水下环境的 3D 特性,我们假设最多从 N 个参考 BS 和 GP 节点获得 AOA 的方位角(θ)和俯仰角(ϕ)测量值。这些信息与链路类型一同发送给 BS。我们还假定在每个参考节点测量的 AOA$\{\theta_i,\phi_i\}$存在误差$\{\varepsilon_i,e_i\}$。因此,第 i 个参考节点(位置 $p_i = [x_i\ y_i\ z_i]^T$ 已知)和丢失节点(位置 $p = [x\ y\ z]^T$ 未知)之间测量的 AOA 能够被表示为

$$\theta_i = \arctan\left(\frac{y - y_i}{x - x_i}\right) + \varepsilon_i = f_i(\boldsymbol{p}) + \varepsilon_i \tag{13.2}$$

$$\phi_i = \arccos\left(\frac{z - z_i}{r_i}\right) + e_i = g_i(\boldsymbol{p}) + e_i \tag{13.3}$$

式中,$f_i(\boldsymbol{p})$和$g_i(\boldsymbol{p})$是描述 AOA 测量值与丢失节点位置 $\boldsymbol{p}$ 之间的非线性函数,r_i

是参考节点与丢失的 LD 节点之间的 LOS 距离,可表示如下:

$$r_i = \sqrt{(x - x_i)^2 + (y - y_i)^2 + (z - z_i)^2}$$

13.3 最小二乘位置估计的闭式解

假定已经获得一组方位角 $\boldsymbol{\theta} = [\theta_1\ \theta_2 \cdots\ \theta_N]^T$ 和俯仰角 $\boldsymbol{\phi} = [\phi_1\ \phi_2 \cdots\ \phi_N]^T$ 测量值,分别具有均值为 0 的不相关的高斯噪声项 $\boldsymbol{\varepsilon} = [\varepsilon_1\ \varepsilon_2 \cdots\ \varepsilon_N]^T$ 和 $\boldsymbol{e} = [e_1\ e_2 \cdots\ e_N]^T$,则可以通过使用参考节点的天线阵列来获得 LD 节点定位的闭式解。在接下来的两个小节中,将利用所提出的闭式解来进行 LOS 和 NLOS 位置估计。

13.3.1 视距定位

如上所述,假设从所有 N 个参考节点获得 AOA 测量结果的方位角和俯仰角,该信息与链路类型一并发送给 BS。如图 13.3 所示,假设 N 个参考节点都属于 LOS 链路,我们将 AOA 测量结果用两个矢量来表示:

$$\boldsymbol{\theta} = \boldsymbol{f}(\boldsymbol{p}) + \boldsymbol{\varepsilon} \tag{13.4}$$

$$\boldsymbol{\phi} = \boldsymbol{g}(\boldsymbol{p}) + \boldsymbol{e} \tag{13.5}$$

式中,$\boldsymbol{\theta} = [\theta_1\ \theta_2 \cdots\ \theta_N]^T$,$\boldsymbol{\varepsilon} = [\varepsilon_1\ \varepsilon_2 \cdots\ \varepsilon_N]^T$,$\boldsymbol{\phi} = [\phi_1\ \phi_2 \cdots\ \phi_N]^T$,$\boldsymbol{e} = [e_1\ e_2 \cdots\ e_N]^T$。因此,对 $\boldsymbol{f}(\boldsymbol{p})$ 和 $\boldsymbol{g}(\boldsymbol{p})$ 进行估计,就可以求解丢失节点的位置。为了确定 $\boldsymbol{f}(\boldsymbol{p})$,我们通过由 $\boldsymbol{J}_F(\boldsymbol{p})$ 描述的雅可比线性映射来对非线性 AOA 函数进行线性化处理,该映射可以用于给出在参考点 $\boldsymbol{p}_0$ 附近 $\boldsymbol{f}(\boldsymbol{p})$ 的最佳线性近似:

$$\boldsymbol{f}(\boldsymbol{p}) \approx \boldsymbol{f}(\boldsymbol{p}_0) + \boldsymbol{J}_F(\boldsymbol{p}_0)(\boldsymbol{p} - \boldsymbol{p}_0) \tag{13.6}$$

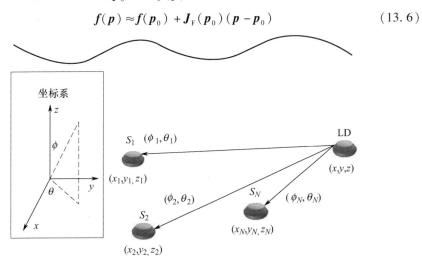

图 13.3　LOS 位置估计,显示了来自每个传感器节点的角度集合

在 3D 球坐标系中

$$x = r\sin\phi\cos\theta, \quad y = r\sin\phi\sin\theta, \quad z = r\cos\phi$$

雅可比矩阵定义为

$$\boldsymbol{J}_{\mathrm{F}}(\boldsymbol{p}) = \frac{\partial x, y, z}{\partial r, \phi, \theta} = \begin{bmatrix} \dfrac{\partial x}{\partial r} & \dfrac{\partial x}{\partial \phi} & \dfrac{\partial x}{\partial \theta} \\[2mm] \dfrac{\partial y}{\partial r} & \dfrac{\partial y}{\partial \phi} & \dfrac{\partial y}{\partial \theta} \\[2mm] \dfrac{\partial z}{\partial r} & \dfrac{\partial z}{\partial \phi} & \dfrac{\partial z}{\partial \theta} \end{bmatrix} = \begin{bmatrix} \sin\phi\cos\theta & r\cos\phi\cos\theta & -r\sin\phi\sin\theta \\ \sin\phi\sin\theta & r\cos\phi\sin\theta & r\sin\phi\cos\theta \\ \cos\phi & -r\sin\phi & 0 \end{bmatrix}$$

$$(13.7)$$

具有单位矢量:

$$\boldsymbol{v}_1 = \begin{bmatrix} \cos\phi\cos\theta & \cos\phi\sin\theta & -\sin\phi \end{bmatrix}^{\mathrm{T}} \tag{13.8}$$

$$\boldsymbol{v}_2 = \begin{bmatrix} -\sin\phi\sin\theta & \sin\phi\cos\theta & 0 \end{bmatrix}^{\mathrm{T}} \tag{13.9}$$

重新排列线性估计的方程组,并选择需要进行 $\boldsymbol{f}(\boldsymbol{p})$ 近似的第二个单位矢量,就可以得到以下线性系统:

$$\boldsymbol{b}(\boldsymbol{\phi},\boldsymbol{\theta}) = \boldsymbol{H}(\boldsymbol{\phi},\boldsymbol{\theta}) \cdot \boldsymbol{p} \tag{13.10}$$

式中

$$\boldsymbol{H}(\boldsymbol{\phi},\boldsymbol{\theta}) = \begin{bmatrix} -\sin\phi_1\sin\theta_1 & \sin\phi_1\cos\theta_1 & 0 \\ \vdots & \vdots & \vdots \\ -\sin\phi_N\sin\theta_N & \sin\phi_N\cos\theta_N & 0 \end{bmatrix}$$

$$\boldsymbol{b}(\boldsymbol{\phi},\boldsymbol{\theta}) = \begin{bmatrix} -x_1\sin\phi_1\sin\theta_1 + y_1\cos\phi_1\sin\theta_1 - z_1 \ 0 \\ \vdots \\ -x_N\sin\phi_N\sin\theta_N + y_N\cos\phi_N\sin\theta_N - z_N \ 0 \end{bmatrix}$$

因此,通过计算式(13.10)的最小方差解来对丢失节点 $\boldsymbol{p} \approx \tilde{\boldsymbol{p}} = \begin{bmatrix} x & y & ? \end{bmatrix}^{\mathrm{T}}$ 的位置 (x,y) 进行估计:

$$\tilde{\boldsymbol{p}}_{\mathrm{LOS}} = \begin{bmatrix} \boldsymbol{H}(\boldsymbol{\phi},\boldsymbol{\theta})^{\mathrm{T}}\boldsymbol{H}(\boldsymbol{\phi},\boldsymbol{\theta}) \end{bmatrix}^{-1} \boldsymbol{H}(\boldsymbol{\phi},\boldsymbol{\theta})^{\mathrm{T}}\boldsymbol{b}(\boldsymbol{\phi},\boldsymbol{\theta}) \tag{13.11}$$

可以将式(13.11)的解代入到 r_i 和式(13.5)来求解丢失节点的 z 坐标,给出了一个 $\boldsymbol{g}(\boldsymbol{p})$ 的近似值,然后求解未知 z 坐标的二次方程:

$$z = \frac{-2z_i \pm \sqrt{(2z_i)^2 - 4(z_i^2 - \beta_i)}}{2} \tag{13.12}$$

式中

$$\beta_i = \frac{\left[(x - x_i)^2 + (y - y_i)^2 \right]\cos^2\phi_i}{1 - \cos^2\phi_i} \tag{13.13}$$

13.3.2 非视距定位

因为水面链路比底部链路的传输损耗低,加之水面的可变性,所以我们只关注

256

水面反射链路的 NLOS 定位。假设一组 BS 和 GP 节点的链路已被分类为水面反射 NLOS,则定位算法的目标是仅通过使用 AOA 测量来估计 LD 节点的位置。

LD 节点配备了一个全向传感器,对应一个广播信号将有多个反射点。因此,需要确定每个反射点的传输矢量,如图 13.4 所示,并将它们用于求解 LD 节点位置的闭式表达式。对于接收到的第 i 个参考节点的反射信号的球面单位矢量 ($\boldsymbol{v}_i$),可以通过其与笛卡儿坐标系的关系来表示,即

$$\boldsymbol{v}_i = \begin{bmatrix} \hat{\boldsymbol{r}} \\ \hat{\boldsymbol{\phi}} \\ \hat{\boldsymbol{\theta}} \end{bmatrix} = \begin{bmatrix} \sin\phi_i\cos\theta_i & \sin\phi_i\sin\theta_i & \cos\phi_i \\ \cos\phi_i\cos\theta_i & \cos\phi_i\sin\theta_i & -\sin\phi_i \\ -\sin\phi_i & \cos\theta_i & 0 \end{bmatrix} \begin{bmatrix} \hat{\boldsymbol{x}} \\ \hat{\boldsymbol{y}} \\ \hat{\boldsymbol{z}} \end{bmatrix} \tag{13.14}$$

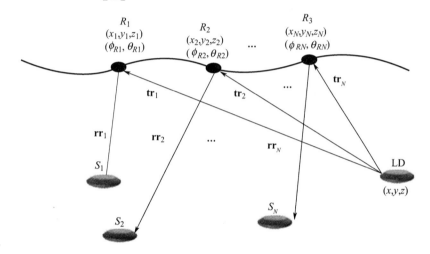

图 13.4 使用反射点作为求解 LD 位置参考的 NLOS 位置估计

然后可以通过以下表达式确定每个参考节点的反射射线($\mathbf{rr}_i$):

$$\mathbf{rr}_i = \boldsymbol{p}_i + t\boldsymbol{v}_i \tag{13.15}$$

式中,$\boldsymbol{p}_i$ 是第 i 个参考节点的已知位置,t 为沿射线测得的距离参数,$\boldsymbol{v}_i$ 为方向矢量。$\mathbf{rr}_i(t)$ 与切平面的交点的射线参数 t 可通过如下公式进行计算:

$$T(\mathbf{rr}_i) = 0, \quad t = \frac{(\boldsymbol{R}_i - \boldsymbol{p}_i) \cdot \boldsymbol{n}}{\boldsymbol{v}_i \cdot \boldsymbol{n}} \tag{13.16}$$

式中:$\boldsymbol{R}_i$ 为满足该方程的切平面上的反射交点,$\boldsymbol{n}$ 为交点处的法向矢量。对于已知的水面函数而言,其法向矢量可以通过从水面的切平面上挑选 3 个点($\boldsymbol{P}_1, \boldsymbol{P}_2,$ $\boldsymbol{P}_3$)来确定:

$$\boldsymbol{n} = (\boldsymbol{P}_1 - \boldsymbol{P}_2) \otimes (\boldsymbol{P}_1 - \boldsymbol{P}_3) \tag{13.17}$$

进而可以计算出交点法线矢量处的传输反射矢量 $\mathbf{tr}_i = \begin{bmatrix} x_{ti} & y_{ti} & z_{ti} \end{bmatrix}^{\mathrm{T}}$ 如下:

$$\mathbf{tr}_i = \mathbf{rr}_i - 2(\mathbf{rr}_i * \boldsymbol{n})\boldsymbol{n} \tag{13.18}$$

现在可以将从反射点到 LD 节点的非视距 AOA 近似表示为

$$\theta_{Ri}(\text{azimuth}) = \arctan\left(\frac{y_{ti}}{x_{ti}}\right) \qquad (13.19)$$

$$\phi_{Ri}(\text{elevation}) \approx \arccos\left(\frac{z_{ti}}{|\mathbf{tr}_t|}\right) \qquad (13.20)$$

式中, $|\mathbf{tr}_t|$ 为传输反射矢量的大小。因此,如果收集了一组方位角 $\boldsymbol{\theta}_R = [\theta_{R1}\ \theta_{R2} \cdots \theta_{RN}]^T$ 和俯仰角 $\boldsymbol{\phi}_R = [\phi_{R1}\ \phi_{R2} \cdots \phi_{RN}]^T$,就可以利用先前推导的最小二乘闭式解来估计丢失节点 $\boldsymbol{p} \approx \tilde{\boldsymbol{p}} = [x\ y\ ?]^T$ 的位置 (x, y):

$$\tilde{\boldsymbol{p}}_{\text{NLOS}} = [\boldsymbol{H}(\boldsymbol{\phi}_R, \boldsymbol{\theta}_R)^T \boldsymbol{H}(\boldsymbol{\phi}_R, \boldsymbol{\theta}_R)]^{-1} \boldsymbol{H}(\boldsymbol{\phi}_R, \boldsymbol{\theta}_R)^T \boldsymbol{b}(\boldsymbol{\phi}_R, \boldsymbol{\theta}_R) \qquad (13.21)$$

与 LOS 定位方式相似,丢失节点的 z 坐标可以利用方程式(13.12)来确定,用单个参考点反射俯仰角 ϕ_{Ri} 代入式(13.13)来求取 β_i。

13.4 原型评估

在本节中,我们使用图 13.5 所示的原型来验证 LOS 和 NLOS AOA 定位算法的性能,该原型包括水箱、Microsoft 3D Kinect 相机、水泵和用以运行 Matlab 的计算机。水泵用于产生波浪,波浪的特征由水面放置的防水布来确定,防水布位于 3D 相机的正下方。通过随时测量相机与防水布的距离,从而估算出水面粗糙度。我们定义 2D 采样获得的水面粗糙度的均方根(RMS)为

$$\sigma_{\text{RMS}} = \sqrt{\frac{1}{XY} \sum_{i=1}^{X} \sum_{j=1}^{Y} \sigma_{ij}^2(t)} \qquad (13.22)$$

式中, $\sigma_{ij}(t) = [h_{ij}(t) - \bar{h}]$,其中 $h_{ij}(t)$ 是第 i 个和第 j 个样本点相对于水面粗糙表面平均高度 $\bar{h}$ 的高度值。然后对 3D 相机进行校准使其仅能观测到防水布,并将观测范围限制在 49×37 个像元。3D 相机还能以 30 Hz 的采样速率给出每个像素的距离(以 mm 为单位)。然后将采样的水面数据用于 Matlab 仿真,获取全部 49×37 个像元,并形成一个包含 $49\text{m} \times 37\text{m} \times 50\text{m}$ 的立方体的 3D 水下环境,图 13.5 为水箱装置的缩放视图,其中 50m 是水下环境相对于水面的选择深度。

然后,我们用 1 个丢失节点和 8 个参考节点来模拟水声传感器网络,这些参考节点中包括 BS 和 GP 节点。所有节点均被随机放置在所定义的 3D 立方体内。每个节点具有相同的 LOS 传输范围 KLOS,用于确定节点之间的连接。丢失的节点随后广播一条消息,通过 LOS 或表面反射的 NLOS 到达部分参考节点。无论 LOS 或 NLOS,每个参考节点都会测量 AOA 的方位角 θ 和俯仰角 ϕ,这些测量值受到方差已知的误差影响。然后,我们通过定义最小二乘误差函数 $E(\boldsymbol{P})$ 来评估 LOS、NLOS 以及 LOS – NLOS 组合这 3 种方式的定位性能:

$$E(\boldsymbol{P}) = \sum_{i=1}^{M} (\tilde{p}_i - p_i)^2 \qquad (13.23)$$

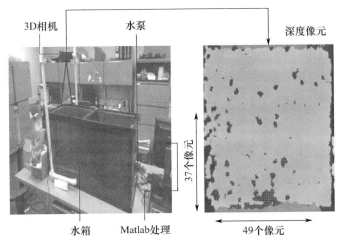

图 13.5　用水箱、波浪水泵和 3D 相机搭建的实验装置
(3D Kinect 传感器在防水布上的投影视图用于创建缩放的 3D 水下环境)

式中,$\boldsymbol{P} = [\,p_1\ p_2 \cdots\ p_M\,]^{\mathrm{T}}$ 是 M 次模拟运行中丢失节点的真实位置矢量,$\tilde{\boldsymbol{P}} = [\,\tilde{p}_1\ \tilde{p}_2$ $\cdots\ \tilde{p}_M\,]^{\mathrm{T}}$ 是应用式(13.11)和式(13.21)中定义的闭式回归分析后得到的丢失节点的估计位置矢量。

图 13.6(a)显示了观测到的 LOS 定位误差随 AOA 误差方差(平均运行 80 次)变化的情况,测试中假设 AOA 的方位角和俯仰角的误差方差相等。从图 13.6(a)可以看出,定位误差通常会随着方差的增加而增加,这与预期相一致,因为方位角 θ 和俯仰角 ϕ 所引入的误差都会影响式(13.11)中的闭式估计解。另一方面,我们注意到当获得更多的参考节点时,尽管 AOA 方差很高,但定位误差会减小。这是因为现在有更多的数据点,这些数据点将用于提高位置精度。此外,我们还注意到当参考节点数为 6、9 和 12 时,它们的定位性能相对接近,这主要是由于所选的立方体尺寸为 49m × 37m × 50m,这限制了可用于定位的独立参考点数目。由于空间限制,我们无法显示更大的水下环境的结果。尽管如此,结果还是显示了定位误差随着参考节点数的增加而产生的线性改善。

图 13.6(b)显示了 NLOS 的定位性能,其中 AOA 的方差范围为 0 ~ 20°。与 LOS 性能相似,定位误差随着参考节点数量的增加而减小。更有意思的是,我们注意到当参考节点数为 6、9 和 12 时,NLOS 的定位误差比 LOS 更好,其原因是 NLOS 可用参考点的增加数量超过了 LOS。回想一下图 13.5,在 NLOS 定位时,来自 LD 节点的声音信号将在水面上的多个交点处产生反射。这意味着交点集合 $\{R_1, R_2, \cdots, R_r\}$ 将大于真实参考传感器节点的集合 $\{S_1, S_2, \cdots, S_s\}$,特别是当水表面不平坦时(换言之,水面是粗糙的)。因此,当我们具有比真实参考传感器节点更多的反射点时,NLOS 定位效果将优于 LOS。

图 13.7 显示了当增加 AOA 方差时的 LOS – NLOS 组合定位误差(取 3 次运行

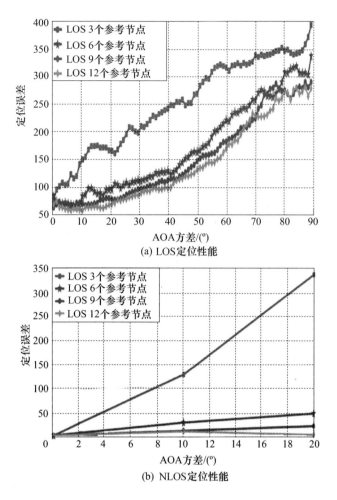

图 13.6　AOA 方差改变时的定位性能变化

（当有足够多的参考节点时将获得较低的定位误差,反射点的
数量比实际参考节点多,因此 NLOS 的定位性能优于 LOS）（见彩图）

的平均）。该图基本表明,将 LOS 与 NLOS 组合时,其定位性能受到 NLOS 的限制,
尤其是在水面粗糙的情况下。换句话说,水声信道的多径 AOA 变化产生的影响将
比任何视距路径的变化产生的影响更大。另一个有趣的研究是利用从 3D 相机获
得的水面采样函数,来观察水面粗糙度对定位误差的影响。图 13.8 给出了 9 个和
12 个参考节点的 NLOS 定位误差估计性能。在误差分析中,假定 AOA 方差与水面
粗糙度成正比。图（a）给出了来自 3D 相机的第十帧水面采样,图（b）给出了随时
间变化的水面粗糙度,刚开始变化相对较缓,在第 32 帧和第 64 帧处包含两个粗糙
度峰值。我们看到除了那些峰值之外,定位误差（图（c））随着时间的变化保持稳
定,这是由于在那些峰值帧附近定位性能发生改变的结果。

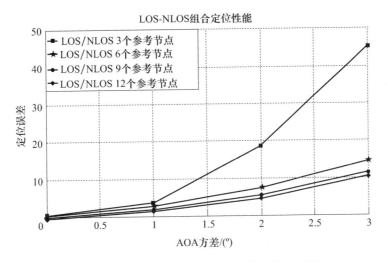

图 13.7　不同参考节点数时的组合定位误差(见彩图)

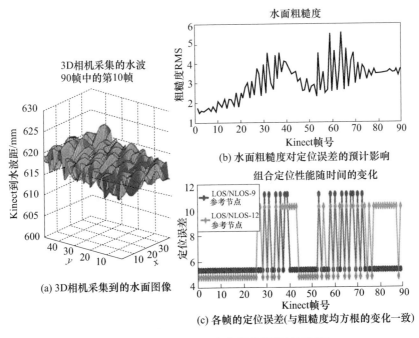

(a) 3D相机采集到的水面图像

(b) 水面粗糙度对定位误差的预计影响

(c) 各帧的定位误差(与粗糙度均方根的变化一致)

图 13.8　随时间变化的定位误差投影(见彩图)

13.5　小　　结

　　在本章中,我们提出了一种新颖的基于水下声信号反射的定位(UREAL)方案,该方案使用视距 LOS 和表面反射的非视距 NLOS 链路来定位已经漂离水声传感器网络的丢失 LD 节点。参考节点由基站 BS 和地理定位 GP 节点组成,这些节点使用定向声换能器来确定丢失节点处的到达角。到达角由一对方位角和俯仰角组成,可以是 LOS 或水面反射的 NLOS。然后使用闭式最小二乘解来定位丢失的节点。使用 3D 相机对水箱中水面投影进行了模拟实验,以创建 3D 水下网络环境。仿真结果显示了 UREAL 方案良好的定位性能,并证明了其相对于其他竞争方案的优势。特别是当有几个参考节点可用时,定位精度最多可提高 100%。

此外,我们的研究表明,将 LOS 和 NLOS 相结合可以改善整体定位性能,特别是当水面粗糙时,这是因为水声信道的多径 AOA 变化产生的影响将比任何视距路径的变化产生的影响更大。结果显示 LOS 和 NLOS 组合定位具有良好的性能和应用前景。

参 考 文 献

[1] L. Emokpae, S. DiBenedetto, B. Potteiger and M. Younis, 'UREAL: Underwater Reflection Enabled Acoustic based Localization,' IEEE Sensors, Special Issue on Wireless sensor systems for space and extreme environments, vol. 4, no. 11, pp. 3915 – 3925, 2014.

[2] N. Zou, C. C. Swee, B. A. L Chew, 'Vector hydrophone array development and its associated DOA estimation algorithms,' in the Proceedings of OCEANS Asia Pacific, Singapore, pp. 1 – 5, May 2006.

[3] J. L. Butler, A. L. Butler, J. A. Rice, 'A tri – modal directional transducer,' Acoustical Society of America, vol. 115, no. 2, pp. 658 – 665, 2004.

[4] L. Emokpae, M. Younis, 'Surface Based anchor – free localization algorithm for underwater sensor networks', Proceedings of the IEEE International Conference on Communication. (ICC'11), Kyoto, Japan, June 2011.

[5] A. P. Zamora, J. Vidal and D. H. Brooks, 'Closed – form solution for positioning based on angle of arrival measurements,' Proceedings of IEEE International Symposium on Personal, Indoor and Mobile Radio Communications(PIMRC '02), Lisboa, Portugal, 2002.

第14章　采用 Cayley – Menger 行列式实现单一信标下的水下传感器坐标确定

14.1　引　　言

水下无线传感器网络(UWSN)有望实现海洋数据收集和海上勘探。尽管 UWSN 应用种类繁多,水下无线通信的想法似乎仍然很难实现,但这并不影响近几十年来许多人的研究热情[1]。除了水下传感器,UWSN 还可以包括水面基站和水下自主航行器。

通常,在水下部署用于收集定位数据的传感器的数量从几个到几千个不等。如果有可能无需预先安装基础设施,那么数据的收集和对所部署传感器的监测就需要采用动态的方式来完成。实际配置情况通常是在水面利用一艘船只或移动站来收集数据,或者监视和控制所部署的水下节点。显然,浸没式传感器的位置决定了其数据的有效性,因此精确确定传感器的坐标至关重要。在地面应用中有许多基于信号强度的距离测量技术,但由于多种原因,这些技术难以应用于水下环境。

虽然研究人员已经针对地面无线传感器网络(WSN)提出了各种定位算法,但对于 UWSN 而言,有效定位方案相对较少,而且其中大多数非常不实用。UWSN 与地面网络在特征上具有根本差别。无线电波难以在水下传播,因此传统的水下定位主要采用声信号,然而声学信道的主要特征是带宽受限。此外,声音的速度可变性和传播延迟长的特点对 UWSN 中的定位提出了一系列特殊挑战。使用参考节点的定位方案可大致分为两类:基于测距的方案(使用距离或方位信息的方案)和无需测距的方案(不使用距离或方位信息的方案)。前者将节点间距离应用于多点定位或三角测量方案,而后者依赖于轮廓分析。在基于测距的方案中,使用声信号进行距离测量时,可以采用其他距离测量硬件使测量结果更加精确[2-3]。

尽管无线电和声信号在水下环境中都存在局限性,但我们建议利用每种信号各自的优点,以最大限度地减小与时间相关的测距误差,同时对覆盖区域进行误差补偿。如果应用中考虑的深度小于 200m(这覆盖了大部分浅水区),则无线电信号的距离限制不会影响我们的定位方案。在该方法中,无线电信号将被用于测量声信号的传播时间,以确定垂直水柱内的现场水声速度,而声信号将间接用于通信目的。尽管水下无线电信号的速度略低于真空(3×10^8m/s),但就所讨论的问题而言,速度的细微变化不会对所提出的定位方法产生显著影响。此外,声音信号的速度将随着以下因素而变化：

- 表面节点(信标)和部署的水下传感器之间水的温度和盐度；
- 水柱的深度。

因此，为了以动态 ad – hoc 方式确定节点坐标，还需要确定现场平均声速的计算方案。

在本章中，使用单个信标来确定传感器的坐标。在定位过程中，拥有可利用的一个移动信标(如一艘船)比同时拥有多个信标更容易满足且更为实用。为了在这种无预先安装参考点的动态配置条件下对传感器进行定位，首先将所提出的数学模型与 Cayley – Menger 行列式进行部分结合，然后进行线性化处理以求解由行列式产生的非线性方程组。测量水中不同位置浸没的传感器到信标的距离需要一定的时间，为了简化计算过程，假设水中的传感器在这段测算期内是静止的。本章后续内容中将介绍一种由 1 个信标和 3 个浸没式传感器组成的可以求解的配置模型。该模型通过计算相对于信标节点的坐标和方位，简化了定位中的许多问题。仿真结果表明，如果测得的信标和传感器之间的距离是真正的欧几里得距离，那么位置误差可以忽略不计。对于 150m 深的水域定位问题，研究结果显示理论位置误差在 $10^{-12} \sim 10^{-14}$ m 范围内。考虑到所部署传感器的大小，这样的误差几乎可以忽略不计，这反过来验证了所提出数学模型的正确性。

14.2　水下无线传感器网络

只有在能够获知传感器的位置时，其感测的数据才能得到有意义的解释，因此传感器的定位非常重要。虽然在地面 WSN 中通常使用全球定位系统(GPS)接收器来进行节点定位，但在 UWSN 中它是不可行的，因为 GPS 信号无法通过水体传播。声学通信是水下环境中最有前途的通信模式，但水声信道具有非常苛刻的物理层条件，如低带宽、长传播延迟和高误码率等。此处将 UWSN 的技术特点和面临的问题分类如下：

- 基于测距和无需测距的技术；
- 静态参考节点和移动参考节点；
- 单阶段和多阶段方案。

除了水下传感器节点之外，网络还可以包括水面基站和 AUV。无论部署何种类型(室外、室内、地下或水下)，都需要确定传感器的位置，以便对感测数据进行有意义的解释。射频通信在水下存在严重的衰减[4]，使得 GPS 只能用于表面节点。因此，水下定位需要通过替代手段(通常是声学通信)在浸没的 UWSN 节点和水面节点(或具有已知位置的其他参考节点)之间进行消息交换。然而，水声信道的特点是传播延迟长、带宽有限，存在运动引起的多普勒频移、相位和幅度波动、多径干扰等问题[4]。这些特征对于满足以下需要的定位方案设计提出了严峻挑战：

● 高精度：传感器的位置应准确无误，以便对传感器数据进行有意义的解释。定位协议通常能够实现位置的估计值和真实值之间的差值最小化。

● 快速收敛：节点可能会随水流漂移，因此定位过程应该时间很短，以便在节点感测到数据时及时报告其实际位置。

● 通信成本低：节点采用电池供电，可能需要长时间部署和值守，因此应尽量减少通信开销。

● 良好的可扩展性：水声信道中的长传播延迟和相对较高的功率衰减对可扩展性提出了挑战，网络中的节点数量对性能的影响极大。因此，水下声学定位协议应该是分布式的，需要依靠的参考节点数越少越好，且每个节点处的算法复杂度不应随网络的大小而发生改变。

● 覆盖范围广：定位方案应确保网络中的大多数节点都可以实现定位。

除了这些可量化的属性之外，还应考虑实践中的其他因素，例如部署参考节点以及其他所需的基础设施的简易性和成本。

14.3 水下环境的动态特性

地面网络中的节点部署相对简单，但在水下进行相应的网络节点部署时则带来了以下挑战。

14.3.1 深海中的参考节点部署

采用地面定位的技术方案对已经部署在海中的水下节点进行定位时，除了附着在水面浮标上的参考节点之外，还需要在水下部署参考节点。这是具有挑战性的，特别是在深海应用中，其中水下的参考节点可能需要部署在 3～4km 深的海底。此外，更换浸没式调制解调器中的电池是件很困难的工作，因此设计时将优先选用短距离、低功率通信以实现合理的数据传输速率，而这可能限制定位的覆盖范围。

14.3.2 节点的移动性

我们有理由假设地面网络中的节点是保持静止的，但水下节点将不可避免地受到水下洋流、风、航运活动等影响而发生漂移。实际上，节点可能在不同方向上发生漂移，因为洋流与空间位置有关。虽然可以通过 GPS 信号对附着在表面浮标的参考节点进行精确定位，但是难以使浸没的水下节点保持在精确位置不动。这可能影响定位精度，因为在估计节点位置时所采用的某些距离测量值可能已经发生变化。此外，由于传感器节点的运动而引起的发射器或接收器的相对位置变化，会产生多普勒效应。在水下应用中，AUV 等移动平台可以以数节的速度移动，而没有固定的自由漂浮设备可以随着洋流漂移，洋流速度通常小于 1 节[5]。多普勒效应和发射器－接收器相对速度与信号速度的比率有关。水中声音的速度比空中电磁波的速度慢,因此 UWSN 中的多普勒效应比 WSN 中更为显著。由于节点移动,需要以一定周期来进行重新定位,以确保节点位置的时效性。因此,移动性带来了通信开销和能源效率的额外问题。通常水下设备将被放置在海洋中长达数周或数月,才能进行回收和充电以进行下一次任务,因此能源效率非常重要。

水下物体随着水流和扩散而不断移动。流体动力学研究表明,水下物体的运动与许多环境因素密切相关,如水流和水温[6]。在不同的环境中,水下物体的移动特性是不同的。例如,与河流中的物体相比,海岸附近物体的移动模式由于潮汐而具有半周期性质。虽然在所有环境中设计水下物体的通用移动模型几乎是不可能的,但目前已经设计了基于流体动力学的水下物体在特定环境中的一些运动模型[7]。这表明水下物体的运动不是一个完全随机的过程。时间和空间相关性是这种运动所固有的,这使得它们的移动模式可以被预测。Zhou 等[8]研究了浅海区域物体的流动特性。潮汐区的特点是较浅的水深和强大的潮流。潮流和底部地形的非线性相互作用对潮汐平均洋流产生了均值不为零的影响,这些所谓的残余洋流对于潮汐流的传播和混合特性非常重要。

如果可以确定节点的移动性,则在定位过程可以通过对当前位置进行插值来获得节点的未来位置。要确定节点的移动模式,可以通过对节点所在特定区域的研究来确定,或者通过归纳分析一个时间帧内节点的当前位置和下一时刻紧邻位置的差异来得到,但这种机制增加了定位过程的通信开销。

14.3.3　节点间的时间同步

因为 GPS 信号在水下衰减严重,它们不能用于水下部署的节点之间的时间同步,以补偿由于偏移和偏斜引起的时钟漂移[9],所以基于到达时间(TOA)的距离测量的准确度可能受到影响。任何依赖于 TOA 或到达时间差(TDOA)的方案都需要发射机和接收机时钟之间严格的时间同步。采用无线电信号是在地面网络中实现这一目标的一种简单方法。Kwon 等[10]使用声信号和无线电信号的传播时间差来计算距离。无线电信号的传播速度比声信号的传播速度高几个数量级,因此这种方法是有效的。因为无线电波不能在水下传播,直到最近仍未出现使用无线电信号进行时间同步的水下应用。但是,Che 等[11]已经说明现在是时候重新评估无线电信号在水下通信中的应用了。最近,随着传感器灵敏度的提高,我们提出了一种测量信标和传感器之间距离的方案。

14.3.4　障碍物和水面引起的信号反射

在近海岸或港口环境中,节点之间可能存在障碍,从物体(例如海面或海港墙)反射的非视距(NLOS)信号可能被误认为是视距(LOS)信号,并可能显著影响距离测量的准确性。

14.4 提出的配置方案

14.4.1 问题范围

如图 14.1 所示,水下定位通常涉及水面船只和水下部署的传感器。船只通常是移动的并且我们所提出的方法也需要移动参考点,因此这种正常配置很容易适用。

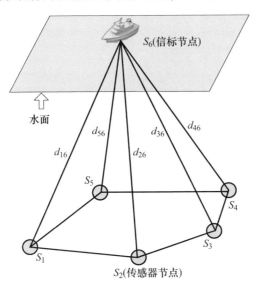

图 14.1 包含 1 个信标节点和多个浸没节点的配置

此外,利用静态参考点实现动态定位既麻烦又耗时。由于大多数海洋勘探发生在浅水区(深度 $100 \sim 200\text{m}$),可以使用无线电信号进行时间同步。在我们提出的方法中,需要至少 3 个传感器和 1 个浮动信标,并且使用的唯一信息是它们之间的距离。在海洋环境中,部署的传感器可以处于水中的任何深度位置。有些传感器可以自由飘浮、下沉或沉到水底。另一方面,有时会部署 AUV 或 UUV,并且可以在所需高度巡航。在任何配置中,只要问题域的深度保持在无线电信号范围$(1.8 \sim 323\text{m})$内[11],就可以使用我们提出的距离确定技术。在水下更深的地方,可以使用双向消息传输进行时间同步。但是,我们主要关注浅层深度,以便可以使用无线电信号进行同步。

水面上的信标节点(船只)将使用本章后续介绍的程序来生成距离测量的信号。

我们提出的方法需要有 1 个水面信标和至少 3 个部署的传感器。图 14.2 显示了具有 1 个信标和 3 个浸没式传感器的可以求解的配置。UWSN 可以具有数个乃至数千个传感器,因此分析 3 个已部署的需要定位的数据收集传感器或节点,既实用又具有代表性。如果需要对更多数量的传感器进行定位,则应将它们按 3 个一组进行分组。为简单起见,目前我们假设浸没式传感器在计算时是静态的,即在测量与不同位置的信标之间的距离所需的时间内,其位置保持不变。

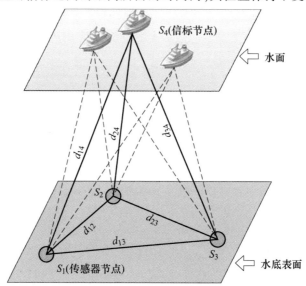

图 14.2   具有 1 个移动信标和 3 个浸没式传感器的可求解的子集配置

我们在水中使用了两种信号,因此被限制为浅层深度。考虑到大多数海洋勘探都发生在浅水区域,这种限制不成问题。所部署的节点将配置温度传感器,与用于感测其他参数的设备相比,这种配置非常经济。

14.4.2   环境限制条件

通常,水下环境与地面环境相比工作起来更加困难,但它们具有一些可用于确定坐标的特征。水中常见的障碍物小于陆地环境中的障碍物,因此水体相对均匀。在陆地上人们所关注的区域往往可能被建筑物和树木占据,这是导致多径传播的主要因素。

对于水中的信号传播而言,声信号比无线电信号传播得更远,但速度要慢得多。表 14.1 显示了无线电信号和声信号的一些限制条件和典型测量值。在距离测定的方法中,假设的主要环境变量是水中声信号的速度,这取决于温度、盐度和渗透性。

表 14.1   无线电信号和声信号的特性

特性 \ 类型	无线电信号		声信号	
	真空	水中	真空	水中
速度	3×10^8 m/s	约 2.25×10^6 m/s	—	约 1500 m/s
距离	—	1.8 ~ 323 m	—	1 ~ 20 km

14.5　距　离　确　定

为了利用单个移动信标对水下传感器节点实施动态定位,有两个因素非常重要:距离测量的精度和坐标计算模型的准确度。基于测距的方法比无需测距的方法更加精确,因此我们将研究基于测距的技术。

为了提高水下定位精度,用于距离测量的信号类型及其传播特性是需要考虑的另一个因素。在过去的几十年中,声信号测量技术在水下通信和距离测量中已日趋成熟;另外,当路径无遮挡且距离较短时光波测量的性能良好。对于研究人员来说,通过将第四代计算技术融入传感器并提高传感器的效率,由此利用无线电信号来提高距离测量的精度成为其必然考虑的方法。无线电信号在有限的距离上传播得更快,而声信号传播得更慢,但距离更远。

尽管无线电信号和声信号在水下应用中都存在一定限制,但我们建议使用两者的优点来使距离测量误差最小。在我们提出的方法中,无线电信号将用于测量声信号的传播时间,以计算现场平均声速。声速随环境因素而显著变化,因此需要进行现场声速测定而不能直接使用1500m/s的默认值。考虑到对于该精确定位方案而言,信标与部署的水下传感器之间的距离是决定性因素,因此我们将利用无线电信号和声信号来对这些距离进行测定。声信号还将用于通信目的。虽然无线电信号在水中的传播速度比真空中慢,但对于我们所研究的问题而言,这种速度的降低并不会显著影响定位精度。声信号的速度随温度、水深和盐度而变化,这是我们在确定上述距离时唯一需要考虑的变量。

14.5.1　距离测量技术

首先进行以下假设:

- 信标可以同时生成无线电信号和声信号;
- 部署的传感器只能接收无线电信号(传感器不需要发射无线电,这将消耗大量功率),但可以产生和接收声信号;
- 声信号将用于通信;
- 在测量节点间距离时,将考虑影响声信号的环境因素;
- 传感器节点在短暂的测量期内是静止的;
- 信标(水面的船只或浮标)和传感器节点(位于水底)处于平行或非平行状态;
- 每个传感器都有一个唯一的编号。

该方法的具体步骤如下:

(1)在t_0时刻,通过信标$S_j(j=4,5,\cdots)$同时产生无线电信号和声信号(这里,S_j是信标在同一水面上的不同位置)。

（2）对于任何浸没式传感器 $S_i(i=1,2,3)$：

① 传感器恰好在 $t_{Ra(\text{rec})}=t_0+\varepsilon$ 时刻接收到无线电信号，其中 ε 是无线电信号从信标到传感器的传播时间；

② 经过一段时间后，传感器在 $t_{Ac(\text{rec})}$ 时刻接收到声信号，其中 $t_{Ac(\text{rec})}-t_0 >> t_{Ra(\text{rec})}-t_0$，这是因为无线电信号的速度（$2.25\times10^6\,\text{m/s}$）要远大于声信号的速度。

（3）声信号从信标到传感器的传播时间如下：

因为 $t_{Ac(\text{tra})}=t_{Ra(\text{tra})}$，所以

$$T_{ij(\text{travel}),i=1,2,3;j=4,5,6\cdots}=t_{Ac(\text{rec})}-t_{Ac(\text{tra})}=t_{Ac(\text{rec})}-t_{Ra(\text{tra})}$$

又因为 $t_{Ra(\text{rec})}=t_0+\varepsilon\approx t_{Ra(\text{tra})}$，所以

$$T_{ij(\text{travel})}\approx t_{Ac(\text{rec})}-t_{Ra(\text{rec})}$$

（4）传感器节点利用声信号将时间和各传感器的 ID 发送回信标。

（5）信标节点计算信标和传感器之间的距离为

$$d_{ij}=v_A\times T_{ij(\text{travel})}$$

式中，v_A 是所分析水体内声信号的平均速度。

图 14.3 显示了信标和水下传感器之间的消息传输顺序和时间演变过程。信标同时产生无线电信号和声信号，其中无线电信号立刻被传感器所接收。尽管理论上仍需要一段时间 ε，但对于仅仅在 200m 距离内传播的无线电信号来说可以忽略不计。而声信号的接收则需要相对较长的一段时间，该段时间可以作为声信号和无线电信号之间的传播时差，它与特定传感器的 ID 以及影响水下声速的其他参数值将一同被发送到地面的信标以进行进一步计算。作为信标的船只上的电源不成问题，因此从平均声速到坐标确定的所有其他计算都将在此进行。确定传播时间的整个过程所用的时间极短，因此传感器的任何移动性的影响都很小。

14.5.2 水下平均声速

海洋表面附近的典型声速约为 1500m/s，比空气中的声速快 4 倍以上。然而，水下声音的速度主要受温度、水深和盐度的影响（分别表示为 T、D 和 S）。这些参数是可变的，并且随水中位置的不同而不同，因此声速也将随之变化。水中声信号的速度可以根据 Mackenzie 方程来计算，它给出了在 T、D 和 S 给定条件下的声速。但我们需要确定声信号在传播路径通过的水柱内的平均速度，而在该水柱内上述 3 个变量都是动态变化的。通过模拟我们可以看到，对于浅水区内的声速而言，温度是主要影响因素，而深度和盐度的影响都很小，这一点值得注意。这里我们利用 Fofonoff 和 Millard 在文献[12]中介绍的公式，将传感器在水底测得的压力转换为深度 D。

$$v=1448.96+4.591T-5.304\times10^{-2}T^2+2.374\times10^{-4}T^3+$$
$$1.340(S-35)+1.630\times10^{-2}D+1.675\times10^{-7}D^2-$$

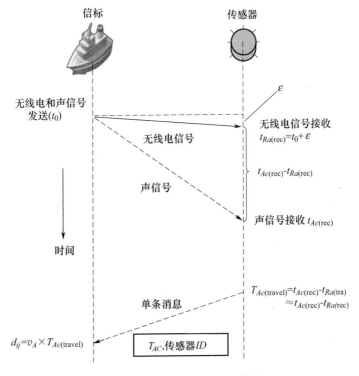

图 14.3 距离确定中的消息传输

$$1.025 \times 10^{-2} T(S-35) - 7.139 \times 10^{-13} TD^3 \qquad (14.1)$$

式中, T、D 和 S 的限制范围分别为 $2 \sim 30℃$、$0 \sim 8000m$ 和 $2.5\% \sim 4\%$。

按照 Mackenzie 方程可以描绘可变声速,图 14.4 中显示了任意特定点处的声速。

有必要针对所讨论的问题范围,找到声音从信标传播到传感器所经过的特定水柱内的平均速度,可以使用下式计算,即

$$\begin{aligned}
\bar{v} &= f_{\text{avg}}(T,D,S) \\
&= \frac{1}{A} \iiint_R f(T,D,S) \, \mathrm{d}A \\
&= \frac{1}{A} \int_{S_i}^{S_f} \int_0^{D_f} \int_{T_i}^{T_f} f(T,D,S) \, \mathrm{d}T \mathrm{d}D \mathrm{d}S \qquad (14.2)
\end{aligned}$$

式中, A 是由 T、D 和 S 的限制范围所产生的区域, $f(T,D,S)$ 是 Mackenzie 方程。

采用多变量 Mackenzie 方程[13]的导数来计算从信标到传感器的声信号的平均速度,而不是像大多数定位方法那样直接使用 1500m/s 的固定值。对不同参数值的各种水柱进行模拟,求出其平均声速。例如,图 14.5 显示了 200m 水柱的平均声速,其表面温度为 20℃,底部温度为 10℃,盐度从信标到传感器的变化范围为

271

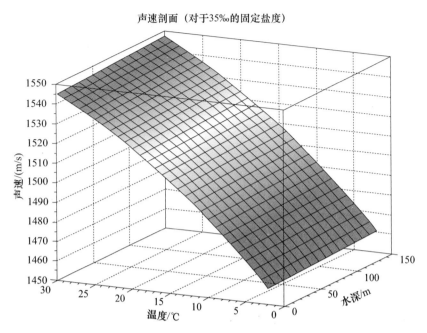

声速剖面（对于35‰的固定盐度）

图 14.4　根据 Mackenzie 方程绘制的声速剖面

0.05%。我们已在底部温度(10℃)和传播时间内加入了均值为 0、方差为 1 的高斯噪声,因为这两个参数与测量的表面温度相比,具有更强的不确定性。通过 100 次迭代,我们发现在该水柱上计算得到的平均声速的期望值为 1507.6m/s,标准偏差为 1.97。结果表明该模型避免了多径衰落的影响并且能够输出现场结果。

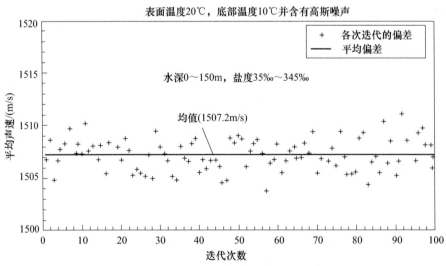

表面温度20℃,底部温度10℃并含有高斯噪声

图 14.5　表面水温 20℃时 200m 水柱的平均声速

14.6 坐 标 确 定

近年来,水下定位方案成为研究人员关注的热点。这是由于对水下传感器而言,必须获取各传感器相对于其他传感器和信标的精确坐标,才能对所收集数据进行有效解释。如果不知道数据的实际来源,其价值是很有限的。

因此坐标确定是水下定位的关键环节,并在各种水下应用中得到研究。目前已经提出了多种用于确定传感器坐标的技术,有的使用移动传感器,有的使用多个信标节点。然而,传统的监测系统由于大多使用预先安装的参考点,导致系统既昂贵又复杂[14]。此外,多点定位技术主要用于确定传感器相对于 3 个或更多已知信标节点的位置,然后求解非线性距离方程。但是,自由度数量的增加意味着无法保证唯一解。

与上述方法不同,在我们基于测距的求解方案中,采用 Cayley – Menger 行列式和线性化三边测量来确定节点的坐标,其中没有任何节点具有其位置的先验知识。

这里列出了一种以最小化方式来定位水下节点的实用动态方法。我们提出的技术尽可能简单,水面只有一个信标(船只/浮标),用于确定水下部署的多个传感器的坐标。

14.6.1 提出的技术

定位算法的目标是获得所有传感器的坐标。唯一需要计算的是 14.5 节中的距离测量值,通常认为这是一个优化问题,其中要最小化的目标函数是距离方程的残差[15]。定位问题中的变量是节点的坐标。原则上,方程的数量应该大于变量的数量。然而,这种被称为自由度分析的方法可能无法保证非线性系统中的唯一解。

三边测量或多点定位技术是用于确定部分或全部传感器的位置或坐标的非线性系统。Guevara 等[16]提出的优化算法和贝叶斯方法的收敛性在很大程度上取决于所使用的初始条件。他们通过将三边测量方程进行线性化处理来规避这种收敛问题。

图 14.6 显示了在下一节中确定坐标的场景。在水面有 1 个移动信标(船只)和 3 个浸没式传感器。由 3 个传感器 S_1、S_2 和 S_3 所构建的平面 $\Pi_{sensors}$ 以及信标移动的平面 Π_{beacon} 可以是平行的或非平行的,当所部署的水下节点(AUV 或 UUV)在特定深度巡航时,就会出现平行平面。如果部署的传感器自由浮动或设置在底部,则平面 $\Pi_{sensors}$ 和平面 Π_{beacon} 更有可能不平行。我们可以根据传感器的深度测量来确定实际适用于哪一种情况。在所有传感器或节点上安装压力传感器都很方便,因此可以根据下式计算节点的深度,即

$$D_s = \frac{9.7266 \times 10^2 p - 2.512 \times 10^{-1} p^2 + 2.279 \times 10^{-4} p^3 - 1.82 \times 10^{-7} p^4}{g(\phi) + 1.092 \times 10^{-4} p}$$

(14.3)

式中,p 为压力,ϕ 为纬度,$g(\phi)$ 由国际引力公式给出。

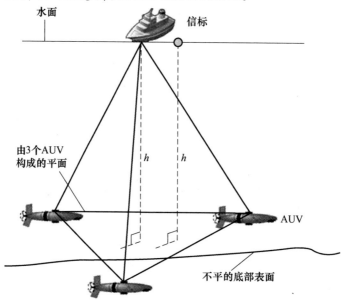

图 14.6　2 个平面平行的场景

14.6.2　传感器的坐标

图 14.7 显示了由信标节点 $S_j(j=4,5,\cdots,9)$ 和 3 个传感器节点 $S_i(i=1,2,3)$ 组成的初始子集。不失一般性,可以使用传感器节点之一 $S_i(i=1,2,3)$ 来定义坐标系,将其作为坐标系的原点$(0,0,0)$。这样,三边形方程就可以写成 2 组距离测量的函数:信标和传感器之间的距离 d_{14},d_{24},$d_{34}\cdots$(它们是已知的测量数据),以及传感器之间的距离 d_{12},d_{13},$d_{23}\cdots$ 和四面体 V_t 的体积(这里,t 是由信标和 3 个部署的传感器所形成的四面体),这些是未知的。

基于图 14.7 的现场定位系统配置,需要编写一个包含所有已知和未知距离的方程。为此,使用 Cayley - Menger 行列式来表示四面体 V_t 的体积,即

$$288V_t^2 = \begin{vmatrix} 0 & 1 & 1 & 1 & 1 \\ 1 & 0 & d_{12}^2 & d_{13}^2 & d_{14}^2 \\ 1 & d_{12}^2 & 0 & d_{23}^2 & d_{24}^2 \\ 1 & d_{13}^2 & d_{23}^2 & 0 & d_{34}^2 \\ 1 & d_{14}^2 & d_{24}^2 & d_{34}^2 & 0 \end{vmatrix} \tag{14.4}$$

将式(14.4)扩展可得

$$d_{34}^2 d_{23}^2 - d_{34}^2 d_{12}^2 + d_{34}^2 d_{13}^2 - \frac{d_{14}^2 d_{23}^2}{d_{12}^2} + d_{23}^2 d_{14}^2 + \frac{d_{13}^2 d_{14}^2 d_{23}^2}{d_{12}^2} - \frac{d_{24}^2 d_{13}^2}{d_{12}^2} + \frac{d_{13}^2 d_{23}^2 d_{24}^2}{d_{12}^2} +$$

274

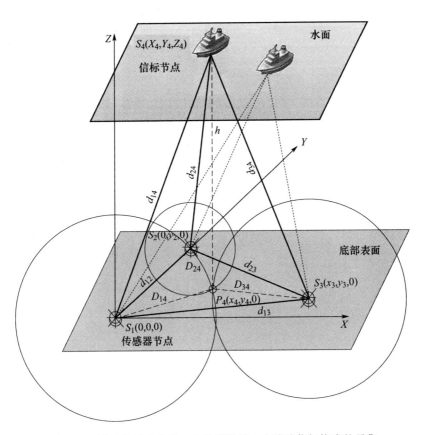

图 14.7 用于坐标确定的 3 个传感器和 1 个移动信标构成的子集

$$d_{13}^2 d_{24}^2 - d_{13}^2 d_{23}^2 - 144 \frac{V_t^2}{d_{12}^2} + \frac{d_{14}^2 d_{23}^2 d_{24}^2}{d_{12}^2} + \frac{d_{14}^2 d_{23}^2 d_{34}^2}{d_{12}^2} - \frac{d_{24}^2 d_{23}^2 d_{34}^2}{d_{12}^2} - \frac{d_{14}^2 d_{23}^2}{d_{12}^2} +$$

$$\frac{d_{13}^2 d_{24}^2 d_{34}^2}{d_{12}^2} - \frac{d_{13}^2 d_{14}^2 d_{34}^2}{d_{12}^2} + \frac{d_{13}^2 d_{14}^2 d_{24}^2}{d_{12}^2} - \frac{d_{13}^2 d_{24}^2}{d_{12}^2} - d_{34}^2 + d_{24}^2 d_{34}^2 + d_{14}^2 d_{34}^2 - d_{14}^2 d_{24}^2 = 0$$

对已知变量进行分组,可得

$$d_{34}^2 \left(d_{12}^2 - d_{23}^2 - d_{13}^2 \right) + d_{14}^2 \left(\frac{d_{23}^4}{d_{12}^2} - d_{23}^2 - \frac{d_{13}^2 d_{23}^2}{d_{12}^2} \right) + d_{24}^2 \left(\frac{d_{13}^4}{d_{12}^2} - \frac{d_{13}^2 d_{23}^2}{d_{12}^2} - d_{13}^2 \right) -$$

$$\left(d_{14}^2 d_{24}^2 + d_{14}^2 d_{34}^2 - d_{24}^2 d_{34}^2 - d_{14}^4 \right) \frac{d_{23}^2}{d_{12}^2} - \left(d_{34}^2 d_{24}^2 - d_{14}^2 d_{34}^2 + d_{14}^2 d_{24}^2 - d_{24}^4 \right) \frac{d_{13}^2}{d_{12}^2} -$$

$$\left(144 \frac{V_t^2}{d_{12}^2} + d_{13}^2 d_{23}^2 \right) = \left(d_{24}^2 d_{34}^2 - d_{34}^4 + d_{14}^2 d_{34}^2 - d_{14}^2 d_{24}^2 \right)$$

重新对分量进行位置调整,有

$$d_{14}^2 \left(\frac{d_{23}^4}{d_{12}^2} - d_{23}^2 - \frac{d_{13}^2 d_{23}^2}{d_{12}^2} \right) + d_{24}^2 \left(\frac{d_{13}^4}{d_{12}^2} - \frac{d_{13}^2 d_{23}^2}{d_{12}^2} - d_{13}^2 \right) + d_{34}^2 \left(d_{12}^2 - d_{23}^2 - d_{13}^2 \right) -$$

$$(d_{14}^2 d_{24}^2 + d_{14}^2 d_{34}^2 - d_{24}^2 d_{34}^2 - d_{14}^4) \frac{d_{23}^2}{d_{12}^2} - (d_{34}^2 d_{24}^2 - d_{14}^2 d_{34}^2 + d_{14}^2 d_{24}^2 - d_{24}^4) \frac{d_{13}^2}{d_{12}^2} +$$

$$\left(144 \frac{V_t^2}{d_{12}^2} + d_{13}^2 d_{23}^2 \right) = (d_{24}^2 - d_{34}^2) (d_{34}^2 - d_{14}^2)$$

式中,$\left(\dfrac{d_{23}^4}{d_{12}^2} - d_{23}^2 - \dfrac{d_{13}^2 d_{23}^2}{d_{12}^2} \right)$,$\left(\dfrac{d_{13}^4}{d_{12}^2} - \dfrac{d_{13}^2 d_{23}^2}{d_{12}^2} - d_{13}^2 \right)$,$(d_{12}^2 - d_{23}^2 - d_{13}^2)$,$\dfrac{d_{23}^2}{d_{12}^2}$,$\dfrac{d_{13}^2}{d_{12}^2}$和$\left(144 \dfrac{V_t^2}{d_{12}^2} + \right.$

$\left. d_{13}^2 d_{23}^2 \right)$均为未知量。

上述扩展式可重写为

$$d_{14}^2 X_1 + d_{24}^2 X_2 + d_{34}^2 X_3 - (d_{14}^2 - d_{34}^2) (d_{24}^2 - d_{14}^2) X_4 -$$
$$(d_{24}^2 - d_{14}^2) (d_{34}^2 - d_{24}^2) X_5 + X_6 = (d_{24}^2 - d_{34}^2) (d_{34}^2 - d_{14}^2) \qquad (14.5)$$

式中

$$X_1 = \left(\frac{d_{23}^4}{d_{12}^2} - d_{23}^2 - \frac{d_{13}^2 d_{23}^2}{d_{12}^2} \right)$$

$$X_2 = \left(\frac{d_{13}^4}{d_{12}^2} - \frac{d_{13}^2 d_{23}^2}{d_{12}^2} - d_{13}^2 \right)$$

$$X_3 = (d_{12}^2 - d_{23}^2 - d_{13}^2)$$

$$X_4 = \frac{d_{23}^2}{d_{12}^2}$$

$$X_5 = \frac{d_{13}^2}{d_{12}^2}$$

$$X_6 = \left(144 \frac{V_t^2}{d_{12}^2} + d_{13}^2 d_{23}^2 \right)$$

该式可以表示成以下的线性形式:

$$a_1 x_1 + a_2 x_2 + \cdots + a_n x_n = b_1$$

由于在式(14.5)中有 6 个未知数,因此至少需要进行 6 次测量,可以按照前面描述的程序进行。将信标节点 $S_j (j = 4,5,\cdots,9)$ 引导到 6 个不同的位置并测量 S_4 附近的距离。最终得到了如下形式的线性方程组:

$$\begin{cases} a_{11} x_1 + a_{12} x_2 + \cdots + a_{1n} x_n = b_1 \\ a_{21} x_1 + a_{22} x_2 + \cdots + a_{2n} x_n = b_2 \\ \qquad\qquad\qquad \vdots \\ a_{m1} x_1 + a_{m2} x_2 + \cdots + a_{mn} x_n = b_m \end{cases} \qquad (14.6)$$

如果不采取变量引用,则系统式(14.6)可以由所有系数的数组表示,称为系统的增广矩阵,其中数组的第一行表示第一个线性方程,依此类推。这可以采用 $AX = b$ 的线性形式表示。

系统通过这样处理后,得到

$$A = \begin{bmatrix} d_{14}^2 & d_{24}^2 & d_{34}^2 & -(d_{14}^2-d_{34}^2)(d_{24}^2-d_{14}^4) & -(d_{24}^2-d_{14}^4)(d_{34}^2-d_{24}^2) & 1 \\ d_{15}^2 & d_{25}^2 & d_{35}^2 & -(d_{15}^2-d_{35}^2)(d_{25}^2-d_{15}^4) & -(d_{25}^2-d_{15}^4)(d_{35}^2-d_{25}^2) & 1 \\ \vdots & \vdots & \vdots & \vdots & \vdots & \vdots \\ d_{19}^2 & d_{29}^2 & d_{39}^2 & -(d_{19}^2-d_{39}^2)(d_{29}^2-d_{19}^4) & -(d_{29}^2-d_{19}^4)(d_{39}^2-d_{29}^2) & 1 \end{bmatrix}$$

$$X = \begin{bmatrix} \left(\dfrac{d_{23}^4}{d_{12}^2}-d_{23}^2-\dfrac{d_{13}^2 d_{23}^2}{d_{12}^2}\right) \\ \left(\dfrac{d_{13}^4}{d_{12}^2}-\dfrac{d_{13}^2 d_{23}^2}{d_{12}^2}-d_{13}^2\right) \\ (d_{12}^2-d_{23}^2-d_{13}^2) \\ \dfrac{d_{23}^2}{d_{12}^2} \\ \dfrac{d_{13}^2}{d_{12}^2} \\ \left(144\dfrac{V_t^2}{d_{12}^2}+d_{13}^2 d_{23}^2\right) \end{bmatrix}, \quad b = \begin{bmatrix} (d_{24}^2-d_{34}^2)(d_{34}^2-d_{14}^2) \\ (d_{25}^2-d_{35}^2)(d_{35}^2-d_{15}^2) \\ \vdots \\ (d_{29}^2-d_{39}^2)(d_{39}^2-d_{19}^2) \end{bmatrix}$$

通过上述表达式获知得 $X_1 \sim X_6$ 后,我们按照下式计算 d_{12}、d_{13} 和 d_{23}:

$$d_{12}^2 = \frac{X_3}{(1-X_4-X_5)}, \quad d_{13}^2 = \frac{X_3 X_5}{(1-X_4-X_5)}, \quad d_{23}^2 = \frac{X_3 X_4}{(1-X_4-X_5)}$$

如果浸没式传感器 S_1、S_2 和 S_3 的坐标分别是 $(0,0,0)$、$(0,y_2,0)$ 和 $(x_3, y_3, 0)$。根据图 14.7,传感器之间的距离可以通过传感器的坐标形式写为

$$d_{12}^2 = y_2^2, \quad d_{13}^2 = x_3^2 + y_3^2, \quad d_{23}^2 = x_3^2 + (y_2-y_3)^2$$

从上面的值计算得到未知变量 y_2、x_3 和 y_3 如下:

$$y_2 = d_{12}, \quad y_3 = \frac{d_{12}^2 + d_{13}^2 - d_{23}^2}{2d_{12}}, \quad x_3 = \sqrt{\left(d_{13}^2 - \left(\frac{d_{12}^2 + d_{13}^2 - d_{23}^2}{2d_{12}}\right)^2\right)}$$

式中,d_{12}、d_{13} 和 d_{23} 为计算得到的距离。表 14.2 汇总了该系统中各传感器的坐标。

表 14.2 具有已知测量值的传感器坐标

传感器	坐标
S_1	$(0,0,0)$
S_2	$(0,d_{12},0)$
S_3	$\left(\sqrt{d_{13}^2 - \left(\dfrac{d_{12}^2 + d_{13}^2 - d_{23}^2}{2d_{12}}\right)^2}, \dfrac{d_{12}^2 + d_{13}^2 - d_{23}^2}{2d_{12}}, 0\right)$

14.6.3 传感器相对于信标的相对坐标

至此我们已经能够找到传感器节点的坐标,为了找到信标的坐标,我们遵循下述步骤。

在测量信标节点 $S_4(x_4, y_4, z_4)$ 和 XY 平面(传感器节点的平面)之间的垂直距离 h 之后,可以假设信标节点 $S_4(x_4, y_4, z_4)$ 在平面 XY 上的投影坐标是 $P_4(x_4, y_4, 0)$。为了找到 x_4 和 y_4,可以采用如下的三边测量法,假设 S_1、S_2、S_3 与 P_4 之间的距离分别为 D_{14}、D_{24} 和 D_{34}。

$$D_{14}^2 = x_4^2 + y_4^2 \tag{14.7}$$

$$D_{24}^2 = x_4^2 + (y_4 - y_2)^2 \tag{14.8}$$

$$D_{34}^2 = (x_4 - x_3)^2 + (y_4 - y_3)^2 \tag{14.9}$$

$$D_{14}^2 = d_{14}^2 - h^2 \tag{14.10}$$

$$D_{24}^2 = d_{24}^2 - h^2 \tag{14.11}$$

$$D_{34}^2 = d_{34}^2 - h^2 \tag{14.12}$$

从方程式(14.7)~式(14.9)可以获得信标的坐标投影 $P_4(x_4, y_4, 0)$,其中

$$x_4 = \frac{\sqrt{4d_{12}^2 D_{14}^2 - (D_{14}^2 - D_{24}^2 + d_{12}^2)^2}}{2d_{12}}, \quad y_4 = \frac{1}{2d_{12}}(D_{14}^2 - D_{24}^2 + d_{12}^2)$$

d_{14}、d_{24} 和 d_{34} 分别是 $\Delta S_1 P_4 S_4$、$\Delta S_2 P_4 S_4$ 和 $\Delta S_3 P_4 S_4$ 的斜边,因此可以分别使用毕达哥拉斯定理(勾股定理)得到 D_{14}、D_{24} 和 D_{34},即可以分别利用式(14.10)、式(14.11)和式(14.12)计算 D_{14}、D_{24} 和 D_{34}。因此,信标节点 $S_4(x_4, y_4, z_4)$ 的坐标为 $S_4(x_4, y_4, h)$,其中 x_4、y_4 和 h 是已知元素。

$$S_4(x_4, y_4, z_4) = S_4\left(\left(\frac{\sqrt{4d_{12}^2 D_{14}^2 - (D_{14}^2 - D_{24}^2 + d_{12}^2)^2}}{2d_{12}}\right), \left(\frac{1}{2d_{12}}(D_{14}^2 - D_{24}^2 + d_{12}^2)\right), h\right)$$

因此,如果将笛卡儿坐标系的原点转移到信标节点上,则可以找出其他传感器相对于 S_4(信标节点)的坐标。通过线性变换将得到表 14.3 和表 14.4 中包含已知值的结果。

表 14.3　传感器相对于信标的坐标

传感器	坐标	传感器	坐标
S_4	$(0,0,0)$	S_2	$(-x_4, y_2 - y_4, -z_4)$
S_1	$(-x_4, -y_4, -z_4)$	S_3	$(x_3 - x_4, y_3 - y_4, -z_4)$

表 14.4　由已知量和计算值表示的传感器坐标

传感器	坐标
S_4	$(0,0,0)$
S_1	$\left(-\frac{\sqrt{4d_{12}^2 D_{14}^2 - (D_{14}^2 - D_{24}^2 + d_{12}^2)^2}}{2d_{12}}, -\frac{1}{2d_{12}}(D_{14}^2 - D_{24}^2 + d_{12}^2), -h\right)$

传感器	坐标
S_2	$\left(-\dfrac{\sqrt{4d_{12}^2 D_{14}^2 - (D_{14}^2 - D_{24}^2 + d_{12}^2)^2}}{2d_{12}},\dfrac{1}{2d_{12}}(d_{12}^2 - D_{14}^2 + D_{24}^2),\, -h \right)$
S_3	$\left(\left(\sqrt{\left(d_{13}^2 - \left(\dfrac{d_{12}^2 + d_{13}^2 - d_{23}^2}{2d_{12}} \right)^2 \right)} \right) - \dfrac{\sqrt{4d_{12}^2 D_{14}^2 - (D_{14}^2 - D_{24}^2 + d_{12}^2)^2}}{2d_{12}} \right),$ $\dfrac{1}{2d_{12}}(d_{13}^2 - d_{23}^2 - D_{14}^2 + D_{24}^2),\, -h \Big)$

14.7　仿　真　结　果

为了验证该数学模型,使用 Matlab 对所提出的方法进行模拟,模拟环境为前面描述的 150m 深度的问题,其中单个信标节点能够确定浸没传感器的坐标和方位。将一组共 3 个传感器分别放置在 $(0,0,0)$、$(0,75,0)$ 和 $(80,40,0)$ 处。传感器的坐标是随机选择的,而为了计算简单,其中一个放置在原点,另一个放在前面所讨论的问题域的轴上。底部平面由传感器的位置定义,移动信标在平行于底部平面的一个平面内随机移动。在计算传感器 S_2 和 S_3 相对于 S_1 的坐标时,我们在信标和传感器之间的真实欧氏距离中添加了高斯噪声。

14.7.1　采用欧氏距离的坐标

在我们提出的方法中,只需要 1 个信标,它漂浮在水面上,并且至少有 3 个传感器,这是使用传感器进行环境监测时的标准数量。如果有更多传感器,则每次以 3 个进行分组。该方法能够确定各传感器相对于信标节点的 3D 坐标以及方位信息,信标节点的坐标可以通过 GPS 来获知,因此这种方法可以更好地理解传感器的位置。

为了验证数学模型,将一组共 3 个传感器随机地放置在 XY 平面中,而移动信标则可在上方被操纵,并假设信标移动时所处的平面与传感器所构成的平面平行。虽然传感器的坐标是随机选择的,但为了计算简单,其中一个传感器标记为原点,另一个标记为问题域的 Y 轴,第三传感器可以放置在 XY 平面的任何点。为了从信标的 6 个不同位置获得距离测量值,将其沿不同方向随机移动到 6 个不同的坐标位置。在所提出的数学模型中不考虑浸没式传感器的移动性。

为了对数学模型进行证明,在计算传感器 S_2 和 S_3 相对于 S_1 的坐标时,考虑传感器和信标之间的真实欧氏距离。

仿真结果表明,如果信标和传感器之间的距离为真实欧氏距离,则位置误差可以忽略不计。对于 150m 深的水域定位问题,位置误差在 $10^{-12} \sim 10^{-14}$ m 范围内。对于长度为 0.5m 到数米的传感器,生成的误差可以忽略不计,从而验证了所提出的数学模型。图 14.8 显示了位置检测的准确度和精度。对于信标的不同方向,位置误差可以忽略不计,这些可忽略的误差是由对非线性方程组进行线性化处理时产生的。

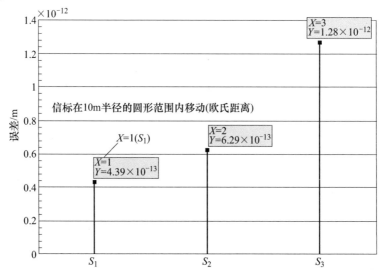

图 14.8　信标在 10m 半径的圆形范围内移动时的位置误差(欧氏距离)

14.7.2　带高斯噪声的坐标

图 14.9 显示了在距离测量中加入高斯噪声时所计算得到的传感器坐标。距离测量的精度是确定坐标精确的关键因素之一。所加入的高斯噪声具有均值为 0、方差为 1 的分布。

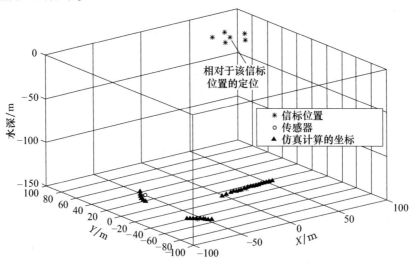

图 14.9　计算得到的传感器位置相对于实际坐标位置的示意图

传感器 S_1、S_2 和 S_3 相对于信标的位置测量误差如图 14.10 ~ 图 14.12 所示。平均位置误差约为 3m,没有剔除野值,这对于大小为 1 ~ 5m 的传感器(对于 AUV 或 UUV)非常有用。

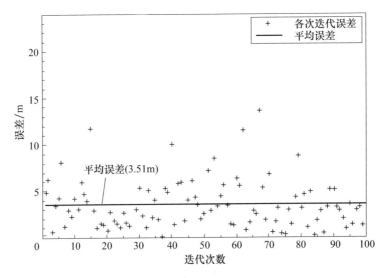

图 14.10　传感器 S_1 的距离误差

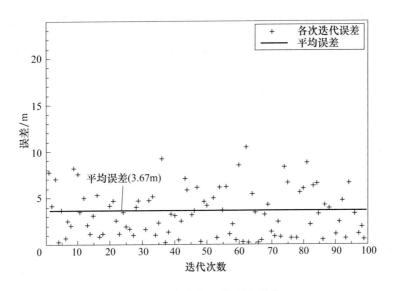

图 14.11　传感器 S_2 的距离误差

仿真结果还表明信标的方向不影响坐标的确定,可以非常接近地进行测量,以使由传感器的移动性产生的误差最小。该模型产生的欧氏距离的位置误差可以忽略不计,因此需要注意距离测量是影响传感器精确定位的关键因素。

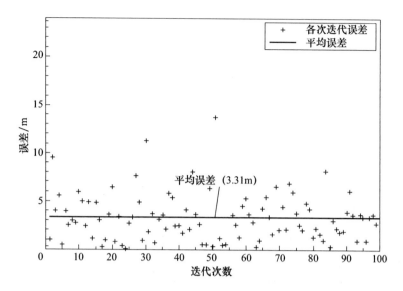

图 14.12   传感器 S_3 的距离误差

14.8 小 结

本章所提出的方法是利用漂浮在水面上的信标来确定水柱中的水下传感器坐标。这种简单的配置不需要预先安装的基础设施,并且可以使用单个信标以动态方式确定坐标。仿真结果验证了通过信标到浸没传感器间的距离来确定坐标的数学模型。将信标和传感器放置在笛卡儿坐标系中,并且通过测量传感器和信标之间的距离,利用 Matlab 来确定欧几里得距离。仿真过程并没有模拟水柱。实际上,我们假设信标和传感器之间的距离是根据声信号的传播时间计算的,而多径现象和信号的传播模型超出了本章的范围。

由单个信标和 3 个浸没传感器构成了四面体,用于确定该四面体体积的扩展 Cayley - Menger 行列式是非线性的。非线性方程的自由度维数使得方程无法保证可以求解,因此我们将方程进行线性化处理,得到 6 个未知变量,这就是为什么需要 6 个测量量来求解线性方程组。考虑到半径在 5~50m 圆形范围内方向随机变化的信标与传感器的欧氏距离,行列式线性化处理时带来的浸没式传感器的位置误差为皮米范围,因此线性化误差可以忽略不计。然而,一旦距离测量中引入高斯噪声,位置误差将增加到 3~4m。对于 150m 的模拟水柱和 AUV 或 UUV 这样尺寸的传感器,所产生的误差在可接受的范围内。

参 考 文 献

[1] I. F. Akyildiz, D. Pompili, and T. Melodia, 'Underwater acoustic sensor networks: research challenges,' Ad

Hoc Networks, vol. 3, pp. 257 – 279, 2005.

[2] J. H. Cui, J. Kong, M. Gerla, and S. Zhou, 'The challenges of building mobile underwater wireless networks for aquatic applications,' Network, IEEE, vol. 20, pp. 12 – 18, 2006.

[3] P. Xie, J. H. Cui, and L. Lao, 'VBF: vector – based forwarding protocol for underwater sensor networks,' Networking 2006. Networking Technologies, Services, and Protocols; Performance of Computer and Communication Networks; Mobile and Wireless Communications Systems, pp. 1216 – 1221, 2006.

[4] W. S. Burdic, Underwater Acoustic System Analysis vol. 113. Peninsula Publishing, 2002.

[5] M. Erol – Kantarci, H. T. Mouftah, and S. Oktug, 'A survey of architectures and localization techniques for underwater acoustic sensor networks,' Communications Surveys & Tutorials, IEEE, vol. 13, pp. 487 – 502, 2011.

[6] A. Novikov and A. C. Bagtzoglou, 'Hydrodynamic model of the lower Hudson river estuarine system and its application for water quality management,' Water Resources Management, vol. 20, pp. 257 – 276, 2006.

[7] A. C. Bagtzoglou and A. Novikov, 'Chaotic behavior and pollution dispersion characteristics in engineered tidal embayments: a numerical investigation,' Journal of the American Water Resources Association, vol. 43, pp. 207 – 219, 2007.

[8] Z. Zhou, Z. Peng, J. – H. Cui, Z. Shi, and A. C. Bagtzoglou, 'Scalable localization with mobility prediction for underwater sensor networks,' Mobile Computing, IEEE Transactions on, vol. 10, pp. 335 – 348, 2011.

[9] H. P. Tan, R. Diamant, W. K. G. Seah, and M. Waldmeyer, 'A survey of techniques and challenges in underwater localization,' Ocean Engineering, vol. 38, pp. 1663 – 1676, 2011.

[10] Y. M. Kwon, K. Mechitov, S. Sundresh, W. Kim, and G. Agha, 'Resilient localization for sensor networks in outdoor environments,' in Distributed Computing Systems, 2005. ICDCS 2005. Proceedings. 25th IEEE International Conference on, 2005, pp. 643 – 652.

[11] X. Che, I. Wells, G. Dickers, P. Kear, and X. Gong, 'Re – evaluation of RF electromagnetic communication in underwater sensor networks,' Communications Magazine, IEEE, vol. 48, pp. 143 – 151, 2010.

[12] N. P. Fofonoff and R. C. Millard, 'Algorithms for computation of fundamental properties of seawater,' Unesco Technical Papers in Marine Science, vol. 44, p. 53, 1983.

[13] K. V. Mackenzie, 'Nine – term equation for sound speed in the oceans,' The Journal of the Acoustical Society of America, vol. 70, p. 807, 1981.

[14] G. Han, J. Jiang, L. Shu, Y. Xu, and F. Wang, 'Localization algorithms of underwater wireless sensor networks: A survey,' Sensors, vol. 12, pp. 2026 – 2061, 2012.

[15] G. Borriello and J. Hightower, 'A survey and taxonomy of location systems for ubiquitous computing,' IEEE Computer, vol. 34, pp. 57 – 66, 2001.

[16] J. Guevara, A. Jiménez, J. Prieto, and F. Seco, 'Auto – localization algorithm for local positioning systems,' Ad Hoc Networks, vol. 10, pp. 1090 – 1100, 2012.

第 15 章　水下及潜水型无线传感器系统的安全性问题和解决方案

15.1　引　言

最近在水下水生应用中引入无线传感器系统是引起网络研究领域极大关注的方向之一。有的针对水生环境的具体问题开展了研究[1-3],还有的则提出了新的网络协议[4]、网络设计[5]和水生环境模拟器[6]。这些研究的应用领域包括军事监视、海洋数据收集、污染控制、气候记录和工业产品[7]。

水下无线传感器系统(UWSS)可以定义为由多个采用电池供电的水下传感器节点组成的无线通信系统[8]。水下环境最重要的特征是洋流、高压和海洋生物的存在,这些都会带来一些特殊的问题,其中之一与通信频率有关。用于机载无线通信的无线频率不适用于水下环境,出于这个原因,必须在所有水下通信中使用声波,由此引起了一些特殊的问题[2,9-10],如大延迟、低带宽和高错误率,这些都必须在水下建模中考虑[1]。此外,由于水下存在洋流和海洋生物,移动性也成为一个重要问题。由于 UWSS 代表了一个很新的研究领域,迄今为止研究人员已经解决的最常见问题包括时间同步[11]、数据收集[12]、定位[13]、路由协议[14-15]、能量最小化和介质访问控制[16-17]。

如果收集到敏感数据,则必须严格保护其免受第三方未经授权的访问。例如,一家石油公司可能正在寻找钻探的地方,该公司不希望与竞争对手分享数据;军方使用 UWSS 来探测其海洋领土内的敌军;生态和海洋数据有时对政府的政策具有重要影响。由于这些原因,UWSS 的安全性至关重要。然而,由于水下信道特性(例如高误码率、长传播延迟和低带宽),UWSS 易于发生节点被捕获以及遭受其他类型的恶意攻击。在本章中,将讨论 UWSS 中的安全漏洞以及防范的安全解决方案。

本章的其余部分安排如下:15.2 节提供一些关于 UWSS 的背景信息,并讨论与设计和安全相关的问题;15.3 节讨论 UWSS 的安全问题;15.4 节给出未来的研究问题和 UWSS 安全机遇;15.5 节进行总结。

15.2　水下无线传感器系统

UWSS 在功能、结构和能量限制等方面类似于地面无线传感器系统[18]。例如:它们可以测量不同类型的物理特性参数,如温度、声音或压力[19];可以跟踪目标或监测周围环境以收集数据[20-23];与地面节点相似,它们的电池寿命、内存和数据处理能力都很有限。但除了这些特征之外,由于它们在水下部署,还具有其他一些特性。

硬件更加昂贵:UWSS 可能暴露在高压、高湿度、洋流和海洋生物中,因此传感器的硬件应该更加坚固,从而变得非常昂贵。

部署稀疏:UWSS 的传感器价格较贵,因此不像地面传感器那样容易使用,从而使得生产的数量减少[18]。

更长距离的通信:UWSS 传感器的使用很少,为了在节点之间提供覆盖和连接,它们需要在更长的距离上进行通信。

更高功率要求:UWSS 传感器需要更长距离通信,因此需要的功率也更多。此外,它们不能像地面传感器那样使用太阳能充电。

使用声频:无线电能量会被水所吸收,无法在水下传播[24],因此 UWSS 传感器节点应使用声波进行通信。

长传播延迟:速度低是声波最大的不足之一,水中声信号的传播速度比自由空间中无线电波的传播速度要低 5 个数量级[18]。由于水中声速较低,其传播延迟较大。

多径衰落更加严重:网络拓扑由于洋流的存在而发生变化,多径衰落效应会迅速增加。

路径衰减更大:这与它们在水中的速度有关,声波在水中的衰减比自由空间中的衰减更大。

窄带宽:当距离增加时可用带宽会随之降低[25]。UWSS 需要远距离通信,因此它们的带宽较窄。

高误码率:信道质量随着传播延迟、多径衰落、路径衰减和误码率的增加而降低。

移动性:在水下网络中存在诸多外部因素,例如洋流、风和水下生物,这些因素可引起节点漂移。因此,水下网络的建模应考虑节点的移动性。此外,GPS 的信号无法适用于这样的声学环境,因此节点的位置无法通过 GPS 来检测。Caruso 等提出了一种称为"曲折水流移动模型"的水下传感器网络的移动模型[7],其中节点在曲折的次表面水流和涡流的作用下移动,该模型适用于跨越数千米的大型海洋环境。他们认为节点的路径是确定性的,并且附近的传感器都将以相似的方式移动。为了模拟节点的移动性,其中的关键技术是对这些节点所沉浸的海洋运动进行建模。图 15.1 给出了节点在 3 天内的移动情况,该模型中的节点根据海洋的运动而发生漂移,因此比无线传感器网络的其他群组移动模型更加真实。

需要合适的网络架构:用于控制节点位置的 GPS 等技术无法在水下使用。大多数 UWSS 的定位方案中都使用一些位置已知的参考节点,其作用是通过计算其

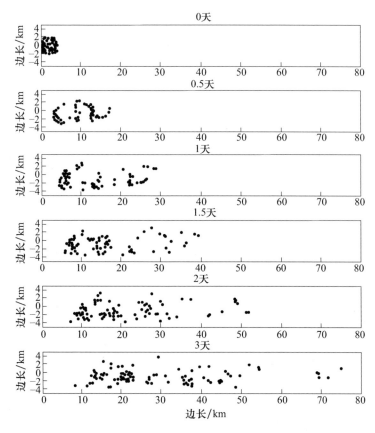

图 15.1　在边长为 4km 的正方形内随机部署的 100 个传感器的位置随时间演变图[7]

他节点与这些参考节点的距离来实现对前者的定位[16]。这就允许以分层方式来进行结构计算,在这种结构中存在一些特殊节点。Zhou 等[26] 提出了一种此类水下传感器网络的分级方案,该方案由 3 种类型的节点组成:表面浮标、锚节点和普通传感器节点。每个表面浮标都配有 GPS 设备。所有锚节点都可以通过直接与表面浮标通信来估计它们的位置,并通过锚节点对普通节点进行定位。文献[27]提出了另一种升潜(DNR)定位方案。在该方案中,DNR 信标配备有 GPS 设备,信标沿 y 轴移动。当它们来到水面时,通过 GPS 获取其位置。当它们潜入水中时,会广播其位置信息,以帮助其他节点确定自己的位置。文献[28]提出的另一种方案包括 4 种类型的节点:表面浮标、可拆卸升降收发器(DET)、锚节点和普通节点。在该方案中,表面浮标配备有 GPS。DET 附着在表面浮标上,表面浮标可以升起"升降机"以广播其位置,然后重新下降。该方案提高了定位精度并降低了系统成本。图 15.2 显示了所使用的分层设计,通过层次结构方式组织了 3 种类型的节点。表面浮标通过空气相互通信。每个表面浮标都连接到可以上下移动的升降机上。每组节点只能与自己的升降机节点通信,同时每组节点可以在其组内进行通信,因此这显然是一种分层设计。

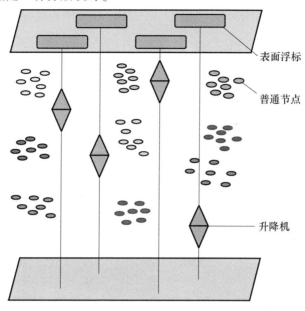

图 15.2　分层 UWSS 的网络设计[30]

动态网络拓扑:由于节点的移动性,网络拓扑将发生变化。在典型的水下条件下,水下物体可能以 3 ~ 6 km/h 的速度移动[7]。在传送通信数据包时,传感器应该能够应对水下的动态条件。由于其可扩展性和有限的信令特性,基于地理信息的路由有望在 UWSS 中得到应用[18]。

在部署水下传感器网络时,应考虑上述所有问题。此外,UWSS 的许多特性需要高效且强大的安全解决方案。例如,糟糕的网络状况可能导致安全数据包的严重丢失。另外,物理安全性是需要重点考虑的问题,因为节点部署在恶劣的环境中,通信可能被窃听,交换的信息可以被修改,所以保护 UWSS 的安全至关重要。在 15.3 节中,讨论 UWSS 的安全问题,并提出解决这些问题的方案。

15.3　安全性需求、问题和解决方案

本节将阐述保证 UWSS 安全所需要满足的要求。接下来讨论相关的安全问题以及解决这些问题的方案。

15.3.1　安全性需求

对于无线应用,一个敌对节点不仅可以窃听数据通信,还可以中断和修改消息[19,21]。适用于地面无线应用的安全要求,也适用于水下传感器网络[29],包括:
- 数据保密性:保护数据不被未经授权方所窃听,通过使用密钥对消息进行

加密来确保其安全。

- 完整性:保证收到的消息与授权方发送的消息完全相同。换句话说,如果提供了完整性,则消息不会被插入、删除或修改。
- 新鲜度:意味着消息中的数据是最新的,而不仅仅是旧消息的重新发送。
- 可用性:意味着无线传感器网络可以在需要时提供服务。
- 身份验证:可确保通信实体与其所声称的相一致。

图 15.3 显示了与这些要求和解决方案相关的安全性问题,并在 15.3.2 节中给出解释。

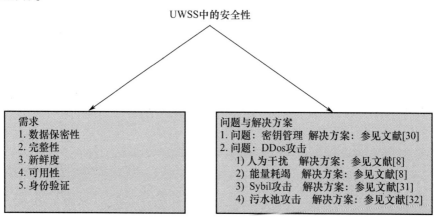

图 15.3 安全性需求、问题及相关解决方案

15.3.2 安全性问题和解决方案

15.3.2.1 密钥管理

加密机制用于进行身份验证,满足数据机密性和完整性要求。有两种类型的加密机制:非对称密钥加密和对称密钥加密。

在对称密钥加密技术中,有一个密钥用于解密和加密。发件人使用公共密钥加密邮件并将其发送给另一方,接收者使用相同的密钥对消息进行解密。对称密钥的主要问题是如何将这个公共密钥安全地分发给各个实体。

在非对称密钥加密技术(也称为公钥密码技术)中,每个实体都有自己的公钥和私钥。私钥仅为所有者所知,但公钥是任何人都知道的。发件人使用其拥有的公钥加密邮件,然后接收者使用自己的私钥来解密消息。在非对称加密中不使用公共密钥,因此密钥分发无关紧要,但公钥操作需要更多的能量和计算能力。传感器节点的电池寿命有限,公钥密码技术并非无线传感器网络的首选,因此无线传感器网络中主要采用对称密钥,这同样适用于 UWSS[33-34]。

许多研究人员都对对称密钥的分发进行了研究,并提出了相应的解决方案[19,35-40]。这并不是一个小问题,因为研究者需要在存储量和抗毁性(resilience)

之间进行权衡。如果在整个网络中仅使用 1 个成对密钥,则攻击者可以通过捕获其中的一个节点就能对所有节点产生威胁,这意味着网络不具备抵御攻击的抗毁性。但是,如果为每对节点都生成不同的成对密钥,则传感器网络抵御捕获攻击的抗毁能力更强。这是因为如果仅捕获 1 个节点,则无法了解其他有关链接的任何信息。但是在此模型中,每个节点应存储 $n-1$ 个密钥,其中 n 是网络中的节点数。因为节点具有的存储器容量有限,不可能存储这样大量的密钥信息,所以在密钥分发中处理抗毁性和存储问题并不容易。除了这些问题之外,UWSS 还面临着如 15.2 节所述的额外的安全性挑战。

Kalkan 和 Levi[30] 提出了一种解决密钥管理问题的方法,UWSS 的密钥分发模型适用于 2 组移动模型:

- 游牧移动模型(Nomadic Mobility Model);
- 曲折水流移动模型(Meandering Current Mobility Model)。

游牧移动密钥分配方案在 3 个维度上执行,它仅适用于小范围沿海地区。另一方面,曲折移动密钥分布模型是 2D 的且可适用于跨越数千米的开阔海域。在 2 种方案中都使用了分层结构,包括表面浮标、升降机和普通节点。通信节点可以位于在同一组中,也可以在同一升降机的不同组中,或在不同升降机的不同组中。2 个节点 a 和 b 的通信方案如图 15.4 所示。如果两个节点在同一组中,则它们会自行计算自己的密钥。如果它们在同一升降机的不同组中,则该升降机会生成一个密钥并将其发送给 2 个节点。如果 2 个节点在不同的升降机上,则 2 个升降机会对同一个密钥进行认可并将其发送到 2 个节点。通过众所周知的 Blom 密钥分发方案[39]处理安全和抗毁性的分组通信。在基于随机池的方案中,无法保证 2 个邻居节点将共享一个公共密钥,这意味着它们需要通过其他安全链路进行通信,而这反过来又增加了通信开销。相比之下,Blom 方案保证了同一组中的任何 2 个节点都可以生成公共密钥,这是一种基于矩阵的解决方案。此外,Blom 方案具有 λ 级安全属性,其中 λ 是捕获的节点数的阈值。此属性表明网络在 λ 个节点被捕获之前可以保证其非常安全。但是,如果捕获的节点数超过 λ,则会暴露该组中的所有密钥。通过使用 Blom 方案,减少了动态网络拓扑的负面影响。

安全连通性和抗毁性是密钥管理方案性能的常规衡量标准。安全连通率是在任何 2 个邻居节点之间共享公共密钥的概率,抗毁性是以链路被破解的比率给出的。Kalkan 和 Levi[30] 说明了 2 种方案的安全连通率通常很高。移动性会导致连接暂时中断,但游牧移动模型和曲折水流移动模型有助于改进连通性能。游牧移动模型和曲折水流移动模型的连通率结果如图 15.5 和图 15.6 所示。

此外,这些模型提供了良好的抗毁性,因为即使某些节点被攻击者捕获,也只会破坏未捕获节点之间的少量链路。

15.3.2.2 拒绝服务攻击

分布式拒绝服务(DDoS)攻击是从另外其他几台机器来攻击一个系统。DDoS

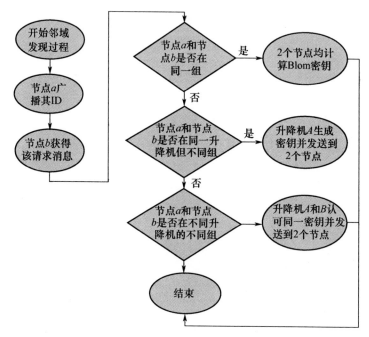

图 15.4　节点通信过程

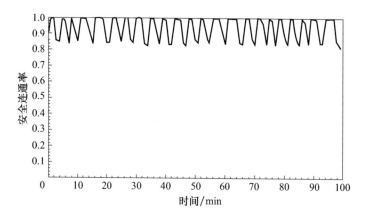

图 15.5　游牧移动模型的连通率[30]

攻击的目的是占据和消耗系统所有可用服务,并防止无辜用户来访问该系统。攻击者看上去也是无辜的用户,其攻击数据包中不包含任何恶意内容,因此解决DDoS 攻击仍然是一项重大问题。DDoS 攻击类型有许多种,分别影响系统的不同层。如 15.2 节所述,UWSS 存在安全漏洞,因此容易受到 DDoS 攻击。下面讨论其中的一些攻击和可能的解决方案。

　　干扰:此攻击针对物理层,攻击者在通信信道上发射噪声信号。因为通信频段被攻击者所占用,导致该区域中的其他用户无法发送或接收数据包。UWSS 工作频率低且具有大延迟,因此它们可能受到干扰攻击的严重影响。解决方案是让

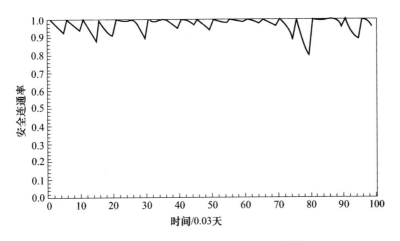

图 15.6　曲折水流移动模型的连通率[30]

UWSS 中的传感器节点使用较低的占空比[8]。传感器节点的可用功率有限,因此它们可以在干扰攻击期间进入休眠。只有在需要发送或接收数据时才会醒来,否则保持休眠。当节点需要发送/接收数据时,它们会进入活动状态并检查是否仍然有干扰。当节点不发送数据时,它们会继续休眠并定期苏醒以检查是否有数据需要传输或接收。

能量耗竭:攻击者发出连续的 RTS(请求发送)指令和重复重传,以缩短节点寿命,此攻击针对数据链路层。在这种情况下,MAC 协议一直忙于处理额外的重传数据。UWSS 节点的功率有限,因此这种攻击对节点非常有害。解决方案是限制重传次数[8,19]。

Sybil 攻击:在这种类型的攻击中,攻击者拥有多个身份,每个身份都假装处于不同的地方[18]。通过这种方式可以很容易地实施 DDoS 攻击。通常可以使用位置验证技术来抵御这种攻击[41-42]。然而,UWSS 环境不适合这种防范方式,因为在位置验证技术中处理移动性很困难。身份验证是另一种防范技术。Mukho-padhyay 和 Indranil[41]分析了 UWSS 的端到端认证技术,重点研究数字签名技术。数字签名是一种身份验证机制,用于显示已知用户创建的消息,它还提供不可否认性,以便发送者无法否认其发送的消息。结果表明,数字签名方案虽然在地面方案中表现良好,但在 UWSS 中并不一定如此。他们的研究结果可用于确定相关技术能够适用于 UWSS 所需要满足的属性。但据我们所知,目前没有适用于 UWSS 的身份验证技术,这仍然是未来研究的一个开放领域。

污水池攻击(sinkhole attack):在这种方式中,攻击者通过假装拥有高质量的通信链路来吸引大部分数据流[18]。目前已经提出通过地理路由来缓解这种攻击,信源节点在发送消息时使用目的地的地理位置而不是网络地址。由于移动性是 UWSS 需要考虑的重要问题,需要安全的路由协议。Souiki 等[32]提出了几种安全的路由协议并对它们进行了描述。针对专门为 UWSS 设计的安全路由协议,已根据所使用的分组转发策略进行了分类:贪婪(greedy)、限制性定向洪泛(restricted directional flooding)和分层(hierarchical)[32]。这些协议考虑了 UWSS 的可靠性、移动性和 3D 环境,因此适用于 UWSS。

15.4　未来的挑战和研究方向

本节讨论 UWSS 的研究设计人员仍在解决的一些安全性问题。这些问题与定位、跨层设计和时间同步的安全性有关,所有这些问题将在以下小节中解释。

15.4.1　定位的安全

定位用于数据包的路由决策,传感器节点根据邻居节点的位置决定如何转发数据包。由于长传播延迟、多径传播和衰落,地面适用的技术不能用于 UWSS[18]。另外,水下环境中的节点移动性使得位置估计变得困难。文献[43 – 46]中已经为 UWSS 提出了几种定位模型,但没有人专注于这些定位技术的安全性。如 15.3 节所述,诸如 Sybil 攻击和污水池攻击等 DDoS 攻击滥用了节点的位置信息。为了防止这种攻击,需要在定位技术中使用加密机制。此外,即使系统处于 Sybil 攻击或污水池攻击之下,也可以使用抗毁性算法进行真正的位置估计[18]。因此,安全定位是 UWSS 中最重要的尚待解决的问题之一。

15.4.2　跨层设计的安全

目前 UWSS 中的安全性研究仅关注传感器节点的各层。然而,Zeadally 和 Siddiqui[19]认为分层安全性也会导致一些问题。

首先,分层安全方法导致了安全服务的冗余,各层都试图自己提供安全服务。例如,网络层处理安全定位、路由和时间同步问题,而 TCP 层和物理层保护自己免受 DDoS 攻击。各层都关注自身的问题,因此所有层都可以单独处理密钥管理和各种加密问题。但如果同时考虑所有这些层,则可以减少安全服务中的这种冗余。

其次,分层安全是非自适应的,这使得它不适用于 UWSS 这样复杂和不稳定的环境。跨层设计可以解决水下环境的一些动态需求。此外,分层体系结构无法提供针对跨层攻击的保护。相比之下,跨层设计可以更好地处理这些类型的攻击。最后,跨层设计因为可以发现系统的整体情况,这就意味着更低的能耗。因此,可以选择适当的安全服务,从而尽可能降低能量消耗。未来需要更多的研究工作来为 UWSS 开发安全的跨层设计架构和协议。

15.4.3　时间同步的安全

时间同步对于调度协议至关重要,例如时分多址,这需要精确的定时信息来确定睡眠和唤醒间隔[18]。由于水下环境的条件限制,地面模型无法应用于 UWSS。

文献[47－49]已经提出了几种用于 UWSS 中时间同步的模型,但没有人考虑过安全问题。使用加密技术可以应对与时间相关的攻击,如重放攻击(replay attacks)[50],但无法应对延迟攻击(时间同步消息的传输被故意延迟)。为防范此类攻击,应采用其他类型的对策。Song 等[50]研究了各种地面对策,但由于长传播延迟和节点的移动性,这些对策无法应用于 UWSS,因此需要新颖有效的安全时间同步方案来对抗延迟攻击。

15.5 小　　结

水下环境是传感器应用的一个最新领域。水下通信与机载通信显著不同,主要是因为无法使用无线电频率,而使用声波带来了新的和额外的安全挑战,这些都需要得到解决。

洋流的剧烈变化、高压和海洋生物也都是需要面对的问题。此外,UWSS 中的安全性非常重要,因为敏感的水下环境意味着 UWSS 易受恶意攻击。我们讨论了 UWSS 的各种特性,并确定了水下环境中出现的安全要求和相关漏洞。我们还讨论了一些可以抵御 UWSS 攻击的解决方案。最后,强调了安全性研究以及设计人员未来仍然需要解决的一些问题,重点是 UWSS 的安全方面。

参 考 文 献

[1] J. H. Cui, J. Kong, M. Gerla, and S. Zhou, 'The challenges of building scalable mobile underwater wireless sensor networks for aquatic applications', IEEE Network, 20(3), 12－17, 2006.

[2] I. F. Akyildiz, D. Pompili, and T. Melodia, 'Challenges for efficient communication in underwater acoustic sensor networks', ACM SIGBED Review, 1(1), 3－8, 2004.

[3] J. Heidemann, W. Ye, J. Wills, A. Syed, and Y. Li, 'Research challenges and applications for underwater sensor networking', In IEEE Wireless Communications and Networking Conference, Las Vegas, Nevada, USA, April 2006.

[4] G. G. Xie and J. Gibson, A networking protocol for underwater acoustic networks. Technical report TR－CS－00－02, Department of Computer Science, Naval Postgraduate School, 2000.

[5] J. Proakis, E. M. Sozer, J. A. Rice, and M. Stojanovic, 'Shallow water acoustic networks', IEEE Communications Magazine, 39(11), 114－119, 2001.

[6] P. Xie, Z. Zhou, Z. Peng, H. Yan, T. Hu, J. H. Cui, Z. Shi, Y. Fei and S. Zhou, 'Aqua－Sim: an NS－2 based simulator for underwater sensor networks'. In OCEANS 2009, MTS/IEEE Biloxi－Marine Technology for Our Future: Global and Local Challenges, 2009.

[7] A. Caruso, F. Paparella, L. F. M. Vieira, M. Erol, and M. Gerla, 'The meandering current mobility model and its impact on underwater mobile sensor networks', In Proceedings of International Conference on Computer Communications 2008, pp. 221－225.

[8] Y. Cong, G. Yang, Z. Wei, and W. Zhou, 'Security in underwater sensor network', IEEE 2010 International Conference on Communications and Mobile Computing(CMC), April 2010, vol. 1, pp. 162－168.

[9] J. Partan, J. Kurose, and B. N. Levine, 'A survey of practical issues in underwater networks', in International Conference on UnderWater Networks and Systems(WUWNet'06), Los Angeles, CA, USA, 2006, pp. 17 – 24.

[10] J. Kong, J. Cui, D. Wu, and M. Gerla, 'Building underwater ad hoc networks and sensor networks for large scale real – time aquatic applications', in IEEE Premier Military Communications Event(MILCOM'05), Atlantic City, NJ, USA, 2005.

[11] A. Syed and J. Heidemann, 'Time synchronization for high latency acoustic networks', in Proceedings of International Conference on Computer Communications(Infocom), Barcelona, Spain, April 2006, pp. 1 – 12.

[12] I. Vasilescu, K. Kotay, D. Rus, M. Dunbabin, and P. Corke, 'Data collection, storage, and retrieval with an underwater sensor network', in Embedded Networked Sensor Systems(SenSys'15), San Diego, California, USA, 2005, pp. 154 – 165.

[13] V. Chandrasekhar, W. K. Seah, Y. S. Choo, and H. V. Ee, 'Localization in underwater sensor networks: survey and challenges', in International Conference on Underwater Networks and Systems(UWNet06), Los Angeles, CA, USA, 2006, pp. 33 – 40.

[14] D. Pompili and T. Melodia, 'Three – dimensional routing in underwater acoustic sensor networks', in PE – WASUN '05: Proceedings of the 2nd ACM International Workshop on Performance Evaluation of Wireless Ad hoc, Sensor, and Ubiquitous Networks', Montreal, Quebec, Canada, 2005, pp. 214 – 221.

[15] P. Xie, J. Cui, and L. Lao, 'VBF: Vector – based forwarding protocol for underwater sensor networks', in Proceedings of IFIP Networking'06, Portugal, May 2006, pp. 1216 – 1221.

[16] N. Chirdchoo, W. – S. Soh, and K. C. Chua, 'Aloha – based MAC protocols with collision avoidance for underwater acoustic networks', in International Conference on Computer Communications, INFOCOM 2007, Anchorage, Alaska, USA, May 2007, pp. 2271 – 2275.

[17] D. Makhija, P. Kumaraswamy, and R. Roy, 'Challenges and design of MAC protocol for underwater acoustic sensor networks', in 4th International Symposium on Modeling and Optimization in Mobile, Ad Hoc and Wireless Networks, Boston, Massachusetts, USA, 3 – 6 April 2006, pp. 1 – 6.

[18] M. Domingo, 'Securing underwater wireless communication networks', IEEE Wireless Communications, 18 (1), 22 – 28, 2011.

[19] S. Zeadally and F. Siddiqui, 'Security protocols for wireless local area networks(WLANs) and cellular networks', Journal of Internet Technology, 8(1), 11 – 25, 2007.

[20] I. F. Akyildiz, W. Su, Y. Sankarasubramaniam, and E. Cayirci, 'Wireless sensor networks: a survey', Computer Networks, 38(4): 393 – 422, 2002.

[21] D. P. Agrawal and Q – A. Zeng, Introduction to Wireless and Mobile Systems, Brooks/Cole Publishing, 2003.

[22] N. Jain and D. P. Agrawal, 'Current trends in wireless sensor network design', International Journal of Distributed Sensor Networks, 1(1), 101 – 122, 2005.

[23] D. W. Carman, P. S. Kruus, and B. J. Matt, 'Constraints and approaches for distributed sensor network security', Technical Report 00 – 010, NAI Labs, 2000.

[24] J. Llor and M. P. Malumbres, 'Modeling underwater wireless sensor networks', Wireless sensor networks: application – centric design, In Tech Open, pp. 185 – 203.

[25] M. Stojanovic, 'On the relationship between capacity and distance in an underwater acoustic communication channel', ACM Mobile Computing and Communications Review 11, 34 – 43, 2007.

[26] Z. Zhou, J. – H. Cui, and S. Zhou, 'Localization for large – scale underwater sensor networks', Technical report UbiNet – TR06 – 04, University of Connecticut Computer Science and Engineering, 2004.

[27] M. Erol, L. F. Vieira, and M. Gerla, 'Localization with Dive 'n' Rise(DNR) beacons for underwater acoustic sensor networks', Proceedings of the Second Workshop on Underwater Networks, 2007, pp. 97 - 100.

[28] K. Chen, Y. Zhou, and J. He, 'A localization scheme for underwater wireless sensor networks', in International Journal of Adanced Science and Technology 4, 9 - 16, 2009.

[29] X. Chen, K. Makki, and N. Pissinou, 'Sensor network security: a survey', IEEE Communications Surveys and Tutorials, 11(2), 52 - 73, 2009.

[30] K. Kalkan and A. Levi, 'Key distribution scheme for peer - to - peer communication in mobile underwater wireless sensor networks', Peer - to - Peer Networking and Applications, 7(4), 698 - 709, 2014.

[31] E. Souza, H. C. Wong, I. Cunha, A. Loureiro, L. F. Vieira, and L. B. Oliveira, 'End - to - end authentication in under - water sensor networks', 2013 IEEE Symposium on Computers and Communications(ISCC), July 2013, pp. 299 - 304.

[32] S. Souiki, M. Feham, and N. Labraoui, 'Geographic routing protocols for underwater wireless sensor networks: a survey'. arXiv preprint arXiv:1403. 3779, 2014.

[33] Y. Cheng and D. P. Agrawal, 'Improved pairwise key establishment for wireless sensor networks', 2006 IEEE International Conference on Wireless and Mobile Computing, Networking and Communications, 2006, pp. 442 - 448.

[34] H. Cam, S. Ozdemir, D. Muthuavinashiappan, and P. Nair, 'Energy efficient security protocol for wireless sensor networks', Vehicular Technology Conference, 2003.

[35] L. Eschenauer and V. D. Gligor, 'A key - management scheme for distributed sensor networks', in: Proceedings of the 9th ACM Conference on Computer and Communications Security, 2002.

[36] H. Chan, A. Perrig, and D. Song, 'Random key pre - distribution schemes for sensor networks', Proceedings of IEEE Symposium on Security and Privacy, Berkeley, California, May 11 - 14 2003, pp. 197 - 213.

[37] D. Liu and P. Ning, 'Improving key pre - distribution with deployment knowledge in static sensor networks', ACM Transactions on Sensor Networks(TOSN), 1(2), 204 - 239, 2005.

[38] D. Liu, P. Ning, and W. Du, 'Group - based key pre - distribution in wireless sensor networks', Proceedings of 2005 ACM Workshop on Wireless Security(WiSe 2005), September 2005.

[39] R. Blom, 'An optimal class of symmetric key generation systems', in T. Beth, N. Cot, I. Ingemarsson (eds), Advances in Cryptology: Proceedings of EUROCRYPT 84, Lecture Notes in Computer Science, vol. 209, Springer - Verlag, 1985.

[40] W. Du, J. Deng, Y. S. Han, and P. K. Varshney, 'A pairwise key pre - distribution scheme for wireless sensor networks', Proceedings of the 10th ACM Conference on Computer and Communications Security (CCS), Washington, DC, USA, 27 - 31 October 2003, pp. 42 - 51.

[41] D. Mukhopadhyay and S. Indranil, 'Location verification based defense against Sybil attack in sensor networks', International Conference on Distributed Computing and Networkin, pp. 509 - 521, 2006.

[42] J. Newsome, E. Shi, D. Song, and A. Perrig, 'The Sybil attack in sensor networks: analysis and defenses', In Proceedings of the 3rd International Symposium on Information Processing in Sensor Networks, April 2004, pp. 259 - 268.

[43] M. Erol and S. Oktug, 'A localization and routing framework for mobile underwater sensor networks', Proceedings IEEE International Conference on Computer Communications INFOCOM, 2008.

[44] W. Cheng, A. Y. Teymorian, L. Ma, X. Cheng, X. Lu, and Z. Lu. 'Underwater localization in sparse 3D acoustic sensor networks', Proceedings of IEEE International Conference on Computer Communications INFO-COM, 2008.

[45] Z. Zhou, J. - H. Cui, and A. Bagtzoglou, 'Scalable localization with mobility prediction for underwater sen-

sor networks', Proceedings of Proceedings of IEEE International Conference on Computer Communications IN-FOCOM, 2008.

[46] Y. Zhou, B. J. Gu, K. Chen, J. B. Chen, and H. B. Guan, 'A range – free localization scheme for large scale underwater wireless sensor networks', Journal of Shanghai Jiaotong University(Science) 14, 562 – 568, 2009.

[47] C. Tian, H. Jiang, X. Liu, X. Wang, W. Liu, and Y. Wang, 'Trimessage: a lightweight time synchronization protocol for high latency and resource – constrained networks', in Proceedings of IEEE International Conference on Communications(ICC 2009), Dresden, Germany, 2009, pp. 5010 – 5014.

[48] C. Tian, W. Liu, J. Jin, Y. Wang, and Y. Mo, 'Localization and synchronization for 3D underwater acoustic sensor networks', In International Conference on Ubiquitous Intelligence and Computing, 2007, pp. 622 – 631.

[49] W. Chirdchoo, S. Soh, and K. Chua, 'MU – Sync: A time synchronization protocol for underwater mobile networks', Proceedings of WUWNet, 2008.

[50] H. Song, S. Zhu, and G. Cao, 'Attack – resilient time synchronization for wireless sensor networks', Ad Hoc Networks, 5(1), 112 – 125, 2007.

第四部分
地下与受限环境下无线传感器系统的解决方案

第16章　基于磁感应的传感器网络用于地下通信时的可达通信吞吐量

16.1　引　　言

通过地下介质进行通信是一个具有挑战性的研究领域,一个多世纪以来一直是一个悬而未决的问题。这种类型的通信可以为以下各种应用提供高效的传感器网络,例如:

- 土壤状况监测;
- 地震预测;
- 矿山、隧道和油田的通信;
- 建筑物健康监测;
- 与地面交互的目标定位,例如人和机器。

所有这些应用都需要在地下部署传感器网络基础设施。传感器成为感测环境的一部分,可以提供比地面部署更精确的传感信息。近年来,人们提出了无线地下传感器网络(WUSN),它们具有许多优点[1-2]:

- 避免与拖拉机等园林设备发生碰撞;
- 实时信息检索;
- 设备发生故障时可自我修复;
- 易于部署和扩展。

阻碍 WUSN 发展的因素之一是具有挑战性的地下通信信道,它受到土壤异质性的严重影响。土壤中可能有岩石、沙子甚至水,特别是含水量对于 WUSN 的性能至关重要。这是因为使用电磁(EM)波的传统无线信号传播技术在地下应用时路径损耗大,易受土壤湿度变化的影响,所以只能在非常小的传输范围内应用[3]。

磁感应(MI)被认为是电磁波之外的另一种选择。人们已经在不同的研究中对基于磁感应的通信技术进行了探索,主要应用背景是近场通信[4]和无线能量传输[5]。这些研究提供了基于 MI 的点对点信号传输系统设计方案。此外,研究人员还进行了多次尝试以期将基于 MI 的点对点传输扩展到具有多个接收机[6]、多个发射机[7]甚至多个中继器[8]的系统。最近还提出了 MI 波导的概念。如果将作为谐振线圈的多个磁中继器组合到波导结构中,并部署在两个收发器节点之间,则可以达到利用无源中继(有时称为 MI 波)的效果[9-11]。人们认为这种解决方案的优点是等效路径损耗较低。

Sun 和 Akyildiz[9] 提出了磁感应无线地下传感器网络(MI - WUSN),并介绍了路径损耗具有频率选择性的 MI - WUSN 的信道模型[9,12]。这些模型包含由传播介质引起的损耗和线圈之间的功率反射。在这些理论研究的同时,一些研究小组进行了实验,以验证最常见的系统模型中假设的正确性[13]。

通常,MI - WUSN 的传输链路有两种部署策略:采用密集中继的 MI 波导 ($\approx \frac{1\,\text{Relay}}{3\,\text{m}}$) 和没有无源中继的直接 MI 传输[12]。第一种部署策略利用任意两个相邻磁性设备之间的强耦合效应,从而大大降低了整体路径损耗;第二种部署策略对应于传统的基于 MI 的信号传播,其中线圈被分开较远距离且中间有导电介质,从而产生非常弱的耦合。尽管这种部署方案存在较大的路径损耗,但其传输信道的频率选择性远低于 MI 波导[14]。因此在某些情况下,基于直接 MI 传输的 WUSN 可能优于基于 MI 波导的 WUSN[15]。

以前的研究大多将信道容量或路径损耗视为性能指标,与这些研究不同,Kisseleff 等[14] 研究了点对点 MI - WUSN 的数字传输的最佳方法,使采用实际发送/均衡/接收滤波器的可达数据速率得到最大提升。但他们提出的方法仅对于点对点传输有效,并且需要进行相应的修改以便用于更普通的网络结构。

网络吞吐量(Network Throughput),也称网络容量,反映了网络中最繁忙的通信链路行为,也称为瓶颈链路(Bottleneck Link)[16]。该性能指标已在不同的网络模式中得到了深入研究,包括认知无线电网络[17]、带有定向天线的 ad - hoc 网络[18],甚至包括 MI - WUSN[19]。文献[19]中采用来自 Sun 和 Akyildiz 的信道模型[9],提出了一种缩放定律,并假设 MI 波导中的线圈之间的弱耦合与系统参数无关。但如 Kisseleff 等在文献[12]中所给出的一样,对于密集中继的 MI 波导,线圈之间的耦合非常强,并且可以通过调整系统参数来实现给定波导的信道容量最大化。

MI - WUSN 与传统无线网络的区别还包括干扰传播以及信道和噪声特性随网络的拓扑结构而变化。Sun 和 Akyildiz 在文献[9]中没有考虑这种情况,导致了信道模型和网络设计的显著差异。由此,文献[15]提出了一种新的考虑了上述影响的吞吐量最大化的实现程序,但该文献只获得了性能的理论限值,因此,使用实际系统组件的可达网络吞吐量可能与复杂的理论限值相去甚远。

本章的重点是使用真实的信号处理组件来实现 MI - WUSN 的可达网络吞吐量最大化。为此,这里结合了早期论文[14-15]中描述的优化技术。16.2 节介绍这种先进的优化技术,16.3 对使用优化的系统参数集的两种部署方案(MI 波导和直接 MI 传输)进行性能比较,16.4 节中讨论系统的性能并对本章进行总结。

16.2　MI - WUSN 吞吐量最大化

本节阐释实现瓶颈链路可达吞吐量最大化的系统参数的最佳选择。16.2.1

节讨论使用 MI – WUSN 的两种最常见部署方案——直接 MI 传输和 MI 波导,介绍基于 MI 信号传输的基本原理。16.2.2 节和 16.2.3 节中分别描述信号处理和网络结构。16.2.4 节基于最终的系统模型给出通用优化问题的表述公式。进而在 16.2.5 节和 16.2.6 节中分别对基于直接 MI 传输和基于 MI 波导的 WUSN 问题进行求解。

16.2.1 MI – WUSN 中的信号传输

为了降低实际 MI – WUSN 的设计和部署成本,假设 WUSN 中使用的所有设备都是大批量生产的。因此,MI – WUSN 的每个谐振电路都包括磁性天线(可以通过空心线圈实现)、电容器和电阻器(用于模拟线圈的铜电阻)。此外,每个收发器包含一个用于数据接收的负载电阻 R_L。根据部署策略,每个链路可能包含 $k-1$ 个无源中继器(MI 波导),参见图 16.1。线圈的电感由文献[9]给出:

$$L = \frac{1}{2}\mu\pi N^2 a \tag{16.1}$$

式中,N 为绕组数量,a 为线圈半径,μ 为土壤的渗透性。线圈的铜电阻由下式给出:

$$R = \rho \cdot \frac{l_w}{A_w} = \rho \cdot \frac{2aN}{r_w^2} \tag{16.2}$$

式中,铜电阻率 $\rho \approx 1.678 \times 10^{-2}\Omega \cdot \mathrm{mm}^2/\mathrm{m}$,$l_w$ 为总电线长度,A_w 为电线的横截面积,r_w 为电线的半径。选择电容器的电容以使每个电路都以频率 f_0 谐振[9],也就是使 $C = \frac{1}{(2\pi f_0)^2 L}$。随着谐振频率的增加,可能需要容值非常低的电容器,这给实施带来了额外的困难,因此为容值设置下限 C_0[12]。

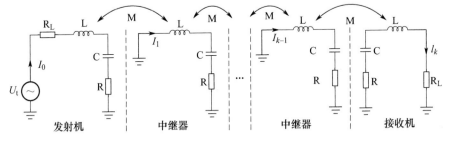

图 16.1 具有发射机、接收机和($k-1$)个中继器的 MI 波导的方框图

通常,感应电压与线圈之间的耦合有关,并由互感决定[19]:

$$M = \mu\pi N^2 \frac{a^4}{4d^3} \cdot J \cdot G \tag{16.3}$$

式中,d 为传输距离,J 为极化因子,它取决于线圈间的对中性。为了避免来自相邻链路的干扰,并减少有用信号的路径损耗,可以对线圈轴的方向进行优化[15]。然

301

而,线圈取向的调整可能显著增加部署成本。因此,假设所有线圈轴沿地表彼此平行,由此产生 $J = 1$。此外还引入了由于涡流引起的损耗因子 $G = \exp\left(-\dfrac{d}{\delta}\right)$[12,20],其中 δ 表示趋肤深度,它取决于信号频率、电导率和土壤的介电常数[12]。负载电阻选择 R_L,这可以最大限度地减少功率反射引起的损耗[15]。MI 的传输中所有信号映射都是线性的,因此结果为线性信道模型。

16.2.1.1 基于直接 MI 传输的 WUSN

首先,考虑基于直接 MI 传输的 WUSN 的信道和噪声模型,其中每个传输链路的发射机和接收机直接通信,它们之间没有无源中继,因此 $k = 1$。信道传递函数 $H(f)$ 定义为接收机负载阻抗 R_L 的接收电压除以发射电压 U_t,见图 16.1。链路 i 的信道传递函数可以从文献[21]获得:

$$H_i(f) = \frac{x_{L,i}}{(x_i + x_{L,i})^2 - 1} \tag{16.4}$$

式中,其中 $x_i = \dfrac{Z}{\mathrm{j}2\pi f M_i}$,$Z = R + \mathrm{j}2\pi f L + \dfrac{1}{\mathrm{j}2\pi f C}$,$x_{L,i} = \dfrac{R_L}{\mathrm{j}2\pi f M_i}$。这里,$M_i$ 是指链路 i 的发射机和接收机之间的耦合。在这种情况下线圈之间的耦合非常弱,因此不会发生在 MI 通信信道[22]中常见的频率分裂效应(effect of frequency splitting)[14]。

对于实际的信号传输,采用傅里叶变换的平滑带限波形进行脉冲整形。给定对链路 i 具有放大系数 A_i 的发射滤波器 $A_i \cdot G(f)$,消耗的发射功率由文献[23]给出:

$$P_{S,i} = \frac{1}{2} \int_B \frac{|A_i \cdot G(f)|^2}{|\mathrm{j}2\pi f M_i|} \frac{|x_i + x_{L,i}|}{|(x_i + x_{L,i})^2 - 1|} \mathrm{d}f \tag{16.5}$$

式中,B 为传输波形的带宽。这种消耗的发射功率对应于视在发射功率(apparent transmit power)[24],它不仅包括有功功率,还包括由电路消耗的无功功率。我们需要考虑这种无功功率,因为它通常会影响通信系统的性能,由此可能对系统设计产生额外的限制[25]。

在接收机的负载电阻处接收的噪声信号可以通过其最大分量来近似,该分量源自接收机电路的电阻器。由于接收机电路和其他设备之间的耦合较弱,这样的近似对于基于直接 MI 传输的 WUSN 是有效的。接收噪声功率谱密度可以近似为

$$P_{N,i}(f) \approx \frac{4K_B T_K R_L(R + R_L)}{|Z + R_L|^2} \tag{16.6}$$

式中,玻耳兹曼常数 $K_B \approx 1.38 \times 10^{-23} \mathrm{J/K}$,$T_K$ 为开氏温度(290K ≙ 17℃)。除了噪声信号之外,有用信号的传输还受到来自其他节点的信号干扰,这些信号将在同一时隙中传输。对基于直接 MI 传输的 WUSN,采用式(16.4)对这些干扰信号进行建模,将它们视为从干扰节点到所分析链路接收机的传输信号,并具有相应的互感

值。此外,干扰功率还取决于分配给特定干扰节点的放大系数 $A_k, \forall k \neq i$。

基于直接 MI 传输的 WUSN 的最优带宽通常非常大,高达最优载波频率的三分之一[14-15]。然而,直接 MI 信道的低路径损耗区域非常窄,因此信道脉冲响应非常长(高达数万个 taps)。这样的信道无法在实际系统中得到均衡。因此提出了一种三频带方法[14],其中全部频带被分成独立处理的 3 个正交子频带,类似于传统的频分复用。选择中间子带,使得等效的离散信道脉冲响应小于或等于 100 个 taps。而左子带和右子带的宽度可以通过优化来选择。此外,可以在 3 个子带之间分配功率,以便实现可达数据速率的最大化。

16.2.1.2 基于 MI 波导的 WUSN

对于基于 MI 波导的 WUSN,链路 i 的信道传递函数受到来自相邻线圈(收发器和无源中继器)的信号反射的严重影响。原则上存在无限多的反射,很难获得所得信号传播的闭合表达式。不过文献[15]已经提供了一种近似方法,并且可以通过对最短信号路径产生的最强反射(所谓的波导间反射)的求和来获得该值,见图 16.2。因此我们来考虑相邻波导连接到链路 i 的发射机,将 M'_{n_i,n_c} 表示为所述波导 i 中的中继器 n_i 和相邻波导中的中继器 n_c 之间单位长度上的互感值。相应地,定义了 $x'_{n_i,n_c,c} = \dfrac{Z}{j2\pi f M'_{n_i,n_c,c}}$。另外,采用文献[12]中定义的函数 $S(x_i, x_{L,i}, n)$:

$$\begin{cases} S(x_i, x_{L,i}, n) = F(x_i, n) + x_{L,i} \cdot F(x_i, n-1) \\ F(x_i, n) = x_i \cdot F(x_i, n-1) - F(x_i, n-2), n \geqslant 2 \\ F(x_i, 0) = 1, \ F(x_i, 1) = x_i \end{cases} \quad (16.7)$$

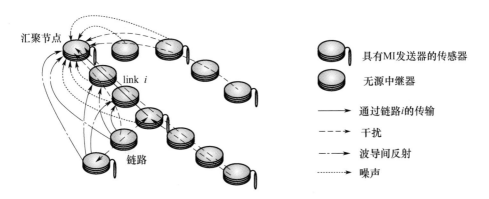

图 16.2　基于 MI 波导的 WUSN 中的信号传播

因此,利用 Kisseleff 等[15]提供的方程可以推导出链路 i 的信道传递函数的近似值:

$$H_i(f) \approx \frac{R_L}{j2\pi f M_i Q_i} \left(1 + \sum_{c=1}^{N_{c,i}-1} \sum_{n_i=1}^{k_i} \sum_{n_c=1}^{\min(n_i,k_c)} \frac{x_i^{n_i-n_c}}{x'_{n_i,n_c,c}} \right) \quad (16.8)$$

式中，$N_{c,i}$ 为连接到链路 i 发射机的波导数量（包括波导 i），因子 Q_i 定义为[15]

$$Q_i = (x_i + x_{L,i}) \cdot S(x_i, x_{L,i}, k_i) - N_{c,i} \cdot S(x_i, x_{L,i}, k_i - 1) \tag{16.9}$$

为简单起见，假设发射机中消耗的发射功率仅受到所连接波导的最近中继器的显著影响。事实上，远离发射机的中继器由于路径损耗大得多，其影响可以忽略不计。在这种情况下，链路 i 发送电路中的电流可由下式近似给出：

$$I_{t,i} = \frac{U_{t,i}}{j2\pi f M_i} \frac{x_i + x_{L,i}}{(x_i + x_{L,i})^2 - N_{c,i}} \tag{16.10}$$

然后，与式（16.5）相似，使用真实发射滤波器进行脉冲整形，消耗的发射功率为

$$P_{S,i} \approx \frac{1}{2} \int_B \frac{|A_i \cdot G(f)|^2}{|j2\pi f M_i|} \frac{|x_i + x_{L,i}|}{|(x_i + x_{L,i})^2 - N_{c,i}|} df \tag{16.11}$$

对于基于 MI 波导的 WUSN，将计算得到的所有连接到链路 i 的所有波导中全部电阻器的噪声信号之和作为接收噪声[15]，见图 16.2。然后，总噪声功率密度由下式近似给出：

$$P_{N,i}(f) \approx P_{N,i,R_x}(f) + \sum_{c_r=1}^{N_{r,i}} P_{N,i,c_r,R}(f) \tag{16.12}$$

式中，$N_{r,i}$ 为连接到链路 i 接收机的波导数量，来自谐振电路 c_r 的导线电阻的噪声信号表示为 $P_{N,i,c_r,R}(f)$，来自接收机负载电阻器 R_L 的噪声信号所产生的噪声功率密度为 $P_{N,i,R_x}(f)$。这些噪声贡献的计算已在其他文献中给出[15]，此处不再重复。

基于 MI 波导的 WUSN 中的传输也受到来自其他传感器节点的信号干扰。因为线圈之间的强耦合，这些信号不像在基于直接 MI 传输的 WUSN 中那样全向传播，而是通过 MI 波导的无源中继在网络中传播[15]。所以，干扰传播可被视为经由扩展 MI 波导的信号传输，对应于干扰节点与所考虑链路接收机之间的路径。该扩展 MI 波导由若干 MI 波导（子链路）组成。构建类似于式（16.8）的干扰信号信道传递函数，并使用子链路的长度之和来代替 k_i。

MI 波导的每个中继器以所得信道频率响应的斜率进行衰减[14]，因此将产生非常窄的传输频带。然而在该窄带内，由于在靠近谐振频率处路径损耗很低，可以观察到非常高的信噪比（SNR）。有趣的是在许多情况下，SNR 足够高，可以实现 14～18bit/symbol 的调制。这种调制方案非常复杂，相应地增加了低功率传感器节点中的能量消耗，因此更宜选用较低的调制位数。但直接选择较小的信号星座会导致可达数据速率的严重损失。例如，如果选择 10bit 而不是 18bit，则损失最多可达 45%。因此，文献[14]中提出了带宽扩展方法，在给定的最大信号星座约束下进行带宽优化。

16.2.2 实际系统设计

对于实际的系统设计而言,信号产生、接收和处理组件需要符合实际信号滤波器的设计,因此信息量——香农信道容量[19]给出的理论限值并非可达数据速率的合适指标。具体而言,通常假设发射脉冲符合注水规则(Water – filling Rule)[26],这种脉冲很难产生且在实践中并不适用,相反通常采用平滑的带限波形(通常为方根奈奎斯特滤波器,如根升余弦滤波器(Root – raised Cosine Filter))来进行脉冲整形。对于接收滤波,使用白化匹配滤波器[27]。总传输信道是频率选择性的,因此信号检测需要均衡方案。为此,使用判决反馈均衡方案,该方案使输出信号的均方误差最小。用 $SNR_{eq,i}$ 表示通过链路 i 传输的信噪比,对于具有给定星座体积的调制方案 $M_{mod,i}$,使用来自文献[28]的方程求出符号错误率(SER_i),有

$$SER_i = \begin{cases} Q(\sqrt{2SNR_{eq,i}K}), & BPSK, M_{mod,i} = 2 \\ 2Q(\sqrt{SNR_{eq,i}K}), & QPSK, M_{mod,i} = 4 \\ \dfrac{4(\sqrt{M_{mod,i}} - 1)}{\sqrt{M_{mod,i}}} Q\left(\sqrt{\dfrac{3SNR_{eq,i}K}{M_{mod,i} - 1}}\right), & 矩形\ QAM, 样点数为 M_{mod,i} \\ 4Q\left(\sqrt{\dfrac{3SNR_{eq,i}K}{M_{mod,i} - 1}}\right), & 非矩形\ QAM, 样点数为 M_{mod,i} \end{cases}$$

$$(16.13)$$

式中,$Q(\cdot)$ 为互补高斯误差积分,K 为所用信道码的编码增益[29]。因此,对于具有码率 Rc 的信道码,链路 i 的可达数据率由下式给出:

$$R_{a,i} = \frac{R_c \log_2 M_{mod,i}}{T} \qquad (16.14)$$

式中,T 为符号间隔[1]。下面,考虑未编码的传输,以保持 $K = 1$ 和 $R_c = 1$。因此,在接收机处无法纠正单个错误,相反可能需要重传整个数据块。从文献[28]中已知,判决反馈均衡器中的误差传播会显著增加 SER_i 并降低系统性能。因此,需要将训练序列附加到每个数据块,以便通过将所确定的寄存器状态替换为正确值,来清除均衡器滤波器的移位寄存器内容。在每个错误数据块之后增加训练序列尤其重要。假设训练序列的长度为 N_{TS}(对于所有网络链路都相等),可以通过文献[14]给出的最佳选择的传输块总长度(数据 + 训练):

$$N_{BL,i} = \left\lfloor \frac{N_{TS}}{2}\left(1 + \sqrt{1 - \frac{4}{N_{TS}\log(1 - SER_i)}}\right) \right\rfloor \qquad (16.15)$$

式中,采用$\lfloor * \rfloor$运算符将块长度限制为整数。当然,使用训练序列会降低数据速率,因此引入了一个有效的可达数据速率(类似于 Kisseleff 等在文献[14]所给出

的），由下式给出：

$$R_{\text{eff},i} = R_{a,i} \frac{(N_{\text{BL},i} - N_{\text{TS}})(1 - \text{SER}_i)^{(N_{\text{BL},i} - N_{\text{TS}})}}{N_{\text{BL},i}} \qquad (16.16)$$

显然对于较大的 SER_i 值，考虑到前面提到的块重传，可以得到 $N_{\text{BL},i} \approx N_{\text{TS}}$ 和 $R_{\text{eff},i} \approx 0$。

16.2.3 网络设计规范

在本节中，将重点关注具有 N_{nodes} 个传感器和单个汇聚节点的树状网络。汇聚节点从所有节点收集传感器信息，并通过无线方式或通过有线连接将信息上传到地面设备。该网络结构适用于 WUSN 的大多数目标应用。为了能够从远离接收机的节点接收数据，每个节点不仅发送自己的信息，还转发来自其他节点的所有接收数据。在这项工作中选择了解码转发中继的概念。

为了避免多个节点同时发送产生的强干扰导致的数据包丢失，需要建立多节点调度方案。收发器以半双工模式运行，通过时分多址（TDMA）在不同的时隙中执行信号接收和发送。由于传输信道的频率选择性高，诸如频分或码分多址的其他多址方案不适用于 MI - WUSN[15]。为简单起见，假设 TDMA 的传输同步可以通过 Sivrikaya 和 Yener[30] 等众所周知的方法得到很好的实现。

最简单的多节点调度方案将为所有传感器节点分配互不相交的时隙，因此不会产生相邻数据流之间的干扰。尽管该调度方案可以简化网络的设计和实现，但是由于带宽效率的降低，它同时还降低了可达数据速率。显然，如果一些节点距离特定传输链路的接收机很远，则其相应的干扰信号几乎不会对传输产生影响，在这种情况下不需要在 TDMA 中进行数据流的正交分离，因此可以选择多节点调度方案，实现网络吞吐量最大化。可以使用文献[15]中描述的方法确定需要为 MI - WUSN 中的传输进行调度的最佳节点集。该策略是基于将节点索引分成 $D_{i,1}$ 和 $D_{i,2}$ 两组，$D_{i,2}$ 中的索引表示链路 i 传输的强干扰，它们在多节点调度中需要考虑。$D_{i,1}$ 中包含了剩余节点的索引，这些剩余的节点当然也会对传输产生干扰并降低 $\text{SNR}_{\text{eq},i}$ 和可达数据速率，但是与 $D_{i,2}$ 索引中的节点影响相比，它们的影响是有限的。同一网络的所有链路具有相似的频率选择性（中心频率附近的窄路径损耗区域较窄[14]），因此

$$\max_{k \in D_{i,1}} \int_{-\infty}^{\infty} P_{l,i,k}(f)\,\mathrm{d}f \leqslant \min_{k \in D_{i,2}} \int_{-\infty}^{\infty} P_{l,i,k}(f)\,\mathrm{d}f \qquad (16.17)$$

成立，其中 $P_{l,i,k}(f)$ 表示来自节点 k 并到达链路 i 接收机的干扰功率密度。基于这种观察，通过存储 $D_{i,1}$ 中的所有干扰，并将最强的干扰依次移动到 $D_{i,2}$ 中，就可以迭代找到 $D_{i,1}$ 和 $D_{i,2}$ 的最优分组。然后在每次迭代中，可以计算链路 i 的吞吐量，并选定具有最大吞吐量的分组。

为了避免数据包丢失，每条链路的流量负载必须低于相应链路的可达数据速

率[16]。此外,链路的流量负载等于一条信息的流量乘以节点要处理的数据流数量(与文献[16,19]比较)。这是由于通常假设所有传感器节点的感测信息量相等,这对于 WUSN 也是合理的。由此一些节点之间可能出现竞争并干扰彼此的传输。因此,链路 i 的吞吐量为

$$\mathrm{THR}_i \leqslant \frac{R_{\mathrm{eff},i}}{N_{\mathrm{streams},i} 1 + N_{\mathrm{interf.},i)}} \tag{16.18}$$

式中,$N_{\mathrm{streams},i}$ 为链路 i 所服务的数据流数量,$N_{\mathrm{interf.},i} = \sum_{k \in D_{i,2}} 1$。对应于式(16.18)的等式情形,可以获得网络吞吐量的上限。在本章的其余部分中,此上限称为链路 i 的吞吐量。

16.2.4 最大吞吐量

为了获得最大吞吐量,选择不影响实施/部署成本的可用系统参数。这些参数包括:

- 共振频率 f_0 和线圈绕组数 N;
- 每个链路 i 的放大系数 A_i;
- 每个链路 i 的调制阶数 $M_{\mathrm{mod},i}$ 和最佳块长度 $N_{\mathrm{BL},i}$;
- 最佳带宽 B 及相应的符号持续时间 T。

在不同的网络拓扑结构中,由于收发器之间的平均和最大传输距离缩短,看上去有望实现最小生成树[31-32],这对于瓶颈吞吐量的最大化特别有利。基于 MI 波导的链路所经历的干扰量取决于彼此连接的波导数量,因此 WUSN 拓扑显然可以进行优化。然而,拓扑优化需要非常大的计算量[15],但可达吞吐量的增加却是有限的,因此我们没有使用文献[15]中提出的部署优化算法,相反,我们专注于与信号处理更相关的系统参数[14]。使用式(16.18)中引入的吞吐量指标,吞吐量最大化问题可以表述如下:

$$\max_{f_0,N,A_i,M_{\mathrm{mod},i},N_{\mathrm{BL},i},B} \quad \min_i \{\mathrm{THR}_i\} \tag{16.19a}$$

$$\text{s. t.} \quad P_{S,i} = P \; \forall \; i \tag{16.19b}$$

$$M_{\mathrm{mod},i} \leqslant M_{\max} \; \forall \; i \tag{16.19c}$$

$$\frac{1}{(2\pi f_0)^2 L} \geqslant C_0 \tag{16.19d}$$

$$N \leqslant N_{\max} \tag{16.19e}$$

式中,所有节点以相同的输出功率进行传输(约束条件(16.19b)),星座体积的上限为 $M_{\max}$(约束条件(16.19c));电容器的电容应该大于最小允许电容 C_0(约束条件(16.19d))[12]。此外,具有数千匝的非常大的线圈(尤其是单层线圈)不适用于 WUSN。特别是对于具有中继密度 $\approx 1\mathrm{relay}/3\mathrm{m}$ 的基于 MI 波导的 WUSN,1m 长的

线圈部署可能比通过电缆连接所有传感器更昂贵。因此,我们将线圈绕组的数量限制为不大于 $N_{\max}$(约束条件(16.19e))。

寻找最佳系统参数以实现 MI 链路的信道容量最大化是一个非凸问题[12],使用凸优化工具无法解决[33]。但文献[12]中的问题可以近似看作优化问题式(16.19)的子问题,优化问题式(16.19)也是非凸的(类似于文献[15]中的问题)。因此,我们采用文献[14]中提出的次优优化方法,这是由于与相应的基线方案相比,这些方法的性能通常有显著提升。

由于两种部署策略(直接 MI 传输和 MI 波导)的信号传播的性质不同,针对这些方案提出的优化技术也明显互不相同。下面,分别在 16.2.5 节和 16.2.6 节中描述基于直接 MI 传输的 WUSN 和基于 MI 波导的 WUSN 的优化策略。

16.2.5 基于直接 MI 传输的 WUSN 的数据吞吐量

对于基于直接 MI 传输的 WUSN,由于所提到的三频带方法和相应的功率分配,存在 3 个放大系数($A_{i,1}$、$A_{i,2}$ 和 $A_{i,3}$,堆叠构成矢量 $\boldsymbol{A}_i$)。通常 3 个子带提供不同的信号质量 $\mathrm{SNR}_{\mathrm{eq},i}$,因此最佳调制方案可以因子带的不同而不同。分别用 $M_{\mathrm{mod},i,1}$、$M_{\mathrm{mod},i,2}$ 和 $M_{\mathrm{mod},i,3}$(堆叠构成矢量 $\boldsymbol{M}_{\mathrm{mod},i}$)表示子带 1、2、3 所选的最优调制方案,且这 3 个子带可以具有不同的带宽(B_1、B_2 和 B_3,堆叠构成矢量 $\boldsymbol{B}$)。如 16.2.2 节所述,由于收发器硬件的大规模生产,所有传输链路的相应带宽是相同的。相应的符号持续时间分别表示为 T_1、T_2 和 T_3。分别为子带 1,2,3 定义了 3 种不同的块长度,$N_{\mathrm{BL},i,1}$、$N_{\mathrm{BL},i,2}$ 和 $N_{\mathrm{BL},i,3}$。此外,为了确保所有子带中的传输同时开始和结束,假设 $N_{\mathrm{BL},i,1}T_1 = N_{\mathrm{BL},i,2}T_2 = N_{\mathrm{BL},i,3}T_3$,否则其中一个子带将更早地完成传输,可能降低带宽效率和可实现的数据速率。此外,为了避免节点在相同时隙中数据传输的完成时间不同,所有网络链路中相同子带的块长度应该相等: $N_{\mathrm{BL},i,1} = N_{\mathrm{BL},1}$,$N_{\mathrm{BL},i,2} = N_{\mathrm{BL},2}$ 和 $N_{\mathrm{BL},i,3} = N_{\mathrm{BL},3} \forall i$,其中子带 1、2、3 的最佳块长度分别表示为 $N_{\mathrm{BL},1}$、$N_{\mathrm{BL},2}$ 和 $N_{\mathrm{BL},3}$。

由于基于直接 MI 传输的 WUSN 中的三频带方法,使得优化问题式(16.19)非常复杂,尤其是每个节点的放大系数 $A_{i,1}$、$A_{i,2}$ 和 $A_{i,3}$ 的选择受资源分配的限制。但是,优化问题式(16.19)中的成本函数非线性地取决于这些因素。此外,如 16.2.4 节所述,成本函数与谐振频率、带宽和其他参数之间的非凸关系,使得无法使用凸优化工具[33]。

为了降低问题的复杂性,我们利用了一些系统参数之间的依赖关系。由于传递函数以及两个边带的噪声功率密度的对称性[14],B_1、T_1、$A_{i,1}$ 和 $N_{\mathrm{BL},1}$ 的最优解分别等于 B_3、T_3、$A_{i,3}$ 和 $N_{\mathrm{BL},3}$。另外,对于各链路 i 给定的总发射功率 $P_{S,i}$,可以利用 $A_{i,1}$ 和 $A_{i,3}$ 来计算放大系数 $A_{i,2}$。线圈绕组数设置为文献[15]所建议的最大值 $N_{\max}$,还可以确定中间子带的带宽 B_2,使得相应的等效离散时间信道脉冲响应(CIR)少于 100 个 taps[14]。

在可用的优化参数中,选择以下独立参数:f_0、B_1、$N_{BL,1}$ 和 $A_{i,1}$ $\forall i$。利用给定的 f_0、B_1、B_2、$N_{BL,1}$、$A_{i,2}$ $\forall i$ 和 $A_{i,1}$ $\forall i$,可以很容易地确定其他系统参数。例如,使用 B_1、B_2 和 $N_{BL,1}$,可以通过 $N_{BL,2} = N_{BL,1}\dfrac{B_2}{B_1}$ 计算中间子带的块长度 $N_{BL,2}$。然后使用 $N_{BL,2}$ 和 $A_{i,2}$,确定中间子带的最佳调制阶数,使得有效可达数据速率 $R_{eff,i}$ 最大化。但在该文献中没有关于可实现 f_0、B_1、$N_{BL,1}$ 和 $A_{i,1}$ $\forall i$ 联合优化的技术。因此,在 f_0、B_1、$N_{BL,1}$ 中进行网格搜索是不可避免的。$A_{i,1}$ $\forall i$ 的优化(功率分配)显然是 NP-hard 问题,因为潜在解决方案的数量随着传感器节点数量的增加呈指数增长,因此穷举搜索并不适用,为此提出了基于迭代算法的次优解决方案,参见算法 1。

算法 1 基于直接 MI 传输的 WUSN 的功率分配

1:输入:树状 WUSN,f_0,N,B_1,B_2,$N_{BL,1}$,$N_{BL,2}$。

2:输出:$A_{i,1}$,$A_{i,2}$ $\forall i$。

3:初始化:$\text{THR}_{opt} \leftarrow 0$,$A_{i,1,old} \leftarrow 0$,$A_{i,2,old} \leftarrow 0$,$\forall i$。

4:for all i do

5: 假设 $A_{k,1} \leftarrow 0$,$A_{k,2} \leftarrow 0$,$\forall k \neq i$(无干扰)。

6: 确定使 THR_i 最大化的 $A_{i,1}$ 和 $A_{i,2}$(通过全局搜索)。

7: 计算 THR_i。

8:end for

9:$\text{ind1} \leftarrow \arg\min_i\{\text{THR}_i\}$。

10:$A_{i,1,old} \leftarrow A_{i,1}$,$A_{i,2,old} \leftarrow A_{i,2}$,$\forall i$(存储当前状态)。

11:$\epsilon \leftarrow 0.5$。

12:while $\epsilon \geq \epsilon_{min}$ do

13: 确定使 $\min_i\{\text{THR}_i\}$ 最大化的 $A_{\text{ind1},1}$ 和 $A_{\text{ind1},2}$。

14: 计算 THR_i,$\forall i$(有干扰)。

15: $\text{ind2} \leftarrow \arg\min_i\{\text{THR}_i\}$。

16: if(ind1 == ind2) $\wedge$ ($\min_i\{\text{THR}_i\} > \text{THR}_{opt}$) then

17:    $\text{THR}_{opt} \leftarrow \min_i\{\text{THR}_i\}$。

18:    $A_{i,1,old} \leftarrow A_{i,1}$,$A_{i,2,old} \leftarrow A_{i,2}$,$\forall i$。

19:    for all $k \neq \text{ind1}$ do

20:      $A_{k,1} \leftarrow A_{k,1}(1 + \epsilon)$。

21:      计算 $A_{k,2}$。

22:    end for

23: else if(ind1 == ind2) $\wedge$ ($\min_i\{\text{THR}_i\} \leq \text{THR}_{opt}$) then

24:    $\epsilon \leftarrow -\epsilon$。

```
25:      for all k ≠ ind1 do
26:          A_{k,1} ← A_{k,1}(1 + ε)。
27:          计算 A_{k,2}。
28:      end for
29:   else if( min_i {THR_i} > THR_{opt} )then
30:      THR_{opt} ← min_i {THR_i}。
31:      A_{i,1,old} ← A_{i,1}, A_{i,2,old} ← A_{i,2}, ∀ i。
32:   else
33:      A_{i,1,old} ← A_{i,1}, A_{i,2,old} ← A_{i,2}, ∀ i(恢复先前状态)。
34:      ε ← 0.5ε。
35:   end if
36:   ind1 ← ind2。
37: end while
```

该算法的基本思想是选择瓶颈链路并优化其放大系数,以获得更大的瓶颈吞吐量。如果此链路的放大系数已经是最优的,我们会尝试通过缩放其余节点的因子来减少干扰的影响。首先,将最大瓶颈吞吐量 THR_{opt} 初始化为零,步长 $ε$ 设置为 0.5。此外,找到最优放大系数 $A_{ind1,1}$ 和 $A_{ind1,2}$ ∀ i;在假设相邻链路互不干扰的情况下,它们将使各自的 THR_i 最大化。这看起来是一个很好的起点,因为在这个阶段,实际的干扰量和相应的多节点调度都是未知的。在所有链接中,选择最小的 THR 所对应的初始瓶颈链接 ind1。在算法的每次迭代中,首先对网格的每个点求得相应的干扰功率和最优调度,通过网格搜索确定放大系数 $A_{ind1,1}$ 和 $A_{ind1,2}$,使得瓶颈吞吐量 min_i{THR_i} 最大化。然后,确定瓶颈链接 ind2 及其吞吐量。如果此吞吐量大于 THR_{opt},则 $A_{i,1}$ 和 $A_{i,2}$ ∀ i 所有因子都分别临时存储于 $A_{i,1,old}$ 和 $A_{i,2,old}$ 中,作为该优化问题的潜在解,并使用新的瓶颈吞吐量值对 THRopt 进行更新。如果 ind1 和 ind2 对应于相同的链接,则 $A_{ind1,1}$ 和 $A_{ind1,2}$ 的优化不会增加该链接的吞吐量。因此,我们采用($1 + ε$)为比例因子来调节放大系数 $A_{k,1}$ ∀ $k ≠ $ ind1,以便减少第一和第三子带($ε < 0$)或第二子带($ε > 0$)中的干扰。但遗憾的是,通过减小第一和第三子带中的干扰,第二子带中的干扰会自动增强(反之亦然),这意味着正步长 $ε$ 不一定会改善性能。当 ind1 等于 ind2 时就会发生这种情况,其可达瓶颈吞吐量将比前一步骤还会有所减少。因此,我们通过设置 $ε ← -ε$ 来改变步长的符号。如果 ind1 和 ind2 属于不同的节点,则预期在前一次迭代中瓶颈吞吐量已经增加,否则说明可能所选步长太大,使得链接 ind2 性能下降。因此,通过恢复已被认为是潜在解决方案的所有放大系数,以返回到先前成功的迭代,同时通过设置 $ε ← 0.5ε$ 来减小步长。在每次迭代之后,将具有最差吞吐量的当前链路索引 ind2 保存到 ind1,使得该链路用作下一次迭代的参考。如果步长变得太小,使得 $ε < ε_{min}$,则

终止算法;本研究中使用的 $\epsilon_{min} = 0.1$。

在算法 2 中描述了基于直接 MI 传输的 WUSN 的总吞吐量最大化过程(包括网格搜索)。在初始化阶段,将可实现的最大瓶颈吞吐量 THR_{max} 设置为零。如本节前面所述,绕组数的最优值是 $N = N_{max}$。此外,确定中间子带(B_2)的带宽,使得 CIR 的长度小于 100 个 taps。然后,对变量 f_0,B_1 和 $N_{BL,1}$ 执行穷举搜索。对于搜索中的每个点,首先计算 $N_{BL,3}$ 和 $N_{BL,2}$,然后使用这些值来执行算法 1 以便获得放大系数的最优值。因此,除了调制方案 $\mathbf{M}_{mod,i}$ 之外的所有参数都是已知的。确定这些调制方案以便使各自的吞吐量指标 THR_i 最大化。然后,通过 $\min_i\{THR_i\}$ 获得瓶颈吞吐量。如果此吞吐量大于 THR_{max},则所有当前参数都作为全局优化问题的潜在解保存下来,并使用瓶颈吞吐量的新值对 THR_{max} 进行更新。

算法 2　基于直接 MI 传输的 WUSN 的吞吐量最大化

1:　输入:树状 WUSN。

2:　输出:$f_0, N, A_i, \mathbf{M}_{mod}, i, N_{BL,1}, N_{BL,2}, N_{BL,3}, \boldsymbol{B}$。

3:　初始化:$THR_{max} \leftarrow 0, N \leftarrow N_{max}$。

4:　for all f_0 do

5:　　确定 B_2,其对应的 CIR 的长度小于 100 个 taps。

6:　　for all B_1 do

7:　　　$B_3 \leftarrow B_1$。

8:　　　for all $N_{BL,1}$ do

9:　　　　$N_{BL,3} \leftarrow N_{BL,1}$。

10:　　　$N_{BL,2} \leftarrow N_{BL,1} \dfrac{B_2}{B_1}$。

11:　　　执行算法 1。

12:　　　for all i do

13:　　　　确定使 THR_i 最大化的 $M_{mod,i,1}$、$M_{mod,i,2}$ 和 $M_{mod,i,3}$。

14:　　　　计算 THR_i。

15:　　　end for

16:　　　if $\min_i\{THR_i\} > THR_{max}$ then

17:　　　　将 B_1、B_2 和 B_3 保存到 $\boldsymbol{B}$ 中,$\forall i$。

18:　　　　将 $A_{i,1,old}$、$A_{i,2,old}$ 和 $A_{i,3,old}$ 保存到 $\boldsymbol{A}_i$ 中,$\forall i$。

19:　　　　将 $M_{mod,i,1}$、$M_{mod,i,2}$ 和 $M_{mod,i,3}$ 保存到 $\boldsymbol{M}_{mod,i}$ 中,$\forall i$。

20:　　　　$THR_{max} \leftarrow \min_i\{THR_i\}$。

21:　　　　存储 $f_0, N, A_i, \mathbf{M}_{mod,i}, N_{BL,1}, N_{BL,2}, N_{BL,3}, \boldsymbol{B}$;

22:　　　end if

23:　　end for

24： end for

25： end for

由于算法1和算法2的计算复杂,优化过程应该离线进行。当然,信道条件有可能随时间改变而导致系统性能降低。为了防止这种情况出现,需要实时调整系统参数,但这些调整超出了这项工作的范围。

16.2.6 基于 MI 波导的 WUSN 的数据吞吐量

因为基于 MI 波导的 WUSN 仅存在 1 个传输频带而不是 3 个子频带,可以针对 f_0、N 和 B 的给定值直接计算放大系数 A_i,因此其吞吐量最大化问题不如基于直接 MI 传输的 WUSN 那样复杂。此外,优化问题式(16.19)中的约束条件 3(电容器约束[12])由于强耦合原理[15]而成为 MI 波导的等式。因此,可以通过将式(16.1)插入电容器约束来表示谐振频率,由此得到

$$f_0 = \frac{1}{N\sqrt{2\pi^3 \mu a C_0}} \qquad (16.20)$$

这个结果非常有用。N 是整数,因此有可能对 N 进行完全搜索,从而获得比连续变量 f_0 中的网格搜索更准确的结果(如针对基于直接 MI 传输的 WUSN 所做的那样)。遗憾的是,最大化网络吞吐量的最优带宽无法以直接方式计算,需要通过网格搜索进行优化。与基于直接 MI 传输的 WUSN 中所用方法类似,我们假设所有网络链路的所有块长度相等:$N_{BL,i} = N_{BL} \ \forall i$,所以必须考虑最优块长度 N_{BL} 的选择。因此,我们提出以下优化策略,请参阅算法 3 和算法 4。

算法 3 基于 MI 波导的 WUSN 的块长度优化

1：输入:树状 WUSN,f_0,N,B,A_i,$SNR_{eq,i}$,$\forall i$。

2：输出:$N_{BL,min}$,$N_{BL,max}$。

3：for all i do

4： 对于不同的 $M_{mod,i}$,计算 SER_i,$N_{BL,i}$ 和 THR_i。

5： 选择使 THR_i 最大的 $M_{mod,i}$。

6： 保存最大的 THR_i。

7：end for

8：保存 $N_{BL,i} \ \forall i$(从链路 i 来看的最优 N_{BL})

9：ind1←arg $\min_i \{THR_i\}$。

10：$N_{BL,min}$←$N_{BL,ind1}$。

11：for all i do

12： 对于不同的 $M_{mod,i}$,采用 $N_{BL,min}$ 取代 $N_{BL,i}$ 计算 THR_i。

13： 选择使 THR_i 最大化的 $M_{mod,i}$。

14： 保存最大的 THR_i。

15： end for

16： ind2←arg min$_i$ { THR_i }。

17： $N_{\text{BL,max}}$←$N_{\text{BL,ind2}}$。

我们对不同的块长度执行完全搜索,并选择使网络瓶颈吞吐量最大的 N_{BL}。为了降低计算复杂度,需要确定块长度的范围。在算法 3 中,对于 f_0、N、B、A_i 和 $\text{SNR}_{\text{eq},i}$,$\forall i$ 的给定值,选定搜索区间为 $[N_{\text{BL,min}}, N_{\text{BL,max}}]$。其思想是如果对每个链路单独进行吞吐量最大化,则从瓶颈链路获得其中的一个边界(比如说 $N_{\text{BL,min}}$)。遗憾的是,对整个网络都采用所获得的块长度 $N_{\text{BL}} = N_{\text{BL,min}}$,可能又会导致另一个瓶颈链路对应不同的瓶颈吞吐量。这个新瓶颈链路的吞吐量可能会在不同的块长度下达到最大化,这就给了我们第二个边界(即 $N_{\text{BL,max}}$)。直观地,我们假设最优块长度 N_{BL} 位于这两个边界之间。首先,对每个链路分别独立使用式(16. 13)~式(16. 15)来求得最优的 $M_{\text{mod},i}$,SER_i 和 $N_{\text{BL},i}$,以使相应的吞吐量 THR_i 最大化。存储 N_{BL},$\forall i$ 的这些值,以便以后能够重新利用。然后预先选择具有最低 THR_{ind1} 的链路 ind1 作为瓶颈链路,相应的块长度为 $N_{\text{BL,ind1}}$。使用 $N_{\text{BL,min}} = N_{\text{BL,ind1}}$ 代替 N_{BL},为每个链路 i 确定 $M_{\text{mod},i}$ 和 SER_i 的最优值以最大化吞吐量 THR_i。为所有网络链接更新吞吐量 THR_i。然后,选择具有最低吞吐量的链路 ind2。从先前存储的 $N_{\text{BL},i}$ $\forall i$ 值获得相应的块长度 $N_{\text{BL,max}} = N_{\text{BL,ind2}}$。在 $[N_{\text{BL,min}}, N_{\text{BL,max}}]$ 范围内,对不同块长度进行完全搜索,流程如算法 4 所示。

算法 4　基于 MI 波导的 WUSN 的吞吐量最大化

1： 输入:树状 WUSN。

2： 输出:$M_{\text{mod},i}$,$\forall i$,f_0,N,B,N_{BL} 的最优值。

3： THR_{max}←0。

4： for N←1 to N_{max} do

5： $f_0 \leftarrow \dfrac{1}{N\sqrt{2\pi^3 \mu a C_0}}$。

6： for all B do

7： 　利用式(16. 11)计算 A_i,计算 $\text{SNR}_{\text{eq},i}$。

8： 　执行算法 3。

9： 　for N_{BL}←$N_{\text{BL,min}}$ to $N_{\text{BL,max}}$ do

10： 　　for all i do

11： 　　　使用 N_{BL},确定使 THR_i 最大化的 $M_{\text{mod},i}$。

12： 　　　计算 THR_i。

13： 　　end for

14：   if $\min_i \{\mathrm{THR}_i\} > \mathrm{THR}_{\max}$ then

15： $\mathrm{THR}_{\max} \leftarrow \min_i \{\mathrm{THR}_i\}$。

16：   存储 $M_{\mathrm{mod},i}$，$\forall\, i, f_0, N, B, N_{\mathrm{BL}}$。

17：   end if

18：   end for

19：   end for

20：end for

基于 MI 波导的 WUSN 的总吞吐量最大化过程如下：首先，初始化可达最大瓶颈吞吐量 $\mathrm{THR}_{\max}=0$。对于从 1 到 $N_{\max}$ 间的每个值 N，使用式（16.20）计算相应的谐振频率 f_0。然后，在所有 B 中执行网格搜索，网格范围为 $[B_{\min}, B_{\max}]$。对于网格的每个点，计算所有链路的放大系数 A_i 和信噪比 $\mathrm{SNR}_{\mathrm{eq},i}$。此后，执行算法 3 以便确定块长度搜索的范围。如果 $N_{\mathrm{BL,ind1}}$ 等于 $N_{\mathrm{BL,ind2}}$，则不需要完全搜索，因为 $N_{\mathrm{BL,ind1}}$ 已经是块长度的最优值。如果 $N_{\mathrm{BL,ind1}}$ 不等于 $N_{\mathrm{BL,ind2}}$，则在 $[N_{\mathrm{BL,ind1}}, N_{\mathrm{BL,ind2}}]$ 范围内执行不同块长度 N_{BL} 的完全搜索。对于 N_{BL} 的每个值，获得使链路 i 的吞吐量 THR_i 最大化的调制方案 $M_{\mathrm{mod},i}$ 和符号错误率 SER_i。所有 THR_i，$\forall\, i$ 指标中的最小值即为所选的瓶颈吞吐量。如果该瓶颈吞吐量大于 $\mathrm{THR}_{\max}$，则将相应参数 $M_{\mathrm{mod},i}$、$\forall\, i f_0$、N、B 和 N_{BL} 存储为全局优化问题的潜在解，并将该瓶颈吞吐量存储为 $\mathrm{THR}_{\max}$ 的新值，参见算法 4。使用该策略，可以获得满足优化问题式（16.19）所有约束条件的解决方案。当然，由于上述原始问题的非凸性，所提出的解决方案是先验次优解。但由于使用了大多数可用参数进行全面搜索，可以预期所得解接近最佳性能。

文献 [1] 由于假设收发器是大规模生产的，所有传输链路的带宽和符号间隔也需相同。

16.3   结   果

在本节中，讨论随机生成的网络的可达吞吐量的数值结果。

模拟过程中假设每个节点的总发射功率 $P=10\mathrm{mW}$，使用线径为 $0.5\mathrm{mm}$、半径为 $0.15\mathrm{m}$ 的线圈。在所选择的土壤参数方面，干土电导率为 $0.01\mathrm{S/m}$ [34]，磁导率 $\mu=\mu_0$（由于土壤的磁导率接近于空气），其中磁性常数 $\mu_0=4\pi\cdot 10^{-7}\mathrm{H/m}$。将电容器的容值下限设置为 $C_0=1\mathrm{pF}$，线圈绕组的总数限制为 $N_{\max}=100$。

在 WUSN 的大多数应用中，需要密集部署传感器节点以确保收集足够多的感测信息。当两个节点之间的距离很小时，基于 MI 的传输优于基于电磁波的传输 [12,35]。因此，考虑任意两个节点间最小距离不小于 $21\mathrm{m}$ 的随机部署节点，在这种情况下能够使得基于 MI 的传输比传统基于电磁波的传输具有更好的性能。考虑一个大小为 $F_x \times F_x$、总面积为 F_x^2 的正方形区域，在该区域内为每个网络优化随

机生成均匀分布的 N_{nodes} 个传感器节点集合。在该集合中,选择距左下角最近的节点作为汇聚节点。本节展示了使用 MI 波导或直接 MI 传输的 100 个随机部署的传感器网络的瓶颈吞吐量分布,这 100 个网络是分别针对 4 种不同场景来获得的:

- $N_{nodes} = 10$, $F_x^2 = 0.01\,km^2$;
- $N_{nodes} = 10$, $F_x^2 = 0.04\,km^2$;
- $N_{nodes} = 20$, $F_x^2 = 0.04\,km^2$;
- $N_{nodes} = 40$, $F_x^2 = 0.04\,km^2$。

由此可以获得在面积恒定而传感器数量增加或传感器数量恒定而面积扩大两种情况下的结论。

此外,我们还研究了在不同的最大星座体积 M_{max} 下的系统性能,其中 M_{max} 分别对应于正交相移键控(QPSK),16 – QAM 或 64 – QAM。

虽然这项工作的目标是实现瓶颈吞吐量最大化,但一个衡量系统性能的重要标准是汇聚节点每秒可以收集的信息量,因此将吞吐量乘以可成功接收的数据包数即可求得。因为所有网络链路的数据包/数据块的长度是相等的,加之优化后数据块错误很少,所以数据包数就对应于汇聚节点所处理的数据流量,其值等于网络中的节点数量 N_{nodes}。因此在所考虑的场景中,将瓶颈吞吐量分别乘以 10、20 或 40,以便获得汇聚节点的可用数据速率。

下面首先分别给出基于 MI 波导和基于直接 MI 传输的 WUSN 的结果,然后对两种方案进行比较。

16.3.1 基于直接 MI 传输的 WUSN

在图 16.3 中,针对基于直接 MI 传输的 WUSN,显示了在 $0.01\,km^2$ 区域内部署 10 个节点的小型网络的吞吐量累积分布函数。最优谐振频率介于 65kHz 和 270kHz 之间,总带宽[2]介于 530Hz 和 190kHz 之间。随着最大允许信号星座体积的增加,可以观察到可达吞吐量的显著增加。随着星座体积的增加 $M_{max} = \{4,16,64\}$,平均吞吐量分别从 4.32kbit/s 增加到 5.86kbit/s,再到 6.65kbit/s。

16.3.2 基于 MI 波导的 WUSN

在图 16.4 中,针对基于 MI 波导的 WUSN,显示了在 $0.01\,km^2$ 区域内部署 10 个节点的小型网络的吞吐量累积分布函数。从图中可以看出,与直接 MI 传输相比,基于 MI 波导的 WUSN 中星座体积 M_{max} 增加所引起的吞吐量增加量要显著得多,这可以通过将 $M_{max} = 16$ 与 $M_{max} = 4$ 对比,以及将 $M_{max} = 64$ 与 $M_{max} = 16$ 对比看出。有趣的是,对应于 $M_{max} = \{4,16,64\}$,基于 MI 波导的 WUSN 的平均可达吞吐量分别为 141bit/s、236bit/s 和 287bit/s,这远小于基于直接 MI 传输的 WUSN。

16.3.3 对比

图 16.5 显示了不同网络的汇聚节点可达数据速率的累积分布函数,从图中可

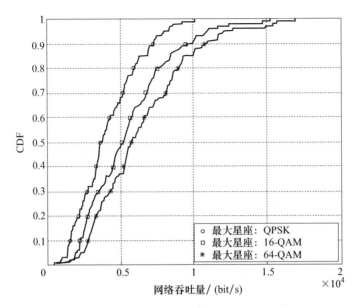

图 16.3　基于直接 MI 传输的 WUSN 的网络吞吐量累积分布

（在 0.01km² 区域内部署了 10 个节点）

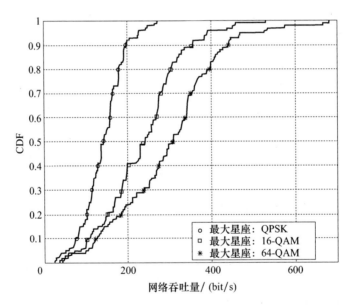

图 16.4　基于 MI 波导的 WUSN 的网络吞吐量累积分布

（在 0.01km² 区域内部署了 10 个节点）

以看出,随着部署面积的增加(从 0.01km² 到 0.04km²),直接 MI 传输和 MI 波导这两种部署方案的可达吞吐量均明显降低,这是由于任何两个传感器节点之间的平均传输距离都大大增加,从而导致每个链路可达数据速率的降低。特别对于在

0.04km² 的区域中部署 10 个节点的基于 MI 波导的 WUSN,大约 50% 的网络只能在汇聚节点上达到不足 1bit/s 的总可达数据速率。随着各网络节点数量的增加(从 10 到 20 再到 40),尽管瓶颈链路需要处理的数据流数量急剧增加以及干扰信号同样增加,但是汇聚节点的可达数据速率仍然会增加。其原因是相邻节点之间的平均传输距离较短,使得有用信号的路径损耗减小,显然其效果要比上述因干扰源和数据流数量增加导致吞吐量减小的影响强得多。

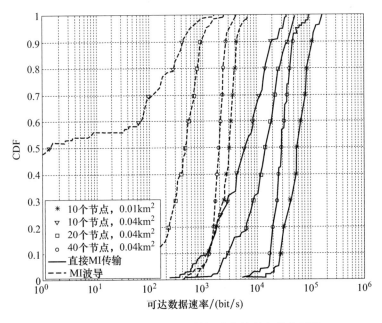

图 16.5　汇聚节点处可达数据速率的累积分布函数

　　此外,我们观察到基于直接 MI 传输的 WUSN 在可达数据速率方面明显优于基于 MI 波导的 WUSN,在文献[15]中也有相似的结果,而在文献[14]中同样隐含给出了类似的结果。这种异常行为的原因之一是通过 MI 波导连接的传感器节点之间的强耦合,这意味着干扰信号通过整个网络传播并产生更大的干扰功率,由此降低了可达数据速率。此外,电容器约束(优化问题式(16.19)的约束条件 3)使得无法使用非常高的谐振频率(高于 100MHz),而这可能是 MI 波导工作的最佳频率范围[12]。因此 MI 波导仅适用于 45m 以上的平均传输距离[12],但此时路径损耗非常大,因此在这种条件下 MI 波导并非合适的选择。针对 0.01km² 区域内部署 10 个节点的情况,与 MI 波导传输相比,直接 MI 传输的平均吞吐量增量超过 2460%,峰值为 15880%。对于 0.04km² 区域内的 40 个节点获得了类似的结果,其中直接 MI 传输的平均吞吐量增益为 1500%,峰值为 7369%。该结果表明基于 MI 波导的 WUSN 的部署并不实用,因此应优先选择基于直接 MI 传输的 WUSN。在这种方案下,对于在 0.01km² 的区域中部署 10 个节点,汇聚节点处可达数据速率在 6 ~ 169kbit/s 之间；在 0.04km² 的区域中部署 20 个节点，可达数据速率在 440bit/s ~ 53kbit/s 之间；在 0.04km² 的区域中部署 40 个节点，可达数据速率在 52 ~ 97kbit/s 之间。

文献[2]此处对每个网络都计算了 3 个带宽的总和 $B_1 + B_2 + B_3$。

16.4 讨 论

上面使用所提出的优化技术，为基于直接 MI 传输的 WUSN 和基于 MI 波导的 WUSN 确定了网络吞吐量。根据分析观察可以得出结论，在所有考虑的情景中，直接 MI 传输明显优于 MI 波导。此外，基于 MI 波导的 WUSN 部署的设备数量更多，因此该方案还有另外两个缺点。首先，该方案中拓扑和路由难以改变，系统变得不够灵活，由此可能产生一些适应性问题，这将在后面讨论；其次是节点间未对准时所产生的影响更大，这对于部署更多的磁性装置而言变得至关重要。特别是波导内任何无源中继器都可能出现偏差，因此实际传输信道可能会发生显著变化并严重影响总体可达数据速率[14]。在基于直接 MI 传输的 WUSN 中，可以通过改变信号处理和调度来方便地改变网络拓扑，因此系统是高度灵活的。另外，任何两个 MI 收发器之间的传输距离较大，实际传输信道与假设的信道之间的任何偏差都是微不足道的，因此总体性能基本保持不变。

通过使用优化的系统参数，完全确定了最终的系统配置。当然，整个系统已针对给定的土壤电导率进行了优化，因此可达数据速率在很大程度上取决于介质的时变特性。在实践中，电导率可能会随着时间的推移而缓慢变化，特别是出现降雨或地震时[3]。这种偏差可能导致数据包丢失并在传感器网络中产生连通性问题。由于基于直接 MI 传输的 WUSN 的灵活性高，可以通过调整拓扑和信道放大倍数来适应变化的互感以解决这个问题，通过信道估计（按照约定或在发射机侧[21]）并启动重新调度过程[30]来完成。然而，系统的环境适应性超出了这项工作的范围，并且仍然是未来研究的一个未决问题。

虽然本章的重点是信息传输，但应该注意的是，吞吐量最大化可能不是系统设计的唯一标准。特别是传感器节点的电池充电问题可能对参数选择产生额外的约束。显然，传感器部署于致密的地下介质中，其电池大多是无法随意触及的，因此需要对节点进行无线充电。对于基于直接 MI 传输的 WUSN 中的收发器之间的弱耦合，所得到的无线能量传输效率可能非常低，限制了系统的整体能源效率（定义为可达网络吞吐量除以用于对网络充电的功率）[36]。对于基于 MI 波导的 WUSN 中的任何两个线圈之间的强耦合，可以利用功率信号的无源中继以便将能量引导到远方的传感器，从而可以产生更高的能源效率。未来可能需要基于网络吞吐量和能源效率的联合最大化来对这两种部署方案进行比较。

16.5 小 结

本章针对基于磁感应的 WUSN 的两种最重要情况(MI 波导和直接 MI 传输)提出了优化技术,主要目标是确定此类网络的可达吞吐量。为此,利用了信道、噪声和干扰模型,这些模型包含了早期基于 MI 的通信系统研究中讨论的所有相关信号传播效应。作为 MI - WUSN 实际实现的重要一步,研究了使用真实的发射机、接收机以及均衡滤波器的信号处理。通过在网络和信号处理中考虑 MI - WUSN 的特性,对吞吐量最大化问题进行了规范化描述。需要注意的是,对于基于直接 MI 传输的 WUSN,我们已经使用了最新提出的三频带方法。此外,还加入了一些的实际约束条件,如信号星座的最大体积以及使所有网络链路的块长度相等。然而,由此产生的优化问题是非凸的,因此无法找到闭式解。此外,可实现的数据速率与这些参数非线性相关,因此大多数系统参数只能通过网格搜索来确定。不过,针对基于直接 MI 传输的 WUSN 提出了迭代功率分配算法,以便降低计算复杂度,而针对基于 MI 波导的 WUSN 确定了块长度优化的完整搜索范围。利用所提出的优化方法获得了两种方案的可达吞吐量,结果显示基于直接 MI 传输的 WUSN 优于基于 MI 波导的 WUSN。此外,还考虑了未来需要开展的工作,包括系统如何适应时变信道条件以及如何为致密地下介质中的传感器节点进行充电。

参 考 文 献

[1] I. F. Akyildiz, W. Su, Y. Sankarasubramaniam and E. Cayirci(2002) Wireless sensor networks: A survey. Computer Networks, 38(4), 393 – 422.

[2] I. F. Akyildiz and E. P. Stuntebeck(2006) Wireless underground sensor networks: Research challenges. Ad Hoc Networks, 4(6), 669 – 686.

[3] M. C. Vuran and A. R. Silva(2009) Communication through soil in wireless underground sensor network: theory and practice, in Sensor Networks(ed. G. Ferrari), Springer.

[4] R. Bansal(2004) Near – field magnetic communication. IEEE Antennas and Propagation Magazine, 46(2), 114 – 115.

[5] A. Karalis, J. D. Joannopoulos and M. Soljacic(2008) Efficient wireless non – radiative mid – range energy transfer. Annals of Physics, 323(1), 34 – 48.

[6] J. J. Casanova, Z. N. Low and J. Lin(2009) A loosely coupled planar wireless power system for multiple receivers. IEEE Transactions on Industrial Electronics, 56(8), 3060 – 3068.

[7] I. J. Yoon and H. Ling(2011) Investigation of near – field wireless power transfer under multiple transmitters. IEEE Antennas and Wireless Propagation Letters, 10, 662 – 665.

[8] M. Masihpour and J. I. Agbinya(2010) Cooperative relay in near field magnetic induction: a new technology for embedded medical communication systems, in Proceedings of IB2Com, pp. 1 – 6.

[9] Z. Sun and I. F. Akyildiz(2010) Magnetic induction communications for wireless underground sensor networks. IEEE Transactions on Antennas and Propagation, 58(7), 2426 – 2435.

[10] E. Shamonina, V. A. Kalinin, K. H. Ringhofer and L. Solymar(2002) Magneto – inductive waveguide. E-lectronics Letters, 38(8), 371 – 373.

[11] R. R. A. Syms, I. R. Young and L. Solymar(2006) Low – loss magneto – inductive waveguides. Journal of Physics D: Applied Physics, 39(18), 3945 – 3951.

[12] S. Kisseleff, W. H. Gerstacker, R. Schober, Z. Sun and I. F. Akyildiz(2013) Channel capacity of magnetic induction based wireless underground sensor networks under practical constraints, in Proceedings of IEEE WC-NC 2013.

[13] X. Tan, Z. Sun and I. F. Akyildiz(2015) A testbed of magnetic induction – based communication system for underground applications. arXiv:1503.02519.

[14] S. Kisseleff, I. F. Akyildiz and W. H. Gerstacker(2015) Digital signal transmission in magnetic induction based wireless underground sensor networks. IEEE Transactions on Communications, 63(6), 2300 – 2311.

[15] S. Kisseleff, I. F. Akyildiz and W. H. Gerstacker(2014) Throughput of the magnetic induction based wireless underground sensor networks: Key optimization techniques. IEEE Transactions on Communications, 62(12), 4426 – 4439.

[16] P. Gupta and P. R. Kumar(2000) The capacity of wireless networks. IEEE Transactions on Information Theory, 46(2), 388 – 404.

[17] C. X. Wang, X. Hong, H. H. Chen and J. Thompson(2009) On capacity of cognitive radio networks with average interference power constraints. IEEE Transactions on Wireless Communications, 8(4), 1620 – 1625.

[18] A. Spyropoulos and C. S. Raghavendra(2003) Capacity bounds for ad – hoc networks using directional antennas, in Proceedings of IEEE ICC 2003.

[19] Z. Sun and I. F. Akyildiz(2012) On capacity of magnetic induction – based wireless underground sensor networks, in Proceedings of IEEE INFOCOM 2012, pp. 370 – 378.

[20] J. R. Wait(1952) Current – carrying wire loops in a simple inhomogeneous region. Journal of Applied Physics, 23(4), 497 – 498.

[21] S. Kisseleff, I. F. Akyildiz and W. Gerstacker(2014) Transmitter – side channel estimation in magnetic induction based communication systems, in Proceedings of IEEE BlackSeaCom 2014.

[22] Y. Zhang, Z. Zhao and K. Chen(2013) Frequency splitting analysis of magnetically – coupled resonant wireless power transfer, in Proceedings of IEEE ECCE 2013.

[23] S. Kisseleff, I. F. Akyildiz and W. H. Gerstacker(2014) Disaster detection in magnetic induction based wireless sensor networks with limited feedback, in IFIP Wireless Days.

[24] H. Akagi, E. H. Watanabe and M. Aredes(2007) Instantaneous Power Theory and Applications to Power Conditioning, Wiley – IEEE Press.

[25] N. Tal, Y. Morag and Y. Levron(2015) Design of magnetic transmitters with efficient reactive power utilization for inductive communication and wireless power transfer, in Proceedings of IEEE International Conference on Microwaves, Communications, Antennas and Electronic Systems(COMCAS).

[26] D. Tse and P. Viswanath(2005) Fundamentals of Wireless Communication, Cambridge University Press.

[27] J. G. Proakis(2001) Digital Communications, McGraw – Hill Higher Education.

[28] A. Goldsmith(2005) Wireless Communications, Cambridge University Press.

[29] T. S. Rappaport(2002) Wireless Communications: Principles and Practice, Prentice Hall, 2nd edn.

[30] F. Sivrikaya and B. Yener(2004) Time synchronization in sensor networks: A survey. IEEE Networks, 18(4), 45 – 50.

[31] R. C. Prim(1957) Shortest connection networks and some generalizations. Bell System Technical Journal, 36(6), 1389 – 1401.

320

［32］ W. Qin and Q. Cheng（2009）The constrained min – max spanning tree problem, in Proceedings of ICIECS 2009.

［33］ S. Boyd and L. Vandenberghe（2004）Convex Optimization, Cambridge University Press.

［34］ A. Markham and N. Trigoni（2012）Magneto – inductive networked rescue system（MINERS）taking sensor networks underground, in Proceedings of IPSN 2012.

［35］ I. F. Akyildiz, Z. Sun and M. C. Vuran（2009）Signal propagation techniques for wireless underground communication networks. Physical Communication, 2(3), 167 – 183.

［36］ S. Kisseleff, X. Chen, I. F. Akyildiz and W. H. Gerstacker（2016）Efficient charging of access limited wireless underground sensor networks. IEEE Transactions on Communications, 64(5), 2130 – 2142.

第 17 章　地下无线传感器系统的农业应用与技术概览

17.1　引　　言

无线传感器网络(WSN)的特点,如低功耗、低成本和大规模生产,使其成为众多领域广泛应用的极具吸引力的技术,包括工业现场(生产控制、结构健康监测、泄漏监测、监视、自然资源监测),农业与环境(地球与环境监测、生物研究、动物追踪、森林火灾监测),健康(病人和医生的跟踪和监测、医院药物管理),家庭(家庭自动化、智能环境、安全、老年援助)和公共部门(智能交通、交通跟踪、无人驾驶车辆、车辆跟踪、监视)[1-2]。

随着无线传感器网络应用于农业和农业工业,农业方面出现了一个全新的研发趋势。近年来,无线传感器网络已被广泛用于农业,以提高产量并减少对环境的影响。这些网络由一组部署在地面、地下或附着于植物的小规模节点组成,以收集决策所必需的田地和作物的实时信息[3-4]。

无线传感器网络的使用已扩展到其他农业活动,包括灌溉管理[5-9]、病虫害管理[10-14]、肥料管理[15-16]、田间监测[17-21]、气候监测[22]、温室控制[23-28]和动物监测[29-30]。由于其独特的优势,所有这些农业应用中对上述网络的需求正在快速增长。

与传统农业相比,将无线传感器网络与农业原理相结合可以帮助实现更高的产量,减少农药的使用,提高质量和产量,减少用水量,缩短作物周期,减少劳动力,减少对环境的有害影响[31]。然而,WSN具有自身的特征和约束,包括低处理能力、低电池功率、短距离通信、低传输速率和传感器节点的有限存储器。由于实际应用领域的不同,农业应用的无线传感器网络出现了不同的问题。为了改进农业无线传感器网络,人们目前已经开展了许多相关研究,包括创建新的算法和协议,引入新的研究课题和应用以及开发新的设计理念[1-2,32]。

本章的主要目的是介绍对各种农业活动中无线传感器网络的研究调查结果,以及针对其局限性和约束的一些解决方案。概括而言,本章包括:

- 关于农业无线传感器网络的最新文献综述;
- 基于 WSN 的农业应用的基本原理和面临的挑战;
- 农业应用中的电流传感器技术;

● 未来研究的机遇。

本章的其余部分安排如下:17.2 节简要介绍无线传感器网络及其在农业领域的技术,17.3 节介绍部署的环境网络中面临的相关问题,17.4 节讨论农业无线传感器网络的设计问题,17.5 节对农业中 WSN 应用进行概述,最后在 17.6 节进行总结,并讨论一些未来的研究方向。

17.2　农业中的无线传感器网络技术

无线传感器网络由一组传感器节点组成,这些传感器节点具有测量某些物理属性并将其转换为可观测信号的能力。由于技术的进步和成本的降低,它们几乎在日常生活的各个领域都无处不在。本节介绍了传感器节点的架构,以及基于农业 WSN 系统的无线通信技术和农业应用中可用传感器节点。

17.2.1　传感器节点架构

无线传感器节点是具有数据感测与处理以及联网能力的设备。传感器节点是 WSN 的基础,网络中的每个传感器节点测量一些物理量,例如温度、湿度、日照或压力,并将其转换为相应的数据形式,然后由传感器节点处理并发送出去。传感器节点一般包含以下组件(图 17.1):
● 一组 MEMS 传感器(模拟的或数字的);
● 模数转换器(ADC);
● 微控制器(处理传感器信号);
● 收发器;
● 电源;
● 外部存储器。

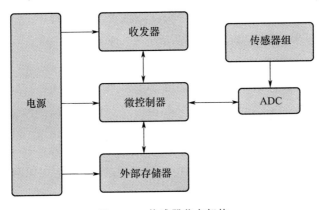

图 17.1　传感器节点架构

这些单元的选择很大程度上取决于具体应用,其中外部存储器是可选单元,并非在所有情况下都是必须的。

17.2.2　无线通信技术和相关标准

本节将简要讨论农业领域中使用的无线通信技术,包括 ZigBee、蓝牙、WiFi、WiMAX 和通用分组无线业务(GPRS)。

ZigBee:ZigBee[33] 是一种基于 IEEE 802.15.4 标准的低成本、低功耗无线网络技术,由 ZigBee 联盟于 2003 年 5 月推出。它工作在全球 2.3 GHz(译者注:2.4GHz)工业、科学和医疗(ISM)频段,由物理层、介质访问控制(MAC)层、网络层和应用层 4 层组成。MAC 层和物理层规范在 IEEE 802.15.4 中提供,而 ZigBee 提供应用层和网络层的规范。由于其能源效率高、网络配置简单和性能可靠,ZigBee 被认为是一些基于 WSN 的农业应用中最有前景的。Kalaivani 等[34] 调查了最新关于基于 ZigBee 的农业无线传感器网络的研究。

WiFi:WiFi[35] 是基于 IEEE 802.11 系列的无线局域网(WLAN),允许计算机和智能手机等设备(距离接入点约 20m)连接到网络。它由物理层和数据链路层组成,可工作于 2.4GHz 和 5GHz 两个 ISM 频段。基于 WiFi 的无线传感器网络可以应用于农业中的智能农场[36-37]。

蓝牙:蓝牙[38] 是基于 IEEE 802.15.1 标准的无线个域网(WPAN),由爱立信公司于 1994 年开发,用于短距离(约 10m)的数据交换,适用于 2.4GHz、915MHz 和 868MHz 无线电频段,提供与其他移动用户的连接(1 次最多 8 个),无需电缆连接即可共享数据。蓝牙可用于农业通信中的短程通信。

WiMAX:WiMAX[39] 是一种基于 IEEE 802.16 系列标准的相对较新的通信技术。它是为创建城域网(MAN)而开发的,定义了无线接口的物理层和 MAC 层,可在 2~66GHz 频段内提供高数据速率的远距离通信(最远数千米)。虽然 WiMAX 是一种昂贵的技术,但它可用于多种农业活动,如 Rani 等[40] 使用基于 WiMAX 的 WSN 进行农业现场监测。

GPRS:GPRS[41] 是全球移动通信系统(GSM)网络上使用的无线技术,由欧洲电信标准协会开发,用于定期传输少量数据信息。它具有高传输速率和实时数据传输能力,可工作于 850MHz、900MHz、1800MHz 和 1900MHz 等频段。GPRS 在农业中的应用,可将信息从目标区域发送到监控中心[7]。

每种无线技术都具有各自的特性和功能(见表 17.1),从而确定了它们在任意特定领域或应用中的适用性。每种通信协议的成本取决于其复杂性以及对软硬件的要求,其能耗取决于接收和传输模式中所需的比特率和电流[42]。

表 17.1　不同无线通信技术的比较

技术类型	ZigBee	WiFi	Bluetooth	WiMAX	GPRS
标准	IEEE 802.15.4	IEEE 802.11a,b,g,n	IEEE 802.15.1	IEEE 802.16a,e	—
频段	868/915MHz, 2.4GHz	2.4GHz	2.4GHz	2~66GHz	1800/1900, 850/900 MHz
传输范围	10~20m	20~100m	8~10m	0.3~49km	2~35km
数据速率	250kbit/s	11~54Mbit/s	1Mbit/s	0.4~1Gbit/s(静态) 50~100Mbit/s(动态)	50~100kbit/s
调制/协议	DSSS, CSMA/CA	DSSS/CCK, OFDM	FHSS	OFDM, OFDMA	TDMA, DSSS
能量消耗	低	高	中	中	中
成本	低	高	低	高	中
成功指标	可靠性, 功耗,成本	速度,灵活性	成本,方便	吞吐量, 速度,范围	范围, 成本,方便

17.2.3　农业活动中可利用的传感器节点

在农业应用中,有多种不同的无线传感器平台可资利用[3-4]。因为在不同的科学和技术领域中有大量 WSN 应用,所以存在种类繁多的传感器平台。表 17.2 列出了一些适用于农业应用的传感器平台,并对它们进行了比较。每个传感器平台根据其可感测的参数和自身特征,有针对性地适用于各种特定的土壤、植物或环境监测应用。

表 17.2　一些商用传感器平台的比较

平台类型		MICA2	MICAz	IRIS	Imote2	Tiny Node584	Tiny Node184	TelosB	Tmote Sky	LOTUS
微控制器		ATmega 128L	ATmega 128L	ATmega 128L	Marvell /XScale PXA271	MSP430	MSP430 F2417	TI MSP430	TI MSP430	Cortex M3 LPC 17xx
时钟频率/MHz		7.373	7.373	7.373	13~416	8	16	6.717	6.717	10~100
能源	电池电压/V	3.3	3.3	3.3	3.3	3.6	3.6	3.6	3.6	3.3
	电流(休眠)	15μA	15μA	15μA	390μA	4μA	22μA	1.8~3.3μA	5.1μA	10μA
	电流(活动)	8mA	8mA	8mA	66mA	77mA	2.2A	1.7~5.1mA	23mA	50mA

存储器	RAM			4kB	256kB SRAM 32MB SDRAM	10kB	10kB	10kB	10kB	64kB SRAM
	ROM	128kB	128kB	128kB						
	Flash	512kB	512kB	512kB	32 MB	512kB	512kB	548kB	48kB	512kB 64MB serial
	EEPROM	4kB	4kB	4kB				16kB		
工作频段/MHz		868/915	2400	2400	2400	868/915	868/915	2400~2483.5	2400	2400
收发芯片		CC1000	CC2420	RF230	CC2420	XE1205	SX1211	CC2420	CC2420	Atmel RF231
I/O 接口		51脚外部扩展接口，GPIO，I2C，SPI，ADC，UART	51脚外部扩展接口，GPIO，I2C，SPI，ADC，UART	51脚外部扩展接口，GPIO，I2C，SPI，ADC，UART	UART 3x，GPIO，SPI，DIO，JTAG，I2S，USB，AC'97，Camera，IMB400 multimedia	厂家制造的扩展板，用于定制接口电子设备，GPIO，I2C，SPI，ADC，	厂家制造的扩展板，用于定制接口电子设备，GPIO，I2C，SPI，ADC，UART	6脚和10脚外部扩展，UART，S，SPI，DIO	板载传感器，无扩展板，GPIO，I2C，SPI，ADC，UART	51脚外部扩展接口，3xUART，SPI，I2C，I2S，GPIO，ADC
数据速率/(kbit/s)		38.4(Baud)	250	250	250	153	200	250	250	250
最大传输范围/m	室外	300	75~100	>300	30	Up to 2000	150	75~100	125	>500
	室内		20~30	>50			50	20~30	50	>50
制造商		Crossbow	Crossbow	Crossbow	Crossbow	Shockfish SA	Shockfish SA	Crossbow	Moteiv	MEMSIC

表17.3 提供了现有传感器节点及其测量参数。

表17.3 农业应用中的可用传感器节点

传感装置	可测参量	类别	引用资料
POGO 便携式土壤温度-水分-盐分测定仪	土壤水分,雨/水流量,土壤温度,电导率,盐度	土壤	http://www.stevenswater.com
翻斗式雨量计	雨/水流量	土壤	http://www.stevenswater.com
Hydra probe II 土壤水分-温度-电导率传感器	土壤水分,雨/水流量,土壤温度,水位,电导率,盐度	土壤	http://www.stevenswater.com

传感装置	可测参量	类别	引用资料
VH－400 土壤水分－水位传感器	土壤水分,水位	土壤	http://www.vegetronix.com
MP406 土壤水分－温度测定仪	土壤水分,土壤温度	土壤	www.ictinternational.com.au
EC250 土壤温度－电导率－水分－盐分测定仪	土壤水分,雨/水流量,土壤温度,电导率,盐度	土壤	www.stevenswater.com
THERM200 土壤温度测量仪	土壤温度	土壤	http://www.vegetronix.com
WET－2 土壤温度－水分－盐分测量仪	土壤温度,电导率,盐度	土壤	http://www.dynamax.com
ECRN－100 雨量传感器	雨/水流量	土壤	http://www.decagon.com
Cl－340 手持式光合测量系统	光合作用,叶面湿度,温度,氢气,湿度,CO_2	叶面/植物	http://www.solfranc.com
LW100 叶面湿度－降雨传感器	叶面湿度,湿度,温度	叶面/植物	http://www.globalw.com
Leaf wetness sensor 叶面湿度传感器	叶面湿度	叶面/植物	http://www.decagon.com
237－L 水分－湿度－温度传感器	叶面湿度,湿度,温度	叶面/植物	http://www.campbellsci.com
LT－2 M 温度传感器	温度	叶面/植物	http://www.solfranc.com
PTM－48A 植物光合生理及环境监测系统	光合作用,叶面湿度,温度,湿度,CO_2	叶面/植物	http://phyto－sensor.com
TT4 多传感器热电偶	叶面湿度,温度	叶面/植物	www.ictinternational.com
TPS－2 手持式光合测量系统	光合作用,叶面湿度,温度,湿度,CO_2	叶面/植物	www.ppsystems.com
CM1000 叶绿素计	光合作用	叶面/植物	http://www.specmeters.com
380 系列雨量计	雨量	环境	http://www.stevenswater.com
CM－100 紧凑型气象站	温度,湿度,大气压力,风速,风向	环境	http://www.stevenswater.com
WXT520 紧凑型气象站	温度,湿度,大气压,太阳辐射,风速,风向,降雨	环境	http://www.stevenswater.com
XFAM－115KPASR 气象传感器	温度,湿度,大气压力	环境	http://www.pewatron.com

传感装置	可测参量	类别	引用资料
Met Station One(MSO)微型气象站	温度,湿度,大气压力,风速,风向	环境	http://www.stevenswater.com
SHT71 温度 – 湿度传感器	温度,湿度,大气压力	环境	http://www.sensirion.com
HMP45C 湿度 – 温度传感器	温度,湿度,大气压力	环境	http://www.campbellsci.com
RG13/RG13H 雨量计	雨量	环境	http://www.vaisala.com
LI – 200 总辐射计	太阳辐射	环境	http://www.stevenswater.com

土壤传感器测量水分、温度和盐度等参数，因此它们适用于灌溉和农田监测等农业应用；环境传感器适用于农业活动的决策；叶面/植物类传感器通常附着在植物上,适用于温室控制、作物监测和农药管理等农业应用。

17.3　农业应用的无线传感器网络

农业应用中使用 3 种类型 WSN:地面无线传感器网络(TWSN)、无线地下传感器网络(WUSN)和混合无线传感器网络(HWSN)。在本节将讨论 WSN 的这些不同类型。

17.3.1　地面无线传感器网络

TWSN 由大量传感器节点组成,这些传感器节点部署在地面上并且彼此协作,从而实现对所需信息的收集以及对地面过程的控制。图 17.2 显示了部署在地面上的 TWSN(如农田)的示例。该网络由 12 个传感器节点、网络汇聚节点以及在数百米外使用射频(RF)通信的基站组成。在 TWSN 中,为了保证最近邻节点间的可靠连接,其距离应小于部署阈值。

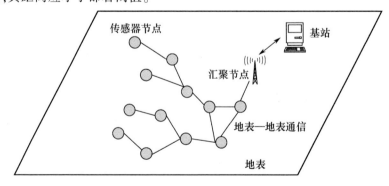

图 17.2　典型的地面无线传感器网络

TWSN 被广泛用于农业领域的应用和研究。例如,它们可以安装在农田上,用于实时检测土壤和环境条件——光照、温度和湿度水平,这些信息被提供给有害生物控制、灌溉管理和肥料控制等任务。TWSN中需要具有合适传感元件的自主传感器节点,当完成部署后,每个传感器节点开始通信并交换数据。当接收到来自传感器节点的数据时,远程用户可以据此在控制单元处做出适当的决定。

17.3.2　无线地下传感器网络

在TWSN中,有时很难获得精准农业所需要的一些实时信息,例如土壤较深处的含水量和地下作物的状况,因此不能完全满足农业应用的所有要求。无线地下传感器网络(WUSN)是另一种用于农业的WSN,是农业应用中一个相对较新的领域,目前已经成为一个研究热点。在WUSN中,传感器节点被植埋于土壤中所需深度处,并通过地下通信实现数据的无线传输。地下环境中的无线通信存在信号损失大、误码率高、多径衰落、噪声大和衰减强等问题,成为基于WUSN的系统设计中的一个难题。Akyildiz等[32]对该领域中诸如地下无线信道等设计问题和面临的挑战进行了调查研究。

图17.3描绘了一个由14个地下传感器节点、1个地下汇聚节点、1个地表汇聚节点和1个基站组成的WUSN。传感器节点采集感兴趣的信息并通过地下通信方式将其发送到地下汇聚节点。随后,地下汇聚节点通过地下－地表通信方式将信息发送到地表汇聚节点,后者可以通过地表通信方式将信息转发到基站。通常,在所需的设备和维护成本方面,WUSN比TWSN更昂贵。

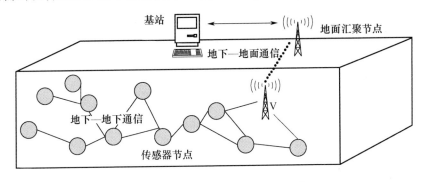

图17.3　典型的无线地下传感器网络

17.3.3　混合无线传感器网络

仅采用TWSN或WUSN都无法满足灌溉时间的确定等一些农业应用,因此引入了将TWSN和WUSN相结合的HWSN,以便更好和更精确地实现农业领域中的这类应用。HWSN结合了TWSN和WUSN的优点,包含相互协作来执行特定任务的地下和地上传感器节点。作为实地监测的一种有效方式[43],它们的使用减少了信息收集中需要人参与的活动,并提供了比单一TWSN或WUSN更准确的信息。

17.4 农业应用中无线传感器网络的设计问题

如 17.3 节所述,基于 WSN 的农业应用系统为实现自动化提供了新的可能性,成为一个研究热点。在本节中,讨论农业 WSN 设计的 7 个注意事项,包括能量消耗、能源、容错、可扩展性、网络架构、覆盖和连通以及地下无线通信。

17.4.1 能量消耗

人们期望无线传感器网络能够在现场监测等应用中长期运行,但电池提供的能量非常有限,因此电池寿命是无线传感器网络发展的主要瓶颈。目前已经提出了许多方法来对电池供电的传感器节点进行能耗管理,其中一部分方法主要关注如何从外部环境中获取能量。然而,这些能源往往是间断不连续的,因此仍然需要电池。所提出的另一种解决方案是使用可充电电池,但在部署无线传感器网络的许多恶劣环境中,人们通常无法触及电池来进行更换或充电。

通常,WSN 中传感器节点通过传感、通信和计算任务来消耗能量。通信(数据的传输和接收)是能量消耗的主要原因,传感任务的能耗取决于具体的传感器和应用。在大多数情况下,与其他任务相比,计算任务的能耗可以忽略不计。因此应将节能技术纳入无线传感器网络的设计中,以降低能耗,从而延长网络的寿命。例如,由两节 AA 电池供电并采用现有无线技术的传感器节点(例如 Telos 或 Mica2)在连续接收模式下寿命仅为 3 天,如果无线通信关闭但 CPU 保持活动状态,则寿命可能为 1~2 周。因此,为了实现节点的长期应用,最大限度地减少通信中的能源消耗至关重要[44]。

目前,在基于 WSN 的系统设计中低功耗技术备受关注,例如低功率路由协议、数据聚合方法、低功率 MAC 协议和休眠/唤醒协议等。Rault 等最近提出了一种新的节能分类方法[45],他们将节能方法分为 5 类(图 17.4):无线电优化、数据缩减、休眠/唤醒方案、节能路由和电池充电。

无线电优化:无线通信比传感器其他部分消耗的能量更多。许多研究人员提出采用无线通信参数优化技术来降低无线通信的能耗。

数据缩减:研究人员提出的一些方法可以减少实际发送到基站的数据量,从而节省大量能源。

休眠/唤醒方案:一些节能方法采用定期休眠/唤醒方案——传感器节点通过关闭其无线功能以定期进入休眠状态。

节能路由:路由是多跳传感器网络中的一项重要功能,并且经常发生。节能路由协议可以节省大量能源。

电池充电:一些研究人员建议将能量收集和无线充电作为 WSN 特殊情况中的有望解决方案(更多细节参见 Rault 等[45]的论文)。

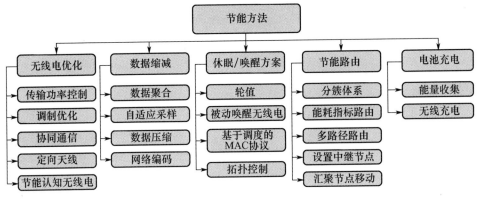

图 17.4　所提出的节能分类方法[45]

17.4.2　能源

传感器节点的能源可以分为两大类:电池和收集的能量,如图 17.5 所示。电池供电的传感器节点能量非常有限,将很快耗尽,因此对于需要工作很长时间的应用(例如农业现场监控)而言并不实用。在第二种类型的能源中,传感器节点的能量是从外部环境中获取的。能量收集是指从外部能源中捕获、存储和使用能量的过程。

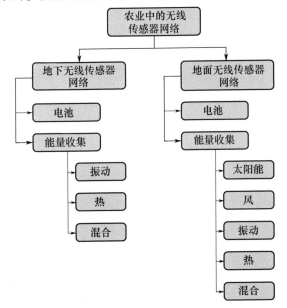

图 17.5　WSN 能源分类

如 17.3 节所述,TWSN 和 WUSN 都在农业中得到应用。在 TWSN 中,传感器节点可以从太阳、风或振动中获取能量。Hwang 等[46]在农业应用的服务器系统中采用了太阳能传感器节点, Morais 等[47]综合应用太阳能、风能和水能作为农业传感器节点的能源，Nayak 等[48]使用风能为农业环境监测中使用的传感器节点供电。

振动是 WUSN 中能量获取的有望来源。Kahrobaee 和 Vuran[49]将能量收集组件和地下传感器节点进行集成，以便在现场和移动灌溉系统等应用中从地下振动中获取能量。

17.4.3 容错

在典型的 WSN 中，由于传感器节点的资源有限以及 WSN 部署中常常面临的恶劣环境，传感器节点故障是不可避免的。故障可能有不同的原因，例如能量损耗、物理损坏以及硬件和软件问题。通常，WSN 比较脆弱且容易出现故障，因此必须在其设计中加入适当的容错机制，以便在 1 个或多个传感器节点发生故障时网络仍能继续正常运行。

研究人员在文献中提出了各种对策，以便在无线传感器网络中提供不同级别的容错。Chouikhi 等[50]对无线传感器网络中的容错技术进行了很好的调查，他们根据以下主要目标对容错方法进行了分类(图 17.6)：

能源管理方法：通过能耗最小化来防止传感器节点故障并使网络寿命最大化。

流量管理方法：通过选择网络中源和目标之间的可靠路由，并从任意路径故障中进行恢复，使网络寿命最大化。

数据管理方法：减少要传输的数据量，从而最大限度地降低能耗并使网络寿命最大化。

覆盖/连接方法：通过为感兴趣区域的各点提供 k – 重覆盖以及为每个传感器节点提供 m – 重连接来解决一个或多个传感器节点的故障问题。

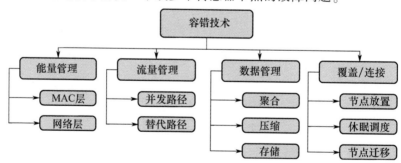

图 17.6　针对 WSN 提出的容错技术分类[48]

上述这些技术大多适用于于农业应用中，以提供所需的容错能力水平。

17.4.4 可扩展性

根据应用要求的不同，网络中传感器节点的数量和网络的大小可以相应改变。因此，需要为 WSN 设计与其大小和传感器节点数无关的协议，以适用于任何网络。

具体而言,部署 WSN 的范围可能非常大(数十公顷)。在这些应用中,传感器节点的数量可以从数十个到数百个不等。因此,在为农业应用开发 WSN 协议时,可扩展性是一个重要和关键的因素[51]。

17.4.5 网络架构

就传感器节点之间的交互而言,WSN 架构可以分为 3 类:星形、树形和网状(图 17.7)[52]。

星形拓扑:在星形拓扑中,所有传感器节点都直接连接到汇聚节点,传感器节点之间没有相互影响(图 17.7(a))。这种拓扑很简单,不需要任何路由协议,其缺点是由于需要单跳通信而导致的高能耗,以及网络中传感器节点的最大数量限制和汇聚节点支持的最大连接数限制。

树形拓扑:树形拓扑(图 17.7(b))实际上是分层的。位于汇聚节点附近的传感器节点直接与其交换数据,而距汇聚节点较远的传感器节点则与邻近的节点发生交互。在树形拓扑中,不是所有传感器节点都可以直接相互交互。较低级别的传感器节点("叶节点")可以通过更高级别的传感器节点("根节点"或"分支节点")传输数据。这种拓扑结构的网络寿命非常短,因为离汇聚节点最近的节点由于必须承载的高数据负荷而消耗比其他节点更多的能量。

网状拓扑:在此类拓扑中,传感器节点可以相互连接,每个传感器节点与所有最近邻的传感器节点之间都会发生交互(图 17.7(c))。研究人员已经为这种类型的拓扑开发了多种通信协议。数据传输路径短且所需的重传次数少,因此网状拓扑是节能的,它在许多基于 WSN 的应用中得到运用。

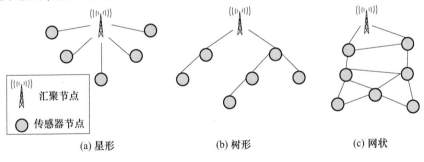

汇聚节点

传感器节点

(a) 星形　　　　　　(b) 树形　　　　　　(c) 网状

图 17.7　网络拓扑

WSN 还可以根据系统层次结构分为两类:平面体系结构和分层体系结构。

平面体系结构:平面体系结构的网络中的所有传感器节点都发挥相同的作用。此类体系结构中的传感器节点可以相互连接(如网状体系结构),或仅与汇聚节点相连(如星形体系结构)。平面架构的路由协议通常很简单。它们适用于小型网络。

分层体系结构:在分层体系结构中,传感器节点按不同层级组织在一起,并各自发挥不同作用。一些星形网络(簇)包含层次较低的传感器节点(簇成员),以及与汇聚节点最近的层次较高的传感器节点(簇首)。在每个簇中,簇成员通过簇内通信连接到簇首,而簇首则通过簇间通信连接到其他簇首或汇聚节点。分层体系结构适用于大型网络。

WSN 体系结构也可以根据它们是否具有以下传感器节点进行分类:

- 固定;
- 移动;
- 混合。

混合架构同时具有固定和移动的传感器节点。

WSN 还可以根据网络中使用的传感设备的类型进行分类。

- 同构架构:所有传感器节点都相同。
- 异构架构:其中有不同类型的传感器节点。

图 17.8 描述了 WSN 体系结构与本节中所讨论的参数分类。

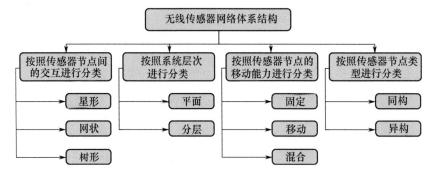

图 17.8　WSN 体系结构的不同分类

17.4.6　覆盖范围和连通性

覆盖范围和连通性始终是无线传感器网络设计中的两个至关重要的问题,特别是在农业领域,因为它们直接影响效率和所收集信息的准确性。

覆盖范围是网络中至少有一个传感器节点监视的区域。传感器节点必须至少位于网络中另一节点的传输范围内以建立连接,因为如果网络中的传感器节点彼此断开或者与汇聚节点断开连接,则网络是无用的。

实现传感器网络的覆盖和连通有多种解决方案:优化的部署策略,填补空隙的移动传感器节点,以及采用感测和传输半径可变的传感器节点。

Zhu 等[53]和 Ghosh 等[54]分别在 2012 年和 2008 年发表了两篇描述 WSN 覆盖和连通性问题解决方案的调查文章。在早期的调查中,作者讨论了覆盖和连通性的基本概念,然后从 3 个能源效率角度进行分析:部署策略、休眠调度机制和可调覆盖半径,他们还回顾了该领域内的前期论文。在后来的调查中,作者对最近的研究进行了全面综述,从针对特定应用的研究(如用于事件/入侵者检测和机器人应用的研究),到用于监测或移动网络应用的通用研究。

17.4.7　地下无线通信

如 17.3 节所述,在农业无线传感器网络中,传感器节点部署在地面或地下特定深度,不同的环境因素对每种类型的 WSN 都提出了不同的挑战。因此,有必要选择能够应对这些条件的合适解决方案,以便网络可以正确地执行所分配的任务。无线通信是无线传感器网络的重要组成部分,虽然 TWSN 中的地上无线通信已经存在多年,但对于系统设计者来说,地下无线通信是一个新的且具有挑战性的课题。无线电磁[32]波传播、磁感应(MI)[55]和两者的混合可以作为通信技术应用于农业 WUSN 中。

采用 EM 波的地下通信面临很大的路径损耗和信号衰减,存在很强的反射/折射、噪声和多径衰落,误码率高,传播速度慢。这些因素取决于:

- EM 波的频率(频率越高,衰减越大)。
- 传感器的深度。
- 土壤特性:
- 水分(水分越高,信号衰减越大);
- 温度(温度越高,衰减越大);
- 组成(较大的颗粒导致较大的衰减);
- 密度(密度越高,衰减越大)[32]。

Vuran 等研究了土壤类型、水分含量、传感器节点部署深度、节点间距离和频率范围等因素对路径损耗、误码率和电磁波最大传输距离等的影响[56]。

此外,土壤的各种性质,例如其组成、水分含量和密度将造成信道条件的动态变化。工作在较低频率(因此具有较低衰减)的 EM 波的有效传播需要较大的天线,这与地下传感器节点所需的小型化不相适应。因此,动态信道条件和大型天线是基于 EM 的地下通信的另外两个严重问题[57]。

很明显,EM 波不适合在地下尤其是很深的地底传输信息。MI 波导结构[58-60]是另一种无线通信技术,它可以替代地下部署的 EM 波[32]。在 MI 通信中,在两个传感器节点之间部署多个谐振中继线圈。MI 波导利用这些互相独立的小线圈之间的感应耦合,而不是用于 EM 波传播的大型天线[61]。对地下通信而言,基于 MI 通信的潜在优势是:

- 均匀衰减,与介质无关;
- 抗多径衰落的能力;
- 传输范围更远;
- 能源效率更高;
- 传输和接收方案相对简单。

尽管基于 MI 的通信具有这些优点,但不能完全取代 WUSN 中的 EM,因为:
- 带宽限制(数千赫);
- 难以在地下和地上环境之间实现互联;
- 这项新技术缺少商用收发器。

Parameswaran 等[62]探讨了利用基于地下 MI 的通信技术进行园艺灌溉控制的可能性。

将 EM 和 MI 技术相结合是一种颇具前景的地下通信解决方案。EM 和 MI 技术可用于地面传感器节点与位于地面附近土壤中的传感器节点之间,以及地下传感器节点之间的通信[63]。

17.5　农业中基于 WSN 的应用实例

近年来,WSN 广泛应用于现代农业中。如图 17.9 所示,农业应用中的 WSN 辅助应用可分为 3 类:
- 环境监测;
- 资源管理;
- 设施控制。

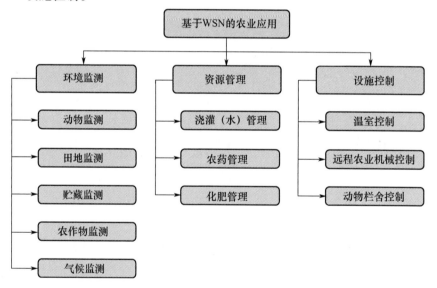

图 17.9　农业领域中基于 WSN 的应用分类

本节对上述分类进行概述。

17.5.1　环境监测

WSN 的常见应用是监视特定区域的环境条件。WSN 广泛应用于田地[17-21]、贮藏[64]、农作物[65-66]、气候[22]和动物[29-30]监测(见图 17.9)。

Roy 等[19]开发了一种低功耗、低数据速率的环境监测系统,所提出的监测系统包括各类电池供电的传感器节点。这些传感器节点静态部署在农田上,用于环境监测(温度、湿度)和土壤参数监测(pH 值、湿度和腐殖质含量),目标是实现更高的产量和更低的浪费。监控系统包括多个异构传感器节点和监控站,并使用基于 IEEE 802. 15. 4/ZigBee 标准的基于无线多跳网格的网络拓扑。每个传感器节点定期唤醒,收集一段时间数据并打包(聚合),在休眠之前将其传输到下一跳。通过数据聚合和休眠唤醒调度机制来使能量消耗最小化。研究中发现湿度和环境条件的变化将引起传输范围的显著变化。作者建议使用一套路由器来减轻突发性天气危害的影响。

Juul 等提出了一种包括 WSN 和用户界面的环境监测系统[64]。该系统被用于农作物的储存监测,以避免损失并使作物保持更高质量。所提出的 WSN 包含一个网关,用于从储仓中的传感器节点收集数据,它具有单跳(星形拓扑)或多跳通信模式(树形拓扑)。这些温度和湿度信息被传送到中央服务器。网络收集的信息从网关传输到中央服务器,控制消息和命令返回网关,这些都是采用 GPRS 来传输的。图 17. 10 对该系统进行了说明。如果储仓变得太热或太冷,或者如果少数节点出现了明显偏离各节点平均值的测量偏差,则用户界面可以发出警报。

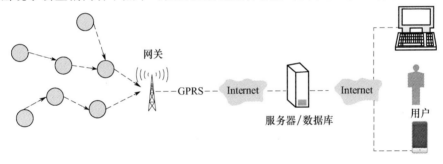

图 17. 10　基于 WSN 的系统概览[64]

网络中的传感器节点使用 MSP430 微控制器、SX1231 无线芯片、5kB RAM、55kB 板载闪存、1MB 外部闪存和 8.5Ah 锂电池。所有节点的功能都是相同的,除了根节点(连接到网关的节点)之外,后者使用了 92kB 闪存和 8 kB RAM。

17.5.2　资源管理

资源管理是现实农业活动中一个重要而有趣的经济问题。最近,WSN 被认为是资源管理的有用工具。农业中最重要的资源之一是水,因此许多研究人员开发了基于 WSN 的水/灌溉管理系统[5-9];另一个需要管理的重要农业资源是肥料。一些研究人员已经提出使用 WSN 进行肥料管理[15-16];农药也是农业的重要资源,一些研究人员试图应用 WSN 为其管理提供有效的解决方案[10-14]。

Yu 等提出了一个基于 WUSN 的系统[6](图 17.11),包括几个相同的电池供电的传感器节点、电磁阀和 1 个泵,用于监测土壤水分和温度并进行自动灌溉控制。在 $100m^2$ 的测试区域内,在土壤中埋藏了 10 个深度为 20cm 的传感器节点和 10 个深度为 40cm 的传感器节点。基站在初始阶段为每个地下传感器分配了唯一的 ID。当需要从特定区域收集信息时,基站在该区域内广播传感器节点的 ID。网络中的所有传感器节点都收到此请求,但只有相应的传感器节点会进行响应。在作者的测试模型中,每个传感器每隔 30min 唤醒一次并感测信息,将数据通过单跳通信发送到基站,然后进入接收模式。基站将接收的数据与预设阈值进行比较,如果测量值小于阈值,则控制器激活灌溉机制。传感器节点收集的信息通过 GPRS 传输到监控中心。在该灌溉管理系统中,选择 433MHz 作为工作频率。

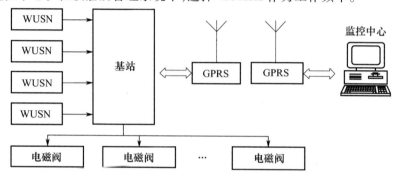

图 17.11　基于 WSN 的灌溉系统[6]

Mafuta 等描述了基于 WSN 的自动灌溉管理系统的实现[7],包括 ZigBee 协调器(ZC)和单跳星形拓扑中的其他几个 ZigBee 终端设备(ZED)(图 17.12)。

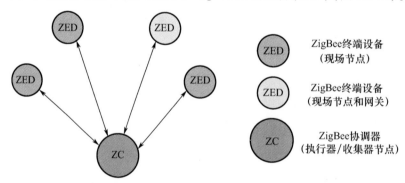

图 17.12　Mafuta 提出的网络拓扑[7]

每个 ZED 由 3 个现场节点和网关组成,ZC 是控制器节点。所有现场传感器节点都配备了土壤水分和温度传感器、作为电源的太阳能电池板和电池,以及通信模块(用于网关节点的 ZigBee 和 GPRS 模块,以及用于网络中其他传感器节点的 ZigBee 模块)。在他们的实验中,作为 ZED 的 4 个现场节点(其中 1 个担任网关节点的角色)被放置在实验台中,每个 8m×7m 范围内部署 2 组。网关节点负责将信息中继到远程基站以用于诊断目的。每个传感器节点测量土壤水分、温度及自身的电池电量。如果系统处于空闲状态,则每 30min 进行 1 次测量,如果系统处于灌溉模式,则每 2min 进行 1 次测量。测量的数据被发送到 ZC 后,传感器切换到休眠模式以节能。当 ZC 从现场传感器节点接收数据时,它将数据进行聚合并通过 Zig-Bee 通信将结果发送回网关。灌溉系统根据所接收的数据情况,决定是否进行灌溉。之后,网关节点通过 GPRS 将来自控制器节点的数据(指示状态和故障警报)通过蜂窝网络传输到远程监控站(RMS)。该灌溉管理系统的体系结构如图 17.13所示。

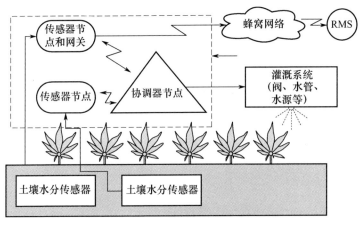

图 17.13　基于 WSN 的浇灌系统的架构

Sakthipriya 提出了一种农作物监测系统[15],目标是监测土壤水分和 pH 值,以便进行水和肥料管理。在他们提出的系统中,用于测量叶片湿度、土壤水分、土壤 pH 值和大气压力的几个同构传感器节点和数据采集板被部署在一个多跳 ad-hoc 网状网络中。系统中使用了 MPR2400CA 无线模块和 ATMega128L 微控制器。所有传感器节点都从周围环境中收集信息。在每次采样时,根据土壤水分的测量值,每个传感器节点决定是否触发该区域的喷水器。土壤 pH 的值被转发到中央协调器/汇聚节点,然后由协调器汇总此信息并通过 GSM 使用短信息服务(SMS)方式将其报告给农场主,以告知是否对特定区域进行施肥的决定。XMesh 路由协议以多跳方式从信源到目的地传输数据,最大限度地减少发送数据包的总传输次数,以达到提高能效的目的。

Santos 等开发了一个基于 WSN 的用以提高农药管理效益的农业系统[13],用于 3 个不同任务:

- 评估环境条件;
- 运行期间校正农作物喷洒路径;
- 评估喷洒效率。

一组同构的由电池供电的传感器节点被分组成簇,簇首选择主要根据传感器节点与空中作物喷洒机的接近度。传感器节点可以直接传输所收集的数据,也可以使用多跳通信。该 WSN 首先能够根据传感器节点收集并传输给农场主的环境条件数据,决定该区域是否需要进行喷洒;其次,它能监测风向和风速,并在必要时改变喷洒机路径,实现该区域内的均匀喷洒并避免喷洒到区域外;再次,WSN 通过叶面测试传感器来测定喷洒后农作物叶片上的农药量来评估喷洒质量。当发现由于喷洒机运动轨迹漂移或喷洒路径校正引起喷涂覆盖区域出现的任何空隙时,就会在该区域内进一步喷洒。系统的体系结构如图 17.14 所示。该系统通过 OM-NET + + 使用 MiXiM 框架实现。在系统模拟过程中,传感器模块使用了得州仪器(TI)的 CC2420 无线模块(2.4GHz)并使用 IEEE 802.15.4 标准开发。

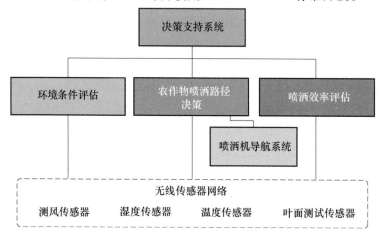

图 17.14　农作物喷洒支持系统的体系结构[13]

17.5.3　设施控制

使用传感器网络控制农业设施,如温室[23-28]、远程设备(拖拉机、喷雾器和农业机器人)[67]和动物栏舍[68-70],可以减少劳动力、提高效率并降低成本。

Song 等[26]开发了一个基于 WSN 的系统,包括监测中心、传感器节点和用于自动化灌溉的控制设备。系统如图 17.15 所示,节点在温室中随机部署。温室被分为互不重叠的相同区域,每个区域称为监测区域。每个监控区域由基站管理,基站是监控中心和温室传感器节点之间的中继站。在每个区域中分布有相同数量的传感器节点,形成簇。在每次循环中使用基于 LEACH 的簇首选择算法来选择簇首(汇聚节点)。具有更多剩余能量的传感器节点成为簇首的机会更大,从而延长了网络的使用寿命。传感器节点能够从安装的测量温度、湿度、光照和二氧化碳浓度等各类传感器中获取数据。每个传感器从其周围环境收集合适的数据,并通过通信模块直接传输到相应的簇首。汇聚节点对本簇的数据进行聚合并将其发送到控制器。当汇聚节点从控制器接收到命令时,将命令转发给传感器节点。汇聚节点、传感器节点和控制节点采用星形拓扑结构组织。传感器节点根据节能调度在休眠和唤醒模式之间切换。汇聚节点必须处理大量数据,因此汇聚节点与网络中的其他节点相比休眠时间较短,处于活动模式的时间较长。电池的能量不足以满足汇聚节点所需的能量消耗,因此汇聚节点除了具有 300mA·h 容量的聚合物锂电池外,还配备有太阳能电池板。

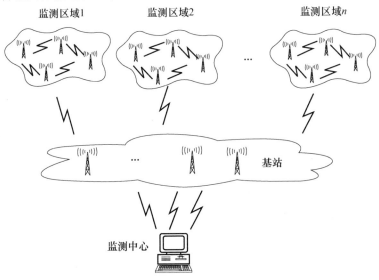

图 17.15　基于 WSN 的温室控制系统构成[26]

作者提出的系统采用 NS2 来实施,系统架构使用 CC2530 无线收发器(由得州仪器设计的基于 IEEE. 802. 15. 4 的 2. 4 GHz 单芯片)和 ATMega128L 作为微控制器。模拟环境是 50m × 50m,分别部署 100、120、140、160、180、200、220、240 或 260 个传感器节点,所有传感器节点的通信半径设置为 10m。作者将仿真结果与传感器网络的定时同步协议 TPSN 进行了比较以显示其系统效率,在能量成本和同步精度方面优于 TPSN。

17.6　小　　结

无线传感器网络(TWSN 和 WUSN)可以节省劳动力和成本,在农业现代化和自动化方面变得越来越重要。从本章的讨论中可以看出,TWSN 在农业领域的应用受到了很多关注,并提出了合适的解决方案,而对于 WUSN 的可能应用则关注甚少。遗憾的是,仅使用 TWSN 并不能满足农场主的要求。因此,WUSN 应与 TWSN 一起考虑,为农业无线传感器系统提供强大而有效的解决方案。以下是本章技术讨论的重要摘要。

按照 17.4 节中的分类方法,表 17.4 列出了基于 WSN 的农业系统纵览,每行对应一个 WSN 设计问题。

表 17.4　不同农业应用中基于 WSN 的系统的主要特征

		Roy 等[19]	Juul 等[64]	Yu 等[6]	Mafuta 等[7]	Sakthipriya[15]	Santos 等[13]	Song 等[26]
作者								
应用		现场监测	贮藏监测	浇灌管理	浇灌管理	水/肥料管理	农药管理	温室控制
通信技术		ZigBee	GPRS	GPRS	ZigBee–GPRS	GSM	ZigBee	ZigBee
工作频率		2.4GHz	433kHz	433kHz	2.4GHz	2.4GHz	2.4GHz	2.4GHz
能源		电池	电池	电池	太阳能–电池	电池	电池	太阳能–电池
节能方法		休眠–唤醒调度 数据聚合	节能路由	休眠–唤醒调度	休眠–唤醒调度 数据聚合	数据聚合 节能路由	节能路由	休眠–唤醒调度 数据聚合
架构	传感器类型	同构	同构	同构	同构	同构	同构	同构
	系统层次结构	平面	平面	平面	平面	平面	分层	分层
	传感器节点间的互联	网状	星形	星形	星形	网状	树形	星形
	传感器节点	静态	静态	静态	静态	静态	静态	静态
容错方案		数据管理 能源管理	能源管理	能源管理	数据管理 能源管理	数据管理 能源管理	能源管理	数据管理 能源管理
可扩展性		好	好	好	好	好	好	好
类型		地面	地面	地下	地面	地面	地面	地面

根据对文献的调查,以下是值得进一步研究的潜在方向:

● 降低成本和小型化:传感器节点应该能够在具有多个传感器的大型网络中运行,并且易于部署和更换,以便于部署应用。

● 满足不同农业服务的高性价比通用方案:农产品的销售市场竞争激烈,因此成本和效益起着重要作用。需要具有高性价比的解决方案才能使 WSN 价格合理,任何新的农业项目都应保持在合理的预算范围内。

● 节能:一些农业应用需要长期持续监测物理现象,因此必须尽可能延长网络寿命。实现这一目标的方法之一是利用能量收集技术。农业 TWSN 中的传感器节点可以从太阳和风等自然资源中获取能量。此外,一些特定的能源可用于农业应用中的传感器节点,例如振动和热量。通常,在传感器节点中使用可充电电池可以提高网络能效。

● 维护:维护要求低是农业 WSN 设计中的关注重点,以便最大限度地降低总体成本并实现大规模的网络部署。

- 容错:在由众多独立传感器节点组成的网络中,故障的发生是不可避免的。发生故障的原因有很多,能量耗尽、物理损坏以及硬件和软件问题。在出现这些故障时尽可能保证必要功能的实现至关重要。因此,除了节能技术之外,还应该在WSN 的设计过程中考虑其他提高容错性能的技术。

- 跨层设计:WSN 中引入了跨层方法以克服其约束,这些方法通过在层之间共享数据来最小化网络开销,提供了比传统分层方法更便宜和更有效的解决方案。农业无线传感器网络可以借鉴这些方法。

- 移动节点:可以将移动节点引入网络,以提高传感和控制能力。典型使用示例包括自动传感器节点部署,出现连接断开时的快速恢复,动态事件覆盖,移动对象跟踪,灵活的拓扑调整以及有效的数据收集和处理。移动传感器节点在能量、通信功率、传感和计算能力方面都是资源丰富的设备,它们可以在延长网络生命周期和增强网络功能方面发挥关键作用。

- 农业自动化:WSN 在农业服务自动化中的应用受到广泛关注,特别是在种植、耕作、管理农业日历(休息时间、种植时间、收获时间)、收获和收获后的处理等方面。

参 考 文 献

[1] J. Yick, B. Mukherjee, and D. Ghosal, 'Wireless sensor network survey', Computer Networks, vol. 52, no. 12, pp. 2292 – 2330, August 2008.

[2] I. F. Akyildiz, W. Su, Y. Sankarasubramaniam, and E. Cayirci, 'Wireless sensor networks: a survey', Computer Networks, vol. 38, no. 4, pp. 393 – 422, 2002.

[3] A. Rehman, A. Z. Abbasi, N. Islam, Z. A. Shaikh, 'A review of wireless sensors and networks' applications in agriculture', Computer Standards & Interfaces, vol. 3, no. 2, pp. 102 – 135, 2011.

[4] T. Ojhaa, S. Misraa, N. S. Raghuwanshib, 'Wireless sensor networks for agriculture: The state – of – the – art in practice and future challenges', Computers and Electronics in Agriculture, vol. 118, pp. 66 – 84, 2015.

[5] H. Navarro – Hellín, R. Torres – Sánchez, F. Soto – Valles, C. Albaladejo – Pérez, J. A López – Riquelme, R. DomingoMiguel, 'A wireless sensors architecture for efficient irrigation water management', Agricultural Water Management, vol. 9, no. 151, pp. 64 – 74, 2015.

[6] X. Yu, W. Han, Z. Zhang, 'Study on wireless underground sensor networks for remote irrigation monitoring system', International Journal of Hybrid Information Technology, vol. 8, no. 1, pp. 409 – 416, 2015.

[7] M. Mafuta, M. Zennaro, A. Bagula, G. Ault, H. Gombachika and T. Chadza, 'Successful deployment of a wireless sensor network for precision agriculture in Malawi', International Journal of Distributed Sensor Networks, vol. 9, no. 5, pp. 1 – 13, 2013.

[8] P. Patil, B. L. Desai, 'Intelligent irrigation control system by employing wireless sensor networks', International Journal of Computer Applications, vol. 79, no. 11, 2013.

[9] S. A. Nikolidakis, D. Kandris, D. D. Vergados, C. Douligeris, 'Energy efficient automated control of irrigation in agriculture by using wireless sensor networks', Computers and Electronics in Agriculture, vol. 113, 154 – 163, 2015.

[10] R. Z. Ahmed and R. C. Biradar, 'Redundancy aware data aggregation for pest control in coffee plantation using wireless sensor networks', Signal Processing and Integrated Networks(SPIN), 2nd International Conference on, Noida, pp. 984 – 989, 2015.

[11] E. Ferro, V. M. Brea, D. Cabello, P. López, J. Iglesias and J. Castillejo, 'Wireless sensor mote for snail pest detection', Sensors, 2014 IEEE, Valencia, pp. 114 – 117, 2014.

[12] S. Datir and S. Wagh, 'Monitoring and detection of agricultural disease using wireless sensor network', International Journal of Computer Applications, vol. 87, no. 4, 2014.

[13] I. M. Santos, F. G. da Costa, C. E. Cugnasca and J. Ueyama, 'Computational simulation of wireless sensor networks for pesticide drift control', Precision Agriculture, vol. 15, no. 3, pp 290 – 303, 2014.

[14] S. Azfar, A. Nadeem and A. Basit, 'Pest detection and control techniques using wireless sensor network: A review', Journal of Entomology and Zoology Studies, vol. 3, no. 2, pp. 92 – 99, 2015.

[15] N. Sakthipriya, 'An effective method for crop monitoring using wireless sensor network', Middle – East Journal of Scientific Research, vol. 20, no. 9, pp. 1127 – 1132, 2014.

[16] Y. Song, J. Ma and X. Zhang, 'Design of water and fertilizer measurement and control system for seedlings soil based on wireless sensor networks', Applied Mechanics and Materials, Vols. 241 – 244, pp. 86 – 91, 2013.

[17] Y. Zhu, J. Song, and F. Dong, 'Applications of wireless sensor network in the agriculture environment monitoring', Procedia Engineering, vol. 16, pp. 608 – 614, 2011.

[18] A. Camaa, F. G. Montoyaa, J. Gomeza, J. L. D. L. Cruzb and F. M. Agugliaro, 'Integration of communication technologies in sensor networks to monitor the Amazon environment', Journal of Cleaner Production, vol. 59, pp. 32 – 42, 2013.

[19] S. Roy and So. Bandyopadhyay, 'A test – bed on real – time monitoring of agricultural parameters using wireless sensor networks for precision agriculture', In Proceedings of International Conference on Intelligent Infrastructure, 2012.

[20] M. Zhang, M. Li, W. Wang, C. Liu and H. Gao, 'Temporal and spatial variability of soil moisture based on WSN', Mathematical and Computer Modelling, vol. 58, pp. 826 – 833, 2012.

[21] J. Xu, J. Zhang, X. Zheng, X. Wei and J. Han, 'Wireless sensors in farmland environmental monitoring', Cyber – Enabled Distributed Computing and Knowledge Discovery(CyberC), International Conference on, Xi'an, pp. 372 – 379, 2015.

[22] R. H. Ma, Y. H. Wang and C. Y. Lee, 'Wireless remote weather monitoring system based on MEMS technologies', Sensors, vol. 11, pp. 2715 – 2727, 2011.

[23] Y. Q. Jiang, T. Li, M. Zhang, S. Sha and Y. H. Ji, 'WSN – based control system of CO2 concentration in greenhouse', Intelligent Automation and Soft Computing, vol. 21, no. 3, pp. 285 – 294, 2015.

[24] V. S. Jahnavi and S. F. Ahamed, 'Smart wireless sensor network for automated greenhouse', IETE Journal of Research, vol. 61, no. 2, pp. 180 – 185, 2015.

[25] T. Gomes, J. Brito, H. Abreu, H. Gomes and J. Cabral, 'GreenMon: An efficient wireless sensor network monitoring solution for greenhouses', Industrial Technology(ICIT), 2015 IEEE International Conference on, Seville, pp. 2192 – 2197, 2015.

[26] Y. Song, J. Ma, X. Zhang and Y. Feng, 'Design of wireless sensor network – based greenhouse environment monitoring and automatic control system', Journal of Networks, vol. 7, no. 5, pp. 838 – 844, 2012.

[27] J. Baviskar, A. Mulla, A. Baviskar, S. Ashtekar and A. Chintawar, 'Real time monitoring and control system for green house based on 802. 15. 4 wireless sensor network', Communication Systems and Network Technologies(CSNT), 2014 Fourth International Conference on, Bhopal, pp. 98 – 103, 2014.

[28] J. J. Roldán, G. Joossen, D. Sanz, J. del Cerro and A. Barrientos, 'Mini – UAV based sensory system for measuring environmental variables in greenhouses', Sensors, vol. 15, no. 2, pp. 3334 – 3350, 2015.

[29] P. K. Mashoko Nkwari, S. Rimer and B. S. Paul, 'Cattle monitoring system using wireless sensor network in order to prevent cattle rustling', IST – Africa Conference Proceedings, Le Meridien Ile Maurice, 2014, pp. 1 – 10, 2014.

[30] A. Kumar and G. P. Hancke, 'A ZigBee – based animal health monitoring system', in IEEE Sensors Journal, vol. 15, no. 1, pp. 610 – 617, Jan. 2015.

[31] S. Thessler, L. Kooistra, F. Teye, H. Huitu and A. K. Bregt, 'Geosensors to support crop production: Current applications and user requirements', Sensors, vol. 11, pp. 6656 – 6684, 2011.

[32] I. F. Akyildiz and E. P. Stuntebeck, 'Wireless underground sensor networks: Research challenge', Ad Hoc Networks Journal, vol. 4, pp. 669 – 686, July 2006.

[33] Institute of Electrical and Electronics Engineers, IEEE Standard for Information Technology – Telecommunications and information exchange between systems – Local and metropolitan area networks – Specific requirements – Part 15. 4: Wireless LAN Medium Access Control(MAC) and Physical Layer(PHY) Specifications for Low – Rate Wireless Personal Area Networks(LR – WPANS)' IEEE 802. 15. 4 – 2003, 2003.

[34] T. Kalaivani, A. Allirani and P. Priya, 'A survey on ZigBee based wireless sensor networks in agriculture', Trends in Information Sciences and Computing(TISC), 2011 3rd International Conference on, Chennai, pp. 85 – 89, 2011.

[35] Institute of Electrical and Electronics Engineers, 'IEEE Standard for Information Technology – Telecommunications and Information Exchange between Systems – Local and Metropolitan Area Networks – Specific Requirements – Part 11: Wireless LAN Medium Access Control(MAC) and Physical Layer(PHY) Specifications', IEEE 802. 11 – 1997, 1997.

[36] G. R. Mendez, M. A. Md Yunus and S. C. Mukhopadhyay, 'A WiFi based smart wireless sensor network for monitoring an agricultural environment', Instrumentation and Measurement Technology Conference(I2MTC), 2012 IEEE International, Graz, pp. 2640 – 2645, 2012.

[37] G. R. Mendez, M. A. Yunus and Dr. S. C. Mukhopadhyay, 'A Wi – Fi based smart wireless sensor network for an agricultural environment', Fifth International Conference on Sensing Technology, pp. 405 – 410, January 2011.

[38] Institute of Electrical and Electronics Engineers, 'IEEE Standard for Information Technology – Telecommunications and Information Exchange between Systems – LAN/MAN – Specific Requirements – Part 15: Wireless Medium Access Control(MAC) and Physical Layer(PHY) Specifications for Wireless Personal Area Networks (WPANs)', IEEE 802. 15. 1 – 2002, 2002.

[39] Institute of Electrical and Electronics Engineers, 'IEEE Standard for Local and Metropolitan Area Networks – Part 16: Air Interface for Fixed Broadband Wireless Access Systems', IEEE 802. 16 – 2001, 2001.

[40] M. Usha Rani, C. Suganya, S. Kamalesh and A. Sumithra, 'An integration of wireless sensor network through Wi – max for agriculture monitoring', Computer Communication and Informatics(ICCCI), 2014 International Conference on, Coimbatore, pp. 1 – 5, 2014.

[41] General Packet Radio Service. http://www.3gpp.org/.

[42] C. Saad, and B. Mostafa, 'Comparative performance analysis of wireless communication protocols for intelligent sensors and their applications,' International Journal of Advanced Computer Science and Applications, vol. 5, no. 4, pp. 76 – 85, 2014.

[43] X. Yu, P. Wu, W. Han, Z. Zhang, 'A survey on wireless sensor network infrastructure for agriculture', Computer Standards & Interfaces, vol. 35, no. 1, pp. 59 – 64, 2013.

[44] P. Desnoyers. Distributed Data Collection: Archiving, Indexing, and Analysis. ProQuest, 2008.

[45] T. Rault, A. Bouabdallah, and Y. Challal, 'Energy efficiency in wireless sensor networks: A top - down survey', Computer Networks, vol. 67, pp. 104 - 122, 2014.

[46] J. Hwang, C. Shin and H. Yoe, 'Study on an agricultural environment monitoring server system using wireless sensor networks', Sensors, vol. 10, pp. 11189 - 11211, 2010.

[47] R. Morais, S. Matos, M. Fernandes, A. Valente, S. Soares, P. Ferreira, and M. Reis, 'Sun, wind and water flow as energy supply for small stationary data acquisition platforms', Computers and Electronics in Agriculture, vol. 64, no. 2, pp. 120 - 132, 2008.

[48] A. Nayak, G. Prakash and A. Rao, 'Harnessing wind energy to power sensor networks for agriculture', In: International Conference on Advances in Energy Conversion Technologies, pp. 221 - 6, 2014.

[49] S. Kahrobaee and M. C. Vuran, 'Vibration energy harvesting for wireless underground sensor networks', in Proceedings of IEEE ICC '13, Budapest, Hungary, Jun. 2013.

[50] S. Chouikhi, I. El Korbi, Y. Ghamri - Doudane, and L. Azouz Saidane, 'A survey on fault tolerance in small and large scale wireless sensor networks', Computer Communications, vol. 69, pp. 1 - 16, 2015.

[51] P. Corke, T. Wark, R. Jurdak, W. Hu, P. Valencia and D. Moore, 'Environmental wireless sensor networks', Proceedings of the IEEE, vol. 98, no. 11, pp. 1903 - 1917, 2010.

[52] S. - H. Yang, Wireless Sensor Networks: Principles, Design and Applications. Springer, 2014.

[53] C. Zhu, C. Zheng, L. Shu, and G. Han, 'A survey on coverage and connectivity issues in wireless sensor networks', Journal of Network and Computer Applications, vol. 35, pp. 619 - 632, 2012.

[54] A. Ghosh and S. Das, 'Coverage and connectivity issues in wireless sensor networks: A survey', Pervasive and Mobile Computing, vol. 4, pp. 303 - 334, 2008.

[55] Z. Sun and I. F. Akyildiz, 'Underground wireless communication using magnetic induction', Communications, IEEE International Conference on, Dresden, pp. 1 - 5, 2009.

[56] M. C. Vuran, I. F. Akyildiz, 'Channel model and analysis for wireless underground sensor networks in soil medium', Physical Communication, vol. 3, no. 4, pp. 245 - 254, 2010.

[57] L. Li, M. C. Vuran, and I. F. Akyildiz, 'Characteristics of underground channel for wireless underground sensor networks', Med - Hoc - Net'07, Corfu, Greece, 2007.

[58] E. Shamonina, V. A. Kalinin, K. H. Ringhofer, and L. Solymar, 'Magneto - inductive waveguide', Electronics Letters, vol. 38, no. 8, pp. 371 - 373, 2002.

[59] E. Shamonina, V. A. Kalinin, K. H. Ringhofer, and L. Solymar, 'Magneto - inductive waves in one, two, and three dimensions', Journal of Applied Physics, vol. 92, no. 10, pp. 6252 - 6261, 2002.

[60] R. R. A Syms, I. R. Young, and L. Solymar, 'Low - loss magneto inductive waveguides', Journal of Physics D: Applied Physics, vol. 39, pp. 3945 - 3951, 2006.

[61] X. Tan, Z. Sun and I. F. Akyildiz, 'Wireless underground sensor networks: MI - based communication systems for underground applications', in IEEE Antennas and Propagation Magazine, vol. 57, no. 4, pp. 74 - 87, 2015.

[62] V. Parameswaran, H. Zhou and Z. Zhang, 'Irrigation control using wireless underground sensor networks,' Sensing Technology(ICST), 2012 Sixth International Conference on, Kolkata, pp. 653 - 659, 2012.

[63] A. R. Silva, 'Channel characterization for wireless underground sensor networks', Master's thesis, University of Nebraska at Lincoln, 2010.

[64] J. P. Juul, O. Green and R. H. Jacobsen, 'Deployment of wireless sensor networks in crop storages', Wireless Personal Communications, vol. 81, no. 4, pp. 1437 - 1454, 2015.

[65] C - R. Rad, O. Hancu, I - A. Takacs and G. Olteanu, 'Smart monitoring of potato crop: a cyber - physical

system architecture model in the field of precision agriculture', Agriculture and Agricultural Science Procedia, vol. 6, pp. 73 – 79, 2015.

[66] M. A. Fernandes, S. G. Matos, E. Peres, C. R. Cunha, J. A. López, P. Ferreira, M. J. C. S. Reis and R. Morais, 'A framework for wireless sensor networks management for precision viticulture and agriculture based on IEEE 1451 standard', Computers and Electronics in Agriculture, vol. 95, pp. 19 – 30, 2013.

[67] J. A. Gazquez, N. Novas, F. Manzano – Agugliaro, 'Intelligent low cost tele – control system for agricultural vehicles in harmful environments', Journal of Cleaner Production, vol. 113, pp. 204 – 215, 2016.

[68] C. E. Cugnasca, A. M. Saraiva, I. D. A. Naas, D. J. de Moura and G. W. Ceschini, 'Ad Hoc wireless sensor networks applied to animal welfare research', Proceedings of Livestock Environment VIII, ASABE Eighth International Symposium, Iguassu Falls, Brazil, 4 September 2008.

[69] M. J. Darr, L. Zhao, 'A wireless data acquisition system for monitoring temperature variations in swine barns', Proceedings of Livestock Environment VIII. ASABE Eighth International Symposium, Iguassu Falls, Brazil, Septemebr 2008.

[70] F. Llario, S. Sendra, L. Parra and J. Lloret, 'Detection and protection of the attacks to the sheep and goats using an intelligent wireless sensor network', Communications Workshops(ICC), IEEE International Conference on, Budapest, pp. 1015 – 1019, 2013.

第五部分
工业和其他无线传感器系统的解决方案

第18章 采用无线传感器网络实现结构健康监测

18.1 引 言

无线传感器网络(WSN)真正成功和不断扩展的应用之一是结构健康监测(SHM)系统。其持续增长的趋势受到3个社会经济方面的驱动。第一个方面是对安全的要求和担忧：

- 主要由时间和腐蚀造成的旧建筑物和结构的老化；
- 不断增加的交通负载,通常远远超出大多数桥梁和其他建筑物的设计水平；
- 对地震波、地震和飓风的恐惧；
- 气候的不断变化和极端气候对一些结构产生严重不利影响,尽管人们在不久前还预计它们是安全的。

第二个方面是智能和低功耗无线传感器的最新进展,它们现在具有极佳的成本和优化的性能,而且生产非常容易。

第三个方面是全球化和互联网的出现。互联网及其拓展的物联网(IoT)使得自动化和远程控制非常容易实现,能够提供高质量的监视与监控服务,且所需成本大为降低。

随着科学技术的发展,通过不同学科的相互渗透,越来越多的应用被开发出来。在过去的10年中,人们提出了一个新的愿景:为各种对象配备识别、传感、网络和处理功能,使它们能够通过互联网相互通信并与其他设备和服务进行通信,以实现某些目标,物联网由此诞生[1]。通过物联网技术实现目标的编码和跟踪,使人们能够提高效率,加速流程,减少错误,防止盗窃,并将复杂灵活的系统组织整合在一起[2]。

物联网是 Kevin Ashton 在 1999 年宝洁公司的一次演讲中提出的一个术语[3]。经过 10 多年的发展,这个概念现在已趋成熟,可以成为无线电信行业的新模式[4],在设备监控、医疗保健、制造和许多其他领域取得了巨大进步。例如,成本降低使得对系统进行频繁的监控成为可能,而无需大量布线的灵活系统实现了无损检测与 SHM 的有效结合[5],从而实现了视情维修和智能寿命评估。

无线传感器网络,或更确切地说是无线智能传感器系统,作为 SHM 应用的支持技术,已在本书的许多其他章节以及引言中进行了描述。因此,我们在此仅简要提及它们。

如图 18.1 所示,WSN 通常由分布在大面积范围内的大量传感器节点组成,配备有强大的汇聚节点负责收集传感器节点的数据[6-7]。

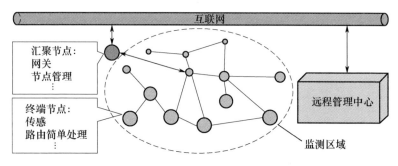

图 18.1　一个典型的 WSN 系统

由于在某些节点和附件中包含一定的自治功能或有限智能,WSN 自身能够完成一些简单处理任务的网内计算。管理中心可以为 SHM 应用提供所需的精度和速度。智能监控通过自动化程序减少了重复的人工检查要求,往往可以识别系统的早期故障和异常,降低了维护难度,从而提高了安全性和可靠性。通常,WSN 是针对特定应用而设计和优化的[8]。如图 18.2 所示,WSN 有 4 个典型的监测应用领域,使用智能算法来处理"预测和预防"事件的数据。

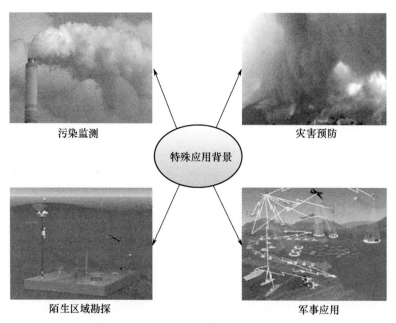

图 18.2　WSN 的 4 个典型监测应用领域

为了分析 WSN、物联网和"基于 WSN 的智能监测"这 3 个主要领域的发展趋势,我们查询了从 1996 年到 2015 年这 20 年间学术数据库的相关信息,所查询的数据库包括 Google Scholar、IEEE Xplore 和 Web of Science,结果如图 18.3 所示。这表明虽然围绕"基于 WSN 的智能监测"的研究在不断增长的新应用推动下正在快速增长,但人们对物联网和无线传感器网络的兴趣早在几年前就已经见顶。

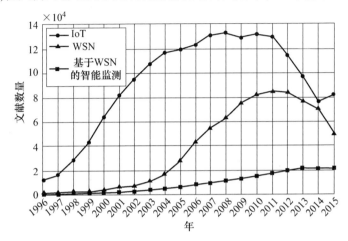

图 18.3　对 IoT、WSN 和 SHM 的学术文献检索查询的统计结果

本章的其余部分安排如下:18.2 节介绍 WSN 研究中一些关键问题的最新技术;18.3 节回顾智能监控和 SHM,并介绍 IoT – SHM 的最新趋势;18.4 节中简要讨论网络覆盖;18.5 节进行本章总结。

18.2　SHM 传感技术

虽然 SHM 传感技术遵循 WSN 智能功能的基本原则,但很难确定在某种特定应用中应使用哪种特定功能。我们认为某些功能在各类 WSN – SHM 应用场景中比常规应用中更加适用,因此称之为"无所不在的传感/泛在传感"[9]。以下是有关 WSN 和能耗的压缩感知的简短讨论。

18.2.1　WSN 中的智能压缩感知技术

智能传感设备的集成是 WSN 最原始的概念,它将具有一定自治能力的节点结合在一起,并在与网络中其他节点的交互中具有一定的动态性,有时这些节点被称为"智能传感器"或"灵巧传感器"[10-11]。它们的自治和动态交互性适合于 SHM 应用的需要[12]。根据其传感、通信和电源供应方法的不同,我们将 SHM 应用中的智能传感器分为 3 类:传统传感器、RFID 传感器和光纤传感器,如图 18.4 所示。

传统的智能传感器带有模数转换器(ADC),用于将来自变送器的模拟信号转

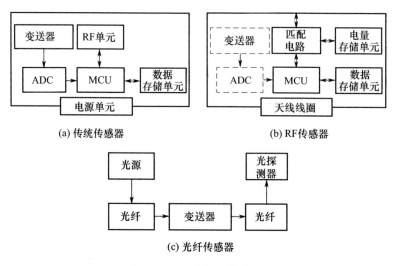

图 18.4　3 类智能传感器

换为二进制数字信号。在微控制器单元(MCU)对数字信号处理后进行存储。这些传感器还配有射频(RF)单元,负责发送和接收数据。在大多数情况下,硬件采用电池供电,这意味着电源通常是有限的,这限制了 MCU 的计算能力、数据存储空间和通信范围。

RFID 传感器同样具有 MCU 和数据存储单元。与传统的智能传感器相比,它是一种被动传感系统。RFID 传感器使用天线线圈从 RFID 读取器获取能量[13-15]。低频和高频 RFID 使用电感耦合来获取能量,而超高频 RFID 从无线电波中获取整流能量,获取的能量存储在电容器或可充电电池中。然而,RFID 传感器并非一定需要变送器或 ADC 用于信号感测,相反,其天线本身可以用作传感单元。这是因为 RFID 传感器的响应信号能够敏感湿度等环境变化,通过对响应信号变化的正确解释可以提供所需的环境数据。

光纤传感器提供了一种将传感与通信集成在一起的不同方式。其使用的传感器可以感知环境变化,但不需要 ADC。光源产生的光束沿光纤传播。变送器中的失真会影响光束的 5 种光学特性,即强度、相位、偏振、波长和光谱分布。上述光束特性的任何变化都带有关于测量参数的信息。

所有上述传感器通常基于奈奎斯特 - 香农采样定理所估计的采样率进行采样——采样率应大于最大信号频率的 2 倍。然而,传感信息的实际数据量变化很大,从而产生了大量的冗余采样数据流,这将为 ADC、存储和通信等系统资源带来不必要的负担。压缩感知(CS)技术,也称为压缩感知、压缩采样或稀疏采样,可以降低所需的能量和其他资源。CS 是一种用于有效获取和重建信号的处理技术,旨在找到诸如特征提取和结构健康的定量评估之类的解决方案。

通过 CS 能够节省的资源水平取决于传感信号的统计特性。对于常规速率信号,使用 CS 产生了额外的复杂性,因此并不能显著节省资源。但对于因采样率而使其功率受限的高速信号(也称为"稀疏"信号),效果非常显著。信号中的稀疏性是指其非零值的比例。信号本身可能并不稀疏(在时域内),但在其他域(例如频域或小波域)中 CS 可能仍然适用。Donoho[16]首先提出了 CS 概念,之后 Candès 和 Tao[17]进行了数学建模并证明了该理论的基本原理。

因为 SHM 应用在实践中的多样性,基于大量统计数据的准确估计已成为该行业的标准。所以,WSN 的开发可直接应用于诸如 SHM 的连续监测系统。

如前所述,压缩感知仅将传感器采样数据的加权和(而不是所有原始数据)发送给汇聚节点进行处理,因此有助于解决高数据率和不均匀能量消耗等问题。Haupt 等[18]首先将 CS 扩展到 WSN 分散压缩的新方法,然后 Luo 等[19]考虑了密集部署的大规模 WSN,并使用基于 CS 的方案来检测传感器的异常读数,其依据为异常值在时域中是稀疏(小概率)事件,由此解决了 WSN 中的密集计算和复杂传输控制带来的问题。

大规模 WSN 监测的各种现象通常发生在分散的局部位置,因此可以由空间域中的稀疏信号表示。利用 CS 的稀疏性可以更准确地对监控参数进行检测并去除大多数冗余数据[20-22],从而节省能源。例如,Liang 和 Tian 采用了压缩数据采集方案,这是通过使用简单的随机节点休眠策略,每次关闭一小部分传感器来实现的[20]。该方法通过分散式网内处理来恢复稀疏信号,以节省感测能量并延长网络寿命。

为了解决网络工程中数据流量估计的问题,Zhang 等[21]提出了一个时空 CS 框架,其中包含两个关键组件:

● 一种称为稀疏正则矩阵因子分解(SRMF)的算法,它利用了真实世界数据流量矩阵的时空稀疏性;

● 一种将低秩近似与局部插值相结合的机制。

利用时空 CS 框架对许多监测应用进行了评估,如网络层析成像、交通预测和异常检测,以确认其灵活性和有效性。结果表明,即使出现 98% 的数据丢失,也可以对高达 70% 的值进行重建。Sartipi[22]提出了一种分布式压缩框架,该框架利用 WSN 中的空间和时间相关性。CS 还可以用于传感器节点之间的空间域压缩,根据传感器之间的时间相关性来调整测量次数从而实现时间域压缩。

通过自适应采样可以对 WSN 进一步改进,特别是使用低采样率来实现高传感质量。人们已经证明 CS 可以进一步优化自适应采样[23-24]。Kho 等[23]提出了一种自适应 CS 理论,用于以节能的方式从 WSN 中收集信息。该算法的关键思想是迭代地执行采样,实现单位能耗下信息量的最大化,文中显示自适应采样的性能大约是固定采样的 2 倍。文献[24]也提出了类似的用于 WSN 的自适应采样调度(ACS)方案,根据每个采样窗口估算出对给定的传感质量所需的最低采样率,并相应地调整传感器,从而在整体较低的采样率下获得高传感质量。

18.2.2 能量消耗

WSN 中的节点通常位于适合采集准确数据但人却难以接近的地方,然而在这些地方无法连接到电力干线或其他电源,导致其能量受限。为了使整个网络寿命满足要求,传感器必须降低自身的能耗。有的节点设计成可以利用周围环境进行能量收集,而另一些节点则将能耗降至最低,并依赖于最终的充电。SHM 也不例外,除非其面对的特定应用在设计时就已经考虑到电源或本身拥有集成电源。一般而言,旧桥、旧纪念碑和历史建筑等应用中的 SHM 是无法通过电缆连接到电源的,因此人们尝试了无源传感、能量收集和低功耗等技术。

18.2.2.1 节能

就单个传感器节点而言,其大部分能量被用于数据采集、数据处理和数据传输。在考虑节点的节能时,我们首先需要确定传感器节点的每个部分的能量消耗。对于数据采集,传感器的工作电流不容忽视。对于数据处理,需要对传感器测量的信号进行滤波、放大和处理,以满足 WSN 节点中 ADC 的需要,模拟电路的能量/功耗不容忽视。对于数据传输,通信模块通常将信号发送到路由节点。在大型网络中,协调器节点管理和代表一大拨节点,因此能耗最高。就整个传感器网络而言,节点之间如何交互,也就是常称的通信协议,也会影响网络寿命。

目前有多种无线通信标准,它们针对不同数据速率和不同功耗设计了相关协议。图 18.5 给出了一些常见的无线通信标准,其中一些标准具有一个或多个协议。

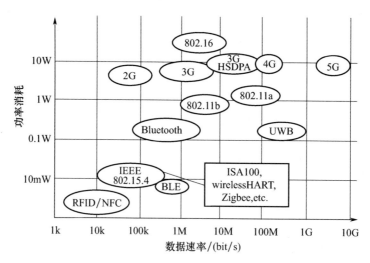

图 18.5　各种无线通信标准中能量消耗与数据速率

在所有这些标准中,RFID、低功耗蓝牙(BLE)和 IEEE 802.15.4 属于低功耗范畴,通常用于近距离连通通信的设计,如机器对机器、机器对人,以及嵌入式监测设备。因此,这些技术适用于智能传感器节点。

RFID 标签是一种用于提供对象身份的简单芯片或标签。RFID 读取器向标签发送查询信号并接收其反射信号,然后将反射信号发送给与处理中心相连的数据库,并能够根据反射信号在 10cm ~ 200m 范围内进行对象识别[25]。RFID 标签可以是有源的、无源的或半无源/有源的。有源标签由电池供电,而无源标签则不需要电池,半无源/有源标签在需要时使用板上电源。蓝牙特别兴趣组已经推出了 Bluetooth 4.2 标准①,为了支持 IoT 和远程 SHT,它定义了 BLE 和高速 IP 连通性[26]。并不是所有的 IoT 设备都需要 IP(许多传感器节点没有 IP),但当它们需要与互联网交换数据时,网关设备应使用 IP。IEEE 802.15.4 仅定义了物理层和 MAC 层[27],并为 WSN 提供了一种低功耗和低速的解决方案,它具有联网简单、可扩展性强(可达数千个节点)和成本低的优点。在许多 WSN 和 IoT 应用中都采用了基于 IEEE 802.15.4 开发的协议,实例包括 ISA100[28]、WirelessHART[29] 和 Zig-Bee[30]。为了在提高通信可靠性的同时保持低能耗,许多协议采用了重传和其他冗余方案[31]。对于所有这些算法,如果网络中的某个传感器节点负责大部分路由和通信任务,那么它很可能最先耗尽能量[32]。睡眠调度模式也有利于节能而且易于实现[33]。因此,通信协议需要在传输可靠性和低能耗两个方面做出平衡。

18.2.2.2 能量收集

在最小化能耗的基础上,在可能条件下获取能量可以有效地延长传感器节点的寿命。可以从环境中以各种方式获取能量,常见的例子是太阳能[34]、风能、潮汐能,以及典型的 SHM 应用中的振动能[35-36],通常使用这些能源的各种组合。

在一些 SHM 中的替代方案是通过电磁波[37]或声波进行无线能量传输[38]。一些传感器节点可以通过其天线接收连续无线电波辐射的能量,并将所接收的电磁波或声波能量转换为稳定的直流能量以供传感器设备使用,这通常可以使用另一种由压电材料制成的换能器来完成[39]。无线能源有限且转换率低,因此往往需要将直流能量存储在诸如超级电容器或可充电电池等能量存储装置中[40]。

通常,无线能源可分为两类[37]:

专用能源:其部署目的是向传感器设备提供可预测的能量供应,并且对频率和最大功率进行优化以满足设备的要求。汇聚节点是专用能源的一个示例。

环境能源:可以进一步区分为静态和动态两类。静态能源是随时间稳定地辐射功率的发射器,它不能在频率和发射功率方面进行有效优化从而为传感器设备提供足够的能量。移动基站、广播无线电和电视是可预期的环境静态能源的例子。动态能源是以不受 WSN 系统控制的方式周期性地辐射能量的发射器。从这些来源收集能量需要无线能量收集单元具有一定智能,通过搜索信道以获取收集能量的机会。WiFi 接入点、微波无线链路和警用无线电是一些典型的未知环境能源。

---

① 目前已提出了 Bluetooth 5.0 标准。——译者注。

不同的环境能源在不同的频带发射。在多个频带上收集无线能量需要复杂的几何天线,并且通常需要复杂的功率转换器。

目前,WSN 中采用的无线能量传输技术包括基于电感耦合的能量传递、基于磁共振的能量传递、射频、基于激光的系统和声学系统[40]。通过无线电波传输能量是基于电磁感应原理,感应充电需要接收器与发射器之间紧密接触(最长 3cm)和精确对准以实现高效率。随着距离的增加,充电效率开始下降。磁共振类似于电感耦合,只要两个线圈以相同的频率共振,它们就可以在一定距离上交换能量,这个概念也称为共振耦合。无线电波可用于通过远场辐射波将能量从发射天线传递到接收天线,因为能量可以从发射天线的任何方向辐射,因此该方法不需要发射器和接收器之间存在直视路径。辐射对人类健康具有潜在风险,无线电波输出功率受到政府法规的限制,因此该技术只能用于低功率应用[41]。基于激光的方法将电能转换为强激光束,将其聚焦在位于接收器处的一组光伏电池上,这种方法必须存在直视路径。据报道,使用这种基于激光的传能系统,在 50m 的距离上传输效率可达 98%[42]。声能(振动、声音、超声波)可以耗散到周围环境中或通过无线传输到接收器。其波长较长,因此人们相信它在长距离上具有比电感耦合、磁共振和射频技术更高的传输效率[38]。

18.3　采用 WSN 的 SHM 应用实例

如图 18.3 所示,对结构和建筑物的智能监测的研究正在持续增加,与之相比,对 IoT 和 WSN 的兴趣正逐渐消失。SHM 应用中有如下所述的各种不同的无线通信网络和智能/灵巧传感器系统。

- SHM 应用的智能 WSN:这种新的应用模式需要 WSN 和因特网技术,非智能传感器无法满足此类模式。
- WSN 日趋成熟,成为 SHM 等应用的强大开发平台。换句话说,WSN 的监测应用被认为是智能传感器技术最重要的应用。
- IoT 技术没有被应用于 WSN 和 SHM,这意味着 SHM 不能被视为 IoT 应用。然而,因特网标准和因特网资源可以促使 SHM 应用实现自动化和/或远程可控。

下面我们简要讨论 IoT 和 SHM 的集成,以便读者可以看到未来可能的发展结果,接下来解释 SHM 服务的一些趋势和属性,然后对 18.2 节中所提到的一些关键的 SHM 传感技术进行拓展。

18.3.1　IoT 与 SHM 的集成

IoT 是指物体之间的网络连接,通常为自组织网络。在 IoT 看来,我们周围几乎所有的事物都是"聪明的"和"互联的"。对于 SHM 等结构监控应用,智能结构将发挥重要作用。如果将 IoT 整合到智能结构中,它将通过智能地改变其使用、维护和支持环节来适应环境的变化[4,43]。

图 18.6 是将因特网服务集成到 SHM 的基本框图。其中,在结构中加入了传感功能(RFID、经典智能传感器、光纤)、数据处理和无线通信等功能,用以收集、处理、传输和管理信息。这些信息在网关和其他中间件进行一些初步处理(封装、分类)之后,被转发到数据中心。

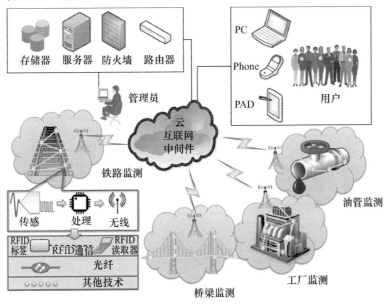

图 18.6　互联网在远程监控和其他 SHM 服务中的典型应用

SHM 与因特网(或某些方面的 IoT)的结合除了带来各种好处外,还可能带来许多实际问题,其中一个重要的原因是某些应用的高采样率要求[44]。

随着大数据管理的发展,越来越多的 IoT – SHM 系统将被开发应用于变化环境中的结构智能监测。这将不仅需要利用 IoT,还要按照如下内容进一步发展 SHM。

低成本:成本始终是新技术开发需要考虑的因素,这对于大规模 SHM 应用来说更加重要。最近 10 年来,半导体技术的发展极大地降低了微芯片的成本,并且有各种迅速发展的开源项目,也有助于实现更低成本的 SHM 部署。然而,对半导体微芯片、模拟组件、系统设备、专利许可、安装和维护的低成本追求永远不会结束。目前已实现在电路板上印制 RFID 天线,有望通过提高可用性和生产速度来降低成本[45-46]。

环境适应性:在某些常见于 SHM 应用的极端情况下,传统的系统和设备无法达到预期的性能,因此对于极端或恶劣环境中的 SHM 应用有特殊要求。此时可能需要广泛使用对环境适应性更强的系统、设备和专门设计的产品,以实现系统稳定工作并降低维护要求。Gruden 等[47]将传感器安装在火车的转向架上以监测其温度,但发现工作环境过于恶劣,过高的加速度和不可预测的过大冲击使得电子设备和系统的其他部件无法正常工作。

整体集成系统:将多物理场数据传感、数据传输、数据解释、管理平台、物联网接口、可持续电源甚至监控系统都集成到结构中的整体集成系统,是实现实时信息和实时决策的最终途径。传统上,监控系统是在后期才安装到结构上的,这通常会带来额外的安装成本,而且这种系统有时无法承受其所处的恶劣环境(如振动、飓风或下雨)。可取方法是将监控系统嵌入到结构中以进行全寿命监控,这种技术的原型已经存在于智能结构材料[48-50]和智能管道[51-52]中。

18.3.2 IoT-SHM 的应用

受益于 IoT-SHM 概念带来的大量资源、协议和标准,无损检测和评估系统作为 IoT-SHM 应用,将得到蓬勃发展。目前已经有许多资助的 SHM 应用尝试使用互联网和物联网。例如,由欧盟第七框架计划资助的 HEMOW 项目[53],旨在对海上风电场进行健康监测和维护。下面回顾一些典型的 IoT-SHM 应用。

18.3.2.1 传统的基于传感器的应用

铅(Pb)、锆(Zr)、钛(Ti)材料(简单 PZT 材料)在电场中会改变形状,这种现象称为压电效应。它们已被用作传感和执行装置,并且在许多工业应用中被大量使用。通常,PZT 可以是换能器、执行器或原始材料,其有趣的特性是微电子机械系统(MEMS)技术的关键。

PZT 材料及与之相关的声学技术原理简单,加之拥有坚固而且灵活的特性,可确保在恶劣环境中的良好适应性,这些特性及较低的成本使它们普遍应用于 SHM 应用中。Carulla 等[54]提出了一种用于 SHM 的基于压电采集器的新型自供电自适应解决方案,并具有无线数据传输能力。他们研究了在不同负载以及压电换能器处于不同振幅/频率情况下的最大功率传输条件。Gao 等[44]提出了一种用于分布式大规模 SHM 的无线压电传感器平台,其方框图表示如图 18.7 所示。在所提出的无线 PZT 网络中,将一组 PZT 换能器部署在结构的表面上,检查结构内激发的超声信号的传播特性以实现损伤辨识。

文献[55]最近提出了一种用于对感兴趣区域的环境进行声学监测的分布式微电子系统,它是一种基于声学传感器(麦克风)的无线网络,并能自动生成用于环境评估的多级声图。文献[56]也描述了类似的混合传感器网络系统,可以使用任何种类的市售声发射(AE)传感器。系统由无线 AE 传感器和无线应变传感器组成,分别用作激励和感测装置。收集的数据使用嵌入式路由器通过因特网转发到远程监控中心。该设计在斯图加特大学一个较小的结构中进行了现场测试,如图 18.8 所示。

18.3.2.2 光纤集成应用

利用光纤集成 SHM 系统实现无源感测,可以容易地嵌入到结构中,因此是一

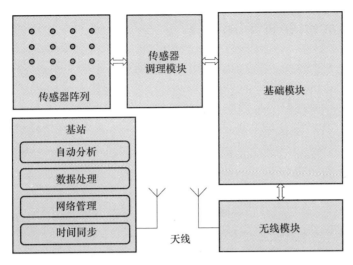

图 18.7　无线 PZT SHM 系统的方框图

图 18.8　在 Brunswick 的 CONCERTO 桥上
安装的无线 AE 传感器(左)和无线应变传感器(右)

些恶劣环境应用的优选方案,例如海底电缆监测。文献[57]对光纤传感在民用基础设施的 SHM 中的应用进行了综述。基于光纤的传感系统通常与其他无线系统集成,以提高灵活性。Qing 等[58]和 Raghupathi 等[59]研究了通过构建通用 WSN 平台来创建混合 WSN 系统,其通用 WSN 平台由空间分布的若干传感器节点组成。Zhou 等[60]提出了一个如图 18.9 所示的无线移动平台,用于对来自不同类型光纤传感器的数据进行定位和收集。

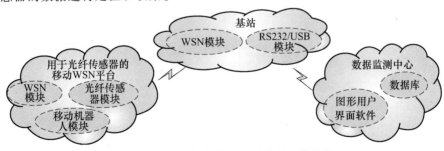

图 18.9　光纤传感器 WSN 平台的系统架构

18.3.3 用于 SHM 的 RFID 技术

如前所述,RFID 是一种适用于 SHM 的经济有效方法,也是实现追踪和跟踪的有效技术途径。除了利用其中的 ID 信息,RFID 标签还可以用作低成本传感器。这是通过将一些感兴趣的物理参数变化映射到 RFID 标签天线上,使天线特性产生某种受控变化来实现的。本节介绍了一些基于无源 RFID 传感器系统的 SHM应用,包括金属结构中的低频(LF)和超高频(UHF)腐蚀监测以及混凝土结构中的应力应变和裂缝监测。

从技术上讲,RFID 系统由 3 个主要部分组成。RFID 读取器通常由微控制器和射频电路(封装有检测器和滤波器)组成,用于发送和接收射频能量。读取器将足够的功率传输到标签以激活它,并接收存储在标签存储器中的数据,最终将数据写入标签存储器中。在该领域中使用的标签是无源 RFID 标签货架产品。无源标签的所有能量都来自于读取器产生的近场载波信号,该信号通常源于强磁共振耦合或无线电波。最后由中间件将数据转发到其他系统,通常是自治控制系统或云平台。

有关 SHM 的无源无线传感器的综述可以在文献[61]中找到,但在本节中我们只考虑 RFID 传感器。EPC1Gen 2 型 UHF RFID 是一种低成本的无源 RFID,由商用现成组件制成,仅用于测量读数,其应用包括:

- 物理参数监测(温度,压力,湿度,运动,声音);
- 非介入式监测(在医疗应用中极为重要);
- 物体完整性控制。

有的无源 RFID 设计已被用作腐蚀/变形/裂缝传感器,它利用了因结构变形引起的标签失谐。

Sunny 等[13]使用 LF RFID 传感器和选择性瞬态特征提取来表征低碳钢样品的腐蚀过程。该组样品由涂覆的和未涂覆的低碳钢板(S275 级)组成,经受不同的大气暴露持续时间(分别为 1、3、6、10、12 个月)。系统框图如图 18.10 所示。

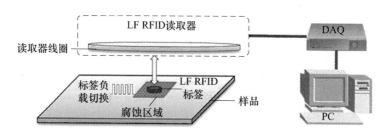

图 18.10　LF RFID 腐蚀监测系统

腐蚀的逐渐扩展将导致锈层松动和薄片脱落,这意味着腐蚀到后来表现为面积扩散而非厚度增加。图 18.11 显示了一些静态和瞬态分析结果。分别选择静态响应和瞬态响应这两个特征来表征渗透率和电导率随腐蚀进程的变化。

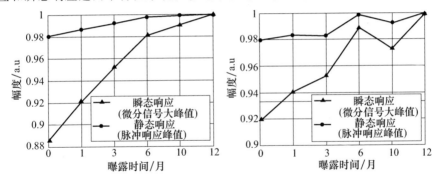

图 18.11　涂覆和未涂覆样本腐蚀过程的静态与瞬态分析

超高频 RFID 还可用于 RFID 传感,一项最新的方案是采用曲折阻抗匹配线的超高频 RFID 贴片天线,能用于材料腐蚀感测。这种天线的新颖之处在于能够对应力传递的依赖性最小化,并采用 3D 形状的蜿蜒和折叠方法来提高腐蚀感测的分辨力。这种基于标签天线的传感(TABS)通过 RFID 开发套件的实验得到验证。用曲折线天线进行腐蚀传感的实验结果表明,最小阈值功率频率(也称共振频率)随样本的不同而发生变化,如图 18.12 所示。

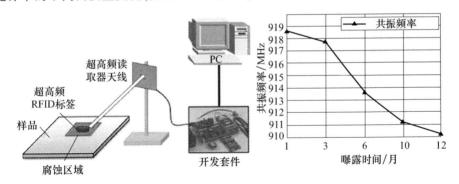

图 18.12　超高频 RFID 腐蚀监测系统(左图)、
共振频率随腐蚀厚度/层次变化而变化(右图)

Yi 等[14]提出了一种与 IC 芯片结合在一起的矩形微带贴片天线,RFID 应变传感器发生变形后,其共振频率随着因应变而产生的尺寸变化而变化。Occhiuzzi 等[15]使用曲折偶极天线作为应变传感器,RFID 传感单元嵌入在结构中以进行寿命监测,RFID 标签的嵌入避免了使任何电缆暴露于混凝土结构表面。RFID 读取器设备从结构外部向 RFID 标签提供电磁波,驱动传感器测量应变,任何人都可以利用计算机和特殊读写器轻松进行测量。文献[62 - 63]中开展的最新工作研究了 RFID 无源传感器的适应性和优化,这些传感器被用于裂缝监测。由于存在相对较高的介电损耗(混凝土)或存在金属材料,这种环境对于 RFID 而言是相当苛刻的。

上述讨论表明,包含天线的 RFID 传感器可以被设计和开发用于腐蚀、应力、裂缝和环境监测以及其他物理参数的测量。需要进一步研究的领域包括智能天线、薄型传感器网络的薄膜和印刷技术,以及 RFID 传感器网络与物联网的集成。

18.4　网络拓扑和网络覆盖

在 WSN 中,节点、簇和子网组件需要遵循某些基本结构来实现互连,并在 WSN 的覆盖范围内管理它们的内部和交互操作,这些操作的应用方法由网络拓扑定义。

除了帮助传感器节点实现网络拓扑外,网络管理还包括系统维护,例如定期测试、处理节点故障以及基本部件故障。许多先进的网络服务都得益于一个名为"网络覆盖"的全局保护伞,它通过整体覆盖实现了所期望的 WSN 在 SHM 中的整体集成。

本节首先简要讨论网络拓扑,然后对网络覆盖进行解释。

18.4.1　网络拓扑

所有通信网络拓扑传统上都植根于标准电信行业协议中。在最近 25 年中,一些较新的数据应用已经对这个规范提出了挑战,它们需要新的协议,例如非结构化网络和 ad – hoc 网络,并从一个侧面引入新的计算应用,例如互联网、分布式传感器、移动和无线通信。

智能传感器节点(如 WSN 中)现在具有足够的自主智能来实现优化服务的自组织管理和低层交互,无论是监视、监测,还是任何其他特定数据收集所需的交互。传感器节点必须遵循一些简单规则并支持其自身网络拓扑结构,即节点到节点、簇、子网、网络(整个 WSN)和复杂的多网络。基本的网络拓扑包括星形、网状、树形和环状,如图 18.13 所示。

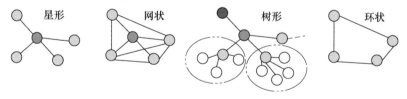

图 18.13　基本的网络拓扑

这些基本的拓扑可以用于网络服务配置的不同层次。对于由智能传感器节点构建的 WSN,网络生存能力对能量、数据质量和性能等方面提出了非常严格的要求。系统优化所需的拓扑类型取决于所服务的性质,因此具体类型随应用的不同而不同。

值得一提的是,WSN 中的网络服务(例如规则、协议、互连、路由)是由网络组件提供的内部活动。这与 WSN 数据服务不同,后者通过汇聚节点将原始或初步处理的数据传送给数据库或存储介质。

为了讨论 WSN 在不同层次(节点、簇和更高级别)的结构,我们必须将 WSN 联网服务划分为 3 个网络服务组(NSG)。

(1) NSG1:表示物理层、链路层和分簇层静态互连服务。这些服务的最新名称是介质访问控制(MAC)服务,它们与传统电信服务相似,带宽、低错误率、可靠性和覆盖率是需要满足的一些主要目标。

(2) NSG2:表示动态的自组织多跳对等网络(例如因特网)服务。

(3) NSG3:用于网络管理、覆盖和监督服务。

通常,如果网络服务是静态的,NSG1 服务可以处理静态分簇[64-66],但也可以对更关键的服务进行动态分簇。动态分簇需要自主且更智能的传感节点,这需要更先进和更节能的设备[67-68]。NSG2 服务[69]通过传统基础设施和标准实现网络服务。如果网络管理服务位于协议较高层,则可以简化点对点服务。也就是说,如果系统和设备在 NSG1 服务下运行,则其他网络服务可以留给 NSG3。因此,新的灵活的 NSG3 服务现在可以处理所有剩余的服务。

得益于先进的无故障设备的开发,对于大多数应用来说在 WSN 中应用的 NSG3 变得非常简单。但对于非常复杂的 WSN,尤其是在极端环境中使用的 WSN,则需要更高级的应用。新的覆盖式 NSG3 层现在可以满足网络的总体参数效率、可靠性、安全性和可持续性的要求。例如,如果 WSN 的目标是收集大面积范围内温度或压力变化的偶发事件,那么网络寿命就成为网络的主要目标,此时不再过于追求传感器节点的带宽和智能,节点的功耗可以显著降低。但对于负荷(数据流量和功耗等)很重的视频监控 WSN 应用而言,将视频图像的带宽和精度作为主要目标。在极端环境中使用的 WSN 同样需要考虑这些,此时在应用和工作环境中的一些特殊参数将比其他参数更加重要。

在大多数基于 WSN 的 SHM 应用中,主要目标是监测。这些应用可分为静态和动态两类。静态应用需要更少的拓扑变化,但是对诸如车辆、火车或飞机之类的移动物体的监测则是完全不同的;监测过程的动态性增加了网络复杂性。在这种情况下,传感器必须定期报告其当前位置。例如,Abdelhakim 等[66]提出了一种能够协调移动接入的 WSN 架构,但这种新架构会造成长时间的延迟,并使这样的 WSN 不适合那些对时间敏感的应用。

18.4.2 作为服务的网络覆盖

传统上应用于网络的覆盖是一系列网络管理服务,使用先进的测量技术来处理其所有内部事务,包括故障、安全性和可持续性。它是运行网络上重要的增值服务层,提高可靠性并最终提供所需的性能。

为了研究网络覆盖的最新发展和共同主题以便我们更好地了解它,现在简要地介绍一些最近的相关研究工作,并对一些实例进行讨论(表18.1)。

表18.1　新覆盖技术实例的比较

所分析的实例	IoT适用性	SHM适用性	覆盖相关
Lua 2005[69]	完全兼容	实例兼容	需要调整
Gelal 2009[70]	完全兼容	实例兼容	需要调整
Sethi 2011[71]	完全兼容	完全兼容	已覆盖
HFR 2012[72]	完全兼容	完全兼容	需要扩展
Harvey 2003[73]	兼容	非最优	需要调整
Wentzlaff 2010[74]	有限兼容性	有限使用	没有用
Villari 2014[75]	兼容	实例兼容	需要调整
Costa 2007[76]	有限兼容性	有限使用	需要调整
Wang 2008[77]	完全兼容	实例兼容	需要调整
Ahlborn 2010[78]	有限使用	完全兼容	没有用
Lissenden 2009[79]	有限兼容性	有限兼容性	进一步调整
Borkowski 2011[80]	兼容	实例兼容	进一步调整

18.4.2.1　支持NSG3型覆盖需求的实例

一些设计人员试图将传统网络管理和新覆盖技术集成在一起,以实现对动态拓扑传感器网络的管理。目前已针对恶劣环境开展了相关研究,在恶劣环境下由于设备状态的不断变化将导致其丧失最佳性能,而自动重组可以帮助系统重新获得最佳性能。例如,Gelal等[70]提出了一种动态拓扑控制算法,对节点密度与网络整体性能之间的平衡进行了优化。覆盖层配备有嵌入式定向天线和强大的邻居发现功能,有助于实现动态分簇。它还使得覆盖过程可以利用共享的常用功能,如抗毁性、维护性和安全性。Sethi等[71]开展了相关工作,他们使用代理技术构建了一个自组织覆盖网络,以执行网络管理功能,所用代理能够对环境进行分析与协作以实现自身可用资源的优化分配。

近年来,能够以通用模式实现弹性网络的覆盖层,已经成为分布式传感器系统的基本要求。Rashvand和Calero[72]提到了一个例子,其中"抗毁性"一词包括服务的敏捷性、安全性和可持续性。

18.4.2.2　支持覆盖与IP技术集成的案例

大多数实用的WSN都使用非结构化的对等覆盖网络,对于这些情况,可以使用明确定义的覆盖网络来匹配对等方的要求。非结构化的对等覆盖网络可用于许多无线SHM和IoT应用,但由于其复杂性,我们不建议将它们用于小型应用中。

在互联网的早期,Harvey等[73]提出了一种可扩展的网络方法,用于通过对等网络传输敏感数据。这种安全的网络服务使用分布式哈希表,它是对早期开发的改进,这种与互联网兼容的覆盖方法被认为是非常有效和可靠的。但大多数 SHM 应用程序需要应对质量较差的信道,因此在极端环境中难以适用。然而,由于这种方法的简单性以及与因特网的独特兼容性,可以在一些分布式 SHM 应用中使用对等覆盖。Lua 等[69]讨论了该领域的早期发展,他们将对等覆盖网络模型视为通信框架和分布式协作网络,其中对等方构建自身的自组织系统。

在该层部署的经典功能包括接口、总线和内存管理,并且有很多实例,Wentzlaff 等[74]介绍了他们的功能分布式多核操作系统(FOS, Factored Operating System),以满足单芯片千核(多核)系统的可扩展性、不完善和可变性的新挑战。Villari 等[75]提出了一种新的软件平台架构,用于管理与物联网相关的智能环境,他们为此考虑了泛在传感器网络框架标准中使用点对点处理的问题。

18.4.2.3 支持应用的案例

传统网络管理覆盖技术与新型无线传感应用的集成将大大简化新服务的部署和交付。Costa 等[76]认为在地震或工业火灾等灾难期间特别恶劣和忙乱的条件下,使用基于中间件的覆盖层具有显著的优点。在他们的工作中,存在诸如无线传感器网络的异构性、资源稀缺性和动态性等关键问题,在流程的核心使用中间件技术将使系统能够应对灾难期间遇到的多重挑战。显然,这样的系统需要足够的智能来进行检测并在紧急情况下做出反应,例如火灾的快速传播或危险的化学品泄漏。

Wang 等[77]提出了一项有趣的研究,在自动软件设计中使用覆盖层,他们的组合软件和固件工具("中间件")使系统设计人员无须面对底层硬件和网络平台的复杂性。他们将无线传感与普适计算相关联,使用嵌入式操作系统来管理系统资源并增加编程中的动态执行性。

遍布全球的桥梁健康监测是另一个覆盖层部署的领域。该监测领域的快速扩张是由于车辆数量的增加和交通缓慢造成的桥梁超载,较旧的桥梁不是为这样沉重的负载而设计的。Ahlborn 等[78]对这些事例进行了详尽的分析,这些工作非常有趣,包括对传统检验方法的分析,他们在研究中考虑了所有相关的不确定性和劳动力成本。桥梁健康监测领域可以受益于新的基于无线互联网的远程控制覆盖 SHM 应用。

另一个可以从网络覆盖中受益的有趣案例来自 Lissenden 等[79]的研究。他们的工作涉及那些能够在任何实际灾难发生之前预测故障的关键传感器,这些传感器通过诊断过程提高了系统的安全性。例如在检查飞机机身结构的状况时,可以通过测量振动和应变的这两个互补参数,由嵌入式光纤传感器测量应变,而微机电加速度计检测振动水平。作者使用基于主动超声探测、无源声探测和机电阻抗测量的新技术,尤其注重层状复合材料的超声导波。

与 SHM 相关的关键技术之一是传感设备产生的数据准确性,数据不准确很容易降低应用的有效性。Borkowski 等[80]研究了包括压电系统在内的现有系统和传感器的基本原理,从而开发出改进的机电弹性动力学模型。这种建模可能非常有价值,因为 SHM 应用的研究和开发很困难,实验成本也很高,因此非常需要进行建模和仿真。

18.5 小　　结

本章回顾了 SHM 应用中的 WSN 最新发展。随着 SHM 成为一个新的服务行业,互联网技术以及与物联网的集成变得非常有用,如基于 RFID 传感器的 SHM。主要进展和未来发展如下:

压缩感知:压缩感知技术为稀疏信号的检测和分配提供了数学框架,减少了采样数量。尽管采样信号的重建是由强大的汇聚节点或监控中心来完成的,但仍然需要进一步研究快速重建算法。这些算法将弥补由于大量迭代引起的信号处理延迟。压缩感知在 SHM 行业中仍处于起步阶段,受其使用启发的应用才刚刚兴起,人们需要更先进的方式。需要在建模、稀疏性分析、测量矩阵设计,以及针对特定应用的硬件开发等方面做出更多努力。

保证可接受的网络寿命:功率限制仍然是 WSN 及其 SHM 应用的关键问题。需要轻量级无线分簇和通信协议,并应针对某些基于 WSN 的 SHM 应用类型进行设计和优化。基于 IEEE 802.15.4 的协议已经实现了相对较低的功耗,但需要对它们进行扩展以支持容错性和灵活的路由拓扑,这些拓扑目前仍然不适合核电站等恶劣环境。它们还应具备轻量级传输负荷和数据压缩方法。从硬件角度来看,开发具有低功耗的组件有助于节省功率,未来将需要新的 WSN 专用处理器以及高性能传感器。

需要全球物联网架构:物联网是分布式基础架构和异构服务的集成。目前,物联网缺乏将虚拟世界和现实世界整合到统一框架中的理论[81]。如果要开发 IoT - SHM 应用,提供 SHM 接口的全球物联网架构非常重要,该架构应集成不同的传感系统和服务以及大数据技术[82]。这将有助于创建低成本、可靠和混合的监测网络,将促进数据驱动的经济甚至社区医疗保健,以实现社会的可持续发展。

传统光纤和基于 RFID 系统面临的挑战:传统传感器更加成熟并具有良好的环境适应能力,更高能效的传感器、芯片和路由技术对于网内计算具有吸引力。光纤传感器是无源的并且能够抵御电磁干扰的影响,但光纤的安装和更换比较复杂,应开发成本效益更佳的光纤解调仪器。天线和电磁谐振器是无源器件,它们可以感测物理参数,并能接收和发送数据。一些关于监测应变、裂纹和腐蚀的前期文献刚刚问世,还需要做更多的工作来获得更好的电感和更强大的功能,例如应变方向的检测。如果主体结构中存在其他金属,则来自后向散射信号的感测数据可能被噪声影响,从而导致错误结果。需要对成本、稳定性和可靠性进行改进。

需要新型网络管理:使用覆盖网络服务可以大大简化基于网络的服务部署。

这些技术对于研究人员和行业都是崭新的,因此目前不太可能出现新的创新解决方案。新标准的制定可能会触发更集成的解决方案,以实现更好的全球规模系统和服务,从而有助于行业发展并指导研究人员提出新想法。

致谢

感谢英国工程和自然科学研究委员会(EPSRC)、中国国家自然科学基金委员会和中国留学基金委员会对这项工作的部分资助。还要感谢研究员 Aobo Zhao 对本章结果所做的贡献以及 Xuewu Dai 博士和所有评阅者的建设性意见。

参 考 文 献

[1] A. Whitmore, A. Agarwal and D. L. Xu, 'The Internet of Things—A survey of topics and trends,' Information Systems Frontiers, vol. 17, pp. 261 – 274, 2015.

[2] S. Madakam, R. Ramaswamy and S. Tripathi, 'Internet of Things(IoT): A literature review,' Journal of Computer and Communications, vol. 3, pp. 164 – 173, 2015.

[3] K. Ashton, 'That 'internet of things' thing,' RFID Journal, vol. 22, pp. 97 – 114, 2009.

[4] A. Al – Fuqaha, M. Guizani, M. Mohammadi, M. Aledhari and M. Ayyash, 'Internet of things: A survey on enabling technologies, protocols, and applications,' IEEE Communications Surveys & Tutorials, vol. 17, no. 4, pp. 2347 – 2376, 2015.

[5] C. Perera, C. H. Liu and S. Jayawardena, 'The emerging internet of things marketplace from an industrial perspective: A survey,' IEEE Transactions on Emerging Topics in Computing, vol. 3, no. 4, pp. 585 – 598, 2015.

[6] N. Shahid, I. H. Naqvi and S. B. Qaisar, 'Characteristics and classification of outlier detection techniques for wireless sensor networks in harsh environments: A survey,' Artificial Intelligence Review, vol. 43, pp. 193 – 228, 2015.

[7] S. A. Basit and M. Kumar, 'A review of routing protocols for underwater wireless sensor networks,' International Journal of Advanced Research in Computer and Communication Engineering, vol. 4, no. 12, pp. 373 – 378, 2015.

[8] V. J. Hodge, S. O. Keefe, M. Weeks and A. Moulds, 'Wireless sensor networks for condition monitoring in the railway industry: A survey,' IEEE Transactions on Intelligent Transportation Systems, vol. 16, no. 3, pp. 1088 – 1106, 2015.

[9] D. Puccinelli and M. Haenggi, 'Wireless sensor networks: applications and challenges of ubiquitous sensing,' IEEE Circuits and Systems Magazine, vol. 5, pp. 19 – 31, 2005.

[10] G. Y. Tian, Z. X. Zhao and R. W. Baines, 'A Fieldbus – based intelligent sensor,' Mechatronics, vol. 10, pp. 835 – 849, 2000.

[11] G. Y. Tian, 'Design and implementation of distributed measurement systems using fieldbus – based intelligent sensors,' IEEE Transactions on Instrumentation and Measurement, vol. 50, no. 5, pp. 1197 – 1202, 2001.

[12] G. Y. Tian, G. Yin and D. Taylor, 'Internet – based manufacturing: A review and a new infrastructure for distributed intelligent manufacturing,' Journal of Intelligent Manufacturing, vol. 13, pp. 323 – 338, 2002.

[13] A. I. Sunny, G. Y. Tian, J. Zhang and M. Pal, 'Low frequency(LF) RFID sensors and selective transient feature extraction for corrosion characterisation,' Sensors and Actuators A: Physical, vol. 241, pp. 34 – 43, 2016.

[14] X. Yi, C. Cho, C. H. Fang, J. Cooper, V. Lakafosis and R. Vyas, 'Wireless strain and crack sensing using a folded patch antenna,' in 6th European Conference on Antennas and Propagation, Prague, 2012.

[15] C. Occhiuzzi, C. Paggi and G. Marrocco, 'Passive RFID strain – sensor based on meander – line antennas,' IEEE Transactions on Antennas and Propagation, vol. 59, no. 12, pp. 4836 – 4840, 2011.

[16] D. L. Donoho, 'Compressed sensing,' IEEE Transactions on Information Theory, vol. 52, no. 4, pp. 1289 – 1306, 2006.

[17] E. J. Candès, J. Romberg and T. Tao, 'Robust uncertainty principles: Exact signal reconstruction from highly incomplete frequency information,' IEEE Transactions on Information Theory, vol. 52, no. 2, pp. 489 – 509, 2006.

[18] J. Haupt, W. U. Bajwa, M. Rabbat and R. Nowak, 'Compressed sensing for networked data,' IEEE Signal Processing Magazine, vol. 25, pp. 92 – 101, 2008.

[19] C. Luo, F. Wu, J. Sun and C. W. Chen, 'Compressive data gathering for large – scale wireless sensor networks,' in Proceedings of the 15th annual international conference on Mobile computing and networking, Beijing, 2009.

[20] Q. Liang and Z. Tian, 'Decentralized sparse signal recovery for compressive sleeping wireless sensor networks,' IEEE Transactions on Signal Processing, vol. 58, no. 7, pp. 3816 – 3827, 2010.

[21] Y. Zhang, M. Roughan, W. Willinger and L. Qiu, 'Spatio – temporal compressive sensing and internet traffic matrices,' in ACM SIGCOMM Computer Communication Review, Barcelona, 2009.

[22] M. Sartipi, 'Low – complexity distributed compression in wireless sensor networks,' in 2012 Data Compression Conference, Snowbird, 2012.

[23] J. Kho, A. Rogers and N. R. Jennings, 'Decentralized control of adaptive sampling in wireless sensor networks,' ACM Transactions on Sensor Networks, vol. 5, no. 3, pp. 1 – 35, 2009.

[24] J. Hao, B. Zhang, Z. Jiao and S. Mao, 'Adaptive compressive sensing based sample scheduling mechanism for wireless sensor networks,' Pervasive and Mobile Computing, vol. 22, pp. 113 – 125, 2015.

[25] R. Want, 'An introduction to RFID technology,' IEEE Pervasive Computing, vol. 5, no. 1, pp. 25 – 33, 2006.

[26] Bluetooth Special Interest Group, 'Bluetooth Core Specification 4. 2,' 2 12 2014. Online Available: https://www. bluetooth. org/en – us/specification/adopted – specifications.

[27] IEEE Computer Society, 'IEEE Standard for Local and metropolitan area networks – – Part 15. 4: Low – Rate Wireless Personal Area Networks (LR – WPANs),' 5 5 2014. Online. Available: http://ieeexplore. ieee. org/xpl/articleDetails. jsp? arnumber = 6809836.

[28] ISA100 Committee, 'ISA100. 11a Technology Standard: Wireless systems for industrial automation: Process control and related applications,' 4 5 2011. Online. Available: http://www. nivis. com/technology/ISA100. 11a. php.

[29] Wireless Specialist, 'System Engineering Guidelines: IEC 62591 WirelessHART,' 2 2016. Online. Available: http://www2. emersonprocess. com/siteadmincenter/PM% 20Central% 20Web% 20Documents/ EMR_WirelessHART_SysEngGuide. pdf.

[30] ZigBee Alliance, 'ZigBee 3. 0 specification,' 2015. Online. Available: http://www. zigbee. org/zigbee – for – developers/zigbee3 – 0/.

[31] M. A. Mahmood, W. K. Seah and I. Welch, 'Reliability in wireless sensor networks: A survey and challenges ahead,' Computer Networks, vol. 79, pp. 166 – 187, 2015.

[32] A. Ghaffari, 'Congestion control mechanisms in Wireless Sensor networks: A survey,' Journal of Network and Computer Applications, vol. 52, pp. 101 – 115, 2015.

[33] A. Pughat and V. Sharma, 'A review on stochastic approach for dynamic power management in wireless sensor networks,' Human – centric Computing and Information Sciences, vol. 5, no. 4, pp. 1 – 14, 2015.

[34] Y. Hu, J. Zhang, W. Cao, J. Wu, G. Y. Tian and S. J. Finney, 'Online two – section PV array fault diagnosis with optimized voltage sensor locations,' IEEE Transactions on Industrial Electronics, vol. 62, no. 11, pp. 7237 – 7246, 2015.

[35] P. Havinga, 'WiBRATE – Wireless, self – powered vibration monitoring and control for complex industrial systems,' 2011 – 2015. Online. Available: www. wibrate. eu.

[36] B. V. Technology, 'SIRIUS – Wireless Sensing System for High – Performance Industrial Monitoring and Control,' 2013 – 2015. Online. Available: www. sirius – system. eu.

[37] P. Kamalinejad, C. Mahapatra, Z. Sheng, S. Mirabbasi, V. C. Leung and Y. L. Guan, 'Wireless energy harvesting for the Internet of Things,' IEEE Communications Magazine, vol. 53, no. 6, pp. 102 – 108, 2015.

[38] M. G. Roes, J. L. Duarte, M. A. Hendrix and E. A. Lomonova, 'Acoustic energy transfer: A review,' IEEE Transactions on Industrial Electronics, vol. 60, no. 1, pp. 242 – 248, 2013.

[39] S. Y. Hui, W. Zhong and C. K. Lee, 'A critical review of recent progress in mid – range wireless power transfer,' IEEE Transactions on Power Electronics, vol. 29, no. 9, pp. 4500 – 4511, 2014.

[40] F. Akhtar and M. H. Rehman, 'Energy replenishment using renewable and traditional energy resources for sustainable wireless sensor networks: A review,' Renewable and Sustainable Energy Reviews, vol. 45, pp. 769 – 784, 2015.

[41] L. Xie, Y. Shi, Y. T. Hou and A. Lou, 'Wireless power transfer and applications to sensor networks,' IEEE Wireless Communications, vol. 20, no. 4, pp. 140 – 145, 2013.

[42] M. Erol – Kantarci and H. T. Mouftah, 'Suresense: sustainable wireless rechargeable sensor networks for the smart grid,' IEEE Wireless Communications, vol. 19, no. 3, pp. 30 – 36, 2012.

[43] K. Worden, E. J. Cross, N. Dervilis, E. Papatheou and I. Antoniadou, 'Structural health monitoring: From structures to systems – of – systems,' IFAC – PapersOnLine, vol. 48, pp. 1 – 17, 2015.

[44] S. Gao, X. Dai, Z. Liu and G. Y. Tian, 'High – performance wireless piezoelectric sensor network for distributed structural health monitoring,' International Journal of Distributed Sensor Networks, vol. 2016, pp. 1 – 16, 2016.

[45] B. S. Cook, J. R. Cooper and M. M. Tentzeris, 'An inkjet – printed microfluidic RFID – enabled platform for wireless lab – on – chip applications,' IEEE Transactions on Microwave Theory and Techniques, vol. 61, no. 12, pp. 4714 – 4723, 2013.

[46] V. Lakafosis, A. Rida, R. Vyas, L. Yang, S. Nikolaou and M. M. Tentzeris, 'Progress towards the first wireless sensor networks consisting of inkjet – printed, paper – based RFID – enabled sensor tags,' Proceedings of the IEEE, vol. 98, no. 9, pp. 1601 – 1609, 2010.

[47] M. Grudén, A. Westman, J. Platbardis, A. Rydberg and P. Hallbjomer, 'Reliability experiments for wireless sensor networks in train environment,' in Wireless Technology Conference, Rome, 2009.

[48] B. Han, S. Ding and X. Yu, 'Intrinsic self – sensing concrete and structures: A review,' Measurement, vol. 59, pp. 110 – 128, 2015.

[49] A. Ramos, D. Girbau, A. Lazaro and R. Villarino, 'Wireless concrete mixture composition sensor based on time – coded UWB RFID,' IEEE Microwave and Wireless Components Letters, vol. 25, no. 10, pp. 681 – 683, 2015.

[50] T. J. Lesthaeghe, S. Frishman, S. D. Holland and T. J. Wipf, 'RFID tags for detecting concrete degradation in bridge decks,' Institute for Transportation at Digital Repository @ Iowa State University, Iowa, 2013.

[51] Y. Huang, X. Liang, S. A. Galedar and F. Azarmi, 'Integrated fiber optic sensing system for pipeline corrosion monitoring,' Pipelines, vol. 2015, pp. 1667 – 1676, 2015.

[52] J. H. Kim, G. Sharma, N. Boudriga, S. Iyengar and N. Prabakar, 'Autonomous pipeline monitoring and maintenance system: A RFID – based approach,' EURASIP Journal on Wireless Communications and Networking, vol. 2015, pp. 1 – 21, 2015.

[53] G. Y. Tian, 'Health Monitoring of Offshore Wind Farms (HEMOW),' 2011 – 2015. Online. Available: www. hemow. eu.

[54] A. A. Carulla, J. C. Farrarons, J. L. Sanchez and P. M. Catala, 'Piezoelectric harvester – based self – powered adaptive circuit with wireless data transmission capability for structural health monitoring,' in Design of Circuits and Integrated Systems, Estoril, 2015.

[55] S. M. Potirakis, B. Nefzi, N. A. Tatlas, G. Tuna and M. Rangoussi, 'A wireless network of acoustic sensors for environmental monitoring,' Key Engineering Materials, vol. 605, pp. 43 – 46, 2014.

[56] C. Grosse, G. McLaskey, S. Bachmaier, S. D. Glaser and M. Krüger, 'A hybrid wireless sensor network for acoustic emission testing in SHM,' in The 15th International Symposium on Smart Structures and Materials & Nondestructive Evaluation and Health Monitoring San Diego, 2008.

[57] X. Ye, Y. Su and J. Han, 'Structural health monitoring of civil infrastructure using optical fiber sensing technology: A comprehensive review,' The Scientific World Journal, vol. 2014, pp. 1 – 11, 2014.

[58] X. Qing, A. Kumar, C. Zhang, I. F. Gonzalez, G. Guo and K. K. Chang, 'A hybrid piezoelectric/fiber optic diagnostic system for structural health monitoring,' Smart Materials and Structures, vol. 14, pp. 98 – 103, 2005.

[59] V. Raghupathi and K. K. Sangeetha, 'Automatic DAQ for intrinsic optical fiber PH sensors using wireless sensor network,' International Journal of Advanced and Innovative Research, vol. 4, no. 4, pp. 151 – 158, 2015.

[60] B. Zhou, S. Yang, T. Sun and K. T. Grattan, 'A novel wireless mobile platform to locate and gather data from optical fiber sensors integrated into a WSN,' IEEE Sensors Journal, vol. 15, no. 6, pp. 3615 – 3621, 2015.

[61] A. Deivasigamani, A. Daliri, C. H. Wang and S. John, 'A review of passive wireless sensors for structural health monitoring,' Modern Applied Science, vol. 7, no. 2, pp. 57 – 76, 2013.

[62] S. Caizzone and E. DiGiampaolo, 'Wireless passive RFID crack width sensor for structural health monitoring,' IEEE Sensors Journal, vol. 15, no. 12, pp. 6767 – 6774, 2015.

[63] S. Caizzone, E. DiGiampaolo and G. Marrocco, 'Wireless crack monitoring by stationary phase measurements from coupled RFID tags,' IEEE Transactions on Antennas and Propagation, vol. 62, no. 12, pp. 6412 – 6419, 2014.

[64] B. S. Tripathi, M. K. Shukla and M. K. Srivastava, 'Performance enhancement in wireless sensor network using hexagonal topology,' in Communication, Control and Intelligent Systems, Mathura, 2015.

[65] A. Nayebi and H. S. Azad, 'Optimum hello interval for a connected homogeneous topology in mobile wireless sensor networks,' Telecommunication Systems, vol. 52, pp. 2475 – 2488, 2013.

[66] M. Abdelhakim, J. Ren and T. Li, 'Mobile access coordinated wireless sensor networks—Topology design and throughput analysis,' in IEEE Global Communications Conference, Atlanta, 2013.

[67] M. Li, Z. Li and A. V. Vasilakos, 'A Survey on topology control in wireless sensor networks: Taxonomy, comparative study, and open issues,' Proceedings of the IEEE, vol. 101, no. 12, pp. 2538 – 2557, 2013.

[68] C. Y. Lee, L. C. Shiu, F. T. Lin and C. S. Yang, 'Distributed topology control algorithm on broadcasting in wireless sensor network,' Journal of Network and Computer Applications, vol. 36, pp. 1186 – 1195, 2013.

[69] E. K. Lua, J. Crowcroft, M. Pias, R. Sharma and S. Lim, 'A survey and comparison of peer – to – peer overlay network schemes,' IEEE Communications Surveys & Tutorials, vol. 7, no. 2, pp. 72 – 93, 2005.

[70] E. Gelal, G. Jakllari, S. V. Krishnamurthy and N. E. Young, 'Topology management in directional antenna – equipped Ad Hoc networks,' IEEE Transactions on Mobile Computing, vol. 8, no. 5, pp. 590 – 605, 2009.

[71] P. Sethi, D. D. Juneja and D. N. Chauhan, 'A mobile agent – based event driven route discovery protocol in wireless sensor network: AERDP,' International Journal of Engineering Science & Technology, vol. 12, pp. 8422 – 8429, 2011.

[72] H. F. Rashvand and J. M. A. Calero, Distributed sensor systems: practice and applications, Chichester: John Wiley & Sons, 2012.

[73] N. J. Harvey, M. B. Jones, S. Saroiu, M. Theimer and A. Wolman, 'Skipnet: A scalable overlay network with practical locality properties,' Networks, vol. 34, pp. 1 – 36, 2003.

[74] D. Wentzlaff, C. Gruenwald, N. Beckmann, K. Modzelewski, A. Belay and L. Youseff, 'A unified operating system for clouds and manycore: fos,' MIT Computer Science and Artificial Intelligence Laboratory, Cambridge, 2009.

[75] M. Villari, A. Celesti, M. Fazio and A. Puliafito, 'Alljoyn lambda: An architecture for the management of smart environments in IoT,' in 2014 International Conference on Smart Computing Workshops, Hong Kong, 2014.

[76] P. Costa, G. Coulson, R. Gold, M. Lad, C. Mascolo and L. Mottola, 'The RUNES middleware for networked embedded systems and its application in a disaster management scenario,' in Fifth Annual IEEE International Conference on Pervasive Computing and Communications, White Plains, 2007.

[77] M. M. Wang, J. N. Cao, J. Li and S. K. Dasi, 'Middleware for wireless sensor networks: A survey,' Journal of Computer Science and Technology, vol. 23, no. 3, pp. 305 – 326, 2008.

[78] T. Ahlborn, R. Shuchman, L. Sutter, C. Brooks, D. Harris and J. Burns, 'The state – of – the – practice of modern structural health monitoring for bridges: A comprehensive review,' National Academy of Sciences, Washington, DC, 2010.

[79] C. J. Lissenden and J. L. Rose, 'Structural health monitoring of composite laminates through ultrasonic guided wave beam forming,' NATO Applied Vehilce Technology Symp. on Military Platform Ensured Availability Proc, Pennsylvania, 2008.

[80] L. Borkowski, K. Liu and A. Chattopadhyay, 'Fully coupled electromechanical elastodynamic model for guided wave propagation analysis,' Journal of Intelligent Material Systems and Structures, vol. 24, no. 13, pp. 1647 – 1663, 2013.

[81] R. V. Kranenburg and A. Bassi, 'IoT challenges,' Communications in Mobile Computing, vol. 1, pp. 1 – 5, 2012.

[82] J. Liu, J. Li, W. Li and J. Wu, 'Rethinking big data: A review on the data quality and usage issues,' ISPRS Journal of Photogrammetry and Remote Sensing, vol. 115, pp. 134 – 142, 2016.

第19章 工业无线传感器网络通信中的误差表征和解决之道

19.1 引 言

工业自动化是无线通信技术未完全成熟的领域之一,主要发展障碍是标准工业无线传感器网络(IWSN)无法应对工业环境的物理和电磁特性,导致可靠性不足。例如闭环控制等对安全性要求极严的应用,通常要求通信可靠性超过99.999%,数据传输应具有毫秒级的延迟。另一方面,工业现场的无线传播条件变化剧烈,经常导致大量的数据包丢失和长时间的通信中断,这是上述安全要求苛刻的应用所无法容忍的。

工业无线技术目前仅针对过程控制进行了标准化,尽管存在几种基于 IEEE 802.11 的专用解决方案(例如西门子的 iWLAN[1]),但事实上 IEEE 802.15.4—2006[2] 是工业无线技术的标准。所有 3 个主要 IWSN 标准——WirelessHART[3]、ISA 100.11a[4] 和 WIA – PA[5],它们的物理层都符合 IEEE802.15.4—2006 规范的 2.4GHz 风格。虽然未来人们可以期待对 3 种标准的重新思考和最终趋同,但是弥合期望与现实之间差距的第一步是对错误属性进行全面分析。三者融合可能涉及更高层,因为更高层是 3 个标准差别最大的地方。尽管如此,即使标准的融合会显著改变物理层,但比特错误和符号错误的统计特性仍将与当今技术基本相同,因为这些属性是错误源所固有的,而不在于任何特定的技术。

工业无线标准的目标领域——自动化,包括 3 个具有不同通信要求的子领域:过程自动化、工厂自动化和楼宇自动化[6]。这种多样性可能是为什么在 IWSN 标准中仅对某些通信功能进行简要概述的原因,有时甚至仅停留在推荐级别,这种不完善的好处使它留下了足够的改进空间。

IWSN 通信中 2 个最理想的特性是最大限度地提高通信可靠性和对通信故障的快速反应。这是所有通信领域的共同特征,但关键 WSN 应用中的推理路线与传统 WSN 的推理路线根本不同。对任务完成要求极严的应用,规定在第一次尝试时就要力求实现成功传输的概率最大化。相反,工业 WSN 标准中基于时分多址(TDMA)的重传机制存在的一个明显问题是在下一个时隙中通常不可能进行重传。也就是说,除非节点在超帧内基于竞争的时隙中占据信道,否则必须等待分配给相应发射机的下一个时隙才能进行重传,而在这种情况下,节点通常会选择发送新的传感器测量值而不是坚持重发以前的错误数据。

本章有2个主要目标:首先说明环境对2.4GHz工业无线通信的较低层的影响,并讨论IWSN信号的比特级和符号级影响,然后通过几个例子说明使性能更接近要求的方法。WSN通信标准严格定义信号波形和其他物理层属性,因此可以在数据链路层(DLL)及MAC层的设计空间中找到更高可靠性的解决方案。在举例说明工业环境对通信质量的影响之前,必须单独讨论工业无线的影响因素。

19.2　IWSN通信中的影响因素

19.2.1　物理因素

工业环境有多种情况:从地下矿井到工厂。本章的重点是最常见的设施——传统工厂。工厂中的无线信道条件与办公环境中的情况明显不同,因为工业环境中有多种因素使无线通信复杂化。

传感器布设:工业设施是专为适应工业过程而设计的,除了将网关设置在工厂大厅的显著位置之外,几乎没有考虑通信问题。所讨论的工业过程必须在严格定义的点位处采样,因此无线传感器设备的部署位置是固定的,通常不可能在传感器之间建立视距(LOS)通信。如果拓扑结构中某传感器节点的位置远离网络其余部分,超过了通信可接受距离,则必须考虑引入中继,代价是需要使用超帧中的附加时隙。

反射表面:工业机械和工厂墙壁大多被金属包裹或由金属制成,它们是极好的电磁波反射器。这种丰富的反射表面同时具有积极和消极的影响。信号衰减是能量守恒定律的直接结果,但多径衰落却是源于周围物体的信号反射。在接收机处存在因多径带来的多个信号副本往往会导致接收信号强度的剧烈变化。事实上,多径传播既是无线通信的推动者,也是无线通信的阻碍者。从好的方面来说,它有助于实现在没有LOS的情况下进行通信,而在不利的情况下,它在接收机处引起多个具有不同延迟和相位的信号副本,这些信号的破坏性叠加可以将接收信号功率降至接收阈值以下。相反,高吸收性工业环境(如纸仓,见图19.1)的特性使得即使采用多天线技术(如分集和多输入多输出(MIMO)),在没有LOS的情况下通信也几乎没有改善[7]。

开放空间布局:尽管对于室内无线通信而言,没有墙壁遮挡通常更加有利,但工业环境中开放式布局的目的是容纳超大尺寸的生产设备和机器(例如可以跨越多个楼层的锅炉),它们占据工厂的很大一部分空间。图19.2中对此进行了举例说明,其中木材破碎机和中央锅炉占据造纸厂大厅约30%的水平横截面积。此类大物体(换句话说,障碍物)引起广泛的阴影,并且缺少尖锐的边缘,因此并不总能发生衍射来进行通信。

图 19.1　高度吸收的工业环境(瑞典 Hyltebruk 造纸厂的纸卷仓库)

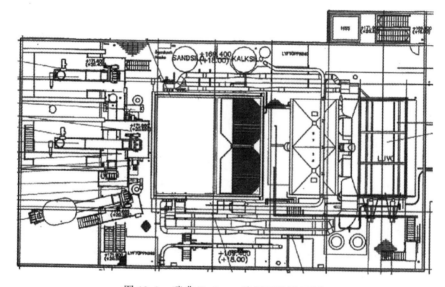

图 19.2　瑞典 Borlänge 造纸厂的平面图

　　移动障碍:工作人员和移动机械,如无线控制的起重机、叉车和卡车,往往会对无线传播产生重大影响。移动杂波的影响有两个方面。首先,由于接收机处存在大量信号分量,远离发射机和/或接收机的环境中的物体移动不会显著影响功率延迟分布[8]。但是,如果一个大的障碍物太靠近链路上的发射机或接收机,那么由阴影引起的中断可能会持续很长时间。手动生产线在这方面是一个有趣的案例,因为人类与无线传感器的接近会导致密集的小规模衰落和链路中断[8]。

19.2.2　电磁干扰

　　外部电磁干扰源可分为有意辐射器(如无线通信系统)和无意辐射器(如产生杂散电磁辐射的工业机械)。与普遍看法相反,前期的研究表明大多数无意辐射器不会影响 ISM 频段的无线通信,因为大多数无意辐射器的发射频率位于 1.5GHz 以下[9]。一个值得注意的例外是微波炉,它被用于某些工业部门(如橡胶工业),在整个 2.4GHz 频段产生强烈的脉冲干扰。表 19.1 显示了典型工业机械产生的干扰频率。

表 19.1　典型工业机械产生的干扰频率

工具类型	频段/MHz	工具类型	频段/MHz
变频器	<200	变频器	<0.2
冲床	<1600	开关设备	<5
数控切割器	<400	继电器	<100
激光切割机	<1700	驱动器	<0.02
织机	<2000	感应加热器	<5
电弧焊机	<50	资料来源于文献[10-11]	
点焊机	<150		

对 IWSN 的同道干扰的主要来源是 2.4GHz 频段中共存的无线通信系统,最显著的是 WLAN 和蓝牙网络。蓝牙技术采用 79 个可用频点,每秒跳频超过 1600 次,而 WLAN 网络是 IWSN 通信的最大威胁。WLAN 设备的最大发射功率(100mW)超过其 IWSN 对应的 10 倍,一个 WLAN 信道跨越 4 个 IWSN 信道(图 19.3)。另一个问题是 WLAN 干扰甚至可能从相邻设施泄漏,因此仅在感兴趣的设施中关闭 WLAN 通信可能仍是不够的。最后,本章并没有考虑内部干扰源,因为它们是任何类型的基于竞争的通信所固有的,而不是专门针对 IWSN 通信。

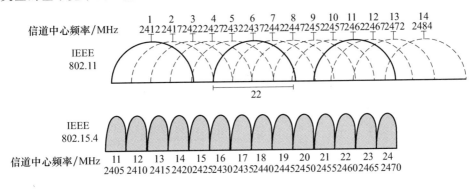

图 19.3　IEEE 802.15.4—2006 频谱与 IEEE 802.11 频谱在 2.4GHz 处的重叠[12]

19.2.3　信号畸变的表现形式

传播环境主要影响信号波形,进而影响码片级、比特级和字节级。在 2.4GHz 的 IEEE802.15.4—2006 通信的情况下,信号失真将导致偏移四相相移键控(OQPSK)解调器的直接序列扩频(DSSS)码序列解码错误,最终导致比特错误。

自从大约 10 年前首次对 WSN 通信进行标准化以来，工业环境中 IEEE 802.15.4 波形失真的研究一直备受关注。相关文献主要研究路径损耗建模和信道脉冲响应测量，通常采用均方根时延扩展、相干带宽和相干时间。工业环境中常常能观察到数十或数百纳秒量级的信号扩展[13]，同时具有对数正态分布的大尺度衰落和近似莱斯分布的小尺度衰落[8]。尽管人们已经通过实验验证了路径损耗具有类似莱斯分布和瑞利分布的衰落行为，但文献[6]研究报告中给出的衰落率为 30 ~ 40dB[6]，这表明在某些环境中的衰落分布实际上具有重尾分布特性。

然而波形失真并不是本章的重点，这主要是由于以下两个原因。首先，IWSN 标准对调制和脉冲整形进行了严格定义，这意味着任何改变都将违反相对标准。这些信息可能用于信号处理设计，这可能会增加硬件的价格。其次，3 个主要的 IWSN 标准具有几乎相同的物理层（均基于 IEEE 802.15.4—2006），并且它们的最终融合很可能不会影响信号波形。因此，本章介绍的提高可靠性方法主要是对数字领域进行干预，也就是操纵 DSSS 的码片、比特和符号。本章将重点从两个不同的角度研究 IWSN 的传输错误。首先，讨论通过一系列工业环境中的测量所获得的基于硬件的信道质量统计特性，然后说明比特级和符号级的误差变化。基于这些错误模式，概述用于提高通信可靠性的若干概念。

在 IWSN 实验研究中常见测试目标是环境对服务质量参数的影响，例如失败的轮询次数、警报延迟、周期时间和往返时间[14]。但重要的是要注意这种数据包级的测试仅用于对提出的解决方案进行评估，而将它们作为数据包恢复方案的设计输入几乎没有任何价值，因为特定实验中数据包丢失的测量结果无法外推到一般性结论。换句话说，数据包传输率测量应该是迭代设计过程的最后阶段（评估阶段），而不是第一步（设计过程的输入）。相反，比特级误差和符号级误差的结果更准确，且错误模式的观察更容易泛化，因此应该基于对出错数据包内部的错误模式观察来设计数据包恢复算法。这就是为什么本章中的数据包丢失率仅用于对所提出解决方案的性能评估，而不是对一般的传播效果评估。

19.3　不良信道上的链路质量统计

IEEE 802.15.4—2006 标准规定所有兼容设备必须为每个接收的数据包提供两个基于硬件的信道质量指标：接收信号强度指示（RSSI）和链路质量指示（LQI）。这种二分法的目的是获得两个互补的硬件质量指标，其协同作用将提供对信道质量的全面了解。这两个指标具有互补性：RSSI 对接收信号的功率进行量化，而 LQI 对信号纯度即信道造成的失真进行量化。

RSSI 和 LQI 是仅有的能够从 IEEE 802.15.4—2006 接收机直接观察到的量。它们的另一个优点是可以基于每个数据包来测定，而不像数据包传输率那样需要通过对多个传输数据包的平均来计算得到，后者只能提供有关丢包的粗略原因。

此外,RSSI 和 LQI 不需要额外的计算,也不依赖于时间同步。这些特性使它们特别适用于那些需要快速评估信道质量的应用。

在不良信道条件下评估上述两个基于硬件的指标,其评估的可信度对 IWSN 非常重要。它们的目的是准确地量化信道状态,因此被用于大量的 WSN 功能中——从信道接入和定位,到路由和传输功率控制。本章将重点研究信道对两个指标值的影响,以及它们对于信道质量快速准确判定的可信度。

19.3.1 接收信号强度指示

RSSI 定义为接收信号的原始功率平均值,其主要缺点是商用货架(COTS)收发器中的 RSSI 测量模块没有区分有用信号和干扰。RSSI 值是采样时刻测得的信道总能量,这可能存在问题,因为许多基于 RSSI 的 WSN 协议都假设信道质量与 RSSI 成正比。因此,对受到严重干扰的链路的 RSSI 测量可以返回非常高的 RSSI 值,而关于信道质量指标的文献中经常忽略这一点。另一方面,在没有干扰的情况下,如果链路不在"灰色区域":不稳定状态,RSSI 确实可以准确地表征信道特性。

19.3.2 链路质量指示

IEEE 802.15.4—2006 标准没有规定 LQI 的计算方法,具体实现由设备制造商决定。该标准甚至允许在 LQI 计算中使用 RSSI,这似乎违背了它们互补的想法。作为应用最广泛的 WSN 收发器芯片之一,得州仪器(以前的 Chipcon)生产的 CC2420[15],以及许多新的收发器芯片组,都是采用 CORR 的形式(接收的码片序列与其估计之间的相关量)来计算 LQI。CC2420 的说明书建议将 LQI 表示为 LQI = (CORR − a) * b,其中 a 和 b 是根据用户的可靠性要求凭经验得出的。CC2420 中的 CORR 计算方法如下:

(1)在 250kbit/s 的比特流进行 OQPSK 调制之前,将每 4bit 分组成一个符号并映射到 16 个可能的 32 码片(DSSS)序列之一。

(2)在接收机侧,将每个接收到的符号与所有 16 个可能的码片序列进行相关分析,并且选择最接近的匹配用于解码。

(3)基于最接近的匹配估计,将 CORR 表示为在前导码和帧定界符(SFD)开始之后的前 8 个符号上计算的码片错误率。

CORR 是区间[30,108]内的无单位值,其中值 108 对应于最佳可测量信道质量。在本文的后续部分,CORR 将被称为 LQI。

19.3.3 RSSI 和 LQI 两个指标解读时的模糊性

文献[16]通过在两家造纸厂几处地点进行的测量研究,分析了 RSSI 和 LQI 在 IEEE 802.15.4—2006 不良链路上的特性。在强 WLAN 干扰的链路上,上述两个指标的特性如图 19.4 所示。即使存在无法接受的众多错误数据包(暗点),其

RSSI 值仍然和典型的正确接收数据包(亮点)的 RSSI 值相似,显示没有干扰。LQI 的情况更糟,其中大多数错误的数据包对应极高的 LQI 值,代表典型的优良信道。由此可以得出结论,这两个指标都不能通过其原始形式来快速评估信道质量,而这实际上应该是它们最重要的作用。另一方面,图 19.5 显示了暴露于多径衰落和衰减(MFA)的链路中的 RSSI/LQI 分布。值得注意的是,对于错误的数据包和正确接收的数据包,两者 RSSI/LQI 的分布几乎完全重叠而非明显不同,这清楚地说明了两个指标的模糊性。

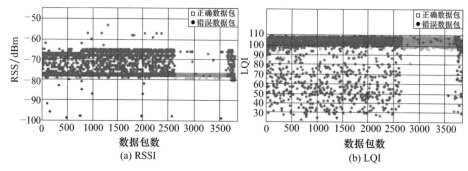

图 19.4　链路暴露于 WLAN 干扰下的误导行为[16](见彩图)

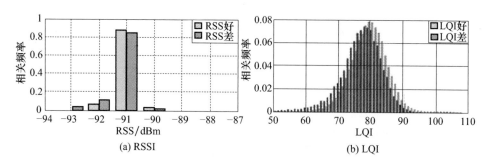

图 19.5　由正确和错误的数据包分别推导出的 RSSI/LQI 概率密度函数的交叠图[16]
(针对暴露于一家造纸厂中 MFA 的链路)

造成这种效果不佳的根本原因是什么?如前所述,干扰信号的存在可能导致 RSSI 增强,但并非必然如此。例如,弱干扰信号可能破坏 IEEE 802.15.4 数据包,导致 RSSI 增加 1~2dB,这不一定表示干扰,因为 RSSI 的标准偏差为 2~3dB,即使在稳定链路上也是如此。同时,在大多数平台上,LQI 是根据码片错误率计算的。其带来的主要缺点即码片错误率是相对于估计的码片序列(最接近的匹配)来计算的,而不一定是相对于实际发送的(真实)序列来计算。关键问题是信道可以改变识别前发送的码片序列,导致接收序列和真实序列之间的汉明距离不是最小的。在这种情况下,严重损坏的符号可能与另一个有效序列非常接近(在汉明意义上),导致极高的 LQI,从而引起了许多问题。因为人们通常认为设备应该可以通过信道质量指标来了解信道质量,然而这些指标的可信度反过来却又受到信道条件的影响。

也许 RSSI/LQI 计算的主要缺点是两者仅根据对 SFD 之后数据包的 8 个符号计算得到,至少 CC24xx 收发器和许多其他流行的芯片组是这样做的。考虑到 WLAN 数据包的持续时间明显小于 WSN,这样短的采样时间远远不足以提供足够的信息。例如,IEEE 802.154—2006 数据包在 2.4GHz 的最大传输时间为 4.256ms,而 IEEE 802.11 - b 和 IEEE 802.11 - g 标准中相应的最大传输时间分别为 1.906ms 和 0.542ms。请记住,在目前流行的 WSN 平台(如 MicaZ、TeloSB 和 TMote Sky)中,C2420 是最广泛采用的 WSN 收发器,显然 RSSI/LQI 采样周期短的问题对商用 WSN 硬件的性能有显著影响。此外,即使在 CC2420 的后续产品(如 CC243x 和 CC253x 系列)中,仍然存在 RSSI/LQI 计算周期不够长的问题。Silicon Labs 的 EM2xx 和 EM3xx 平台是一个例外,它计算前 8 个符号的 RSSI,但 LQI 是在整个数据包上计算得到的码片错误率。

WSN 研究领域对 RSSI/LQI 有一定程度的认识,并且早在 2006 年就开始对不同平台的 RSSI 准确性进行比较研究[17]。相反,那些没有意识到这个问题的作者所提出的方案大多是基于模拟器的,并且没有考虑干扰的存在。常见的针对 RSSI/LQI 可信性问题的建议解决方法是收集数十[18]甚至数百[19]个 RSSI/LQI 读数,并在将这 2 个指标应用于更高层协议之前对值进行过滤。但这种方法并不是工业无线所希望的,因为工业无线应用中的反应时间非常短。

将 RSSI/LQI 的计算周期从 8 个符号扩展到整个数据包,将使接收机能够掌握更多的信道状态信息。然而,这并不能完全解决前面提到的 LQI 推导问题,因为损坏的包已无法作为计算码片错误率的有效参考。另一方面,数据包中的先验已知字节可以用于信道诊断的有效参考。直观地说,在数据包接收时间之外的信道扫描也将有助于获得关于信道状态的更准确信息,但问题是由于所有 IWSN 标准都采用 TDMA,那么应该何时进行扫描。网络使用的当前信道只能在数据包间隔期间进行扫描,而这只占整个时间的一小部分(10ms 时隙内的几毫秒)。一种可能的解决方案是,设备可以不时地跳出信道跳频模式并收听当前时隙中网络未使用的信道。但应该注意的是,在发生事故的情况下,执行带外收听的设备将无法参与紧急通信的传送。

19.4 比特错误和符号错误的统计特性

通信协议设计中应考虑通信错误的统计特性。在理想情况下,通过误差特性分析,有助于找到提高通信可靠性的具体建模方案。在这方面,比特级和符号级错误提供比数据包丢失和延迟更精细的信道状态信息,这是相关研究中最常被观测的参数[14]。

Barac 等[20]分析了工业环境下 IEEE 802.15.4 - 2006 的比特和符号错误。利用在 3 个工业环境中进行 14 天测量所收集的错误模式,分析了与建模决策相关的统计特性。他们观察到由 MFA 引起的错误和 WLAN 干扰引起的错误之间的明显区别,根本原因是一般性错误模式的差异。作者声称比特错误(以及由此引起的符号错误)是稀疏的并且随机分布在被 MFA 破坏的数据包内。而在 WLAN 干扰的情况下,它们出现时更加密集,中间仅间隔很少的正确比特数据。两种情况的典型错误模式如图 19.6 所示。

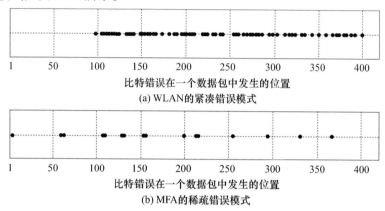

比特错误在一个数据包中发生的位置
(a) WLAN的紧凑错误模式

比特错误在一个数据包中发生的位置
(b) MFA的稀疏错误模式

图 19.6　错误比特的位置(圆点处)[20]

　　Barac 研究中收集的错误模式被用于分析评估 Reed – Solomon(RS)信道码与几种交织码的性能。其中可测量的是数据包恢复率(PSR),它是编码方案能够对错误数据包进行纠错的那一部分。结果发现,这两种模式之间的一般性差异具有许多实际相关的含义。

　　短比特错误突发:工业环境中的信号延迟扩展(×100ns)大约为一个 OQPSK 符号持续时间(在 2.4GHz IEEE 802.15.4—2006 中为 1ms),并且在不良的 IWSN 链路中经常出现连续错误。如图 19.7 所示,对于 MFA 和 WLAN 干扰,比特错误突发长度的第 95 分位数分别为 3bit 和 4bit。因此,考虑到前向纠错(FEC)中的符号大小与解码时间成比例,4bit 编码符号大小是性能和复杂性之间的折中。

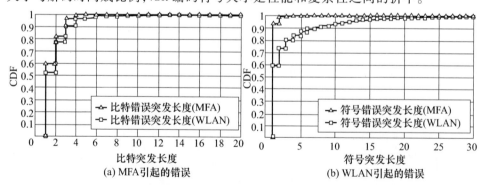

(a) MFA引起的错误　　　　　　　　(b) WLAN引起的错误

图 19.7　在 3 个工业环境下测量 14 天所获的比特错误和符号错误的累积分布函数(CDF)[20]

最佳交织方法:与普遍看法相反,通过复杂交织技术来对符号进行改组并不总是合理的。特别是在测量活动的每个实验中,简单的矩阵符号交织优于螺旋、块和随机交织[20]。其根本原因是在干扰(即密集错误)的情况下,矩阵交织使整个包中的错误密度均衡,并提高了 FEC 码处理它们的能力。同时,交织对于稀疏误差(例如 MFA)没有影响,因为稀疏误差的改组对误差密度几乎没有影响(图 19.8(a))。

符号与比特交织:符号交织比比特交织更有效,因为它在较少的码字上分配错误。换句话说,通过符号交织的一个错误的 m 比特编码符号(损坏的比特数不大于 m)将仅"污染"一个码字,而这种符号的比特交织可以"污染"多达 m 个不同的码字。图 19.8 中验证了符号交织相对于比特交织的优势。

最佳交织深度:干扰下的最佳交织深度等于码字长度,因为该深度实现了空间相邻的符号的最大分离。这可以从图 19.8(b)中观察到,其中 RS(15,7)代码的 PSR 峰值处于 15 个符号(60bit)交织深度。

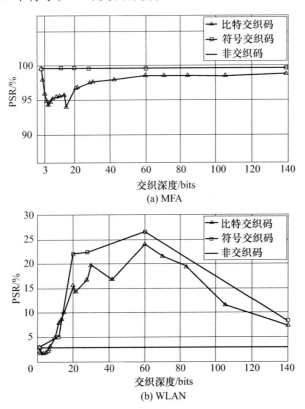

图 19.8　错误跟踪中的比特交织、符号交织和非交织 RS(15,7)码的性能[20]

这些观察可以应用于数据包恢复方案以及信道诊断算法。本章的其余部分将研究基于这些观察的多个解决方案。

19.5 对 策 指 南

安全关键型应用(对安全性要求极高)的高要求决定了 IWSN 通信设计中应同时满足两个方面:协议套件中的一个主动组件应确保尽可能少的数据包丢失,而另一个被动组件应能快速识别任何数据包丢失的原因并采取适当的措施。3 种工业WSN 标准中包含许多丢包的对策,它们本质上是被动式的,可惜不是特别轻便。例如,WirelessHART 标准采用伪随机信道跳频和黑名单以避开被干扰的信道,而冗余路径路由有望解决链路阻塞问题。

遗憾的是,迄今为止尚未开发出用于选择适当对策的信道诊断方法,而且不同层之间没有为此而进行的显著合作。另一方面,从 19.4 节的错误模式研究中可以明显看出,应该通过在协议栈不同层进行优化来提高 IWSN 通信的可靠性。考虑到目标应用的安全关键性,所采取的对策必须快速且紧密地适应数据包损坏/丢失的原因。特别地,理想的可靠性框架应具有如下属性:

- 物理层应优先处理数据包损坏,最好是已经在 DSSS 码片级别上进行处理,其好处是可靠性更高和便于信道诊断。
- 数据链路层应执行损坏的数据包取证并诊断信道状态(是否存在 MFA 或干扰)。即使没有数据包到达接收器,也应进行信道诊断。
- 基于信道诊断结果,较高层应重建路由(如果错误是由 MFA 引起)或调整信道跳变模式(如果存在干扰)。

如前所述,信号波形已经由标准进行了严格定义,若遵守标准则不能改变信号波形。因此,提高通信可靠性的设计空间归结为 DSSS 码片和位级操作。以下小节遵循这一推理路线,并详细解释几种相关技术。

19.5.1 前向纠错和交织

仅仅采用诸如重传和部分数据包恢复之类的技术对于任务关键型 WSN 应用是不够的,此时传输传感器读取的新数据比重传旧数据更加合理。相反,需要采取更加积极主动的方法来减少错误,而前向纠错 FEC 的概念符合这一理念。FEC 的性能已在 WSN 领域得到广泛认可,还能经常对现有 WSN 标准进行改进。此外,尽管 IWSN 中的能耗不如可靠性重要,但从能源效率角度来看,FEC 实际上也是有益的,因为收发器模块是迄今为止传感器节点中最大的能耗单元[21]。先前的研究表明,发送 1 个比特比执行 1 条微控制器指令所消耗的能量多 2700 倍[22],这意味着如果能够避免重传,则消耗在计算中的能量是合理的。

遗憾的是,COTS 设备的计算能力低,限制了 WSN 中可选用的编码方案。尤其是对于 IEEE 802.15.4—2006,其解码时间约束等于 macAckWaitDuration,为0.864ms。WSN 领域的研究人员普遍认为 RS 之类的分组码是复杂性和性能之间的折中。在 COTS 上对于某些数据块长度进行解码的时间小于 $1\mathrm{ms}$ [23]。那些逼近信道容量的编码(例如 turbo 码和 LDPC 码)执行时间较长,无法满足 IWSN 的时间要求,因此不能在工业领域中使用。通过对 FEC 进行简单和小计算量调整来提高可靠性,是在预期的功能更强成本更低的 WSN 硬件上的合理解决方案。下面讨论利用工业无线中的误差统计和确定性来提高通信可靠性的 3 种方法。

19.5.2 DSSS 码片级处理

IEEE 802.15.4—2006 中的波形偏差转换为 DSSS 码片级错误。因此,如果一个 32 个码片的序列被更改到无法识别,则它将被映射到错误的 4 位符号。在 DSSS 码片级抵消信道错误是有望在 IWSN 中提高通信可靠性的工具。遗憾的是,由于以下 2 个主要原因,这个想法在 WSN 研究领域几乎没有受到关注。首先,没有一个 COTS IEEE 802.15.4—2006 平台允许篡改物理层,这就是为什么任何 DSSS 码片级实验的先决条件都是能否使用软件定义的无线平台(如 USRP[24])。其次,IEEE 802.15.4—2006 的每一位对应于 8 个码片,因此人们担心 COTS 设备无法承受由此引发的计算负载。另一方面,直观上大量误差应该尽可能出现在波形 - 码片接口附近。受 WLAN 干扰破坏的数据包中的典型码片错误率(CER)可高达 50% ,这可通过在工业车间暴露于 WLAN 干扰的 IEEE 802.15.4—2006 链路上获得的 CER 的累积分布函数 CDF 来说明,如图 19.9 所示[25]。

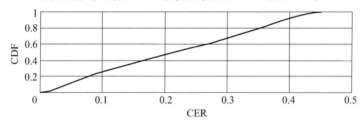

图 19.9　工业车间内受 WLAN 干扰的链路上码片错误率的累积分布函数(CDF)

IEEE 802.15.4—2006 物理层没有对码片序列设计进行严格定义,目前远非最佳,因此具有显著的改进空间。序列之间并非正交而是具有高度的相似性:每个序列可以仅通过循环移位生成 7 个其他的序列,这意味着发生解码错误的可能性非常高。这种设计决策的动机可能是急切盼望硬件实现。

CLAP 协议[25]解决了码片序列设计的问题,该协议要求通过采用对 DSSS 码片的基本操作来重新定义 IEEE 802.15.4—2006 的物理层。CLAP 引入了一组重新定义的 IEEE 802.15.4—2006 码片序列,如表 19.2 所列。CLAP 提出的每个 32 码片序列是相应的 4bit 符号的 7 次重复码表示,由 4 位码片定界符来结束,由此产生的序列比标准规定的序列抗破坏能力更强。在发射机中,序列经过矩阵码片交织,之后可以应用传统的 DLL FEC。图 19.10 显示了 CLAP 的性能,在码片操作之上,CLAP 在 DLL 上使用传统的 RS(15,7)码。根据对工业车间实际误差的评估,相对于传统的 DLL RS(15,7)码和另一种最先进的数据包恢复方案 LEAD,由 WLAN 干扰破坏的数据包的纠错能力提高了 78% ~588%[26]。性能的大幅提升是因为在早期阶段(码片级)进行错误消除的结果。

表 19.2　重新定义的 IEEE 802.154—2006 符号到码片映射[25]

4bit 符号	IEEE 802.15.4 码片序列	新码片序列	4bit 符号	IEEE 802.15.4 码片序列	新码片序列
0x0	0x744AC39B	0x0000000F	0x8	0xDEE06931	0x88888887
0x1	0x44AC39B7	0x1111111E	0x9	0xEE06931D	0x99999996
0x2	0x4AC39B74	0x2222222D	0xA	0xE06931DE	0xAAAAAAA5
0x3	0xAC39B744	0x3333333C	0xB	0x06931DEE	0xBBBBBBB4
0x4	0xC39B744A	0x4444444B	0xC	0x6931DEE0	0xCCCCCCC3
0x5	0x39B744AC	0x5555555A	0xD	0x931DEE06	0xDDDDDDD2
0x6	0x9B744AC3	0x66666669	0xE	0x31DEE069	0xEEEEEEE1
0x7	0xBT44AC39	0x77777778	0xF	0x1DEE0693	0xFFFFFFF0

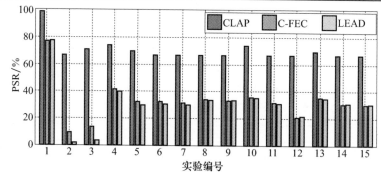

图 19.10　CLAP、传统 DLL FEC(C‑FEC)的最新方法(LEAD)的 PSR 比较(见彩图)

为了评估 CLAP 3 个部分各自的贡献——对码片序列重新定义、码片交织和传统 FEC,我们通过完全成熟的校正能力解决方案对它们各自的贡献进行归一化。根据图 19.11 所示的结果,仅仅通过矩阵码片交织(IM),没有任何额外的操作,其数据包纠错能力几乎与传统的 RS(15,7) DLL FEC(C‑FEC)一样。同时将重新定义的码片序列集与矩阵码片交织相结合(IM + SM),在每次实验中纠错性能都优于 DLL RS(15,7)码。考虑到 RS(15,7)码比简单的矩阵交织要复杂得多,这个结果令人惊讶和鼓舞。CLAP 带来的额外计算开销仅为 OQPSK 解调器(每个 IEEE 802.15.4—2006 接收机中的强制模块)执行时间的 10%,因此其所引起的性能提升远比额外的计算开销要显著得多。

通过对损坏的数据包进行细致观察,可以理解矩阵码片交织为何具有如此高的纠错贡献。图 19.12 显示了交织对每个 32 码片序列的损坏码片数量的影响,其中 IEEE 802.15.4—2006 序列可以承受 5 ~10 个码片错误。该特定数据包在其后端受到 WLAN 干扰的影响,这导致许多序列中产生较高的错误率。图 19.12(b)显示矩阵码片交织将错误负载分配到整个数据包中,因此最终可以恢复数据包。

386

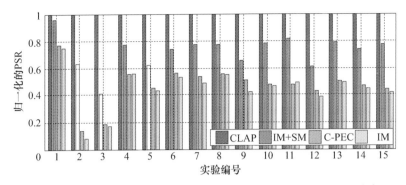

图 19.11 CLAP 的 3 个不同组件相对于完全成熟的解决方案的归一化贡献[25]（见彩图）

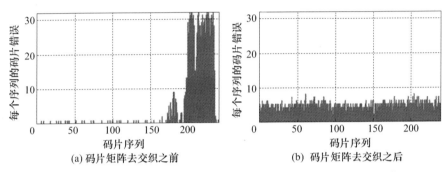

图 19.12 受 WLAN 干扰破坏的数据包中每个码片序列的码片错误数

19.5.3 利用工业无线通信中的确定性信息

提高 FEC 性能的另一种方法是利用相关应用的流量特性。工业无线通信本质上是确定性的,具有严格预定的传输调度、图形路由和主要的 TDMA 信道接入方式。因此,发送数据包中的大部分报头字节值是接收机可预先推断的。这个特征可以通过以下方式实现 FEC。信道编码具有一定的容错能力,表示为编码能够纠正的各码字损坏的符号数。在 n 个符号的码字中具有 k 个信息符号的 RS 码至多可以校正 t 个损坏的比特符号,其中 t 由 n 和 k 决定:

$$t = \left\lfloor \frac{n-k}{2} \right\rfloor$$

如果接收机事先知道某些数据包头字段的值,那么即使这些字段被破坏,也将在解码过程中纠正过来。反过来,因为码字中正确符号的数量将增加,这在许多情况下将有利于数据包中其他字节的可纠错性。换句话说,可以减少被破坏的符号数,也许会小于 t,从而导致整个码字的恢复。利用输入数据包中已知字节的另一个显著优点是同样可以从损坏的数据包获得用于 LQI 计算的正确参考信息。

在所有 WirelessHART 数据包类型中,可推断包头的字节数都很重要。WirelessHART 数据包的 37 个包头字节中至少有 14 个在整个网络存续期内是不变的,或者几乎在任何给定的时间点都可由接收机来预测。例如,IWSN 中的介质访问是 TDMA 和基于竞争的访问这两种方式的混合(TDMA 占据每个超帧的大部分),因此超帧中 TDMA 部分的 DLL 源地址和目标地址字段是预先已知的,因为两者都是发射机和接收机在每个时隙中预先确定的。另一个例子是绝对时隙数字段,参与网络的所有节点必须随时获知。表 19.3 显示了所有类型的 WirelessHART 数据包中可推断字节数占数据包总字节数的百分比,称为掩码占比(RSM,Relative Size of the Mask)。尽管 WirelessHART 的数据包中可推断字节数的占比是 11% ~ 35%,但对于控制包,该占比范围为 47% ~70%。

表 19.3　各类 WirelessHART 数据包中的可推断字节数

包类型	可推断字节数	RSM/%
数据	37 个头字节中的 14 个	11 ~ 35
认可	19 个头字节中的 9 个	47
广播	26 个头字节中的 14 个	54
保持活动	16 个头字节中的 9 个	56
断开	10 个头字节中的 7 个	70

文献[27]中将基于 IWSN 确定性概念的解决方案((利用确定性进行数据包恢复)PREED)与传统的比特和符号交织的 DLL RS(15,7)码以及数据包恢复方案 LEAD[26]进行了比较。LEAD 最初是针对 IEEE 802.11 网络提出的,它与 PREED 基本思想相同,但 LEAD 中应用的交织是比特级的,如前所述,它不如符号交织。使用来自工业环境的实际错误迹线来完成 PREED 与其他方法的比较。根据图 19.13 所示的结果,在大多数情况下,PREED 能够使数据包可纠错性提高 42% ~ 134%,而第二种最佳方法是 DLL 符号交织 RS(15,7)码。

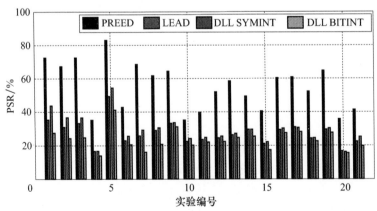

图 19.13　PREED 对暴露于强 WLAN 干扰的链路引起的数据包可纠错性的提升[27](见彩图)

上述 PREED 概念可以在大多数网络生命周期中使用,但其中例外情况是加入阶段、超帧中基于竞争的部分,以及由于报头字段值更新导致接收机无法预测而产生的中断。此时可以通过引入专用标志(如帧长度字节中的未使用位)和更新包头字节知识的机制来处理这些情况。

19.5.4 信道诊断和无线资源管理

为了使网络能够正确地应对数据包丢失和通信中断,必须确定数据包丢失的原因,因为没有任何单一的补救措施能够同时处理 MFA 和干扰。例如,由链路阻塞和阴影引起的数据包丢失应通过激活冗余路径,重建路由来解决,这是 IWSN 标准中的一项强制性功能。但是在干扰的情况下,重建路由将无济于事,唯一恰当的措施是设置黑名单并避开受干扰的信道。WirelessHART 在无线电资源管理领域遇到了几个问题[28]:首先,该标准缺乏信道诊断框架;其次,信道黑名单依靠手动设置而非自动操作;再次,各个节点报告不良信道的过程是不确定的,因此不清楚网络管理员将如何维护黑名单;最后,将新信道添加到黑名单会导致伪随机跳频计算中的扰动,此外在整个网络中传达此更改比分发更新路由表更加困难。ISA100.11a 和 WIA - PA 标准允许在多个时隙上使用相同的信道,这意味着解决这些问题可以更加容易。本章通过讨论一种可能的信道诊断方法来处理第一个问题。

如前所述,RSSI 和 LQI 不应被用作信道诊断的主要工具,因为它们有明显的模糊性[16],因此必须考虑其他了解信道条件的方法。从这个意义上讲,MFA 和干扰在错误覆盖上的差异可用于诊断数据包丢失的原因。前期的研究表明,分析损坏数据包中的比特和符号错误特征可以实现相对准确的信道诊断,精度优于90%。但是对于时间要求严格的通信而言,使用比特错误模式的解决方案(其中使用正确的数据包副本来推断错误特征[29-30])是不合适的,因为可能需要延长时间通过重发来获得正确的数据包副本。信道诊断领域的另一个共同缺点是,通常只考虑诊断的准确性,而不对速度及其对数据包丢失的影响进行任何评估,也就是在重新建立通信之前丢失了多少数据包。

LPED 算法是一种数据包取证的模式转换和信道诊断方法[31]。LPED 利用了在损坏的数据包上 MFA 导致稀疏符号错误而 WLAN 干扰引起的错误紧凑且更加密集这一事实,如图 19.6 所示。如果接收机可以获得关于数据包中损坏符号的位置信息,则能够通过设置符号误差密度的阈值来区分 MFA 和 WLAN。

此时的关键问题是接收机如何确定错误密度,但同时避免获得正确的数据包副本所需的耗时重传。为了计算错误密度,LPED 采用了一种新颖的 RS 信道编码:除了纠错之外,信道码还被用于识别被破坏的数据包内的错误符号位置(这是传统解码中的一个阶段),使得可以在不获得正确数据包的情况下推断错误模式和数据包丢失的原因。在估计错误密度之后,使用阈值来区分 MFA 和 WLAN 干扰。应该注意的是,即使在没有数据包的情况下,也就是接收机甚至没有获得数据包时,信道诊断算法也必须能够进行信道诊断。

图 19.14 显示了矿物加工设施的现场测试结果,其中通信链路暴露于严重的

WLAN 干扰或 MFA 中，并且测量了重新建立通信之前丢失的数据包数量。在 LPED 之上添加了一个简单的 RSSI 采样算法，以解决数据包前导码被破坏以至于根本没有接收到数据包的情况。为了避免对网络范围的数据包丢失情况进行平均的问题，所有的结果都是指单个链路。通过结果分析，在最差的观察情景中，在 LPED 设法通过重建路由（诊断为 MFA）或信道跳频（诊断为 WLAN 干扰）来重新建立通信之前，平均丢失了 2.3 个数据包。注意丢失的数据包计数需要丢失至少一个数据包。考虑到观察结果偏差很小，性能符合控制系统中的常见做法，在调用故障安全模式之前，容许 3 个连续数据包中最多 2 个丢失[6]。

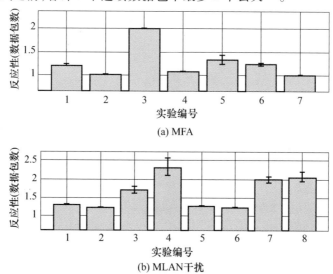

(a) MFA

(b) MLAN干扰

图 19.14　链路处于不同条件下重建通信前平均丢失的数据包数量[31]

　　还有可能同时发生 MFA 和干扰的问题，尽管这种情况相对较少（一项研究中显示 10000 例发生过一次[31]）。WLAN 造成的符号错误比 MFA 引起的错误更加密集，因此在单个数据包上叠加两种错误模式很可能会导致诊断结果为 WLAN 干扰。此外，不应忘记在这种情况下，重建路由和信道跳频都是必要的，因此两个因素（MFA 或 WLAN）将被逐个诊断并依次解决。如果诊断算法包括"无法确定"诊断结果，则此类决策的最大允许连续数应限制为 2 个或 3 个，之后应随机选择对策。

19.6　小　　结

　　由于无法应对工业环境中的恶劣传播条件，目前的 IWSN 标准无法满足底层应用的高可靠性要求。设计轻量级和抗毁性解决方案的第一步是彻底研究错误的性质。为此，本章详细介绍了 IWSN 信号的比特级、符号级和 DSSS 码片级的错误特征。WLAN 干扰造成的错误特征与 MFA 造成的错误特征有所区别。

在简要概述工业环境中的影响因素后,本章讨论了对 IWSN 信号的比特级和符号级影响,之后在几个实例中说明了提升性能以满足需要的方法。WSN 通信标准严格定义了信号波形和其他物理层属性,因此可以在 DLL 和 MAC 层的设计空间中找到更高可靠性的解决方案。在举例说明工业环境对通信质量的影响之前,必须单独讨论工业无线通信的影响因素。

按照研究路线,结果表明通过直接操作比特、符号和 DSSS 码片,可以从实质上提高可靠性。此外,本章还展示了如何利用 IWSN 通信中的确定性来提高通信可靠性。最后,利用不同影响因素的误差特征的差异解决了信道状态诊断问题。很明显,这是未来 IWSN 解决方案应该考虑的推理路线。

参 考 文 献

[1] Siemens SCALANCE W website:http://www.siemens.com/

[2] IEEE 802.15.4 Standard:Wireless medium access control(MAC)and physical layer(PHY)specifications for low – rate wireless personal area networks(WPANs),2006,pp. 1 – 323.

[3] HART Communication Foundation website:http://www.hartcomm.org/

[4] Industrial Society of Automation website:http://www.isa.org/

[5] Chinese Industrial Wireless Alliance website. http://www.industrialwireless.cn/

[6] J. Åkerberg, M. Gidlund, T. Lennvall, K. Landernäs, M. Björkman, Design challenges and objectives in industrial wireless sensor networks, in Industrial Wireless Sensor Networks:Applications, Protocols and Standards. CRC, 2013, pp. 79 – 97.

[7] J. Ferrer Coll, P. Ängskog, J. Chilo, P. Stenumgaard, 'Characterisation of highly absorbent and highly reflective radio wave propagation environments in industrial applications,' in Communications, IET, vol. 6, no. 15, pp. 2404 – 2412, 2012

[8] Tanghe, E., Joseph, W., Verloock, L., et al., 'The industrial indoor channel:large – scale and temporal fading at 900, 2400, and 5200 MHz,' in Wireless Communications, IEEE Transactions on, vol. 7, no. 7, pp. 2740 – 2751, 2008.

[9] O. Staub, J. – F. Zurcher, P. Morel, A. Croisier, 'Indoor propagation and electromagnetic pollution in an industrial plant,' in Industrial Electronics, Control and Instrumentation, IECON, 23rd International Conference on, 1997, pp. 1198 – 1203.

[10] 'Coexistence of wireless systems in automation technology.' Zvei Automation whitepaper, April 2009.

[11] F. Leferink, F. Silva, J. Catrysse, S. Batterman, V. Beauvois, A. Roc'h, 'Man – made noise in our living environments,' in Radio Science Bulletin, no. 334, pp. 49 – 57, 2010.

[12] National Instruments website:http://www.ni.com/

[13] J. Ferrer Coll, Channel characterization and wireless communication performance in industrial environments. PhD thesis, KTH Royal Institute of Technology, Stockholm, 2014.

[14] M. Bertocco, G. Gamba, A. Sona, S. Vitturi, 'Experimental characterization of wireless sensor networks for industrial applications,' in Instrumentation and Measurement, IEEE Transactions on, vol. 57, no. 8, pp. 1537 – 1546, Aug. 2008

[15] CC2420 Texas Instruments Datasheet, 2007.

[16] F. Barac, M. Gidlund, T. Zhang, 'Ubiquitous, yet deceptive: hardware – based channel metrics on inter-fered WSN links,' in Vehicular Technology, IEEE Transactions on, vol. 64, no. 5, pp. 1766 – 1778, 2015.

[17] 17 A. Flammini, D. Marioli, G. Mazzoleni, E. Sisinni, A. Taroni, 'Received signal strength characteriza-tion for wireless sensor networking,' in IEEE Instrumentation and Measurement Technology Conference, IMTC. Proceedings of the IEEE, pp. 207 – 211, 24 – 27 April 2006.

[18] C. A. Boano, T. Voigt, A. Dunkels et al. , 'Poster abstract: Exploiting the LQI variance for rapid channel quality assessment,' in Proceedings of the International Conference on Information Processing in Sensor Net-works IPSN, 2009, pp. 369 – 370.

[19] K. Srinivasan and P. Levis, 'RSSI is under appreciated,' in Proceedings of 3rd Workshop EmNets, 2006, pp. 1 – 5.

[20] F. Barac, M. Gidlund, T. Zhang, 'Scrutinizing bit – and symbol – errors of IEEE 802. 15. 4 communication in industrial environments,' in Instrumentation and Measurement, IEEE Transactions on, vol. 63, no. 7, pp. 1783 – 1794, 2014.

[21] E. Björnemo, 'Energy constrained wireless sensor networks: Communication principles and sensing aspects,' Ph. D. thesis, Uppsala University, Sweden, 2009.

[22] J. H. Kleinschmidt and W. da Cunha Borelli, 'Adaptive error control using ARQ and BCH codes in sensor networks using coverage area information,' in Proceedings of IEEE 20th International Symposium on Personal, Indoor Mobile Radio Communications, 2009, pp. 1796 – 1800.

[23] M. K. Khan, K. Mulvaney, P. Quinlan, et al. , 'On the use of Reed – Solomon codes to extend link margin and communication range in low – power wireless networks,' in Proceedings of 22nd Irish Signals System Con-ference (ISSC), 2011, pp. 124 – 130.

[24] P. Ferrari, A. Flammini, E. Sisinni, 'New architecture for a wireless smart sensor based on a software – de-fined radio,' in Instrumentation and Measurement, IEEE Transactions on, vol. 60, no. 6, pp. 2133 – 2141, 2011.

[25] F. Barac, M. Gidlund, T. Zhang, 'CLAP: Chip – level augmentation of IEEE 802. 15. 4 PHY for error – in-tolerant WSN communication,' in Vehicular Technology Conference (VTC Spring), IEEE 81st, 2015, pp. 1 – 7.

[26] J. Huang, Y. Wang, G. Xing, 'LEAD: leveraging protocol signatures for improving wireless link perform-ance,' in MobiSys, Proceedings of ACM, 2013, pp. 333 – 346.

[27] F. Barac, M. Gidlund, T. Zhang, 'PREED: Packet recovery by exploiting the determinism in industrial WSN communication,' in Distributed Computing in Sensor Systems (DCOSS), IEEE International Conference on, 2015, pp. 81 – 90.

[28] D. Chen, M. Nixon, A. Mok, WirelessHART: Real – Time Mesh Network for Industrial Automation. Spring-er, 2010.

[29] F. Hermans, O. Rensfelt, T. Voigt, E. Ngai, L. – Å. Norden, and P. Gunningberg, 'SoNIC: Classifying interference in 802. 15. 4 sensor networks,' in Proceedings of 12th International Conference on Information Processing in Sensor Networks (IPSN), 2013, pp. 55 – 66.

[30] T. Huang, H. Chen, Z. Zhang, and L. Cui, 'EasiPLED: Discriminating the causes of packet losses and er-rors in indoor WSNs,' in Proceedings of IEEE Global Communication Conference (GLOBECOM), 2012, pp. 487 – 493.

[31] F. Barac, S. Caiola, M. Gidlund, E. Sisinni, T. Zhang, 'Channel diagnostics for wireless sensor networks in harsh industrial environments,' Sensors Journal, IEEE, vol. 14, no. 11, pp. 3983 – 3995, 2014.

392

第 20 章　飞行器可靠无线通信技术中的介质访问策略

20.1　引　　言

机上通信一直是飞机安全飞行的关键。尽管事故报告证明飞机飞行比地面车辆交通安全得多,但人类无法获得安全飞行的直观感受[1],这种对安全的误解迫使飞机制造商几乎不允许造成任何一种失败。

在载人飞行时代的初始阶段,飞机的控制完全是机械的,飞行员给出的任何输入都将通过力的辅助增强传递给相关控制。继而,采用有线飞行控制的模拟电子设备取代了机械输入,法国宇航公司(Aerospatiale)首先采用这种技术在协和飞机上进行了设计安装[2]。目前,数字电子意味着任何类型的输入都可以转换为数字信息,并且可以触发系统中任何位置所需的操作。

数字控制系统带来了飞机中的第一个通信系统,该系统实现了介质共享和各类消息在不同应用中的各自解释。从 20 世纪 80 年代开始,这种方法增强了普通飞机的功能,其中一个例子是 A310。这种方法不需要机械输入,因此有可能实现自动飞行,但是由铜线构成的通信基础设施成为飞机的巨大负担,因此必须用铝线来替换以使通信基础设施重量更轻。

随着飞机上各种应用的数量不断增加,重量问题会愈加凸显。此外,导线的物理限制降低了系统灵活性,因为每个新应用都需要重新规划导线。最重要的是,基础设施的布线规划时间带来了飞机设计的额外成本,而无线通信系统的引入可以很容易地解决这个问题。作为即将推出的 5G 和工业自动化技术的一部分,用于安全应用的超可靠无线通信可成为飞机通信的终极解决方案。未来预计许多类型的通信都是无线的,因此有必要对当前的候选技术进行性能研究。在本章中,我们的目标是聚焦当前技术的重要方面,为未来无线通信可靠性研究提供路线图。

想要更换像飞机中的布线这样大量部署的通信系统,需要进行深入调查。对我们来说可靠性至关重要,但同时还有许多其他要求,而各类不同的应用有着大量不同的要求。随着无线技术的引入,飞机中的每个元件都需要额外的能量来传输信号,因此应该控制每种技术的能耗。虽然某些应用可能需要低功耗通信,但其他一些应用可能将低延迟作为更关键的要求,而另外一些应用则可能将最快数据包中所能携带的最大数据量作为适用性参数。节点密度也是一个问题,因为对乘客和应用的监测将引入大量传感器。初始化时间是无线技术的另一个重要参数,因为如果一个节点由于出错而脱离网络,它必须在尽可能短的时间内重新加入到网络中。

可靠性同样是工厂自动化的重要要求。电气接线是限制执行机构和传感器移动性能的因素之一。为了克服这个问题,工厂中已经开始大量使用无线技术,因此相关技术是飞机应用的重要可选项:

● 工厂自动化的无线传感器和执行器网络(WSAN – FA)是 ABB 发布的基于蓝牙的自动化标准,它起始于一项专有技术,但后来开放了该标准;

● WirelessHART 是 HART 标准的无线版本,它基于 IEEE 802.15.4 的物理层,目前已在工厂自动化中使用。为了进行比较,我们还介绍 IEEE 802.15.4 的标准结构。

此外,还可以考虑除了工厂自动化以外的技术:

● LTE 是最强大的候选技术之一,因为它是众多研究和投资的重点。5G 研究已经开始取代 4G 标准;

● ECMA – 368 标准在短通信范围内具有高数据速率,可以实现真正密集的网络及其使用的超宽带物理层;

● 广泛建立的 Wi – Fi IEEE802.11 标准适用于许多应用。

尽管在无线传感器[3]、个域网[4]和机载传感器[5]等方面开展了许多研究,但没有任何一项研究涵盖飞机通信系统的所有关键方面。与我们的要求最接近的是关于工业自动化的研究,但它们也没有全面考虑飞机应用所需。例如:Islam[6]等详细研究了安全性问题,但对可靠性的研究只是一笔带过;Gungor 和 Hancke[7] 将商用现货(COTS)硬件作为重点;Lee 等[8]采用了各种原有技术,但没有对各项技术在具体应用中的适用性进行评估;Willig 等[9]的研究方法与 Lee 等人相同,但遗漏了一些可能的候选技术,相关文献也已经过时。最重要的是,这些研究中没有一项全面考虑整个飞机通信的可靠性框架,而这是飞机通信的必要条件。为此,我们希望针对可靠性框架,对早期研究[10]中应用的各种候选技术进行详细评估。

本章结构如下:20.2 节利用故障树分析引入可靠性评估框架,以提供安全标准的初始基础;20.3 节介绍对无线技术进行深入研究所需考虑的性能指标;20.4 节介绍各种候选无线技术;20.5 节根据可靠性框架的性能指标对所提出的各种候选技术进行评估;20.6 节进行简要总结。

20.2　可靠性评估框架

在概率评估中,加法符号" + "表示逻辑 OR 函数,而乘法符号" × "表示逻辑 AND 函数。

我们评估的可靠性是指保证系统的某种可用性。此外,飞机上无线通信的可靠性可以通过分层来更好地理解。

图 20.1 中的故障树分析有助于我们对一个应用实例故障进行分解,使用此模型来介绍我们的假设,从系统的安全级别导出最大可容忍通信故障等级。此处考虑一个乘客热传感器应用(PHSA)。我们的目标是涵盖此应用的所有可能方面,然后将其推广到任何其他应用。故障率的第一级来自构成应用的不同子系统:

- 电源系统(P);
- 传感器系统(S);
- 控制系统(C);
- 通信系统(Comm)。

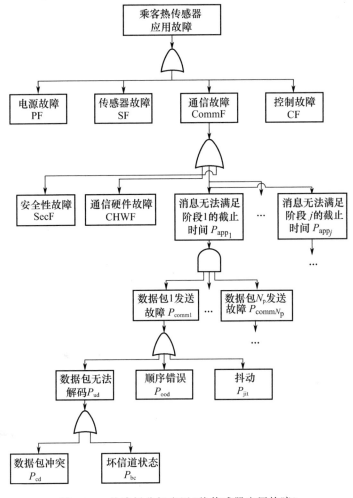

图 20.1　故障树分析应用(热传感器应用故障)

系统故障可以通过各子系统故障的概率表示为

$$P_{\text{PHSA}} = \text{PF} + \text{SF} + \text{CommF} + \text{CF} \tag{20.1}$$

式中,通信失败概率(CommF)能够被进一步分解。导致通信失败的原因很多:通信硬件故障(CHWF)、无法在特定应用 i 所需的截止时间 T_w 前发送消息(P_{app_i})和安全性故障(SecF)。彼此独立传输的大量消息增加了另一种故障的可能性。从而导致 CommF 的结果为

$$\text{CommF} = \text{CHWF} + \text{SecF} + \sum_{i=1}^{j} P_{\text{app}_i} \tag{20.2}$$

式中,j 为在一次飞行中 PHSA 所需的数据包总数,它又可以被进一步分解为单个数据包传输:

$$P_{\text{app}_i} = \prod_{k=1}^{N_p} P_{\text{comm}_k^i} \tag{20.3}$$

其中在时间 T_w 内可能传输 N_p 包数据,k 是传输数据包的索引。

故障树的完整表述为

$$P_{\text{PHSA}} = \text{PF} + \text{SF} + \text{CHWF} + \text{SecF} + \text{CF} + \sum_{i=1}^{j} \prod_{k=1}^{N_p} (P_{\text{comm}_k^i}) \tag{20.4}$$

在分析中,只关注通信失败概率 CommF,这可以使错误率简化为

$$P_{\text{PHSA}} = \sum_{i=1}^{j} \prod_{k=1}^{N_p} (P_{\text{comm}_k^i}) \tag{20.5}$$

如果通信失败概率在一个时间窗口内没有改变,可以采用 AND 运算而无需乘积,如果 P_{comm} 在不同的飞行阶段都没有变化,则 OR 运算可以简化为

$$P_{\text{PHSA}} = \sum_{i=1}^{j} (P_{\text{comm}i})^{N_p} = 1 - (1 - (P_{\text{comm}})^{N_p})^{j} \tag{20.6}$$

最重要的是,如果所有飞行阶段 j 的数据包错误率是恒定的,并且通过线性近似 $(P_{\text{comm}})^{N_p}$ 比 $1/j$ 小两个数量级,则有

$$P_{\text{PHSA}} \approx j(P_{\text{comm}})^{N_p} \tag{20.7}$$

通过故障树分析,现在可以从不同的角度解决问题,通过将可靠性分成 3 个不同的层,以便更好地观察我们所做的假设:

- 传输层:该层涵盖两个节点之间单个数据包的传输。
- 介质访问层:该层包括介质访问控制和资源调度。
- 安全层:该层是应用对通信的可靠性要求。

传输层(TL)需要对数据包成功传输进行解析建模。为了避免分析结果受环境影响,将使用统计数据作为介质访问层(MAL)的输入。最后,假设所分析的应用有一定的可靠性要求,并且了解数据包传输如何与所需的可靠性相关。后续将对这些层分别进行研究,以便提供关于可靠性的完整理解。

20.2.1 传输层

方程式(20.7)中的 P_{comm} 是故障树分析中的传输层,它可以替换为更详细的模

型,以提供更加广泛适用的通信可靠性设计。能够影响该层的参数是编码、调制方案、频带、共存性、传输功率、硬件质量等。

20.2.2　介质访问层

通过将可靠性设置为优化目标,可以对网络中的介质访问进行优化。在介质访问之上可以建立延迟模型,以便在满足延迟要求前,提取出可能需要进行传输的总数。延迟通常被用作一种统计参数,它是指在某特定值的一定百分比范围内。但是在我们的评估中,假设以最大延迟作为传输指标,并基于数据包传输的统计数据来计算传输可靠性。如果假设采用基于预留的介质访问技术,则可以将数据包的延迟分解为

$$T_{delay} = T_{W1} + T_{W2} + T_{SE} + T_p \tag{20.8}$$

式中,T_p 为传播延迟,T_{SE} 为数据包无线发送时间,T_{W2} 为数据包最大的介质访问等待时间,T_{W1} 为数据包缓存等待时间。我们考虑的是短距离通信,因此假设 T_p 可以忽略。根据确定性 R 和泊松到达率来定义 T_{W1},有

$$T_{W1} = \begin{cases} 0, & T_R > \dfrac{1}{\epsilon} \\[2ex] \dfrac{\dfrac{N \cdot \lambda}{\epsilon^2}}{1 - \dfrac{N \cdot \epsilon}{\lambda}} & \dfrac{1}{\lambda} > \dfrac{1}{\epsilon} \\[2ex] \infty & T_R, \dfrac{1}{\lambda} \leqslant \dfrac{1}{\epsilon} \end{cases} \tag{20.9}$$

式中,T_R 为确定性的到达间隔时间,λ 为应用的泊松到达率,ϵ 为数据包的平均服务率。如果 $T_R > 1/\epsilon$,那么缓冲区将始终被清空。如果我们有到达率,则可以计算预期的缓冲等待时间。然而在第三种情况下,系统不能为所有传入的数据包服务,那么延迟将增加到无穷大。对于以下应用,将假设系统规模合适并具有确定性到达率,因此 $T_R > 1/\epsilon$。介质访问最长等待时间 T_{W2} 可以分解为

$$T_{W2} = T_{WC} + (N - 1) T_{SE} \tag{20.10}$$

对于 N 个用户,式(20.10)中的 T_{WC} 是用户允许访问介质前的等待时间,T_{SE} 是一个用户对介质的使用时间。如果一个数据包恰好在另一个数据包开始被发送时生成,则 T_{WC} 的最大值为 T_{SE}。在最坏的情况下,使用 T_{SE} 来替代 T_{WC},所以方程变为

$$T_{W2} = N \cdot T_{SE} \tag{20.11}$$

除此之外,对于短距离通信,假设 T_p 为0,则方程式(20.8)中的延迟可简化为

$$T_{delay} = (N + 1) T_{SE} \tag{20.12}$$

此时定义 $N \cdot T_{SE}$ 为 T_{cyc},即将问题简化为所有 N 个用户按顺序访问介质。至于重传,用户必须等待另一个 T_{W2},我们将其用于重传延迟计算。

此外, T_{cyc} 还可以分解为包括介质访问方案的各个元素,即

$$T_{cyc} = T_{cyc\_control} + T_{cyc\_data} \qquad (20.13)$$

预留时间被分解为控制时间和数据时间。在 $T_{control}$ 中包含信令元素,例如信标时间、预留技术或确认时间。在 T_{data} 中包含了时隙数和时隙大小,其中 $T_{slot} = T_{ack} + T_{synchtol} + T_{packet} + T_{code}$ 包括时隙确认时间 T_{ack}、同步容差时间 $T_{synchtol}$、数据包传输时间 T_{packet} 及用于不同编码的额外时间 T_{code}。这种一般性结构为

$$T_{SE} = T_{control} + T_{ack} + T_{synchtol} + T_{packet} + T_{code} \qquad (20.14)$$

式(20.14)可以用于从任何基于无线预留的介质访问技术中提取 T_{cyc}。然后可以基于式(20.15)通过 T_{cyc} 提取 N_p,给出数据包传输所需的可靠性。

介质访问的预算时间 T_{TW} 是 MAL 的关键参数。此处所建模型是基于以下假设:顺序传输的数据包出现丢失的概率互不相关。首先计算可以在一个时间窗口内发送的数据包数 N_p[11]:

$$N_p = \left\lfloor \frac{T_{TW}}{T_{cyc}} \right\rfloor \qquad (20.15)$$

式中, N_p 也是冗余等级。由此,错误概率可以表示为

$$P_{app} = (P_{comm})^{N_p} \qquad (20.16)$$

20.2.3 安全层

安全层是飞机应用的安全要求[12]与使用 MAL 通信的可靠性要求之间的桥梁。现在我们将遵循故障树分析的假设并使用方程式(20.7),但这样做需要根据错误率而不是错误概率,从安全要求中推导出可用性要求。为此,引入平均飞行持续时间 T_{avg},所有持续时间以小时为单位。平均飞行中的 T_{TW} 值推导如下:

$$\beta = \frac{T_{avg}}{T_{TW}} \qquad (20.17)$$

假设在飞行期间应用的错误率不会改变,因此平均飞行期间的总预期错误数 F 可以通过以下方式给出:

$$F = \beta P_{app} \qquad (20.18)$$

可以利用预期的错误数 F 来推导每个飞行小时的错误率:

$$F_{PHSA} = F_{flight} = \frac{\beta P_{app}}{T_{avg}} = \frac{P_{app}}{T_{TW}} \qquad (20.19)$$

由此可导出

$$F_{PHSA} \cdot T_{TW} = (P_{comm})^{N_p} \qquad (20.20)$$

图 20.2 显示了一个关于飞机平均飞行时间内通信系统故障概率的可靠性简

化框图。并行连接表示冗余(对故障概率的 AND 操作),串行连接表示依赖性(对故障概率的 OR 操作)。

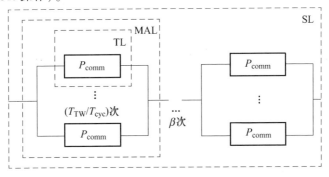

图 20.2　一次平均飞行的可靠性框图(虚线表示各个框架层)

20.3　指标与参数

按照可靠性框架,我们必须提供性能指标和设计参数,以便对各种技术进行清晰的比较。这些性能指标涵盖所有应用,但它们将用于评估特定应用中所使用的技术,因此我们的目标是以一般方式对各种技术进行全面比较。

20.3.1　设计参数

20.3.1.1　周期长度和数据包大小

对于不同的技术而言,时间窗口和许多其他参数将是相同的,但具有特定数据包大小的周期时间将定义实际方案可能实现的冗余。20.4 节将详细介绍如何计算数据包大小和周期时间。尽管如此,计算仍是围绕每个周期的开销来进行的。针对每种技术,详细说明了循环类型,并讨论将更多用户接入到循环中的可能性。我们始终考虑公平调度机制,由于周期时间的限制,在时隙中可服务的用户数量是有限的。但是对于固定数量的用户,每个用户在一个周期内可占有多个时隙乃至最大时隙数,因此我们可以确定恒定的周期长度。如果一个循环中每个用户只有一个时隙,则意味着已经达到了周期的限值。

20.3.1.2　节点密度

无线传感器的部署也给所讨论的通信网络带来了限制。预计在较小区域的设备数量将来只会增加,这意味着通信系统首先应该能够处理目前通信所需的高密度节点,同时还具有足够的容量用于未来可能部署在飞机中的应用。需要重点注意的是,节点密度将不是技术可支持的用户数量,而是通信的密集程度,从而支持给定数量的用户。因此,利用较小的单元来支持更密集的通信是有利的。小区规划的频率分配是在密集小区的情况下需要考虑的另一个问题。

20. 3. 2　性能指标

20. 3. 2. 1　功耗

由于无线传感器将成为飞机通信系统中的一类设备,它们将无需电源电缆而是使用电池来工作。对于这样的应用,为了缩短维护时间,降低通信所使用的存储能量是很重要的。另一方面,并非飞机上所有的应用都使用电池。

功耗主要取决于使用的频率,频率越高,驱动复杂的 RF 电路需要的能量就越多。另一个产生功耗的原因是需要时间同步,此时设备将始终打开 RF 信号,从而阻止了睡眠模式的使用。

能源管理的另一个方面是设备网络角色的复杂性。如果设备为了完成不同的任务而必须在多个角色之间切换,就会增加功耗。在网状网络中必须对设备进行配置,以允许它们充当路由器、从站或网关。同时,在固定的星形网络中,需要低能耗的用户作为从属设备,而接入点处理所有复杂的任务。

20. 3. 2. 2　初始化时间

在系统重启或紧急情况下,需要所有无线设备在统一的时间范围内重新连接到通信系统,以防止不可接受的延迟。加入网络有两种不同的方式。可以预先设计网络,并为所有用户提供专用时隙。通过使用同步方法,用户将自身的消息与其专用时隙对齐。另一种方式是网络为用户提供随机接入时隙,用户可以通过竞争访问获得专用时隙。在这方面,本章将对各种技术进行研究以确定最坏情况下的初始化时间。

20. 3. 2. 3　可靠性

通过将延迟作为约束条件而不是指标,我们可以反过来计算得到针对特定延迟约束的消息传递的可靠性。反向分析为研究高可靠性通信提供了新的可能性。

在下一节中,我们将广泛讨论各类在研技术。

20. 4　候选的无线技术

候选技术主要基于 COTS 系统,原因是如果所选技术被用于未来应用,采用 COTS 系统能够缩短预期设计时间。在开始讨论每种技术之前,列出了仅选择非竞争技术的原因。

工厂自动化标准提供了在高介质访问强度和低延迟条件下的可靠性。考虑到这些方面,工厂自动化的要求类似于飞机机舱中的通信要求。

20. 4. 1　WISA 和 WSAN – FA

传感器和执行器的无线接口(WISA)是 ABB 公司推出的工厂自动化标准。它配备了能量收集系统,建立在蓝牙的物理层上,并利用共享频谱上的跳频技术。这是一项专有协议,但 ABB 公司现在决定将其标准化为 WSAN/FA,并在某些方面进行了改进。

WSAN/FA 的优势之一是下行链路时隙小,可以在时分多址(TDMA)的基础上为系统上注册的每个用户提供隙宽设计(图 20.3)。采用这种方式,到达系统的等待时间受到超帧长度 2.048ms 的限制。它具有支持上行链路和下行链路的不同频率的频分双工方案。为了冗余,可以在 4 个不同频率上进行重传,将周期时间延长到 8ms。每个时隙的有效载荷是 1byte,用户数限制为 120[13]。另一种可供选项是将用户数量减半,以便大幅增加有效载荷,即 60 个用户,有效载荷 10byte[14]。它使用 COTS 蓝牙硬件作为物理层,预计可达 1Mbit/s 的数据速率。

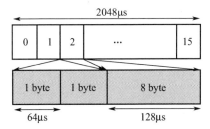

图 20.3　WISA 的超帧结构

因为它是传感器和执行器的网络协议,上行链路信道比下行链路信道更多,所以传感器可以在每个周期上报数据,而下行链路信道用于控制执行器。

图 20.9 显示了数据包长度与延迟的关系。WSAN/FA 的 2048μs 超帧支持两种类型的时隙格式:一种是 64μs 的小时隙,允许 120 个用户接入,拥有 15 个频率和 4 个冗余传输;另一种是更大的时隙 MAC,允许 60 个用户使用 128μs 的时隙。从图中可以看出重要的是无论用户数量是 120 或 60,系统都不允许为其中任何一个用户分配多个时隙。因此,通过减少用户数量来降低延迟是不可行的。最重要的是,WSAN/FA 中提供的低延迟随着有效载荷的增加而快速消失。这里,延迟被认为是在无错误环境中传递数据包的时间,因此它基本上是周期长度。随着有效载荷的增加,协议的效率由于大过载而降低。

20.4.2　ECMA-368

ECMA-368 由欧洲计算机制造商协会出版发布。其载波频率高,因此具有更小的蜂窝区域(30m 范围),加之其带宽更宽,因此数据速率更高(可达 480Mbit/s)[15]。3~10GHz 的高载波频率也有其缺点,即衰落大以及由于需要复杂的天线结构而导致的高能量需求。ECMA-368 具有两个 MAC 功能:

- 基于预留的分布式信道访问协议,用户通过保证时隙访问信道;
- 基于竞争的分优先级信道访问,可以在竞争的基础上借助优先级访问某些时隙。

没有专用时隙,但是有动态分配的介质访问时隙(MAS)[16]。

在物理层,它使用多频带正交频分调制,使得超帧中具有 110 个子载波。对于干扰抑制,可以使用频域扩展、时域扩展和前向纠错编码。

如图 20.4 所示,超帧结构决定了实际数据速率和最坏情况延迟。一个 ECMA

超帧中有 256 个 MAS。对于连接到系统的每个单一设备,第一个 MAS 中充满了各种信标。这些信标提供了有关即将到来的超帧结构的信息,以便使每个用户知道它在即将到来的超帧中能够使用多少个时隙。在超帧结束后,新的超帧开始,新的设置信息将通过信标传送到整个系统。超帧结构创建了 65ms 的循环时间,具有256 个 256μs 的 MAS。通过在超帧中分配多个时隙可以突破该周期时间限制,但这将减少时隙中的用户数量。超帧开始时信标帧的数量限制为 96,加之每个用户都要求拥有一个信标,因此在超帧中蜂窝用户数量被限制为 96[17]。在同步的情况下,延迟等级取决于用户数量,如图 20.10 所示。它的另一个优点是数据长度可变,因此可以支持大的有效载荷。随着编码率的降低,它提供了高可靠的数据传输。具有最可靠编码率的最小数据包长度为 1.6kbyte,这大于任何传感器活动所需的数据包长度。

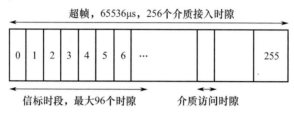

图 20.4　ECMA 的超帧结构

20.4.3　IEEE 802.11e

IEEE 802.11 提供基于竞争的访问,采用请求发送/同意发送方案。但是,在标准的 11e 修正方案中,增加了无竞争访问的选项。一个请求可以通过基于竞争的信道进行访问,以为其保留即将到来的无竞争时隙,从而成功地为用户预留专用时隙。最重要的是,时间周期中还有另一部分,它始终为用户提供有保证的时隙。总之,我们可以将 11e 的周期分成 3 个部分:

- 完全竞争访问;
- 半竞争访问,有竞争的预留(增强的分布式信道访问(EDCA));
- 完全无竞争访问(混合协调功能控制信道访问(HCCA))[18]。

由于此处的研究只关注无竞争访问,为了公平比较,我们将考虑 HCCA。

802.11 的物理层在 ISM 频带内提供高数据速率,ISM 频段的开放特性自然带来了干扰的问题。蜂窝范围通常约为 100m,但可以通过调整发射功率来增加和缩短范围,这对于舱内应用来说已经足够了。实时时隙的预留技术将限制任何一种情况下的用户数量。通常,系统采用基于竞争的访问,因此蜂窝中的用户数量不是问题。图 20.5 显示了 HCCA 的性能。由于它使用通过接入点的轮询机制,除非在轮询期间发生数据包错误,否则将保留访问时隙。另一方面,因为系统本身并不是为无竞争通信而设计的,因此还应注意保证这种实时要求所需的开销量。

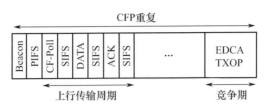

图 20.5　802.11e 中基于预留的访问周期

为了传输一个长度为 40byte 的数据包,每个采用 HCCA 方案的用户所需的总时间为 1.6ms,数据速率为 11Mbit/s。如果考虑没有数据包丢失且服务间隔时间为 100ms 的情况,可以看到每个用户在系统允许传输另一个数据包之前会有多少延迟。服务间隔时间是相邻两个信标之间的时间,对于多个用户情况,无竞争访问时段(CFP)的长度最大可达该限值。在这里,我们将利用这种可能性,以便使更多的用户获得更低的延迟(参见图 20.11)。在该图中,我们看到用户数量达到上限 60 后时隙长度达到 100ms。在此之前,由于系统可以为每个用户分配不同的竞争访问时段(CAP),使得系统得以减少延迟。此处的延迟定义为获得下一个数据包发送机会之前的等待时间。

20.4.4　IEEE 802.15.4

IEEE 802.15.4 是专为个域网应用而设计的标准,但在很短的时间内它已推广应用于物联网、工厂自动化和许多其他领域。它的修正和改进版本使得其成为轻量级协议栈,可以减少延迟,实现低功耗通信。它使用与 IEEE 802.11 相同的 ISM 频段,采用 DSSS 以避免各种干扰。由于芯片的低功耗特性,COTS 设备不支持高于 250kbit/s 的数据速率,但这通常足以满足传感器应用中少量数据发送的需要。

IEEE 802.15.4 与 IEEE 802.11 类似,不是为高可靠性而设计的,因此它也缺乏优化的 TDMA 方案。但是,它具有多达 7 个保证时隙(GTS),以便在每个时隙中可靠地为用户服务。用户限制是对同一蜂窝中用户数量的限制,但是可以通过修改"mac Superframe Order"(超帧描述参数,SO)来扩大数据包。如图 20.6 所示,超帧的长度是受限的,包括 CAP 和 CFP。只有在前面的时隙中为保证通信而已经安排的情况下,才可以使用 CFP 时段。最小 CAP 的长度固定为 440bit,这限制了超帧的 960×2^{SO} bit 中可用于 CFP 的总位数。总之它不是数据包大小,但对 GTS 数量的限制是一个问题。在评估中不包括 CAP 的原因是为了在数据包负载、用户数量和延迟方面与其他标准进行公平比较。

即使用户数量有限,在最佳条件下,对于 20byte 的数据包长度也支持延迟低至 15ms。修改超帧参数 SO 将对延迟产生影响,从图 20.12 中可以看到,SO 参数导致数据包大小和延迟都呈指数级增长。

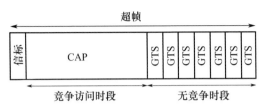

图 20.6 802.15.4 中的超帧结构

20.4.5 WirelessHART

WirelessHART 是工业自动化的专用协议。它使用 IEEE 802.15.4 的物理层，其增强功能可满足极重要传感器网络的需求。在接入点的上行链路中具有小且频繁的数据块，但是在接入点的下行链路方向上数据较少。该标准具有用于并行信道通信的非常小的时隙。最重要的是，网状网络在紧急情况下至关重要，它能够生成最快的路由路径。在对 802.15.4 标准的重大修改中，WirelessHART 具有基于 TDMA 的结构，可为所有传感器提供可靠的服务。

它使用与 802.15.4 相似的直接序列扩频技术来抑制 2.4GHz 频段的传入干扰。WirelessHART 最多支持 16 个信道，因此在 10ms 的时隙内可以使用 16 个通信对[19]。同一区域中最大通信对的数量一个重要特征，对于非网状网络而言，它将是蜂窝通信的定义参数，在网状网络中，它可以用作频率重复范围的定义参数。如图 20.7 所示，在每个时隙中除了保证无竞争访问之外，还需要一个 ACK 来确保不会破坏误码率（BER）。WirelessHART 数据包中的 MAC 有效长度为 133byte，ACK 数据包为 26byte，因此 WirelessHART 时隙中的总数据交换为 159byte，物理层设置的数据速率为 250kbit/s[20]。因此，WirelessHART 中确定了时隙结构，但可靠性与节点密度可以根据支持的并行通信数进行修改。WirelessHART 支持已确认和未确认的服务。

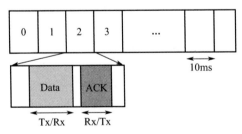

图 20.7 WirelessHART 中的时隙结构

在图 20.13 中可以看出节点数量与延迟之间的矛盾。它可以支持最多 7 个节点，采用双频分配来抑制干扰，其中每个节点的延迟限制为 10ms。系统节点的增加将导致延迟的线性增加。与先前协议相比较，WirelessHART 可以在 40ms 内为 60 个节点提供服务，所有频率都被分配用于通信而不具有任何冗余。

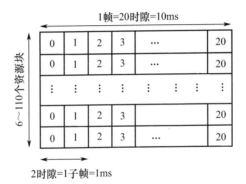

图 20.8 LTE 的帧结构[23]

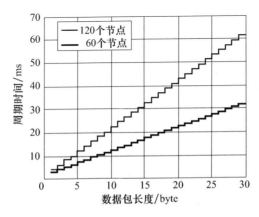

图 20.9 WSAN/FA 的周期时间与载荷的对应关系

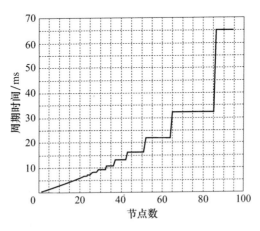

图 20.10 ECMA 信道中的周期时间与用户数量的对应关系

405

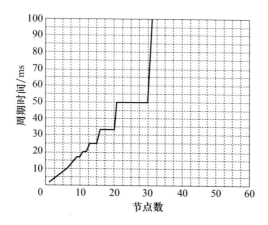

图 20.11 HCAA 的延迟与信道中用户数量的对应关系

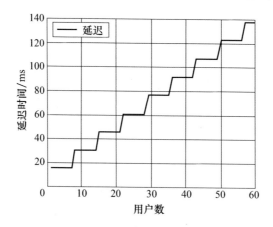

图 20.12 IEEE 802.15.4 GTS 周期时间与 SO 参数的对应关系

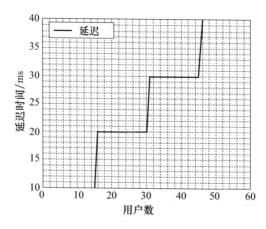

图 20.13 WirelessHART 循环时间与一定数量可用频率的网络密度的对应关系

406

20.4.6　LTE

第三代合作伙伴计划长期演进(3GPP LTE)是移动网络的最新标准,由于市场规模大,它已发展成为最有效的无线通信技术之一。

与上述使用 ISM 频带的技术相比,LTE 使用多个专用频带,在干扰方面具有巨大的优势。LTE 具有在时域和频域上划分的资源块,允许有效调度。图 20.8 中显示了 LTE 的全帧结构。1 个帧被分成 20 个时隙,每个子帧有 2 个时隙,每个时隙可以有若干资源块(RB)。资源块包括频域上的 12 个子载波和时域上的 7 个(OFDM)符号,它是系统的最小资源单元。一个资源块可以传输多达 40byte 的有效数据[21]。50 个 RB 的最小传输时间间隔为 1ms。因为分配的 RB 的数量范围为 6~110,因此该传输间隔可以变化。

另一方面,我们将使用上行链路来评估 LTE 的可靠性。LTE 的主要优势在于 OFDMA 下行链路信道,它能够在单个资源块上复用来自多个站的数据,该资源块利用快速傅里叶逆变换进行解复用。这就允许将多子帧分配给上行链路,而下行链路的容量增加,使得每 5 个子帧中只需为下行链路分配 1 个子帧就足够了。上行链路的优先级允许我们通过配置 0[21] 来为我们所用,其中 10 个子帧中的 2 个是下行链路,6 个是上行链路,另有 2 个特殊子帧。特殊子帧可以是控制信息或用于同步的随机访问信道。因此,由于访问要求,随机访问仍然是该技术的一部分。这里需要重点说明的是,由于 LTE 的随机访问性质,当有大量用户试图同时访问系统时,重新初始化可能是有问题的。

如之前的研究[22] 所提出的,我们将尝试计算在 10ms 的 LTE 帧中对于不同用户数的最差周期时间。如上所述,将使用配置为 0 的 25 个资源块。我们不会研究超过 10ms 的情况,因为那种情况下用户数量和延迟将趋于线性增加,并且数据可以外推到更多用户。由于帧中可用的 RB 数量,在 10ms 内最多可支持 150 个用户(见图 20.14),数据包长度为 40byte。当子帧按每 3 个进行分组时,5ms 内最多可支持 75 个用户。由于下行链路和特殊帧时间的存在,可实现的最佳周期时间为 3ms。

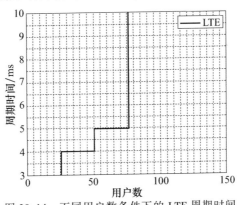

图 20.14　不同用户数条件下的 LTE 周期时间

20.4.7 对比

为了进行公平比较,我们通过假设来研究各项技术的关键指标:通信链路的并发数、数据包长度和周期时间 T_{cyc}。选择这些参数的原因在于:对于特定应用的数据包要求,可以根据其是否适合给定的包长,来对周期长度进行线性扩展;对于具有给定通信结构的应用,可以通过给定的或重新计算的周期时间来评估其可靠性;并非所有技术都具有与包长成正比的周期时间,但它们具有可比性。

为了更好地对这些技术进行观察,我们决定修改其中一个关键参数,并选择并发通信数为 60,这样选择的原因是 WSAN/FA 的结构限制了最多为 60 个用户。

通过对完整的可靠性框架和协议功能的全面分析,我们在表 20.1 中进行了总结,其中对每个协议均分别计算了机舱管理系统中最坏情况下应用的可靠性。

表 20.1　协议对比

技术	周期/ms	包长/byte	功耗	初始化	节点密度
WISA WSAN/FA	2	8	低	—	60
WLAN	100	40	高	数秒	60
ECMA - 368	22	1600	高	数秒	60
ZigBee	135	20	非常低	数秒	60
WHART	40	133	非常低	数秒	60
LTE	5	40	高	数毫秒	60

在图 20.15 中,ECMA - 368 的数据包长度性能最佳,它支持高数据速率。WSAN/FA 的 2ms 延迟是最差的。当同时比较数据包长度和延迟时间时,LTE 的综合性能最佳。LTE、ECMA - 368 和 802.11e 的问题在于,虽然所有这些标准都是低功耗的,但它们其实对低功耗应用并没有特别的支持。WSAN/FA 的缺点是最多只支持 120 个用户,这对于可扩展性来说是一个大问题。可扩展性也是 ECMA - 368 的一个问题,其信标的数量限制为 94。对于 802.11e,限制数大约为

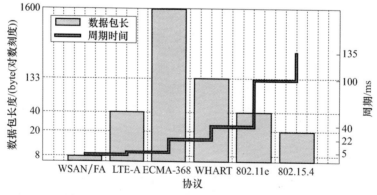

图 20.15　各种无线技术的周期时间和数据包大小

60。考虑到未来的飞机网络随着设备密度的增加,这种缺乏可扩展性将是一个大问题。

另一方面,WirelessHART 中每个网络的设备数限制为 30000 个[24],而 ISA100.11a 使用 IPv6,因此没有设备数限制。然而,由于数据流量的问题,两者的实际设备数限制是几千个。LTE 网络当然受限于付费用户的数量,而这在不久的将来应该不成问题。

20.5 性 能 评 估

通过完整的可靠性框架和对协议功能的全面分析,我们计算了机舱管理系统中每种协议在最差情况下的可靠性。选择机舱照明作为待分析的特定应用,它需要 36byte 的消息,每个消息为 200ms。飞机上的节点总数为 250 个。飞机上设置了多个接入点,因此这个节点数量不成问题。时间窗口比传播时间大很多,因此可以被忽略。

可靠性计算的第一步是调整各项技术的周期时间,以满足所需的数据包长度。为了实现这一点,我们将 WSAN 的周期时间增加了 5 倍,将 GTS 的周期时间增加了 2 倍。我们假设数据包碎片不会带来额外的通信开销,因此新的周期时间分别为 10ms 和 270ms。我们看到在最坏情况下,IEEE 802.15.4 由于其周期时间大于时间窗口而无法满足数据传输时间的限值要求。

下一步是通过方程式(20.15)计算 N_p,并通过方程式(20.16)来确定 P_{app}。所有技术都采用相同的 T_w,因此在无线信号传输层没有可比较的变化。考虑到可靠性要求为 10^{-5},我们可以直观判定各项技术应该确保最大通信错误率不超过某一限值,如表 20.2 所列。这很好地证明了重传对于提高可靠性具有重要作用。

表 20.2 自上而下的可靠性比较

技术	WSAN/FA	ECMA-368	802.11e	802.15.4	WHART	LTE-A
T_{cyc}/ms	10	22	100	270	40	5
N_p	20	9	2	0	5	40
P_{comm}	0.3445	0.0937	0.00002	0	0.0141	0.5870

该计算假设连续数据包的传输错误是各包彼此独立的,但实际上并非如此,因为空气介质的性质不是瞬时的,而是会持续一定的时间。考虑到这一点,我们计算可能发生的最坏情况的 P_{comm}。这将保证即使连续信号之间存在相关性,错误率也不会比前一个消息差。因此,计算的错误率将为系统提供上限。

20.6 小 结

在本研究中,为了得到一种通用的方法,我们假设对介质中的所有用户进行公平调度,并通过一个简单的可靠性模型对所有技术进行了评估,而无需修改标准设置。

首先,我们提供了一个可靠性评估模型框架。该模型从飞机安全文档中获取各类要求,并尝试合并这些要求以提供所需的数据包传输概率。为了采用该模型框架对具体应用进行可靠性评估,我们已经对模型框架进行了细分。

在此基础上,给出了一个公平调度系统的延迟模型。为了做到这一点,提取了各类可用的无线技术中的无竞争访问部分,并提取周期时间。在这一点上,我们假设只有重传可用于差错控制,并相应地确定了可靠性和延迟。

最后,利用一个典型的飞机应用进行了测试,并对各项技术进行比较,确定它们在不改进的情况下的性能。此外,我们还总结了这些技术的其他关键特征。

我们的结论反映了 COTS 硬件在评估技术方面的能力,并给出了示例应用,相信这些结果可以为通信工程师在针对特定应用选择正确的技术时提供借鉴。此外,这些结果还可以为新 MAC 方案的可靠性设计提供参考。

参 考 文 献

[1] Locsin, A. (2008) Is air travel safer than car travel? USA Today. http://traveltips. usatoday. com/air – travel – safer – car – travel – 1581. html/.

[2] Traverse, P. , Lacaze, I. , and Souyris, J. (2004) Airbus fly – by – wire: A total approach to dependability, in Building the Information Society, Springer, pp. 191 – 212.

[3] Alemdar, H. and Ersoy, C. (2010) Wireless sensor networks for healthcare: A survey. Computer Networks, 54(15), 2688 – 2710, doi:10. 1016/j. comnet. 2010. 05. 003.

[4] Latré, B. , Braem, B. , Moerman, I. , Blondia, C. , and Demeester, P. (2011) A survey on wireless area networks. Wireless Networks, 17(1), 1 – 18, doi:10. 1007/s11276 – 010 – 0252 – 4.

[5] Harman, R. M. (2002) Wireless solutions for aircraft condition based maintenance systems, in IEEE Aerospace Conference Proceedings, vol. 6, pp. 2877 – 2886, doi:10. 1109/AERO. 2002. 1036127.

[6] Islam, K. , Shen, W. , and Wang, X. (2012) Wireless sensor network reliability and security in factory automation: A survey. IEEE Transactions on Systems, Man and Cybernetics Part C: Applications and Reviews, 42 (6), 1243 – 1256, doi:10. 1109/TSMCC. 2012. 2205680.

[7] Gungor, V. and Hancke, G. (2009) Industrial wireless sensor networks: Challenges, design principles, and technical approaches. IEEE Transactions on Industrial Electronics, 56 (10), 4258 – 4265, doi: 10. 1109/TIE. 2009. 2015754.

[8] Lee, J. S. , Su, Y. W. , and Shen, C. C. (2007) A comparative study of wireless protocols: Bluetooth, UWB, ZigBee, and Wi – Fi, in Industrial Electronics Society, 2007. IECON 2007. 33rd Annual Conference of the IEEE, pp. 46 – 51.

[9] Willig, A. , Matheus, K. , and Wolisz, A. (2005) Wireless technology in industrial networks. Proceedings of the IEEE, 93(6), 1130 – 1151, doi:10. 1109/JPROC. 2005. 849717.

[10] Gürsu, M. , Vilgelm, M. , Kellerer, W. , and Fazl, E. (2015) A wireless technology assessment for reliable communication in aircraft, in IEEE International Conference on Wireless for Space and Extreme Environments (WiSEE).

[11] Bai, F. B. F. and Krishnan, H. (2006) Reliability analysis of DSRC wireless communication for vehicle safety applications, in 2006 IEEE Intelligent Transportation Systems Conference, pp. 355 – 362, doi:10.1109/ITSC.2006.1706767.

[12] US Department of Transportation, Federal Aviation Administration(2011) Advisory Circular on System Safety and Assessment for Part 23 Airplanes, Tech. Rep..

[13] Frotzscher, A., Wetzker, U., Bauer, M., Rentschler, M., Beyer, M., Elspass, S., and Klessig, H. (2014) Requirements and current solutions of wireless communication in industrial automation, in Communications Workshops (ICC), 2014 IEEE International Conference on, pp. 67 – 72, doi:10.1109/ICCW.2014.6881174.

[14] Vallestad, A. E. (2012) WISA becomes WSAN – from proprietary technology to industry standard, in Wireless Summit.

[15] Savazzi, S., Spagnolini, U., Goratti, L., Molteni, D., Latva – Aho, M., and Nicoli, M. (2013) Ultra – wide band sensor networks in oil and gas explorations. IEEE Communications Magazine, 51(4), 150 – 160, doi:10.1109/MCOM.2013.6495774.

[16] Fan, Z. (2009) Bandwidth allocation in UWB WPANs with ECMA – 368 MAC. Computer Communications, 32(5), 954 – 960, doi:10.1016/j.comcom.2008.12.024.

[17] Leipold, D. F. M. (2011) Wireless UWB Aircraft Cabin Communication System, Ph.D. thesis, Technische Universität München. URL http://mediatum.ub.tum.de/doc/1079692/1079692.pdf.

[18] Viegas, R., Guedes, L. A., Vasques, F., Portugal, P., and Moraes, R. (2013) A new MAC scheme specifically suited for real – time industrial communication based on IEEE 802.11e. Computers and Electrical Engineering, 39(6), 1684 – 1704, doi:10.1016/j.compeleceng.2012.10.008.

[19] Dang, K., Shen, J. Z., Dong, L. D., and Xia, Y. X. (2013) A graph route – based superframe scheduling scheme in WirelessHART mesh networks for high robustness. Wireless Personal Communications, 71(4), 2431 – 2444, doi:10.1007/s11277 – 012 – 0946 – 2.

[20] Petersen, S. and Carlsen, S. (2009) Performance evaluation of WirelessHART for factory automation, in 2009 IEEE Conference on Emerging Technologies and Factory Automation, doi:10.1109/ETFA.2009.5346996.

[21] Brown, J. and Khan, J. Y. (2012) Performance comparison of LTE FDD and TDD based Smart Grid communications networks for uplink biased traffic, in 2012 IEEE 3rd International Conference on Smart Grid Communications, pp. 276 – 281, doi:10.1109/SmartGridComm.2012.6485996.

[22] Delgado, O. and Jaumard, B. (2010) Scheduling and resource allocation in LTE uplink with a delay requirement, in Proceedings of the 8th Annual Conference on Communication Networks and Services Research, pp. 268 – 275, doi:10.1109/CNSR.2010.33.

[23] Lioumpas, A. S. and Alexiou, A. (2011) Uplink scheduling for machine – to – machine communications in LTE – based cellular systems, in 2011 IEEE GLOBECOM Workshops, pp. 353 – 357, doi:10.1109/GLOCOMW.2011.6162470.

[24] Nixon, M. (2012) A comparison of WirelessHART and ISA100.11a, Tech. Rep., Emerson Process Management. URL http://www.controlglobal.com/12WPpdf/120904 – emerson – wirelesshart – isa.pdf.

411

第21章 海上风电场监测中的
无线传感器系统应用

21.1 引　　言

无线传感器网络(WSN)具有广泛的应用,包括电气系统的自动监控。电力是现代工业社会的支柱,并且在可预见的未来仍将如此。WSN 的应用几乎无处不在,在娱乐、交通和通信到医疗保健的各种应用中,对该技术的需求不断增加,各种新的应用正在不断被开发出来,以使社会更加便利。

现有的电力工业由3个子系统组成:发电厂、输电系统和配电系统[1]。到目前为止,发电行业主要使用煤炭、石油和核材料等不可再生资源,其中大多数发电采用燃煤。值得一提的是,煤炭是不可再生的,并且正在被快速消耗,预计将在2030年完全耗尽,这是相当惊人的。

由于引入了需要电力的各种新设备,社会的能源需求不断增加。根据美国能源信息署[2]的数据,2014 年不可再生能源占总发电量的 93.8%,其中煤炭占比最高,为 39.3%。可再生资源仅占 6.3%,其中风能贡献最大,占总量的 4.2%。在2030 年的发电规划中,建议重点是可再生资源而不是不可再生能源[3]。

煤的燃烧导致空气污染,并排放大量的二氧化碳这种温室气体[4-5]。人们对这些排放进行的广泛研究后相信它们会导致全球变暖(这是一种危险的现象,正在改变天气循环)[6]。

WSN 可以通过推动替代的分布式能源[8]的概念来帮助减少这些影响[7]。风无处不在且体量大,但其强度随环境而变化。在沿海地区,风能的强度更高。在其他地区,它根据气压和植被而变化。因此,最有希望建立风力发电厂的地方是近海和沿海地区。陆上风力发电厂比海上风力发电厂更容易维护、监测和控制,而海上风电厂容易遭受周围海水和潮湿空气的腐蚀[9-12]。此外,对结构的物理损坏进行检测与修复会导致长时间停机。人工的故障检测方法已经过时,而 WSN 是需要连续和自动监测的应用的福音。海上风电场中的 WSN 可以帮助远程监测环境条件,例如海浪的高度、海面温度和涡轮机周围海水的含盐量。

21.2 文 献 综 述

本节介绍一些重要研究工作,重点是 WSN 的协议和算法改进,然后是基于

WSN 的结构健康监测相关问题的最新文献。WSN 使用路由协议将感测数据有效传输到目的汇聚节点。在低功耗自适应集簇分层路由(LEACH)协议[13]中,汇聚节点位于传感器节点附近,但远离汇聚节点的传感器节点将比那些靠近的传感器节点更快死亡。为了解决这个问题,研究人员提出了节能算法,如 PEGASIS、H - HEARP 和 SEP[14-17]。但是,随着网络范围的增加,这些算法的性能会下降,这表明它们并不适用于所有应用。对像天气监测这样的应用而言,需要从人类难以靠近的远程位置检测数据,包括温度、运动、声音、光线或特定物体的存在等,此时需要设计针对特定应用的 WSN。

解决方案包括:采用分层结构[18]以实现更好的数据聚合,使用异构节点作为簇首(CH)以节约能源,通过重构算法实现容错,使用 ZigBee WSN 进行数据收集[19],基于移动性预测的路由协议和链路质量测量[20],以及集中的节能路由算法[21]。研究人员对阈值的动态(或自适应)选择开展了广泛研究,目前已经提出了几种技术,例如基于信号直方图的方法[22-24],基于信号 k - means 的空间分布的方法[25]。

互信息已应用于各类计算机视觉和机器学习,包括数据配准[26]、医学成像[27]、目标检测器输出融合[28]、分类器训练的特征选择[29]、基于 contourlet 的自适应阈值选择[30]、基于可变背景的自适应阈值[31]、去噪图像的几何阈值[32]、卫星图像的去噪[33]和故障预测[34]。

21.3 风电场中的 WSN

WSN 可用于风电场运行的自主监测和控制,传感器网络的布局应适应风电场的设计。涡轮机通常采用行列布置,彼此间距固定,通常行间距是列间距的 2 倍,或者相反。这种布局需要根据传感器节点的通信距离或覆盖区域采用固定拓扑或混合拓扑来部署传感器节点。

图 21.1 显示了在一个风电场中所建议的 WSN 拓扑形式,WSN 节点固定在塔上以收集监测塔工作状态所需的数据。收集的信息被转发到邻近的汇聚节点,汇聚节点连接到安装的最后一级塔。汇聚节点将信息发送到基站(BS),基站根据正常工作的阈值范围来分析接收参数值的变化。根据分析结果,由维护和控制中心来启动适当的修复或预防措施。

如果数据传输的最大范围小于信息中继节点之间的距离,则需要中间节点。它们必须在塔之间随机部署,以充当转发节点。为了节省 WSN 节点的能量,使用分层路由方法。

WSN 网络分为 3 层:

- 感测节点;
- 转发节点;

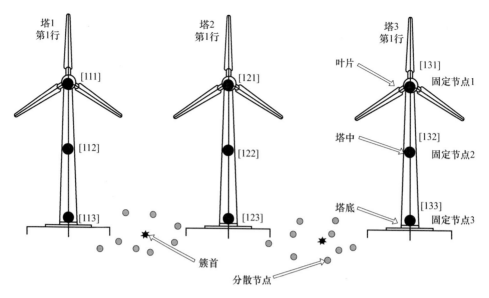

图 21.1　部署在风电场的 WSN

（固定的行塔节点（RTN）（大圆圈）安装在塔上，RTN 节点［123］表示第 1 行中
第 2 级塔上固定节点 3 的地址，簇首节点由星形表示，小圆圈代表分散节点[35]）

● 簇首。

通过协调这些节点的行为，可以实时地进行数据的节能传输。该系统有助于帮助员工免去对故障识别（能力）的需求，并减少排故造成的延误。

系统的正常工作涉及合适的路由协议和有效的故障检测技术，如以下部分所述。

21.3.1　NETCRP 路由协议

网络延寿型三级分簇和路由协议（NETCRP）包括基于拓扑的分簇和节能路由的生成。每个固定在塔上的 WSN 节点都有一个本地唯一的 RTN 标识符，被用作发送信息包的地址。通过对包括 PAN[35] 在内的特殊计算，数据包通过节能路径路由发送到汇聚节点，而位于两级塔（塔对）间的簇首节点对数据包进行中继。如果任何簇首死亡，它会向附近的侦听节点发送信号，侦听节点根据节点与塔对的距离和剩余能量选择新的簇首[35]。但是，在各塔对之间应分散多少个节点实际上是该区域中簇首的任务。如 21.3.2 节所述，根据塔对之间的距离，有一个最优簇首数。

21.3.2　最优的簇首数量

WSN 节点在一定范围内传输信息，称为覆盖区域，其大小取决于节点的天线功率。如果任何节点移出覆盖区域，则它不再能够与区域内其他节点通信。在整个风电场中应该有一些最小（最优）的簇首数（表示为 OCH），以允许在整个风电场中进行通信。根据行间距和列间距不同,OCH 会有所不同。如果面积增加,簇头的最优数量将增加,反之亦然。

令行数为 x,列数为 y,并且令 z 为单个 WSN 节点的传输范围(单位为 m)。以下案例介绍了 OCH 的计算方法:

情况 1:如果行间距 x 和列间距 y 都等于 z,则 $OCH = (x-1) \times (y-1)$。

情况 2:如果行间距 x 和列间距 y 都等于 $2z$,则 $OCH = (y+2) \times (x-1)$。

情况 3:如果行间距 x 和列间距 y 都等于 $0.5z$,则 $OCH = (x-2) \times (y-1)$。

21.3.3 自适应阈值

故障检测方法包括以下几个步骤:

(1) 找到自适应阈值;

(2) 找到数据集的距离矩阵;

(3) 量化;

(4) 使用组合求和(CS, Combination Summation)和趋势(FD, Flow Direction)来确定故障发生的等级。

最常用的参数阈值设定方法是平均方法[36],它不能自动适应环境的变化。这种方法会因为数据集内的极值而产生偏差,导致结果向极值方向靠近,从而无法正确反映实际情况。通过动态调整阈值以适应不同的环境条件,可以解决这些不足。

图 21.2 显示了阈值选择方法的流程图。互信息、阈值和距离矩阵[37]的公式都在下面给出。

两个数据集之间的互信息为

$$R(X_D, Y_N)$$

$$= \frac{\sum_{i=1}^{N} (X_i - X_m) * (Y_i - Y_m)}{\sqrt{\sum_{i=1}^{N} (X_i - X_m)^2 * \sum_{i=1}^{N} (Y_i - Y_m)^2}}$$

$$(21.1)$$

如果相关性为 1,则表示两个数据集对应于相同的时间段,而相关性为 0 则表示数据集对应于不同的时间段。基于相关性的值,可以估计两个数据集之间的相似度。

阈值通过下式计算[37]:

$$T_X = \sqrt[N]{x_1 * x_2 * \cdots * x_N}$$

$$(21.2)$$

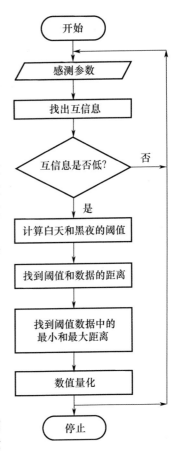

图 21.2 阈值选择和量化的流程图

几何平均方法减小了极低值或极高值的影响,并将平均的范围归一化,因此没有范围权值,而且任何属性的给定百分比变化对几何平均值均具有相同的影响。这需要将无限个样本值压缩为若干离散值而不改变信息的含义,这是通过数据量化来完成的。不同的量化等级可以包含不等数量的值。表 21.1 显示了所提出的灵活阈值(T_{FTS})选择方法和均值静态阈值(T_{MM})方法的计算阈值。

$$距离矩阵 \quad d_X = [X - T_X] \tag{21.3}$$

表 21.1 阈值数值

变量范围		海洋表面温度		
	范围值	FTS(T_{FTS})	FTS(T_{MM})	$T_{FTS} - T_{MM}$
最小	7.2	8.80863	16.6181	7.8095
最大	10.1			
最小	24.4	25.6094		-8.9913
最大 *	26.8			
* 译者按照参考文献[37]进行了补充				

基于 d_X 的最大值和最小值,我们将一定范围内的值近似为有限个量级(量化)。根据该值与计算阈值的距离不同,量化值可取 0,1,2,3。量化值 0 表示等于阈值的值,量化值 1 表示稍微偏离阈值的值,量化值 2 和 3 表示中等距离和大距离,如图 21.3 所示。监测变量的最小和最大变化分别代表白天和夜间收集的数据样本。基于值的变化,可以有效地增加或减少量化级数。

通过将监测数据样本的实际值量化为离散的有限个等级,携带该信息的传输数据包可由 4000bit[22] 减少到 23bit[37],因此大大延长了 WSN 的寿命。

21.3.4 故障检测方案

故障检测方案使用组合求和和趋势来设计模糊推理系统,该系统使用"if - then"规则来评估某些输入的结果。故障检测是量化之后的下一步,可以用于从量化的风电场数据中获得关于故障的重要信息。

如果不同时间 t 收到的量化值分别为 l_{t_1}、l_{t_2}、l_{t_3} 和 l_{t_4},则量化值之和为

$$CS = \sum_{i=t_1}^{i=t_4} l_i = l_{t_1} + l_{t_2} + l_{t_3} + l_{t_4} \tag{21.4}$$

趋势指的是接收的量化值是否不断增加、减小、稳定或变化,如图 21.4 所示。在图 21.5 所示的系统中,模糊集 F 可以描述为

$$F = \{\omega, m(\omega) \mid \in U\}, \quad U = \{0-3,1\} 且 m:\omega \rightarrow [运行正常,低风险,高风险]$$
$$\tag{21.5}$$

式中,ω 为远程观察者接收值的组合求和和趋势,$m(\omega)$ 为接收值的隶属函数,U 为所有量化等级的全集,如表 21.2 所列。只要故障发生的概率变高,隶属函数就会向远程观察者发出警报。

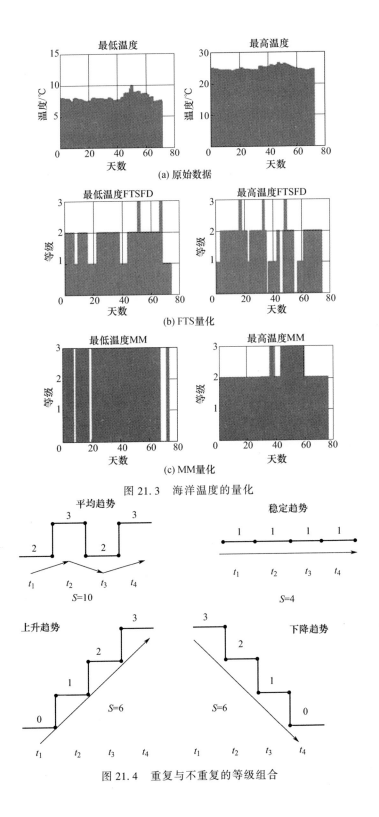

图 21.3　海洋温度的量化

图 21.4　重复与不重复的等级组合

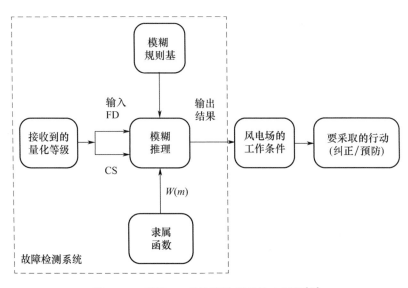

图 21.5　采用 FIS 的故障检测系统方框图[37]

表 21.2　4 个量化等级的模糊规则库

序号	趋势	组合求和	结果（MF）
1	S	0	正常
2	S	4	正常
3	S	8	低风险
4	S	12	高风险
5	R	6	高风险
6	D	6	低风险
7	A	1	正常
8	A	2	正常
9	A	3	正常
10	A	4	正常
11	A	5	低风险
12	A	6	低风险
13	A	7	低风险
14	A	8	高风险
15	A	9	高风险
16	A	10	高风险
17	A	11	高风险
注:S—稳定;R—上升;D—下降;A—平均			

远程观察者可以根据模糊逻辑规则从这些接收的量化等级中获得有意义的信息,如表 21.2 所列。

21.4 仿真与讨论

本节介绍在 Matlab 中使用 NETCRP 编写的故障检测方法的仿真结果。使用的参数列于表 21.3 中。可变阈值法和故障检测方案的仿真结果将在后面小节中讨论。

表 21.3 仿真参数

序号	参数	值
1	面积/m²	1000 × 1000, 4000 × 6000
2	轮次数	100, 150
3	节点总数	416 ~ 1216
4	固定节点总数	216
5	散布节点总数	200 ~ 1000
6	涡轮机总数	72
7	数据包大小/bit	23, 4000
8	评估参数	能源效率,存活簇首数,传输数据包总数,第一个节点死亡时的轮次数;网络寿命(所有节点死亡)

21.4.1 可变阈值法

利用仿真参数对可变阈值法和静态阈值法进行测试。图 21.3 采用条形图显示了白天和夜间海面温度的实际值,所提出的方法对于一天中不同时段值的变化具有更好的灵敏度。另一方面,由于静态阈值的非自适应性,一些值的变化被忽略了。

21.4.2 故障检测方法

该协议使用 23bit 的数据包大小来证明 WSN 的寿命延长。在文献[24]中对在 NETCRP 和 LEACH[25] 协议中使用 23bit 数据包和 4000bit 数据包的情况进行了初始比较研究。图 21.6 显示,对于各种区域大小和不同数量的节点,减小数据包大小都能提高能量效率,在大面积情况下能量效率稳定地接近 90%。此外,所提出的协议在轮次为 100 时比在轮次为 150 时更有效。图 21.7 显示,无论节点区域大小如何,第一个节点死亡都不会发生在所提出的协议中,这表明所提出的协议比其他协议具有更长的网络寿命。图 21.8 对簇首的存活数量进行了比较,并验证了所提出的协议对于所有区域大小和增加的节点数而言都具有更多的活动节点数。

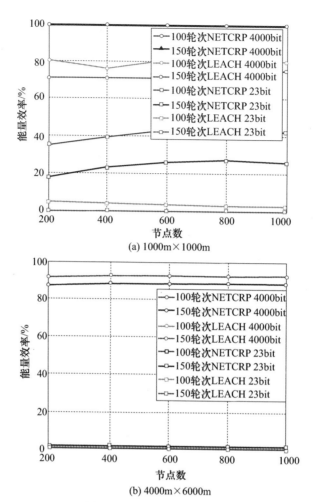

(a) 1000m×1000m

(b) 4000m×6000m

图 21.6 能源效率(见彩图)

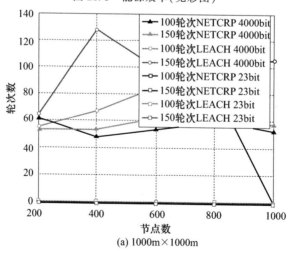

(a) 1000m×1000m

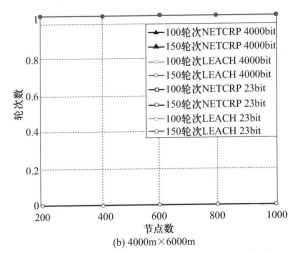

(b) 4000m×6000m

图 21.7 第一个节点死亡时经历的轮次数(见彩图)

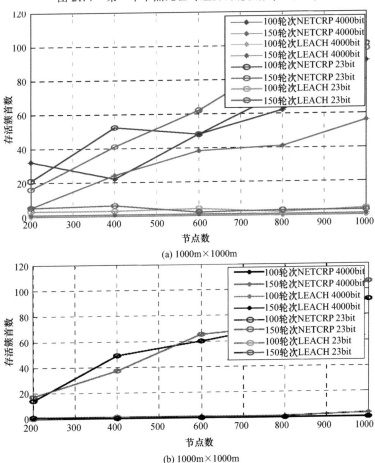

(a) 1000m×1000m

(b) 1000m×1000m

图 21.8 存活的簇首总数(见彩图)

图 21.9 显示了该区域中所有节点都已死亡时的轮次数(标志网络寿命),所提出的协议的网络寿命轮次数非常高,超过其他协议 10 倍,这证明该方法比早期的阈值选择和故障检测方法具有更长的网络寿命和更优的节能效果。总之,本章介绍的方法适用于任何区域大小、节点数和要传输的数据包数。

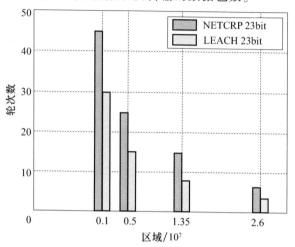

图 21.9　所有节点都死亡时的轮次数(见彩图)

21.5　小　　结

本章讨论了 WSN 在风电场监测中的各种应用领域。强调发电应更多地使用可再生能源而不是煤炭,因为它是一种有污染资源。讨论了一种独特的专用路由协议 NETCRP,它既是一种节能协议,也是一种故障检测方法。可以通过适当的改进来进一步降低能耗并延长网络寿命,例如引入睡眠周期等。同时还研究了增加或减少量化级数的效果,并且根据参数值的变化建立了最优量化级数的方程。此外,还可以设计一些自动化量化过程的方法。本方法可以应用于各种参数,例如风速和湿度。

参 考 文 献

[1] J. J. Messerly, 'Final report on the August 14, 2003 blackout in the United States and Canada', Report by US Department of Energy, April 2004.

[2] US Energy Information Administration, 'May 2015 Monthly energy review', 2015.

[3] World Energy Council, 'World energy perspective – cost of energy technologies', 2013.

[4] International Energy Agency, 'CO2 emissions from coal combustions', OECD/IEA, 2013.

[5] G. C. Bryner Integrating Climate, Energy and Air Pollution Policies, MIT Press, 2012.

[6] T. J. Wallington, J. Srinivasan, O. J. Nielsen, E. J. Highwood, 'Greenhouse gases and global warming', in

Sabljic A, (ed.) Environmental and Ecological Chemistry, EOLSS, 2004.

[7] K. K. Khedo, 'A wireless sensor network air pollution system', International Journal of Wireless and Mobile Networks, vol. 2, pp. 31 – 45, 2010.

[8] N. R. Friedman, 'Distributed energy resources interconnecxtion systems: Technology review and research needs', Technical report NREL/SR – 560 – 32459, Resource Dynamics Corporation, Vienna, 2002.

[9] US Department of Energy, 'Offshore resource assessment and design conditions – A data requirements and gap analysis for offshore renewable energy systems', 2012.

[10] B. H. Bailey and D. Green, 'The need for expanded meteorological and oceanographic data to support resource characterization and design condition definition for offshore wind power projects in the United States', Technical report, American Meteorological Society, 2013.

[11] British Wind Energy Association, 'Prospects for offshore wind energy', 1999.

[12] A. W. Momber and P. Plagemann, 'Investigating corrosion protection of offshore wind tower'. PACE, Los Angeles, California, vol. 11, pp. 30 – 43, 2008.

[13] W. B. Heinzelman, A. P. Chandrakasan, H. Balakrishnan, 'Energy – efficient communication protocols for wireless microsensor networks', Proceedings of Hawaiian International Conference on Systems Science, Wailea Maui, Hawaii, January 2000, 8, pp. 1 – 10.

[14] S. Lindsey, C. S. Raghavendra, 'PEGASIS: power – efficient gathering in sensor information systems', Proceedings of IEEE Aerospace Conference, Big Sky, Montana, March 2002, vol. 3, pp. 1125 – 1130.

[15] M. G. Rashed, 'Heterogeneous hierarchical energy aware routing protocol for wireless sensor network', International Journal of Engineering Technology, vol. 6, pp. 521 – 526, 2009.

[16] G. Smaragdakis, I. Matta, A. Bestavros, 'SEP: a stable election protocol for clustered heterogeneous wireless sensor networks', Proceedings of International Workshop on SANPA, Boston, MA, August 2004, pp. 251 – 261

[17] M. Moazeni, A. Vahdatpour, 'HEAP: a hierarchical energy aware protocol for routing and aggregation in sensor networks', Proceedings of Third International Conference on Wireless Internet, Austin, USA, October 2007.

[18] X. Chen, W. Qu, H. Ma, K. Li, 'A geography – based heterogeneous hierarchy routing protocol for wireless sensor networks', Proceedings of 10th IEEE International Conference on High Performance Computing and Communications, Dalian, China, September 2008, pp. 767 – 774.

[19] Y. Song, B. Wang, B. Li, Y. Zeng, L. Wang, 'Remotely monitoring offshore wind turbines via ZigBee networks embedded with an advanced routing strategy', Journal of Renewable and Sustainable Energy, vol. 5, pp. 013110 – 1 – 14, 2013.

[20] A. Malvankar, M. Yu, T. Zhu, 'An availability – based link QoS routing for mobile ad hoc networks'. IEEE Sarnoff Symposium, Princeton, NJ, March 2006, pp. 1 – 4.

[21] Y. Wu and W. Liu, 'Routing protocol based on genetic algorithm for energy harvesting – wireless sensor networks', IET Wireless Sensor Systems, vol. 3, pp. 112 – 118, 2013.

[22] N. Otsu, 'A threshold selection method from graylevel histogram', IEEE Transactions on System Man Cybernetics, vol. 9, pp. 62 – 66, 1979.

[23] J. Kapur, P. Sahoo, A. Wong, 'A new method for graylevel picture thresholding using the entropy of the histogram', Computer Graphics and Image Processing, vol. 29, pp. 273 – 285, 1985.

[24] P. l. Rosin, 'Unimodal thresholding', Pattern Recognition, vol. 34, pp. 2083 – 2096, 2001.

[25] R. O. Duda, R. E. Hart, D. G. Stork, Pattern Classification, 2nd edn. John Wiley & Sons, 2001.

[26] P. A. Viola, 'Alignment by maximization of mutual information', Phd thesis, Massachusetts Institute of Tech-

nology, 1995.

[27] P. Viola, M. J. Jones, D. Snow, 'Detecting pedestrians using patterns of motion and appearance', Proceedings of IEEE International Conference on Computer Vision, October 2003, 2, pp. 734 – 741.

[28] H. Kruppa and B. Schiele, 'Hierarchical combination of object models using mutual information', in Proceedings of British Machine Vision Conference, Manchester, September 2001, pp. 1 – 10.

[29] H. Peng, F. Long, C. Ding, 'Feature selection based on mutual information: Criteria of maxdependency, max – relevance, and min – redundancy', IEEE Transactions on Pattern Analysis and Machine Intelligence, vol. 27, pp. 1226 – 1238, 2005.

[30] M. Kazmi, A. Aziz, P. Akhtar, A. Maftun, 'Medical image de – noising based on adaptive thresholding in contourlet domain'. Proceedings of International Conference on Biomedical Engineering and Informatics, Chongqing, China, October 2012, pp. 313 – 318.

[31] F. Liu, X. Song, Y. Luo, D. Hu, 'Adaptive thresholding based on variational background', Electronics Letters, vol. 38, pp. 1017 – 1018, 2002.

[32] Q. X. Tang and L. C. Jiao, 'Image de – noisingwith geometrical thresholds' IET Electronics Letters, vol. 45, pp. 405 – 406, April 2009.

[33] V. Soni, A. K. Bhandari, A. Kumar, G. K Singh, 'Improved sub – band adaptive thresholding function for de – noisingof satellite image based on evolutionary algorithms', IET Signal Processing, vol. 7, pp. 720 – 730, 2013.

[34] C. Xiong, 'Research on fuzzy fault prediction of the shell – feeding system', Proceedings of IEEE International Conference on Quality, Reliability, Risk Maintenance and Safety Engineering, Chengdu, June 2012, pp. 763 – 766.

[35] D. Agarwal, N. Kishor, 'Network lifetime enhanced tri – level clustering and routing protocol for monitoring of off shore wind – farms', IET Wireless Sensor Systems, vol. 4, pp. 69 – 79, 2014.

[36] Y. Ma and P. Guttorp, 'Estimating daily mean temperatures from synoptic climatic observations', International Journal of Climatology, vol. 33, pp. 1264 – 1269, 2013.

[37] D. Agarwal, N. Kishor, 'A fuzzy inference based fault detection scheme using adaptive thresholds for health monitoring of offshore wind – farms', IEEE Sensors Journal, vol. 4, pp. 3851 – 3861, 2014.

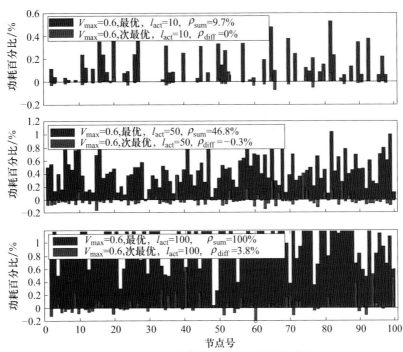

图 3.3 用于与其他仿真进行比较的参考条

（最小总功耗 $P_{over}^* = 95.15\%$，$\tilde{P}_{over}^* = 98.72\%$，在每个观测步骤中期望的活动传感器节点数为 4）

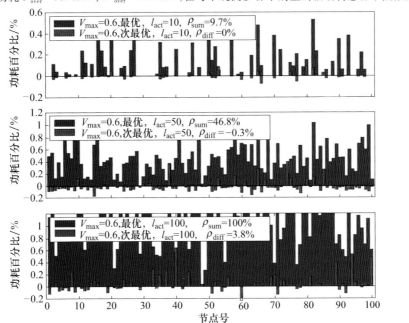

图 3.4 降低信号质量 V_{max} 会恶化生命周期、功耗和两个优化结果之间的收敛速度

（最小总功耗 $P_{over}^* = 95.15$，$\tilde{P}_{over}^* = 98.72$，在每个观测步骤中期望的活动传感器节点数为 7）

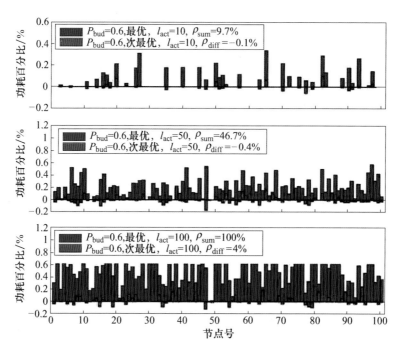

图 3.5　降低预算功率 P_{bud} 会恶化生命周期、功耗和收敛速度

（最小总功耗 $P_{over}^* = 44.64$，$\tilde{P}_{over}^* = 46.41$，在每个观测步骤中期望的活动传感器节点数为 4）

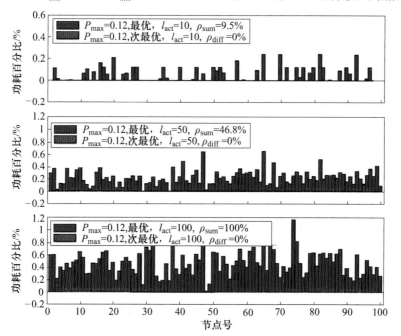

图 3.6　降低 P_{max} 总会恶化生命周期和功耗，但却能增加收敛速度

（最小总功耗 $P_{over}^* = 47.39$，$\tilde{P}_{over}^* = 47.39$，在每个观测步骤中期望的活动传感器节点数为 6）

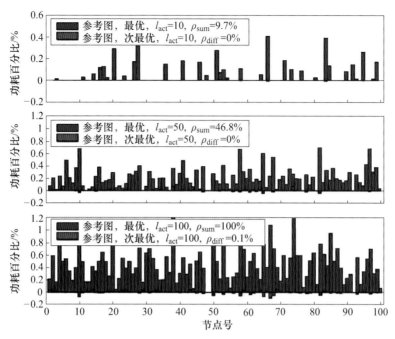

图 3.7　用于与其他仿真进行比较的参考条

（最小总功耗 $P_{over}^* = 44.12$, $\tilde{P}_{over}^* = 44.17$, 在每个观测步骤中期望的活动传感器节点数为 4）

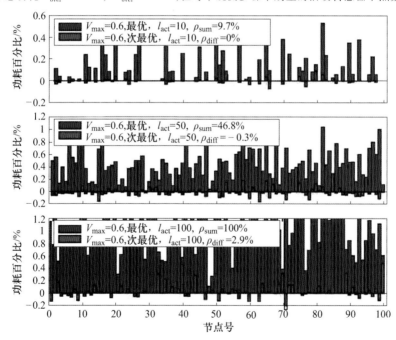

图 3.8　降低信号质量 V_{max} 会恶化生命周期、功耗和两个优化结果之间的收敛速度

（最小总功耗 $P_{over}^* = 95.15$, $\tilde{P}_{over}^* = 97.91$, 在每个观测步骤中期望的活动传感器节点数为 7）

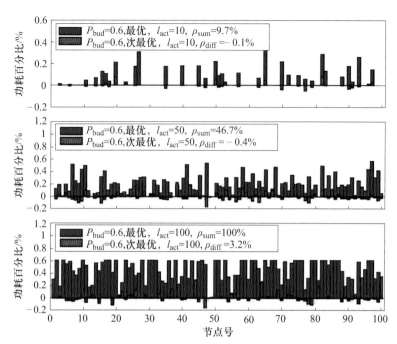

图 3.9　降低预算功率 P_{bud} 会恶化生命周期、功耗和收敛速度

（最小总功耗 $P_{over}^{*}=44.64$，$\tilde{P}_{over}^{*}=46.09$，在每个观测步骤中期望的活动传感器节点数为 4）

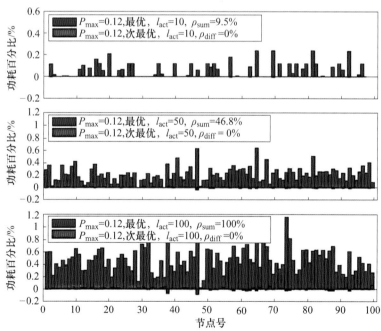

图 3.10　降低 P_{max} 总会恶化生命周期和功耗，但却会增加收敛速度

（最小总功耗 $P_{over}^{*}=47.39$，$\tilde{P}_{over}^{*}=47.40$，在每个观测步骤中期望的活动传感器节点数为 6）

彩 4

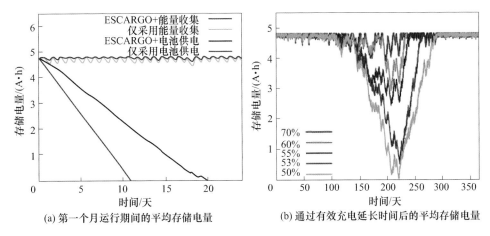

(a) 第一个月运行期间的平均存储电量　　　(b) 通过有效充电延长时间后的平均存储电量

图 5.3　存储电量

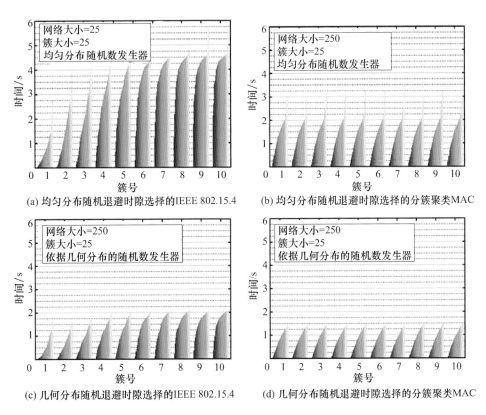

(a) 均匀分布随机退避时隙选择的IEEE 802.15.4　　　(b) 均匀分布随机退避时隙选择的分簇聚类MAC

(c) 几何分布随机退避时隙选择的IEEE 802.15.4　　　(d) 几何分布随机退避时隙选择的分簇聚类MAC

图 5.16　数据包到达时间

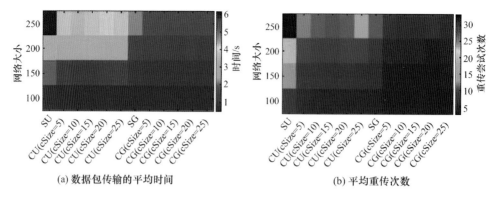

(a) 数据包传输的平均时间

(b) 平均重传次数

图 5.17 不同的网络大小和簇大小传输所有数据包的性能

S—标准 IEEE 802.15.4 MAC;C—以簇为中心的 MAC;

U/G—均匀分布/几何分布随机数发生器;cSize—簇大小。

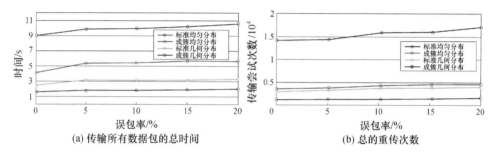

(a) 传输所有数据包的总时间

(b) 总的重传次数

图 5.18 在存在丢包的情况下的性能(网络大小 = 250,簇大小 = 10)

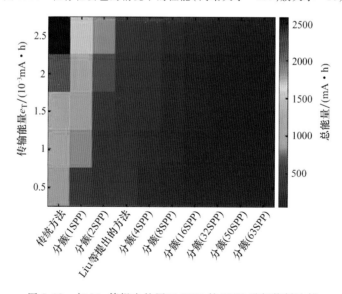

图 5.19 与 Liu 等提出的用于 SHM 的 WSN 进行能耗比较

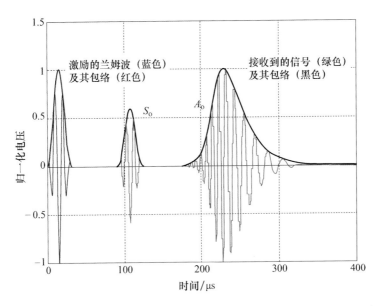

图 10.3　100kHz 兰姆波和它的响应(图中信号均进行了归一化以便于显示)

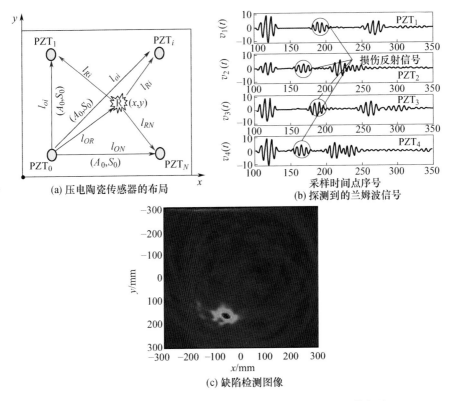

(a) 压电陶瓷传感器的布局

(b) 探测到的兰姆波信号

(c) 缺陷检测图像

图 10.4　SHM 中基于压电陶瓷的兰姆波成像探测的原理和数据处理

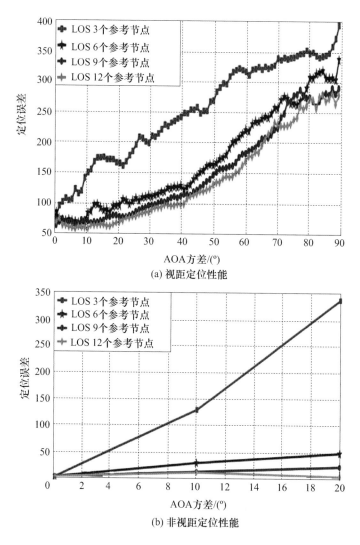

图 13.6　AOA 方差改变时的定位性能变化
(当有足够多的参考节点时将获得较低的定位误差,反射点的
数量比实际参考节点多,因此 NLOS 的定位性能优于 LOS)

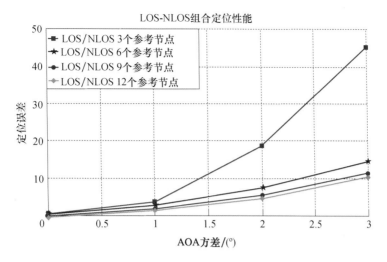

图 13.7　不同参考节点数时的组合定位误差

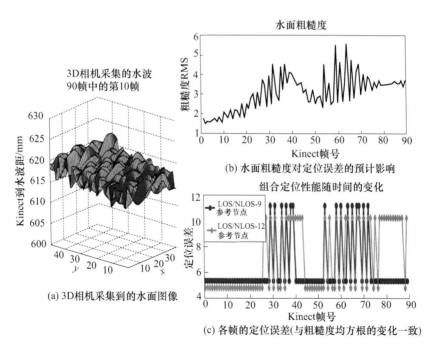

图 13.8　随时间变化的定位误差投影

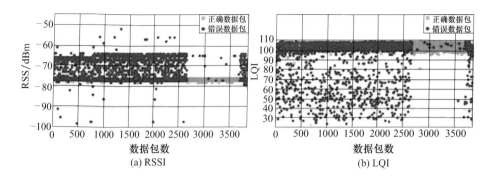

(a) RSSI (b) LQI

图 19.4　链路暴露于 WLAN 干扰下的误导行为[16]

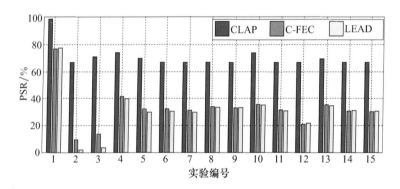

图 19.10　CLAP、传统 DLL FEC(C – FEC) 的最新方法(LEAD) 的 PSR 比较

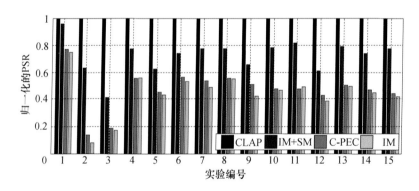

图 19.11　CLAP 的 3 个不同组件相对于完全成熟的解决方案的归一化贡献[25]

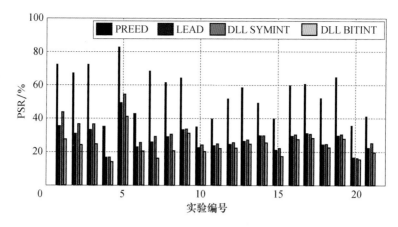

图 19.13　PREED 对暴露于强 WLAN 干扰的链路引起的数据包可纠错性的提升[27]

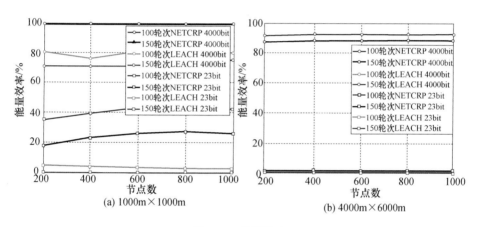

图 21.6　能源效率

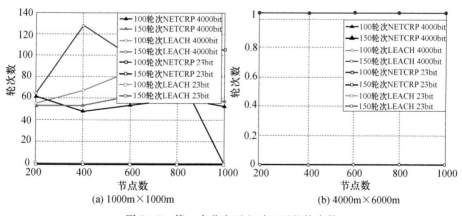

图 21.7　第一个节点死亡时经历的轮次数

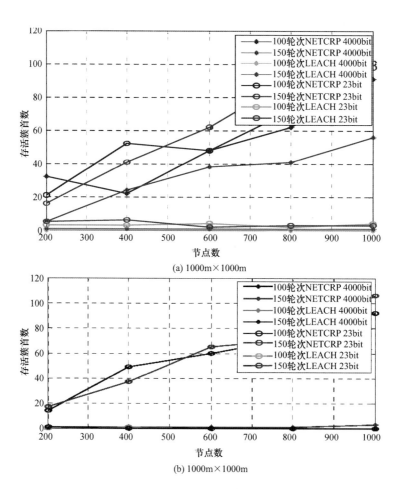

(a) 1000m×1000m

(b) 1000m×1000m

图 21.8 存活的簇首总数

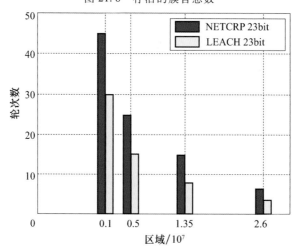

图 21.9 所有节点都死亡时的轮次数